中国共产党百年奋进研究丛书

上海市哲学社会科学规划办公室
上海市中国特色社会主义理论体系研究中心 组编

科技探索发展之魂

褚君浩 崔海英 熊踞峰 王元力 等 著

上海人民出版社

丛书前言

“领导我们事业的核心力量是中国共产党。”自中国共产党诞生以来，中国大地经历了翻天覆地的历史性变化。中国人民选择了中国共产党，并在党的领导下选择了社会主义。经过长期艰苦卓绝的奋斗，完成了新民主主义革命和社会主义革命，实现了中华民族从“任列强欺凌”到站起来的伟大飞跃；新中国成立以来，特别是改革开放以来，中国共产党带领人民建设中国特色社会主义，使中国大踏步赶上时代，实现了中华民族从站起来到富起来的伟大飞跃；在新时代，中国共产党团结带领人民坚持和发展中国特色社会主义，推动中华民族伟大复兴取得历史性成就，迎来了从富起来到强起来的伟大飞跃。正是中国共产党的领导，中国人民走社会主义道路，从根本上解决了中华民族复兴和中国现代化面临的历史性课题。有了中国共产党，中国人民就有了思想上、政治上的“主心骨”，就有了团结奋斗、勇往直前的指路明灯、核心力量。各族人民跟着中国共产党就能凝聚成不可战胜的磅礴力量，朝着中华民族伟大复兴的奋斗目标奋勇前进。100 年来，中国共产党为了实现中华民族伟大复兴的历史使命，无论是顺境还是逆境，无论是弱小还是强大，都初心不改，矢志不渝。历史和现实雄辩地证明，没有中国共产党就没有中国劳苦大众的翻身解放，就没有社会主义新中国，就没有中华民族的伟大复兴。一百年来，中国共产党为实现国家富强、民族振兴、人民幸福和人类文明进步事业作出的伟大历史贡献永远铭记史册。

站在历史的交汇点，中国共产党带领中国各族人民以习近平新时代中国特色社会主义思想为指导，统筹社会革命和自我革命，始终坚持马克思主义在意识形态领域的指导地位、勇担民族复兴历史大任、扎根广大人民群众、坚持以人民为中心、依靠人民从容应对面临的复杂严峻的挑战和问题。在带领人民进行伟大社会革命的同时，不断进行伟大的自我革命，引导党自身在具有许多新的历史特点的伟大斗争中经受住执政考验、改革开放考验、市场经济考验和外部环境考验，化解精神懈怠、能力不足、脱离群众、消极腐败的危险，始终保持党的先进性和纯洁性，始终与人民心连心，始终走在时代前列，赢得新时代执政党自我净化、自我完善、自我革新、自我提高的新胜利，再次创造出人类发展史上划时代的发展奇迹。

为隆重庆祝中国共产党成立100周年，表达上海理论界对中国共产党领导人民创造的丰功伟绩和宝贵精神财富的高度认同，以及对中国共产党无比深厚的情感；为帮助广大干部群众深入学习中国共产党历史，深入学习贯彻中国共产党宝贵历史经验，深入学习领会中国共产党人不倦探索取得的理论创新成果，在中共上海市委宣传部领导下、上海市哲学社会科学规划办公室以委托课题方式，与上海市中国特色社会主义理论体系研究中心联合组织了“人民至上·中国共产党百年奋进研究丛书”（以下简称“丛书”）的研究和撰写。参加“丛书”研究撰写的是本市哲学社会科学相关领域的著名专家学者。“丛书”由上海人民出版社编辑出版。

“丛书”围绕的主题是系统研究、深刻阐释、正确总结中国共产党领导中国人民百年奋斗历程、伟大成就、历史经验和光辉思想。“丛书”分领域、分战线总结论述中国共产党在领导中国人民夺取新民主主义革命胜利、建立新中国，进行“一化三改造”、建立社会主义经济制度和社会主义赖以发展的物质基础，实行改革开放，开创、坚持和发展中国特色社会主义，全面建成小康社会、开启全面建设社会主义现代化国家新征程形成的理论、路线、重大方针政策和重大战略部署。其中涉及中国共产党的现代化建设思想、治国理政思想、法治思想、制度建设思想、统一战线理论、宣传思想、理论创新、革命精神、群众观和群众路线，涉及党的经济建设思想、政治建设思想、文化建设思想、社会建设思想、生态文明建设思想、科学技术思想、教育思想、“三农”思想、军队和国防建设思想、自身建设思想、国际观等。“丛书”主要有以下特点：

第一，注重以史为据、史论紧密结合，论从史出。“丛书”的每一部论著研究的历史跨度都是百年，每一部论著都努力把历史思维贯彻在整个研究撰写工作中，力求呈现厚重的历史感，做到真正熟悉并实事求是对待所承担研究撰写领域的党的百年历史。研究者首先致力于学习历史、熟悉历史、梳理历史，钻研党的理论、方针、政策的发展史，广泛收集和整理文献，大量地、充分地掌握历史资料，认真总结百年取得的弥足珍贵的历史经验，把握历史进程和规律。在对历史的认真学习、梳理中，去做好中国共产党百年研究系列课题这篇大文章。

第二，注重阐释中国共产党所坚守的以人民为中心的根本立场。中国共产党为人民而生、因人民而兴，始终坚持以人民为中心，把为中国人民谋幸福、为中华民族谋复兴作为初心使命，坚持全心全意为人民服务的根本宗旨，始终代表最广大人民利益。“丛书”作者牢记人民立场是马克思主义的根本政治立场。人民至上、一切为了人民、一切依靠人民是中国共产党的价值理念和认识世界、改造世界的根本要求。可以说，“丛书”的每一种，都致力于揭示中国共产党之所以能历经百年始终保持先进性、始终走在时代前列、团结带领人民创造历史伟业的真谛，这就是中国共产党始终把人民立场作为根本立场，把为人民谋幸福作为根本使命，坚持全心全意为人民服务的根本宗旨，始终保持同人民群众的血肉联系。无论是革命、建设，还是改革，奋进新时代，归根到底都是为了让人民过上好日子。正如习近平总书记强调：“为人民谋幸福，是中国共产党人的初心。我们要时刻不忘这个初心，永远把人民对美好生活的向往作为奋斗目标。”研究、撰写“丛书”的专家学者领悟了这一精神，紧紧把握中国共产党全心全意为人民服务的根本宗旨，致力于生动诠释中国共产党的使命之所在、价值之所在、生命之所在，生动诠释新时代中国共产党领导人民建设中国特色社会主义的根本追求。

第三，注重历史逻辑与理论逻辑相统一、思想性与现实针对性相统一。以高度的理论自觉和理论自信研究分析中国共产党百年历史，自觉把习近平新时代中国特色社会主义思想引领贯穿于研究撰写的全过程，用马克思主义立场观点方法观察和解读中国共产党百年历史各种现象，回应现实提出的重大理论和实践问题，揭示蕴含其中的规律，从总结、提炼与升华历史经验中加深对中国共产党理论创新成果的认识，对中国革命、建设、改革的规律性认识，对中国共产党坚持真理、修正错误的政治思想品格的认识。坚持问题导向，立足解决今天的问题去回顾总结历史，注入新的认识、新的观点、新的内容。在理论逻辑与历史逻辑相统一、思想性与现实针对性相统一上进行新探索，取得新成绩。

第四，注重把握时代需求、聆听时代声音、回应时代呼唤。“丛书”坚持问题导向，认真研究相关领域中国共产党执政面临的重大而紧迫的理论和实践问题，用联系的发展的眼光看历史、看现实、看问题，增强时代性、战略性、系统性思维。历史是时代的产物，百年系列研究的成果也是时代产物，“丛书”的研究撰写不是就历史讲历史，不是停留在历史叙述层面，而是努力体现新时代的新要求，回答新问题。

第五，注重以宽广的世界眼光观察研究中国共产党百年发展历史。百年来，中国共产党的每个时期都与世界有千丝万缕的关系，都是在特定的国际环境和国际形势下的历史活动。因此，“丛书”每一种的研究撰写都力求体现宽广的世界眼光，都力求紧密联系特定历史时期世界形势和变化特点研究并展示中国共产党的思想及实践。特别是世界正经历百年未有之大变局，“丛书”作者研究中国共产党百年历史经验，力求放在中国共产党历史活动的世界背景中分析考察。

在这方面，“丛书”做出了可喜的努力。

第六，注重追求读者喜欢的呈现形式。从众多鲜活的事实以及历史和现实的比较中，把中国共产党在领导革命、建设和改革历史长河中为中国人民谋幸福、为中华民族谋复兴、为人类社会谋大同的马克思主义政党品格和初心使命写充分，使其跃然纸上。以“观点鲜明、逻辑严谨、文风朴实、形式清新”的风格，呈现思想，贡献智慧，也是“丛书”努力的方向和探索解决的问题。理论读物如何在保证内容正确的前提下写得清新活泼，吸引广大读者，使广大读者看得懂、用得上，“丛书”研究撰写在这方面也进行了有益的尝试。

“丛书”组织者、作者满怀对中国共产党的无限深情，深刻认识到，中国共产党百年来，领导人民创造了伟大历史，铸就了伟大精神，形成了宝贵经验，创造了中华民族发展史的伟大奇迹，开辟了人类社会进步史上的新纪元，伟大成就举世瞩目，无与伦比。他们把写好“丛书”看成是一种崇高的责任，表示要笔力奋起，写出充分反映中国从站起来、富起来迈向强起来这一历史进程中中国共产党坚强领导的绚丽书篇，为以史明理、以史增信、以史崇德、以史育人、以史咨政做有益的工作。帮助读者深刻认识历史和人民选择中国共产党、选择社会主义道路、选择改革开放、选择马克思主义的客观必然性；深刻认识坚持党的全面领导、坚持和发展中国特色社会主义的极端重要性；深刻认识中国共产党坚持马克思主义在我国意识形态领域指导地位的极端重要性；深刻认识中国共产党百年之后的历史方位、历史使命和对世界历史发展的重要作用，为庆祝中国共产党百年华诞留下浓墨重彩的一笔。

“丛书”的问世，离不开中共上海市委常委、宣传部部长，上海市习近平新时代中国特色社会主义思想研究中心主任，上海市中国特色社会主义理论体系研究中心主任周慧琳的关心和支持；离不开市委宣传部副部长、上海市习近平新时代中国特色社会主义思想研究中心常务副主任、上海市中国特色社会主义理论体系研究中心常务副主任徐炯的具体指导。市委宣传部理论处陈殷华、薛建华、俞厚未，上海市哲学社会科学规划办公室李安方、吴净、王云飞、徐逸伦、张师慧、徐冲、董卫国，上海市中国特色社会主义理论体系研究中心李明灿等具体策划、组织；上海人民出版社政治与理论读物编辑中心鲍静、罗俊等同志为“丛书”出版付出了辛勤劳动。

“现在，我们比历史上任何时期都更接近中华民族伟大复兴的目标，比历史上任何时期都更有信心、有能力实现这个目标。”希望“丛书”的问世，能够使广大读者对领导我们事业前进的核心力量中国共产党，对我们正在推进的中国特色社会主义伟大事业，对指导我们思想的理论基础马克思主义，对新中国创造彪炳史册的人间奇迹、大踏步赶上时代的壮丽史诗，对我们生活的时代和世界，认识得更加深入，领悟得更加准确，更加坚定道路自信、制度自信、理论自信、文化自信。这是“丛书”组织者、作者的心愿。

目　录

序

近百年来，中国的科学技术经历了从落后到先进的发展历程，已经取得辉煌成就，支撑了经济社会的发展，推动了学科发展，积累了知识宝库，造就了科技人才队伍，在科技各领域随国际潮流“跟跑”或者“并跑”，在很多领域进入世界前列，并在若干领域进入“领跑”地位。

18世纪以来人类进入蒸汽时代，科学技术进入快速发展轨道；19世纪以电气时代为特征促进社会生产力大发展；20世纪初由相对论、量子力学为代表，人类进入现代科学繁荣发展、新发现层出不穷、新技术突飞猛进的阶段。20世纪中叶开始，人类进入以半导体技术为基础的信息化时代，信息技术与各类技术深度融合，极大提升产业能级，信息化深刻地改变了人们的生产方式和生活方式。21世纪人类逐步进入智能时代，人工智能发展引起社会更大进步。在此期间，中国的科学技术研究跟随国际科学技术发展潮流也取得巨大成就，当前已经涉及人类科学技术发展的最前沿，如暗物质、中微子、量子信息、深空探测、近地小行星、激光核聚变、高能量密度动力电池、大地震机制、气候变化、人工智能系统、可回收航天运输系统、生命起源、意识起源等许多重大科学问题。现在，在顶尖科学期刊的每一期都有中国学者的论文，在重大科学装置、科学技术发展的各领域都有中国科学家的贡献。“两弹一星”、航天工程、探月工程、深海探索、高铁技术、太阳能技术、上海光源、新材料新能源技术等等重大成果影响深远，科学技术已经成为推动新兴产业发展和建设富强国家的重要驱动力。

近百年来中国科学技术的成就与进步是在正确的科技发展指导思想指引下取得的。中国共产党的科技发展指导思想，是马克思主义科技思想与中国实践结合的产物。近百年来，中国共产党基于新民主主义革命和社会主义建设事业的需求，传承古今思想哲学精髓，跟随人类科学技术发展潮流，深入国际科学技术交流合作，融合东西方科技发展的经验，逐步形成一整套完整的、系统的、适合国情的科技发展指导思想，具有许多论述和史料，也体现在各个时期出台的科技政策之中。

近百年来形成的科技发展指导思想最根本的一条是用辩证唯物主义思想指导科技发展。辩证唯物主义基本思想是科学技术发展的哲学总结。自然科学研究证明了世界是物质的，物质是运动的，运动是有规律的，规律是可以认识的；事物是互相联系的，是在矛盾中发展的，事物的本质由主要矛盾决定，矛盾的双方是可以转化的。辩证唯物主义是马克思主义哲学的精髓，是科学的方法论和认识论，它本身就是18世纪与19世纪科学技术发展和社会实践的科学总结，又在实践中不断发展提高。《德意志形态》《反杜林论》《自然辩证法》《唯物主义和经验批判主义》《矛盾论》《实践论》等著作系统而深刻地在哲学层面反映和代表了科技发展的客观规律。历届党的领导人关于矛盾论，实践论的论述，关于延安文艺座谈会上的讲话，关于坂田昌一“物质无限可分”的谈话，关于科学技术是生产力的论述，以及历次院士大会的重要讲话，都集中论述了关于生产力推动社会进步、科学技术是生产力、生产力与生产关系、科技与经济发展、社会存在与社会意识、物质与精神、人民群众推动历史进步等的辩证唯物主义理论，成为中国共产党近百年来科技发展指导思想。这些指导思想也在各阶段政府实施的科技政策中反映出来。随着20世纪科学技术发展的实践和革命建设事业发展的实践，更加丰富了科学技术发展的辩证唯物主义内涵。国内外科技发展经验都说明，无论是自觉还是不自觉地遵循唯物辩证法指导科学技术，科学技术就会顺利发展取得进步。

科技发展必须遵循科学与技术发展的本身规律。科学技术的发展有它本身的规律，按照客观规律来指导科学技术，就能不断进步。科学技术发展的客观规律首先是科学发现、技术发明和工程应用三者之间的辩证关系。人类在生产实践和科学实验的过程中，获得了知识、掌握了规律、形成了技术，并进而在工程任务中利用技术，提升生产实践和科学实验的水平。实践—认识—再实践—再认识，这样的过程循环反复，人类的科学技术水平不断提升，社会生产力不断发展。在我们周围充满着物质的多种多样的运动形式，除了常见的机械运动以外，还有光、声、热、电、磁、分子、原子、基本粒子、生命运动等丰富多彩的运动形式。人们在观察和认识物质的这些运动形式时，发现了规律，运用规律又发明了技术，对应于机械技术、光技术、声技术、热技术、电技术、磁技术、分子技术、核技术、生物技术等。这些技术分别或者集成起来在多类工程任务中得以应用，涉及机械工程、土木工程、热力工程、电子工程、光学工程、能源工程、环境工程、生物工程、航空航天工程、海洋工程、地质工程等。典型的工程，例如港珠澳大桥、世博会的中国馆、太阳能发电站、新能源汽车、传感器、机器人、大飞机、风云卫星、探月工程等大工程，也包括服装工程、食品工程、室内装修、用3D打印技术打个零件等小工程。可见，技术是人类利用自然规律实现某种功能和目标的一种能力，它的前端是科学规律，它的后端是工程任务。工程任务有明确目标，技术在完成工程任务中实现它的价值。技术发展的瓶颈又要从它的前端去寻找解决方案，去发现规律性问题。技术最根本的来源在于对客观物体运动规律性的认识和掌握。工程任务完成后制造出各类产品，应用于社会方方面面不同领域，为社会创造财富，接受社会和市场的评价和检验，也迎接新的挑战。这就是从基础研究和应用基础研究到核心技术发明的过程，核心技术在工程应用中得到应用和检验。要把新时代发展核心技术的思想，以及从掌握规律到发展技术的科技发展观，体现到制定科技政策的思想中。所以，科学与技术交叉推动是科技发展的重要规律。科学要促进技术发展，技术要推动科学发展。科学技术整体又推动生产力发展社会进步，反过来又对科技发展提出新要求，成为科技发展的主要驱动力。所以，基础研究是整个科学技术体系的总源头，是一切技术发明的总开关。科学规律发现，是技术发明的源泉，也是技术升级的基础，在当前更是发展引领性产业的重要源泉。

学科自身生长发展也是科学技术发展的自生动力。20世纪以来在学科自身发展基础上发展起来的电动力学、量子力学和相对论奠定了现代科学技术的基础。以探索自然界奥秘为驱动力的科学规律新发现，在应用需求的催化剂作用下，引发大量新技术的发明。由于量子力学的建立，发展了固体能带理论，在此基础上出现了半导体科学技术、发明了晶体管、集成电路技术；由于爱因斯坦狭义相对论，发展了核技术；由于发现光电效应，发展了光电器件技术；由于发现受激辐射理论，出现激光技术；后来高琨又发现光波导传输规律，发展了光通信技术；由于发现巨磁阻现象，实现了高密度磁存储技术；由于发现了液晶相变规律，发明了液晶显示技术；由于发现电磁场的规律，发明了电话、电报、无线通信技术、红外技术等。科学规律发现，是技术发明的源泉。科学推动技术，技术发展反作用于科学，相互促进，推动科学技术的快速发展。形成了包含现代物质科学技术、电子科学技术、光学工程技术、生物科学技术、信息科学技术、材料科学技术以及各类工程科学技术等的科学技术体系。百年来，在科学技术推动下，工业化程度日益提升，满足人们对于工农业生产、军事国防的迫切需求，这些需求也成为科学技术发展的主要驱动力。

不论是生产力推动科技发展还是学科自身发展驱动科学技术发展，都需要有科技人员对探索自然规律的浓厚兴趣、积极性和创新精神。在科技发展中，人才是最宝贵的。从事科学研究、技术开发和工程实现都需要勤奋踏实而富有创新精神的劳动者。他们需要有强大的外在和自生的动力，需要有坚忍不拔的自信心。勤劳踏实坚韧奋斗，自古是中国人民的优良传统。我国古代人民的发现和发明造就了中国科学技术的辉煌历史，不仅有指南针、造纸术、火药、活字印刷术等重要发明，还有都江堰水利工程、传统木建筑的榫卯结构等为代表的天文、农业、建筑、铸造、纺织、陶瓷、冶金、航海等古代科学技术，这些杰出的技术是中国古代科技文明的精粹，对人类技术文明发展和社会生产力发展起到重要作用，也是中华民族发展科学技术的重要自信源泉。屠呦呦发明青蒿素获得诺贝尔生理学或医学奖，就源自中医古籍的启发。重视人才，充分调动人的积极性、激发人的创新活力，是发展科学技术重要的指导思想，并且在各时期科技政策有所体现落实。

正确指导科学技术发展还需要对各时期科学技术发展潮流有清醒的认识。不同阶段科学技术发展有新的特征与态势。正确把握科技发展的特征与态势就能有效指导科学技术的发展。当前，波及全球的新工业革命，正在悄悄向我们走来。如同 18 世纪以机械化为特征的第一次工业革命、19 世纪以电气化为特征的第二次工业革命、20 世纪以信息化为特征的第三次工业革命，21 世纪人类将开启以智能化为特征的第四次工业革命。人类总是先在观察或实践中发现规律，在此基础上又发明技术，进而推动应用发展。先进技术为构建人类绚丽文明打下基础。谁掌握了规律，谁发明了技术，谁就获得了主导权。这已经成为指导科技发展的清醒认识。科学发现、技术发明、工程应用三者交叉推动、互相促进。科学技术转化为生产力的周期越来越短，特别是进入 21 世纪以来，信息技术高度发展，信息技术与其他各领域科学技术深度融合，人类正在迈向智能时代。这是现代科技发展的显著特征。

所以，在我们各时期科技政策中反复强调加强基础研究、加强国内外学术交流、发展核心技术、推动技术集成创新、促进科技成果产业发展、加强知识产权保护、推动低碳绿色智能发展技术等，还特别强调人才培养团队建设重要性、宽松包容学术环境建设的重要性等，都成为科技发展重要指导思想。

近百年来，中国共产党在新民主主义革命和社会主义建设过程中，吸收、传承、发展了马克思主义科技发展指导思想，形成一整套完整的新时代科技发展的思想理论，将继续引导中国科学技术的发展取得一个又一个更加备受瞩目的成就，为建设一个富强、民主、文明、和谐、美丽的社会主义现代化强国，提供强大的思想武器，指导更加辉煌厚重的科技实践。

（中科院上海技术物理研究所，复旦大学，华东师范大学）

2020.12.8

导 论

科学和技术均是历史性、发展性的概念，两者共同推动人类文明的向前发展和社会环境的整体变化。作为揭示客观事物本质和运动规律的知识体系，科学以一种宏观的、抽象的理论形态而存在。技术则将科学具象化，通过实践活动对自然界和人类社会实现改造。作为辩证统一的整体，科学与技术互促共进、协调发展。在悠久的历史长河中，中国的科学技术曾呈现出阶段性高峰，但由于封建政权始终将科学技术摒除于主流文化之外，视其为奇技淫巧，在科技发展中重实用、轻理论、重经验、轻体系，使得中国的科学技术水平逐渐落后世界。鸦片战争后，地主阶级洋务派、资产阶级维新派和革命派的仁人志士对科学救国道路进行过探索，一定程度上引导中国人加深了对科学技术的认识，但这些探索都没有形成系统的理论体系，具体实践也存在很大局限性，终究没能改变近代中国科学技术落后于人的局面。

科学技术思想的诞生与人类对自然现象的浓厚兴趣密不可分，通过将自然界明确为人类观察研究的对象，而产生对人与自然关系的认知，在改造自然的实践活动中，这种认知逐渐发生改变，构成了科学技术思想的基本内容。马克思主义科学技术思想是对科学技术内容本质、体系结构、发展模式和动力要素等内容的认识和总结，其主要是依据马克思、恩格斯等人对科学技术的论述，对科学和技术本质特征及发展规律的高度概括，是关于科学技术的本体论和认识论。中国共产党科学技术思想承继马克思主义科学技术思想的核心内涵，在实践中总结出科技发展的本质、特点、规律，进而衍生出涵盖农业、工业、军事、教育、高端技术等领域的具体方针和政策。近百年来，中国共产党科学技术思想的发展演变遵循“理论联系实际”的根本途径和方法。从纵向上来看，基本与中国共产党领导人民进行革命、建设和改革的历史进程同步；从横向上来看，则体现出不同于西方科学技术思想和中国古代科学技术思想的独特性。

中国共产党成立之初，在学习和传承马克思主义科学技术思想的基础上，经过与玄学派的论战逐步萌生出符合中国实际的科学技术思想，但其内容还较为零散，没有形成官方文件话语或统一表达。“大革命”失败后，中国共产党认识到要完成国家独立和民族解放的历史任务，就必须夺取无产阶级的革命领导权。土地革命时期，中国共产党将科技发展与军事、农业、教育紧密结合，在武器装备、农业生产和人才培养方面取得显著成果，这一时期的科学技术思想及其运用体现出鲜明的实际应用驱动导向，即科技发展要为壮大无产阶级革命力量服务。抗日战争和解放战争时期，中国共产党更是将马克思主义科学技术思想的原理与中国革命斗争实践相结合，逐渐形成了以唯物史观为指导、以生产为导向且兼顾国防民生的中国化马克思主义科学技术思想。这一科学技术思想在带领人民争取民族解放的过程中发挥重要作用。

新中国成立后，一穷二白的社会发展现状使解决群众温饱成为最重要、最急切的民生问题。“人民科学观”的提出将科技价值旨归于人民主体，推动了新民主主义社会向社会主义社会的过渡。1956 年，“向科学进军”的提出标志着中国科学技术事业进入一个有计划的蓬勃发展的新阶段。1964 年，在调整国民经济任务基本完成后，中国共产党正式提出“四个现代化”的宏伟目标，成为中国现代科学技术发展史上的一个重要里程碑。在进行社会主义建设的探索中，我国科技事业虽经过了曲折，但由于中国共产党科学技术思想的战略飞跃，这一阶段我国仍创造出诸如原子弹、氢弹等一系列举世瞩目的科技成果。

1978年，全国科学大会上“科学技术是生产力”的观点再次得到阐发，为科学技术与经济发展的良性互动打下坚实的理论基础。邓小平同志进一步指出科学技术现代化是实现“四个现代化”的关键，并强调“科学技术是第一生产力”。在科技创新中，科技人才是关键，科教兴国战略就突出强调教育是培养科技人才的主渠道。随着科技水平的不断提高，人与社会和自然的关系日益成为影响人类前途命运的重大问题。“三个代表”重要思想提倡“建立和完善高尚的科学理论”来规范科学技术的研究与利用，以推动科学技术造福人民、提高社会发展水平。“科学发展观”促使科技在为社会服务的同时更加注重发展的可持续性。改革开放以来，中国共产党科学技术思想在几代领导集体的接续传承中不断迸发新活力，也为最终实现“四个现代化”打下坚实基础。2006年的全国科学技术大会则进一步指出，发展科学技术的战略基点是增强自主创新能力，从而开辟出一条具有中国特色的自主创新道路。

中国特色社会主义进入新时代以来，全球科技竞争日益激烈，创新被摆在国家发展全局的核心位置。以习近平同志为核心的党中央基于对以往几代领导集体科学技术思想的继承发展和对当下国内外形势的准确判断，将科技创新旨归于为人民谋幸福和为民族谋复兴的初心与使命中，形成更具时代特点的科技强国思想。

由此可见，“四个现代化”目标的提出是中国共产党科学技术思想发展历程中的一个关键节点，也是理解中国共产党科学技术思想脉络的桥梁和纽带。中国化马克思主义科学技术思想构成科学技术现代化的思想基础，而“科学技术是第一生产力”“科教兴国”“可持续发展思想”“建设世界科技强国”“科技自立自强”等思想观点的提出则进一步丰富发展了中国共产党科学技术思想，最终指向建成社会主义现代化强国的宏伟目标。

中国共产党科学技术思想在百年的历史发展进程中，也体现出如下几个特点：第一，中国共产党科学技术思想有其深刻的哲学意蕴。在继承马克思主义科学技术思想的基础上，中国共产党善于辩证地吸收和借鉴中国古代和西方科学技术思想中的精华部分，从而在科学技术思想的百年发展过程中，深刻阐释了政治与科学、科学与技术、科学精神和人文精神的辩证统一；第二，中国共产党科学技术思想揭示了人类社会和社会主义的发展规律。科学通过具象化的技术实践转换为现实生产力，并推动人类社会进步。扎根社会主义的制度土壤，中国共产党根据科技发展现状，适时进行体制变革，实现科技发展和体制创新的良好互动。在摆脱落后的生产力和生产关系的基础上，科技还应谋求人与自然的和谐，实现可持续性发展；第三，中国共产党科学技术思想在带领人民进行革命、建设和改革的历史图景中表现出强大的生命力和先进性。一方面，中国共产党具备开阔的眼界和胸怀，不断进行自我革新和汲取外来的优秀科学技术思想；另一方面，相对于欧美资产阶级政党，中国共产党科学技术思想根植于最广大人民的根本利益，这是中国共产党的性质所决定，人民是中国共产党执政的合法性来源，其科技发展必然是为人民服务。

中国共产党科学技术思想虽在不同阶段有其侧重，但从整体上看是在马克思主义哲学指导下，基于马克思主义科学技术思想的基本原理，结合中国社会现实而不断传承创新的理论体系，必须用发展的眼光去看待它。

第一章　中国共产党的早期科学技术思想（1917—1927年）

随着现代科技文明在西方崛起，处于半殖民地半封建社会的中国逐渐落后于西方国家，近代中国先进知识分子由此萌发出科学救国的思想。在资本主义社会发生历史性变化的时代背景下，马克思和恩格斯结合自身实践经历，总结和归纳近代科学技术发展历程，形成了内涵丰富的科学技术思想。20世纪初，伴随马克思主义传入中国，马克思、恩格斯、列宁等人的科学技术思想逐渐被中国共产党所学习和吸纳，成为中国共产党早期科学技术思想的主要理论来源。在“科玄论战”中，马克思主义科学技术思想进一步传播，早期中国共产党人开始运用辩证唯物主义和历史唯物主义的世界观和方法论分析社会问题，认识科学技术同生产力之间的必然联系，并树立起科学技术推动社会历史发展的基本科技观点，初步形成以唯物史观为基础的科学技术思想，为推进中国的革命实践奠定坚实基础。

第一节　中国共产党早期科学技术思想的诞生背景

中国古代曾创造出许多举世瞩目的科技成就，形成了为世界所惊叹的中华文明。然而，在文艺复兴、启蒙运动、宗教改革等思想解放运动和资本主义经济发展的影响下，现代科技文明首先崛起于西方，中国却在固步自封的状态下错失发展机遇。在高度集中的封建专制制度下，视科技为“奇技淫巧”的落后观念、实用主义的思维模式、束缚独创精神的教育体制等多种因素阻碍了中国近代科学技术的发展，使中国逐渐落后于世界。19 世纪中叶，面对强敌的侵扰，中国有识之士认识到中西方科技发展的巨大差距，开始进行深刻反思，寻求富民强国的良方。林则徐、魏源等人成为第一批“睁眼看世界”的有识之士，以开放的态度学习和引进西方先进科学技术。20 世纪初，在高呼“科学”与“民主”的新文化运动影响下，任鸿隽号召“科学救国”，致力于改变中国科技落后的面貌。从洋务运动、维新变法到新文化运动，科学技术在中国社会逐渐恢复应有地位，重视科技作用、提倡科学精神、呼吁科学救国的社会图景塑造出中国共产党早期科学技术思想诞生的时代环境。

一、现代科技文明在西方的崛起

随着近代西方封建社会的衰落，新兴资产阶级领导社会革命、推翻封建统治，建立起资本主义制度，为科学技术的发展提供了相应的制度环境。资本主义社会十分重视科学技术的发展，因为科学技术的进步，意味着工业成本的降低，这是资本家获得更大经济利润的重要途径。同时，近代西方兴起的文艺复兴运动、启蒙运动、宗教改革等思想解放运动鼓励人们反对封建专制、突破思想束缚，促使人们更加积极地认识世界和解释世界，这些因素共同推动了现代科技文明在西方快速崛起。

（一）资产阶级革命扭转西方科技的落后局面

近代西方新兴资产阶级为争取自身利益，联合工人阶级对封建制度发起挑战，在一定程度上为资本主义制度的确立开辟了道路，资本主义制度的确立则进一步为科学技术的发展提供了政治保障。17 世纪与 18 世纪，欧洲封建主义根基受到猛烈冲击，继尼德兰革命之后，英国和法国也相继爆发资产阶级革命。1689 年，英国通过《权利法案》，建立了议会制约王权的君主立宪制，为英国资本主义发展提供了制度保障，同时还制定了有利于科学技术发展的国家政策。1789 年，法国大革命摧毁了封建专制统治，资产阶级成为统治阶级，为资本主义经济和科学技术的发展营造了有利的社会环境。近代西方科学技术发展是多种因素共同作用的结果，但最根本的原因则是新兴的资本主义制度为社会生产力提供了一定的发展空间。马克思认为，“资本主义生产第一次在相当大的程度上为自然科学创造了进行研究、观察和实验的物质手段”。“随着资本主义生产的扩展，科学因素第一次被有意识地和逐级提升地加以发展、应用并确立起来，并体现在生活中，其规模是以往的时代根本想象不到的。”①

（二）资本主义发展为西方科技进步奠定物质基础

商品经济和资本主义发展成为近代西方科技进步的真实动因。15 世纪，欧洲天文地理知识的进步和航海经验的积累使新航路开辟成为可能。新航路开辟推动了地理大发现，不断扩大的世界贸易和殖民扩张活动给欧洲带来巨额资本，加速欧洲封建制度的解体和资本主义的成长，为近代西方科学技术发展提供了物质基础。资本原始积累的完成、工场手工业的发展和世界市场的逐渐形成，进一步要求生产规模的扩大和劳动生产率的提高。正如马克思所说，“产业革命对英国的意义，就像政治革命对于法国，哲学革命对于德国一样”。②因此，资本主义经济的加速发展催生了工业革命，机器生产代替了手工劳动，蒸汽机的发明使英国成为“世界工厂”，并向西欧、中欧和北美扩展。19 世纪 70 年代，科学技术的进步和资本主义经济的发展催生了第二次工业革命，人类进入“电气时代”。随着生产力的巨大飞跃，西方资产阶级凭借强大的经济实力和军事力量，对亚洲、非洲和拉丁美洲进行瓜分，世界市场进一步扩大，世界资本主义

① 《自然辩证法概论》，高等教育出版社 2018 年版，第 174 页。

② 《马克思恩格斯全集》第 2 卷，人民出版社 2006 年版，第 295 页。

体系最终形成。资本主义经济的发展必然要求科学技术的发展，这样一来，经济与科技的发展相互交融、相互促进，两者都取得了突飞猛进的发展。

（三）文艺复兴运动为西方科技发展扫除思想障碍

文艺复兴运动使欧洲告别中世纪的黑暗时代，迎来了一段科技和艺术革命时期，对西方近代科学的兴起和发展产生了极大的积极影响。首先，从文艺复兴时期起，科学家以唯物论为武器，批判神学与经院哲学，使科学获得了巨大的生存空间和发展前景。文艺复兴运动对思想的更新和批判，使这一时期受人文主义思想影响的科学家们急剧涌现。文艺复兴运动强调现世人自我价值的实现，不再把艺术家和科学家的贡献视为上帝的附属品，这为西方社会近代艺术与近代科学的兴起扫除了宗教信条和思想教条的障碍。科学家们不再完全基于基督教“上帝创世说”的宗教体系去解释生活实践，他们开始质疑传统和挑战权威，以自身的聪明才智去认识世界和解释世界。其次，文艺复兴运动促进西方社会财富的积累和科学氛围的形成，为现代科技文明在西方社会的崛起提供了良好的发展环境。文艺复兴运动使资产阶级财富观念发生变化，商人地位显著提高。为了追求财富，大量商人积极向海外殖民、通商、航海和探险，使商业文明与精密科学之间有着密切关系。为了发展新的贸易方式，商人普遍资助科学研究，为加速近代自然科学研究和技术发明提供了可靠的物质保障。再次，西方科学家注重逻辑思维，强调使用系统的方法论和科学实验去总结客观规律。比如，伽利略用比萨斜塔实验一举推翻了亚里士多德的错误论断，从而证明其思想的科学性和正确性。这不仅是科学的发展，更说明文艺复兴时期的科学家们不再墨守成规，而是敢于用自己的科学发现去质疑权威，用严密的逻辑知识去证明自己的理论。最后，文艺复兴提倡新的人性观和世界观，对科学复兴产生了深刻影响。通过发现人的自主性、能动性和创造性，确立和激发了近代科学家理性研究自然科学的精神动力；通过发现世界的客观规律性、可控性和数学结构，大大巩固了近代科学家对自然理性秩序的本体论信念，激发其认识和改造自然的浓厚兴趣，促进了科学研究方法的成熟，从而有力地推动了近代科学的兴起与发展。①

（四）新型教育模式为西方科技进步营造良好风气

随着经济迅速发展和城市逐渐形成，西方社会开始格外重视科学技术教育，这极大地促进了科学技术进步和资本主义经济的进一步繁荣。首先，近代西方经济、政治和文化的革新与发展促进了新型教育模式的诞生，大学教育就是其直接产物。尽管当时的自然科学并未在大学取得应有地位，但是对自然科学有着突出贡献的科学家，多数集中在大学任教。意大利作为文艺复兴的发源地，是最早创办大学的西欧国家。随着人文思潮兴起，其自然科学也得到相应发展。而在英国近代科学史上，牛津大学和剑桥大学一定程度上成为科学的摇篮。例如，巴罗和牛顿教授的数学、光学、力学等学科，奠定了科学技术发展的理论基础。可以说，近代西方社会注重科学探索和规律总结，强调理论的系统性，在一定程度上为推动西方科学技术的发展奠定了基础。其次，早在 16 世纪，西方社会各个国家就在政策上给予支持，资助和扶持科学技术的发展。各国科学社团和科学联合体都迅速发展和完善，许多科学社团甚至成为国家政体的一部分，受到资本家的资助和保护，这为科学技术的发展和科学技术教育的完善提供了组织和经济保障。此外，一些国家还在政策上着力扶持科学技术教育，如设立专门负责科学技术教育的管理机关，颁布有关科学技术教育的政策、法令，设立以新型科学教育为主的学校等，为西方科学教育的发展提供了全面的政策保障。由此，资本主义社会发展科技、尊重科技的社会风气逐渐形成，并进一步推动了近代西方社会科学技术的迅猛发展。

（五）宗教改革运动打破束缚西方科技发展的枷锁

宗教改革运动是西方现代化历程中不可缺少的一环，这场运动向旧有的宗

① 郝苑、孟建伟：《从“人的发现”到“世界的发现”——论文艺复兴对科学复兴的深刻影响》，《北京行政学院学报》2013 年第 4 期。

教观念发起了挑战，动摇了中世纪经院哲学的统治地位，打破了束缚科技发展的枷锁。强调人性卑微和人生悲惨的传统生活哲学，阻碍了人的主观能动性的发挥，遏制了整个社会自我意识的觉醒，而宗教改革运动破除神学束缚，使现代科学发展成为可能。宗教改革运动打击天主教会，剥夺教会在各国的政治、经济特权，促进了民族国家形成。它传播资本主义意识形态，成为欧洲中世纪文化和近代文化的分水岭，不仅为促进资本主义政治和经济发展扫除了障碍，更在客观上为宽容精神的出现创造了条件，加速了西方现代化进程。宗教改革运动中，资产阶级夺取大量教会财产，成为推动资本主义经济和科技发展的财富储备。宗教改革后，各国普遍重视教育，兴办学校，增加包括自然科学在内的科学项目，提高了西方社会对教育的重视程度，促进了民族文化发展，激发了哲学家和科学家对知识与先进思想探索的热情和动力。

二、落后于世界主流的近代中国科学技术思想

中国古代社会漫长的发展历程，曾孕育了许多举世瞩目的科技成果，在中华文明的史册中熠熠生辉。然而，在多种因素的共同影响下，中国的科学技术在由传统走向现代的历史进程中错失发展良机，因落后于西方科技发展水平而付出了沉痛代价。

（一）中国古代科学技术体系阻碍近代科学思想的萌芽

中国古代科学技术体系具有一定的独立性、保守性和排他性。中国古代科技思想的学习与传播、科技活动的组织与实施多以官方为主导，许多科学家兼具政府官员的身份，因此形成了以官僚为主体的科技发展结构。这种结构是我国古代科技发展的主要动力，并促使中国古代科技在一定时期内领先世界。然而，封闭稳定的统治结构使得中国古代的科技体系自产生起，就被无形壁垒所包围，使科学技术的发展趋于保守和僵化。受到封建政府重视的学科得以持续发展，不受重视的学科则无人问津。而随着体系的充实和发展，这个问题愈加

突出，使得与该体系不相融合的科学思想和技术成果难以问世或难以传承。另外，中国古代科学技术的排他性，体现在对外来科学技术知识的选择和吸收上过于狭隘。在明清期间，虽有很多外国传教士和科学家在中国宣传西方科学思想，却未受到重视，也未产生太大影响。甚至在洋务运动和维新运动期间，西方科学技术的传播亦颇受阻碍。

中国古代科学技术具有较强的实用性和经验性，缺乏系统的理论探讨和严密的逻辑体系，比如科技著作偏重于对生产经验的直接记载和对自然现象的直观描述，因此难以形成结构完整、内容系统的近代科学技术思想。科学理论与技术实践相辅相成，经验形态的技术需要上升为科学理论，科学理论又能促进技术的创新和发展。中国古代科学技术对实用主义品格的重视并不利于科学理论的探索，经验技术难以上升到理论层面，缺乏理论指导的技术发展到一定程度就会停滞不前。

（二）中国古代社会文化环境束缚近代科学思维的产生

科学技术的发展与社会文化环境息息相关，中国古代传统的教育体制、人才结构、思维模式和社会观念都在不同程度上导致社会文化环境的保守压抑，束缚了近代中国科学思维的产生，并最终导致近代科学技术发展的严重落后于世界。首先，中国古代传统的社会人才结构制约基础科学的发展。中国古代讲究“经世致用”的治国安邦之术，像物理学、化学、几何学等抽象性、逻辑性强的数理知识在短期内难以见其功效，因此不受重视，这造成基础科学在我国古代发展水平不高，愿意从事基础科学研究的人才更是寥寥无几。中国古代“士农工商”的职业等级理念，对职业存在着明显的固化认知。李约瑟指出：“中国社会存在着一种固有的反商业主义的思想。如果在中国社会里不可能出现一个富格尔家族，那么它也不可能产生出一个伽利略式的人物。”① 在中国古代

① 李约瑟：《中国科学技术史》，科学出版社 1990 年版。

封建社会的人才结构体系中，士处于主导地位，士中官僚又居主导，科技人才是附庸，这就导致了中国古代科技的创造主体是工匠而不是学者，或者说只有少数被赋予官职的学者参与科技活动。① 其次，知识分子在封建社会的价值实现方式制约了科学技术发展。科学技术的发展必须以科学家为载体，科学家的培养是至关重要的环节。而中国古代的教育体制——科举制所选拔的人才往往是熟读四书五经，善用孔孟之道去评价时事与政策，并不注重考察人才的逻辑思维能力和实验能力。这种培养人才的模式产生的多是士大夫和文人墨客，崇尚科学技术的人往往只能自学成才。儒家经典教育倡导“学而优则仕”的观念，通过科举考试选拔人才，其目的是为了巩固封建统治、维护社会稳定，这不利于社会的活跃和开放，束缚了人才的创新性发展，难以产生富有创造力的科学技术人才。再次，科学教育是科学知识传播的有效形式，对科学技术发展的重要性不言而喻。但在中国封建社会，没有形成有效的科学教育系统，特别是官学合一的教育体制给科学传播造成一定的障碍。尽管中国古代私学形式多样，但大多采用家传制或师徒制，不会广收门徒，因而在教育系统中传播科学知识会受到极大限制，无法保证科学知识传播的足够广度。最后，以长于综合、短于分析为显著特征的中华民族传统思维模式阻碍了近代科学思维的产生。采用中华民族传统思维模式看问题，注重从整体、全局出发，综合地把握对象，并且认为局部服从全局、为全局牺牲局部，共性高于个性、为共性压抑个性，是天经地义的美德。这种思维常常满足于笼统地自圆其说，不求甚解，忽视局部和个性，这与西方以细节分析为先的思维方式形成了鲜明对照。② 近代西方科技产生的历史表明，想要实现科学技术的进步，仅仅发展实用技术是不够的，即使是高度发展的技术。科学技术若要实现持久、健康地发展，一个重要因素就是要将技术经验上升为科学理论，总结科学方法，形成逻辑思维，而中国却恰恰缺少了这一点。

---

①② 谢伟岸:《论中国封建社会人才结构对其科学技术发展的影响》，湖南大学硕士学位论文2006年。

（三）半殖民地半封建经济制约近代工业技术的发展

近代中国半殖民地半封建社会的经济基础决定了中国近代工业技术发展的落后境况。毛泽东同志曾指出："中国封建社会内的商品经济的发展，已经孕育着资本主义的萌芽，如果没有外国资本主义的影响，中国也将缓慢地发展到资本主义社会。"①西方资本主义列强的侵略打断了中国封建社会晚期资本主义萌芽和发展的进程，使近代中国沦为半殖民地半封建社会，中国近代的经济发展也被打上了半殖民地半封建的烙印，自然经济仍然占据主导地位，而工商业则走上艰难曲折的畸形道路。首先，封建社会"重农轻商"等政策遏制了资本主义经济因素的增长。对海外贸易的限制和对重要工业的官营，不利于工商业经济的活跃发展，科学技术得不到经济的刺激，与工商业有关的科学技术诸如力学、化学、机械制造技术停滞不前。到洋务运动时期，封建地主阶级洋务派开始投资设厂，中国社会资本主义经济因素增多。但由于封建地主阶级的历史局限性，这一时期设立的工厂基本"官督商办"的形式，技术设备仍旧十分落后，难以带动工业技术的进步和工业经济的发展。其次，资本主义经济在近代中国社会经济中占比太小，自给自足的小农经济和家庭手工业仍然占据主导地位。自然经济不需要复杂的科学知识和技术工具，人们在生产过程中安于使用简单技术，因此没有形成能够直接推动科学技术发展的社会需求。小农经济所固有的狭隘眼界、知识私有保密观念和家庭观念也严重阻碍了技术的传承和发展。由此可知，半殖民地半封建的性质导致近代中国社会没能及时提供发展科学技术的政治经济土壤，严重制约了中国近代科学技术的兴起。

三、近代中国先进知识分子的科学救国思想

近代中国民族危机日益深重，先进知识分子意识到科学技术是发展国民经

---

①《毛泽东选集》第2卷，人民出版社1991年版，第626页。

济、积累社会财富，进而实现民族自强的重要因素，因此积极向西方寻求救国真理。为达到此目标，他们见仁见智，各有主张。林则徐、魏源等人强调“师夷长技、自强求富”，向西方学习先进技术，发展民族工业。留美学生任鸿隽、赵元任、杨铨等人创刊《科学》杂志、建立中国科学社，介绍西方先进科学知识，实施具体科学研究，切实推动了西方科学知识和科学精神在中国的传播。

（一）近代中国科学救国思想的主要代表人物

林则徐是近代中国第一个“睁眼看世界”的人。由于长时间闭关自守、固步自封，清朝政府对于自身落后现状一无所知，仍然沉浸在天朝上国的虚幻梦境中。林则徐赴广州主持禁烟之后，深感世界大势瞬息万变，清楚意识到清朝已经落后于西方国家，懊悔自身对于西方知识与见闻的贫乏。为改变“沿海文武大员并不谙诸夷情，震于英吉利之名，而实不知来历”的状况，[①] 林则徐开始有意识地收集和翻译外文报刊、书籍，分析国外的政治、经济、文化、军事、法律等各个方面的情况，力求知己知彼，为朝廷和国人普及西方国家的地理位置和发展情况。1941 年，林则徐组织翻译了《世界地理大全》，并亲自编辑中国近代首部比较系统介绍世界地理的《四洲志》一书。在这个过程中，林则徐认识到只有学人所长、补己之短，掌握西方技术来抵御西方侵略才是可行之法。为此，林则徐力荐通过筹建新式舰炮水军来改变清朝军事技术落后的窘迫状态，认为“窃谓剿夷而不谋船炮水军，是自取败也”。[②] 在林则徐的努力之下，中国人逐渐把视线拓宽到天朝以外的广阔世界，开启奋力自强的命运抗争史。

魏源也是鸦片战争时期“睁眼看世界”的重要人物。1842 年，魏源编成《海国图志》，尽可能地辑录介绍西方各国历史发展和现实状况的文献资料，囊

① 中山大学历史系中国近代现代史教研组、研究室编：《林则徐集 · 奏稿（中册）》，中华书局 1965 年版，第 649 页。

② 杨国祯：《林则徐书简（增订本）》，福建人民出版社 1985 年版，第 197 页。

括政治、经济、地理、宗教和历史等各个方面的知识。在序言中，魏源明确表达了《海国图志》"为以夷攻夷而作，为夷款夷而作，为师夷长技以制夷而作"[①]，认为"善师四夷者，能制四夷；不善师外夷者，外夷制之"。[②]由此，魏源提出"师夷长技"的主张，呼吁把学习西方技术提高到关系民族安危的大事来认识，打破了长期以来固有的"华夷之辨"的落后观念。在具体方案上，魏源不仅在官办军事工业、改进军事武器装备方面提出重要建议，还提倡兴办民用工业，允许商民自由兴办工业，力求学习西方长处来发展中国，改变中国的落后状况。魏源"师夷长技以制夷"的思想是对林则徐"师夷长技以自强"思想的继承与发展，代表了中国先进人士对西方资本主义侵略中国作出的应对，这种主张与强烈的爱国主义思想深度交融，开启了学习西方技术以挽救民族危亡的曲折道路。

任鸿隽是国内第一个系统论述"科学精神"的人。作为中国近代科学与教育事业的重要推动者，任鸿隽在一系列著述中对"科学精神"所作的系统性论述，至今仍为学术界所重视。诚然，现今美国所刊行的《科学》杂志为人所共知，然而在100多年前，中国也有一本《科学》杂志，是一群留学生在美国创办的，与它同时诞生的还有中国科学社，这是中国近代最大的科学家团体。《科学》杂志和中国科学社的主事者就是任鸿隽。任鸿隽留学日本时加入了同盟会四川分会，成为革命党人的骨干。严格来说，任鸿隽的"科学救国"之路是1918年回国后开启的，但就像当年的革命火种在海外孕育一样，任鸿隽的科学人生早在海外留学时就已起步。1916年1月，他在《科学》第二卷第一期上发表《科学精神论》一文，这是"科学精神"首次在中文文献中得到极为精辟且系统性的论述。在任鸿隽看来，所谓科学精神就是一种求真精神。他用地质学家赖耶尔和赫胥黎的事迹来说明在没有充足的观察材料和事实根据的前提下，

① 魏源:《海国图志（上）》，岳麓书社1998年版，第1页。
② 魏源:《海国图志（中）》，岳麓书社1998年版，第1093页。

对任何理论的结论性断言都应谨慎对待。他还进一步阐释了科学的唯一目的是获得真理的观点：一旦轻易作出结论或接受了他人的论断，就有蒙蔽自己的双眼，看不见真理的危险。① 人类在求真致知的探索活动中探汤蹈火的实证精神，就是科学精神的最本质体现。

（二）近代中国科学救国思想的社会实践

中国的科学救国思想是被西方列强用坚船利炮打出来的，西方科学技术在两次鸦片战争中向中国展示了它的强大威力，这使得部分先进思想家及封建统治者，不得不开始纠正视科学技术为“奇技淫巧”的固有偏见，在器物层面上开始关注近代科学。魏源提出“师夷长技以制夷”，其中的“长技”实际上是指西方的先进科学技术，主要是指以船炮为主的军事技术，而此时的科学救“国”，救的不过是腐朽的清政府和封建社会。“中体西用”的提出也恰好印证了此时的科学是为封建统治阶级服务的，至于能否真正救国，答案显而易见。当时的中国，小农经济仍然占据主导地位，学习西方科学技术仅仅局限在民族工业范围内，这对于推动科学技术的创新发展仍远远不够。此时的统治阶级和普通民众都尚不能全盘接受西方科学思想，整个社会尚处于“民智未开”的状态。

洋务运动客观上是对魏源“师夷长技以制夷”思想的实践，进一步促进了科学救国思想的萌芽。奕䜣、李鸿章等洋务派人士认为民族“自强”在于“制器”，而“制器”必须精通科学技术知识，因此洋务派大量翻译西方科技书籍，创办京师同文馆等新式学堂，推广格致教育。但此时的中国只是略微受到西方科学浸染，没有出现清晰的“科学”概念。少数觉醒的知识分子在潜意识中感受到，科学越来越成为改变国家落后局面的武器，对科学的理解也开始走向学理层面。但洋务运动在维护清朝统治的前提下学习西方先进技术，没有从根本上进行改革，最终还是未能触及封建统治根基。洋务运动所创办的企业采用封

① 郝珊：《任鸿隽的科学及科学教育思想初探》，湖南大学硕士学位论文 2011 年。

建衙门式的管理方法，“官督商办”的民族企业自主性小、创新性低，所采用的机器设备和制造方法较为落后。这样的救国思想与实践自然无法起到“救国”作用。

戊戌变法时期，维新派在宣传其思想主张的过程中，推动了西方科学思想在中国的传播和延伸。早期维新思想家对科学的认识更加注重学理层面的作用，对科学在发展民族经济、促进生产力方面的作用有较深层次的理解。维新派翻译西书、创办报刊、建立学会，推动科学知识的传播。而强硬的顽固派无情地打破了他们的幻想，慈禧太后发动政变，使这场持续百余天的运动戛然而止，严酷的政治环境致使科学救国的道路愈加艰难。科学救国思想的诞生虽由此开始，但尚未形成系统的科学救国思潮，其思想主张也未能在社会范围内得到广泛传播。

科学救国思想产生以后，在社会上引起较大反响，越来越多的中国人相信科学能够改变中国落后状况，因此致力于科学救国思想的宣传及推广工作。辛亥革命推翻清朝统治，建立中华民国，中国的社会生活也相应地发生了重大变化。随着各类杂志的相继创办和社团学会的成立，形成了传播科学知识、学习科学方法、弘扬科学精神的思想潮流，拓宽了科学救国思想的影响范围。这一时期的科学救国思想宣传相较于维新派的倡导取得了显著进步。然而，在科学救国的呼声愈喊愈烈时，仅靠发展科学能否真正救国的思考也引起讨论。恽代英曾提醒一味歌颂科学而不求诸革命的人，“我们并不反对人学技术科学。但是我们以为单靠技术科学来救国，只是不知国情的昏话……技术科学是在时局转移以后才有用，他自身不能转移时局。若时局不转移，中国的事业，一天天陷落到外国人手里，纵有几千几百技术家，岂但不能救国，而且只能拿他的技术，帮外国人做事情，结果技术家只有成为洋奴罢了”。①当“科学救国”作为一个

① 《恽代英全集》第 5 卷，人民出版社 2014 年版，第 221 页。

宣传口号时，社会影响很大，人人都在高呼“拥护赛先生”，到处在弘扬科学精神，但实际上对于中国科学技术事业的发展没有多大的积极作用。没有找到适合中国的发展道路，没有充分认识科学技术的运作机制，没有塑造适宜科学技术发展的社会环境，空喊口号，难以救国。只有先实现国家领土主权独立，建立起符合中国具体实际的社会制度，建立起拥有独立主权的民族国家，才可阔谈大力发展科学技术，实现人民富裕、国家富强。

第二节　中国共产党早期科学技术思想的理论来源

马克思主义科学技术思想形成于19世纪中叶的欧洲，20世纪初被苏联领导人列宁和斯大林所继承，成为苏联社会主义建设的科学发展指导思想。科学技术思想与苏联社会主义建设实践的结合促进了马克思主义科技思想的创新与发展。十月革命后，马克思列宁主义传入中国，早期中国共产党人在学习和宣传马克思主义的基础上，逐渐汲取马克思主义科技思想的核心要义。辩证唯物主义和历史唯物主义作为马克思主义科技思想的哲学方法，被早期中国共产党人积极运用于分析中国社会问题，为中国共产党科学技术思想的形成奠定理论基础。

一、马克思主义科学技术思想的发展脉络

马克思主义科学技术思想是马克思和恩格斯在资本主义社会发生历史性变化的时代背景下，根据时代发展需要和理论建构需求，在总结和创新近代科学技术发展成果的基础上形成的。马克思主义科学技术思想的阐发过程与马克思主义理论体系的构建路径根本一致，尤其马克思和恩格斯对政治经济学的研究与深化，昭示了马克思主义科学技术思想从孕育到成熟的发展过程。

（一）马克思主义科学技术思想的形成条件

科技革命和工业革命相继在欧洲爆发，资本主义经济迅猛发展的同时，经济危机和社会矛盾也接踵而至。马克思和恩格斯感知历史变化，回应时代课题，结合自身实践经历，在总结和借鉴近代科学技术发展成果的基础上，形成了内涵丰富、理论纯熟的科学技术思想。

近代资本主义社会的历史性变化构成马克思主义科学技术思想形成的社会背景。18 世纪 60 年代兴起的欧洲工业革命开启了资本主义由工场手工业向大机器工业转变的历史进程，科学技术在其中扮演了举足轻重的角色。新兴资产阶级寻求利益最大化，积极投身技术变革，提升生产效率，客观上推动了社会生产力的巨大发展，形成了完整的工业技术体系，建立起雄厚的物质技术基础，首次凸显了科学技术的生产力功能。以技术革命为中心内容的工业革命引发了社会的深刻变革，也引起了生产关系和社会关系的变化，无产阶级和资产阶级的对立局面出现。随着资本主义社会进入社会化大生产阶段，两大阶级相互对立的矛盾日益激化，成为资本主义社会的主要矛盾。不合理的工厂制度和不公平的工资待遇使得工人阶级大规模罢工愈加频繁，资本主义经济危机的规律性、国际性爆发使得推翻资产阶级统治的呼声愈加高涨。19 世纪三四十年代欧洲英法两国先后爆发了三次大规模的革命运动，表明无产阶级作为独立的政治力量开始登上人类历史舞台。同时，欧洲工人运动尤其是三大工人运动的失败表明，无产阶级解放事业需要科学的革命理论指导。马克思、恩格斯身处历史巨变时代，关切工人阶级状况，思考人类解放问题，勇敢走在发展前沿，解答时代课题，马克思主义由此应运而生。马克思、恩格斯深刻认识到，科学技术在推动资本主义社会生产力发展的同时，也加剧着资本主义基本矛盾的深化，是推动社会历史前进与变革的重要动力。因此，科学技术可以在无产阶级解放事业中发挥积极作用。为向工人阶级揭示资本主义社会经济关系、阐明工人阶级现实处境和历史使命，马克思和恩格斯始终密切关注科学技术的发展动态，对科学技术进行研究并上升为理论，马克思主义科学技术思想得以孕育而生。

近代自然科学和哲学社会科学的发展成果为马克思主义科学技术思想提供了思想基础。马克思、恩格斯所生活的19世纪是西方科学技术发展的黄金时期，也是各种哲学思想交锋汇集的转折点。正如恩格斯所说，“这是一个需要巨人并且产生了巨人的时代”。① 马克思主义科学技术思想正是站在巨人的肩膀上发展起来的。首先，自然科学界的三大发现——细胞学说、能量守恒与转化定律、生物进化论，揭示了自然界客观辩证法的存在，推动了世界观和认识论的根本变革，使人们逐渐抛弃形而上学的思维方式和旧的目的论，代之以整体的、联系的、辩证的观点来认识世界和解释世界，为唯物主义和辩证法的兴起及其有机结合提供了自然科学前提。其次，德国古典哲学的思想精华为马克思、恩格斯的科学技术研究提供了哲学根基。恩格斯评价，黑格尔的伟大功绩在于他第一次把整个自然的、历史的和精神的世界描写为一个处于不断运动、变化、转变和发展的过程，并试图揭示这种运动和发展的内在联系，从而有力地批判了形而上学的思维方法。② 马克思在批判黑格尔哲学的基础上，汲取深刻的辩证法思想，并对黑格尔历史哲学的唯心主义进行辩证批判，确立了唯物主义哲学立场。费尔巴哈所倡导的人本学唯物主义对青年马克思哲学思想的形成影响深远。马克思对技术异化所造成的人的奴役进行了深刻揭露，其带有鲜明人道主义精神的科学技术思想正是对德国古典哲学主体性思想的批判性继承。马克思、恩格斯吸收德国古典哲学的辩证法思想，克服旧唯物主义形而上学的局限性，形成了辩证唯物主义和历史唯物主义的世界观和方法论，成为支撑科学技术思想研究的理论指导。

马克思主义理论的内在要求和无产阶级解放事业的现实需要成为马克思主义科学技术思想形成的主观动因。首先，构建和完善马克思主义理论体系需要

---

① 《马克思恩格斯文集》第9卷，人民出版社2009年版，第405页。

② 《马克思恩格斯文集》第3卷，人民出版社2009年版，第542页。

深化对科学技术的研究。马克思和恩格斯受到自然科学发展的启发，意识到自然科学对于社会历史研究的重要意义，并提出社会历史研究科学化的想法。通过借鉴和利用自然科学研究方法探索社会科学领域的问题，进而总结出社会历史发展的客观规律。恩格斯曾在《反杜林论》中强调，确立辩证唯物主义的自然观，"需要具备数学和自然科学的知识"。① 政治经济学的研究和《资本论》的撰写也涉及数学和科学问题，马克思废寝忘食地学习各门科学知识，熟练运用数学和经济学知识揭露了资本主义生产的运行机制和资本家发财致富的秘密。此外，马克思主义唯物主义和辩证法的统一、自然观和社会历史观的统一、自然史和人类史的统一、自然辩证法和历史唯物主义的统一等研究议题都离不开对科学技术的考察研究。科学技术的变革往往也会引发认识方法和思维方式的变革，可以说，如果没有辩证思维方式的塑造，就没有科学的马克思主义理论的诞生。其次，对科学技术的研究和阐发源于批判错误科技思潮的需要。19 世纪科技发展成果在思想领域催生了形形色色的科技思潮，部分错误科技思潮沦为资产阶级攻击马克思主义的工具。不仅各种披着"科学"外衣的唯心主义、形而上学、不可知论大行其道，庸俗唯物主义、社会达尔文主义、机会主义、带有蒙昧主义和神秘主义色彩的"降魂术"等错误思潮也产生不小影响。坚持和捍卫马克思主义理论的科学性，要求马克思、恩格斯及时对科学技术展开研究，将科学成果和科学解释上升到辩证唯物主义层面，驳斥资产阶级的攻击和各种错误科技思潮。最后，支持无产阶级解放事业需要对科学技术展开研究，为工人运动提供科学指导。资本主义社会发展的客观规律表明，科技革命能够催生社会革命，科学技术在推动历史发展方面发挥着革命式的力量，因此必须充分认识科学技术的功能和价值。在两次科技革命的推动下，资本主义大工业发展迅速，从自由竞争阶段过渡到垄断阶段。然而，经济总量大幅增加，工人

① 《马克思恩格斯文集》第 9 卷，人民出版社 2009 年版，第 13 页。

被剥削和压迫的状况并未改变，科学技术反而成为了资产阶级压迫无产阶级的工具，并将影响范围从西欧扩展到了全世界。自由全面发展是人类梦寐以求的理想目标，而资本主义不是能够充分利用科技成果造福人类的生产方式，因此需要推动社会革命，建立社会主义生产方式，科学技术才能长足发展，造福于人类。在此基础上，马克思、恩格斯积极关注和利用科学技术最新成果批判资本主义的错误论调和恶劣行径，用理论思维和辩证思维武装工人头脑，把认识自然和认识科技的思想武器交给工人阶级。因此，马克思主义科学技术思想的形成和阐发是推翻资产阶级制度、争取无产阶级解放的重要环节，是夺取胜利的科学武器。

（二）马克思主义科学技术思想的发展进程

马克思主义科学技术思想基本沿着马克思主义理论研究的路径纵深发展。马克思主义科学技术思想在辩证唯物主义和历史唯物主义的方法论指导下，随着政治经济学研究的深入而得到阐发。马克思和恩格斯用雄厚的理论支撑和深情的现实关切不断发展和完善马克思主义科学技术思想。

对政治经济学的初步探索开启了马克思主义科学技术思想的萌芽阶段。从《国民经济学批判大纲》到《1844年经济学哲学手稿》，马克思和恩格斯在尝试考察资本主义经济关系的基础上，主要阐述科学技术在社会发展影响上的二重性。一方面，马克思和恩格斯论述了科学技术在推动社会生产力发展、改善交通运输状况和促进世界市场形成等方面的积极作用。另一方面，马克思和恩格斯批判了科学技术的异化对工人和社会造成的负面影响。这一阶段，马克思和恩格斯对于科学技术的考察范围局限在工业和交通运输业，尚未涉及农业、畜牧业和建筑业等领域；理论研究范围尚未辐射到自然科学领域，对于科学技术观点的表述稍显零散粗略，描述性话语占较大篇幅；此外，对于工人生活状况的考察是基于同情的感性心理，没有挖掘出科学技术造成负面影响的深层原因。

新世界观的确立为政治经济学研究提供方法论指导，马克思主义科学技术思想在此过程中得以形成。《德意志意识形态》是历史唯物主义新世界观基本形成的标志，这为马克思主义政治经济学研究提供了牢固的历史观和科学的方法论。在《德意志意识形态》《雇佣劳动与资本》《共产党宣言》和《政治经济学批判》系列手稿等著作中，马克思和恩格斯在辩证唯物主义和历史唯物主义的理论指导下，全面分析了科学技术发展状况，形成了本质论、动力论、功能论、异化论、趋势论等基本科技观点。本质论阐述科学和技术的本质特征及其辩证关系，提出科学技术是生产力的观点；动力论强调社会生产需要是科学技术产生和发展的内在动力，科学技术和社会生产是一种相互影响、相互制约的辩证关系；功能论强调科学技术的社会功能，系统论述了科学技术对于生产力发展和生产关系变革的推动作用，剖析了科学技术对社会发展的影响；异化论反思科学技术的资本主义应用带来的负面作用，认为科学技术与资本的结合会造成科技异化，促使工人非人化发展；趋势论认为科学技术在不同社会发展阶段的应用，客观上为人的解放提供了物质基础，科学技术持续进步的总趋势将促进人的自由全面发展。这一阶段的马克思和恩格斯已经认识到科学技术与生产实践的紧密联系，将科学技术放置在社会生产过程和社会实践活动中进行考察，形成了一系列关于科学技术的独到见解。但是这些科学技术观点大多是一般性论述，缺乏深度剖析和系统阐释，关于科学技术如何与社会实践各个环节进行互动的内容还未详细展开。马克思、恩格斯的理论研究重点仍然是社会历史问题，对自然科学的研究处于零星的、片段的、时停时续的状态。

随着马克思主义政治经济学的理论体系趋向成熟，马克思主义科学技术思想得到系统阐发。《资本论》是马克思主义政治经济学的成熟之作，在马克思的批判性研究视野中，资本主义私有制经济的剥削实质充分显现。马克思彻底揭示了资本主义生产方式的运动规律和内在矛盾，并科学阐明了资本主义私有制向共产主义公有制过渡的客观必然性。在政治经济学理论的建构中，马克思主义科学技术思想得以全面展开，逻辑框架也搭建完成。在《资本论》中，马克思实现了把基本科技观点的阐释和对社会生产实践的考察进行深度融合的研究工作。从科学技术在资本主义生产过程每个环节中的作用，推及对社会生活、人的解放和历史发展的重要影响，马克思都进行了丰富翔实的阐述。除此之外，恩格斯在《自然辩证法》和《反杜林论》中集中论述的自然科学观点也是马克思主义科学技术思想的有机组成部分。《自然辩证法》的创作框架涉及了马克思主义自然观、科学技术观、科学技术方法论和科学技术社会学等内容，后来恩格斯在写作时梳理了自然科学的发展史和不同学科之间的相互关系，确定了自然科学发展规律与唯物辩证法基本规律的一致性，论证了自然辩证法和历史唯物主义的统一性。《自然辩证法》成为马克思主义科学技术思想集中阐述的最高成就。贯穿《自然辩证法》全书的既唯物又辩证的世界观和方法论是马克思主义科学世界观的重要组成部分，成为指导科学研究的正确理论和科学方法。这一阶段马克思主义科学技术思想得以系统阐发，丰富的理论成果为日后的进一步发展提供了理论基础和科学走向。

二、马克思主义科学技术思想的核心观点

马克思主义科学技术思想是一个理论深奥、内容丰富的体系，涉及科学技术方方面面的思考与见解，其中，辩证唯物主义哲学是科学技术理论与实践的根本指导。马克思和恩格斯对科学技术的发展动力、发展趋势和遵循原则的阐述则体现马克思主义科技思想的核心观点，并且适用于社会历史发展的任何阶段，对科学技术发展具有科学指导意义。

（一）辩证唯物主义哲学与科学技术在辩证互动中实现发展

辩证唯物主义是辩证法和唯物主义有机统一的科学世界观，是指导科学研究与发展的认识论和方法论。辩证唯物主义以实践观点为理论基石，科学地分析和解决了人与世界的关系问题，为人们提供了一个联系的、总体的自然界图景。辩证唯物主义哲学发端于黑格尔辩证法和费尔巴哈唯物主义的有机结合，

依托于近代实践和理论自然科学的最新成果。本质上，辩证唯物主义与科学技术是一种相互促进、共同发展的关系。辩证唯物主义为具体科学研究提供理论指导，同时在汲取科学研究新成果和新方法的基础上实现理论创新，进而更好地指导下一轮科学研究工作。

一方面，科学研究是一项探索性的认识活动，它旨在发现研究对象的本质规律，因而离不开辩证唯物主义哲学思想的指导。恩格斯认为，祛除黑格尔神秘主义的辩证法，是自然科学所绝对必需的思维形式，“因为只有辩证法才为自然界中出现的发展过程，为各种普遍的联系，为一个研究领域向另一个研究领域过渡提供类比，从而提供说明方法”。① 恩格斯把辩证法看作是一切运动的最普遍的规律，因此无论是自然界、人类历史还是思维上的运动，辩证法都是同样适用的。除此之外，辩证的唯物论同样是科学研究所必然认可的前提。“在自然界和历史的每一科学领域中，都必须从既有的事实出发，因而在自然科学中要从物质的各种实在形式和运动形式出发。”② 即使在理论自然科学中，也不能把虚构联系放置于事实之间，而是从事实出发，挖掘出客观联系，并用经验加以证明。恩格斯还强调了社会科学与自然科学一样，应当同唯物主义协调发展，并在此基础上加以改造。另一方面，辩证唯物主义哲学将在科学技术发展中获得理论创新。辩证唯物主义不是一成不变的教条，而是随着科学发现和技术实践发展而丰富的科学理论。正如恩格斯所言：“自然界是检验辩证法的试金石，而且我们必须说，现代自然科学为这种检验提供了极其丰富的、与日俱增的材料。”③ 辩证法从近代自然科学中孕育而出，打破了形而上学的思维局限。这表明，随着科学技术的突破性发展，新的学科领域、新的研究方法、新的认识工具和新的理论知识将随之产生。对每一阶段科学研究成果的分析和总结，将使

① 《马克思恩格斯文集》第9卷，人民出版社2009年版，第436页。
② 《马克思恩格斯文集》第9卷，人民出版社2009年版，第440页。
③ 《马克思恩格斯文集》第9卷，人民出版社2009年版，第25页。

辩证唯物主义哲学在原有的理论基础上实现创新性发展。“甚至随着自然科学领域中每一个划时代的发现，唯物主义也必然要改变自己的形式。”① 辩证唯物主义需要不断适应科学技术的发展要求，适时进行自我调整，才能持续为科学研究和发展提供科学的理论指导。

（二）社会生产力的发展需求推动科学技术的进步

社会生产力是衡量一个社会进步程度的重要标志，也是推动历史发展的车轮滚滚向前的革命性因素。社会进步建立在生产力发展的基础之上，而发展生产力则要求科学技术的进步，这是因为科学技术能够推动生产力的发展。科学技术是生产力的观点源自马克思，对这一观点的描述几乎贯穿马克思主义科学技术思想发展的始终。从“机器只是一种生产力”，② 发明是“某一个地域创造出来的生产力”，③ 劳动的社会生产力包括科学的力量等观点中看出，马克思在对生产力与科学技术的关系描述中肯定了科学技术的社会属性。

一方面，科学技术推动着社会生产力的发展。马克思曾明确指出，生产力的发展“归结为脑力劳动特别是自然科学的发展”。④ 科学技术在资本主义生产方式中的运用，使得“资产阶级在它的不到一百年的阶级统治中所创造的生产力，比过去一切世代创造的全部生产力还要多，还要大”。⑤ 有了科学技术的鼎力相助，人类支配的生产力将无法估量，社会历史将随着科学技术的进步和生产力的发展向前推进。另一方面，科学技术也在社会生产力的发展中获得进步。恩格斯指出：“以前人们只夸耀生产应归功于科学，但是科学应归功于生产的事实却多得不可胜数。”⑥ 人们对自然力的征服、对机器的发明和对生产技术的改

---

① 《马克思恩格斯文集》第 4 卷，人民出版社 2009 年版，第 281 页。
② 《马克思恩格斯文集》第 1 卷，人民出版社 2009 年版，第 662 页。
③ 《马克思恩格斯文集》第 1 卷，人民出版社 2009 年版，第 559 页。
④ 《马克思恩格斯文集》第 7 卷，人民出版社 2009 年版，第 96 页。
⑤ 《马克思恩格斯文集》第 2 卷，人民出版社 2009 年版，第 36 页。
⑥ 《马克思恩格斯文集》第 9 卷，人民出版社 2009 年版，第 428 页。

进，都源于对社会生产力的追寻。近代自然科学的兴起，及其创造的无数伟大奇迹，毫无疑问都归功于社会生产。正是由于科学技术与社会生产力在社会生产中的相互作用，科学技术得以发挥其推动历史发展的革命力量。

（三）科学技术进步的总趋势促进人的自由全面发展

科学技术的进步促进人的自由全面发展，是马克思主义科学技术思想的基本观点。科学技术在某一阶段的应用导致的不良后果，并不影响它在整体趋势上促进人的自由全面发展。马克思在《1844 年经济学哲学手稿》中阐释，科学技术通过工业“进入人的生活，改造人的生活，并为人的解放作准备，尽管它不得不直接地使非人化充分发展”。[①] 非人化发展是劳动智力与工人相异化的表现，这是科学技术作为独立力量并入资本主义生产过程而导致的。但从整体趋势上看，科学技术的进步，客观上是在为人的自由全面发展创造条件。

一方面，人的自由发展建立在物质资料极大丰富的基础上。“当人们还不能使自己的吃喝住穿在质和量方面得到充分保证的时候，人们就根本不能获得解放。”[②] 物质资料的生产和丰富需要建立在发达的社会生产力之上，而社会生产力的发展需要科学技术的帮助，这说明科学技术为实现人的解放提供物质保障。另一方面，人能否获得自由全面发展，还取决于生产力是否为人民所掌握并归人民所有。恩格斯指出：“在资本主义生产方式内部所造成的、它自己不再能驾驭的大量的生产力，正在等待着为有计划地合作而组织起来的社会去占有，以便保证，并且在越来越大的程度上保证社会全体成员都拥有生存和自由发展其才能的手段。”[③] 在社会生产力增长不受限制的社会，科学技术的支持使社会生产力获得不竭的动力，进而创造出能满足整个社会的自由支配时间。“由于给所有的人腾出了时间和创造了手段，个人会在艺术、科学等等方面得到发展”，[④]

① 《马克思恩格斯文集》第 1 卷，人民出版社 2009 年版，第 193 页。
② 《马克思恩格斯文集》第 1 卷，人民出版社 2009 年版，第 527 页。
③ 《马克思恩格斯文集》第 9 卷，人民出版社 2009 年版，第 157 页。
④ 《马克思恩格斯文集》第 8 卷，人民出版社 2009 年版，第 197 页。

人的自由全面发展将得到真正的实现。

（四）遵循科学技术本身的规律发展科学技术

科学技术的发展需要遵循科学技术本身的规律。马克思指出，“认识人的思维的历史发展过程，认识不同时代所出现的关于外部世界的普遍联系的各种见解，对理论自然科学来说也是必要的，因为这种认识可以为理论自然科学本身所要提出的理论提供一种尺度”。[①] 无论是自然科学还是社会科学，都存在不为人的意志所转移的客观规律。要真正取得科学技术上的成就，就需要按科学技术本身的规律来认识和发展科学技术。恩格斯认为，“一切高等有机体都是按照一个共同规律发育和生长的”，“自然界中的一切运动都可以归结为一种形式向另一种形式不断转化的过程”。[②] 这说明对自然科学的认识可以通过发现自然现象背后的共同规律而获得。同样，要达到对社会科学的认识，必须遵循社会历史发展规律。恩格斯指出，“历史进程是受内在的一般规律支配的”。[③] 貌似是偶然性促成的历史事件中，实际上是拥有支配地位的必然性规律在发挥作用，而社会科学的任务就在于发现这些规律。恩格斯发出警示，人不是独立于自然界的存在物，人的生命延续和生活实践都与自然界息息相关。人对自然力的征服、对自然界的支配，就在于人类能够正确认识和运用自然规律。一旦人类过分沉醉于对自然界的胜利，违背自然规律开展科学活动，那么自然界将不留余力地对人类进行报复。对此，马克思和恩格斯找到了解决问题的出路，那就是寻求唯物辩证法的指导。唯物辩证法是马克思和恩格斯从自然界和人类社会的历史中抽象而来，是关于自然界、人类社会和思维的运动与发展的普遍规律。从根本上说，科学技术的发展规律与自然界和人类社会的发展规律是一致的。人们可以遵循唯物辩证法的理论指导开展科技活动，实现科学技术和人与

① 《马克思恩格斯文集》第9卷，人民出版社2009年版，第436页。

② 《马克思恩格斯文集》第4卷，人民出版社2009年版，第300页。

③ 《马克思恩格斯文集》第4卷，人民出版社2009年版，第302页。

自然的和谐发展。

三、列宁、斯大林对马克思主义科学技术思想的继承和发展

以电磁学理论的创立为开端，以电力技术的推广应用为标志，第二次科技革命再次前所未有地促进了社会生产力进步，世界也形成研究自然科学、创新技术发明的热潮。列宁深刻认识到科学技术的重要性，继承和发展了马克思主义科学技术思想，并实现其与社会主义建设实践的首次结合。列宁去世后，斯大林在短期内延续列宁的科学技术思想及相关政策，重视国家科技事业发展，并在实践上取得一定成效。

（一）以科学技术为中介批判资本主义制度

十月革命发生以前，列宁的科学技术思想是在批判俄国资本主义经济关系和各种错误思潮的过程中逐步形成的。首先，列宁为彻底批判民粹主义经济学的错误观点，在《俄国资本主义发展》中考察机器大工业的发展，认为从工场手工业向机器大工业的发展是资本主义技术革命的结果，技术革命带来巨大社会生产力的同时，也会剧烈地破坏社会关系。“因而，大机器工业是资本主义的最高峰，是它的消极因素和‘积极因素’的最高峰。”① 其次，列宁还总结了资本主义机器大工业带来的两个结果，一是社会生产力的提高，二是生产的社会化。社会生产力的提高表现在“生产资料（生产消费）的增长远远超过个人消费的增长”。而生产的社会化导致“空前未有的生产集中以代替过去的生产分散”，分散性特征下，自然经济被破坏，市场范围也从地方市场到国内市场、再到世界市场逐渐扩大。② 这一趋势的持续推进将导致“资本主义愈高度发展，生产的这种集体性和占有的个人性之间的，矛盾就愈激烈”，③ 最终资本主义生

① 《列宁全集》第 3 卷，人民出版社 2013 年版，第 414 页。

② 《列宁全集》第 3 卷，人民出版社 2013 年版，第 596、597 页。

③ 《列宁全集》第 3 卷，人民出版社 2013 年版，第 597 页。

产关系因为与生产力不相适应而被革新。最后，列宁在《榨取血汗的“科学”制度》中生动地表达：“在资本主义社会里，技术和科学的进步意味着榨取血汗的艺术的进步。”① 这一观点在《一个伟大的技术胜利》中得以详细阐释。在资本主义制度下，技术创造的利润与财富纷纷流进资本家的口袋，而等待着工人的则是失业、贫困和恶劣的健康状况。列宁认为虽然各种各样的科学技术发明在生产中的应用导致工人生活状况每况愈下，但科学技术并不是工人贫穷的根本原因，背后的资本主义制度才是罪魁祸首。

列宁在批判资本主义制度和错误思潮的过程中，以马克思主义经典理论为根据，运用马克思主义政治经济学理论研究和解决俄国问题，因此列宁的论述带有明显的马克思主义科学技术思想的理论色彩，是马克思主义科学技术思想在俄国具体国情下的再阐述。

（二）明确强调科学技术是社会主义建设事业的关键

十月革命后，巩固苏维埃政权和建设社会主义是苏俄领导人最重要的任务，列宁的科学技术思想从批判资本主义制度转到建设社会主义制度方向上来。列宁认为，社会主义建设最重要的任务在于通过加快科学技术的进步推动国家经济的发展，科学技术既是恢复和发展国民经济生产的重要保证，又是建立社会主义经济制度的基础。列宁强调，要注重科学技术在工业和农业中的应用，既要加快实现全国电气化，建立起独立完备的工业体系，又要坚持机械化农业方向，增加现代化机器在农业生产中的应用。要积极引进国外先进科学技术，通过实行租让制、兴办合营企业和举办国内外科技交流活动等方式，学习和引进先进的科学理念和技术设备，促进国民经济的恢复和国家科技事业的发展。列宁在《伟大的创举》中指出，“共产主义就是利用先进技术的、自愿自觉的、联合起来的工人所创造出来的较资本主义更高的劳动生产率”。② 他强调青年团的

---

① 《列宁全集》第 23 卷，人民出版社 2017 年版，第 19 页。

② 《列宁全集》第 37 卷，人民出版社 2017 年版，第 19 页。

任务，是“振兴全国的经济，要立足于现代科学技术，立足于电力的现代技术基础上使农业和工业都得到恢复和改造”。[①] 后来，斯大林提出“技术决定一切”，强调“要创造科学的社会主义，就必须领导科学，就必须用科学知识武装起来，并善于深刻研究历史发展的法则”。[②]

列宁在全俄苏维埃第八次代表大会上部署阶段性任务时强调，“共产主义就是苏维埃政权加全国电气化”，“只有当国家实现了电气化，为工业、农业和运输业打下了现代大工业的技术基础的时候，我们才能得到最后的胜利”。[③] 列宁在第七届全俄中央执行委员会第一次会议上提出拟定俄罗斯电气化问题的草案，责令国家经济委员会和农业人民委员部在科学技术专家团队的帮助下，尽快制定出全俄电气化的长期计划。随后，苏俄成立俄罗斯国家电气化委员会，电气计划得以在国家范围内有序开展。

（三）重视科学技术教育和科技人才队伍建设

列宁和斯大林都强调科学技术教育的必要性，非常重视科学技术人才的培养。“在一个文盲的国家里是不能建成共产主义社会的”，列宁强调共产主义青年团的任务是“在改造资本主义旧社会的同时，将来要建设共产主义社会的新一代人的训练、培养和教育”。[④] 斯大林在苏联列宁共产主义青年团第八次代表大会上指出：“如果工人阶级不能摆脱没有文化的状况，如果它不能造就自己的知识分子，如果它不掌握科学，不善于根据科学的原则来管理经济，那它就不能真正成为国家的主人。”[⑤]《俄共（布）党纲草案》中规定：“对未满十六岁的男女儿童一律实行免费的义务的普通教育和综合技术教育。”[⑥] 列宁强调学校要

---

① 《列宁全集》第39卷，人民出版社2017年版，第301页。
② 《斯大林选集》上卷，人民出版社1979年版，第33页。
③ 《列宁全集》第40卷，人民出版社2017年版，第66、159页。
④ 《列宁全集》第39卷，人民出版社2017年版，第392、372页。
⑤ 《斯大林选集》下卷，人民出版社1979年版，第54页。
⑥ 《列宁全集》第36卷，人民出版社2017年版，第106页。

多普及电力方面的基本概念和电力在工业中的应用问题，并且开设电气化的必修科目，目的都是培养科学技术人才。

对于沙俄时代遗留下来的科技人才，列宁指出，“对于专家，我们不应当采取吹毛求疵的政策。这些专家不是剥削者的仆役，而是文化工作者，他们在资产阶级社会里为资产阶级服务，全世界的社会主义者都说过，这些人在无产阶级社会里是会为我们服务的”。[①] 后来斯大林在《新的环境和新的经济建设任务》中指出，“改变对旧的工程技术人员的态度，多多关心和照顾他们，更大胆地吸收他们参加工作”，“因为现实环境已经改变了，只要技术知识分子转到苏维埃政权一方，就应当赋以关怀的态度”。[②]

列宁、斯大林对马克思主义科学技术思想进行继承和发展，经过两个五年计划，苏联成功确立社会主义制度，从落后的农业国跻身为工业国，实现了工业经济的快速发展。在苏维埃政权建立初期，列宁阐述的许多精辟的科学技术观点，对后来中国共产党进行社会主义革命、探索社会主义道路均产生了一定程度的影响。

第三节　在马克思主义指引下的中国共产党早期科学技术思想

20 世纪初，马克思主义作为社会主义学说被中国先进知识分子引进中国。十月革命后，马克思主义在中国广泛传播。早期中国共产党人在研究和推广马克思主义理论的过程中，学习和吸收马克思主义科学技术思想，以辩证唯物主义和历史唯物主义的世界观和方法论分析中国社会问题，参与“科玄论战”，进一步推动了马克思主义科学技术思想的传播。早期中国共产党人以马克思主义

① 《列宁全集》第 36 卷，人民出版社 2017 年版，第 188 页。

② 《斯大林选集》下卷，人民出版社 1979 年版，第 291 页。

为指导，结合马克思主义科学技术思想与中国革命实际，初步形成了中国共产党早期科学技术思想。

一、马克思主义科学技术思想在中国的早期传播

19世纪末20世纪初，中国先进知识分子开始从国外大量引进各类理论和学说，以启蒙国人思想并助力中国革命，马克思主义就是在这样的社会背景下被引进中国。马克思主义科学技术思想并不是马克思的单独研究和著述，而是分散在经典著作中，与马克思主义理论体系的阐发紧密结合。马克思主义科学技术思想便以文本为载体，随着中国先进知识分子介绍和传播马克思主义学说而走进中国。

（一）马克思主义理论的介绍与传播

十月革命的胜利昭示了马克思主义的理论阐释力和现实指导力，马克思主义在中国得到广泛传播。而在十月革命爆发以前，马克思主义作为西方社会主义学说的一支派系，通过欧洲—日本—中国的传播路径被资产阶级改良派、资产阶级革命派、无政府主义者、留日学生团体等中国先进知识分子群体介绍与引进。由于历史条件的局限性和语言文化的差异性，中国先进知识分子对马克思主义学说的理解存在一定程度的偏差。不同群体从各自阶级立场出发，摘取马克思主义体系中符合自身阶级利益的思想观点进行主观阐释，缺乏详尽介绍和系统研究。但必须肯定的是，中国先进知识分子的行动客观上促进了马克思主义在中国的传播，为后来马克思主义成为中国主要社会思潮奠定了基础。

资产阶级改良派的代表人物梁启超，是中国先进知识分子中较早谈论马克思主义的人。流亡日本期间，梁启超得以了解马克思的社会主义学说，并在文章中多次提及。1902年，他在《新民丛报》发表的《进化论革命者颉德之学说》一文中，简单介绍了颉德对马克思的评述。次年又在《二十世纪之巨灵托辣斯》中把马克思评价为社会主义的泰斗级人物，但并未对马克思主义理论作详尽介

绍。后来在1904年发表的《中国之社会主义》中，梁启超提出对马克思主义理论的不同见解，认为社会主义"不过曰土地归公，资本归公，专以劳动力为百物价值之源泉"。[①]同年，梁启超在《新大陆游记》中再次批评马克思主义，认为将马克思主义应用于中国，"其流弊将不可胜言"。[②]梁启超对马克思主义理论的态度体现了改良主义者的狭隘眼界和保守思想，资产阶级改良派反对一切革命思想与学说的阶级立场展露无遗。

资产阶级革命派将马克思主义无产阶级革命理论作为资产阶级民主革命的精神武器。为阐明和宣传革命主张，中国同盟会的理论战将朱执信、宋教仁、廖仲恺和胡汉民等人，在《民报》上发表了一系列介绍西方社会主义学说的文章，马克思主义也囊括其中。1905年11月，朱执信发表《德意志社会革命家小传》，介绍了马克思的生平事迹和《共产党宣言》的基本内容，侧重于分析德国社会主义运动的经验和马克思的无产阶级革命思想。除此之外，他还介绍了《资本论》主要思想，认为"马尔克思之谓资本基于掠夺，以论今之资本真无毫发之不当也"。[③]宋教仁翻译了日本的社会主义研究文章《万国社会党大会略史》，并摘译《共产党宣言》的部分内容。廖仲恺则翻译《社会主义史大纲》，并介绍《共产党宣言》的成文史及其对欧洲革命的指导意义。资产阶级革命派主要从自身立场出发，汲取马克思主义无产阶级革命的思想，来捍卫以革命拯救中国的政治主张。尽管阶级立场不一致，但资产阶级革命派有效促进了马克思主义在中国的传播。

无政府主义者的思想阵地《天义报》同样译介了不少马克思主义著作，其传播马克思主义的作用不容忽视。1907年，《天义报》刊登《共产党宣言》和《论妇女问题》的部分译文；次年又摘译《共产党宣言》的英文版序言和《家

① 马健行:《马克思主义史》第2卷，人民出版社1995年版，第698页。

② 马健行:《马克思主义史》第2卷，人民出版社1995年版，第699页。

③ 丁守和:《辛亥革命时期期刊介绍》第1集，人民出版社1982年版，第529页。

庭、私有制和国家的起源》节选内容。无政府主义者肯定和宣传马克思的阶级斗争思想，认为“欲研究社会主义发达之历史者，均当从此入门”，赞同废除资本主义私有制的必要性。[①] 但是他们不认同无产阶级专政，认为“既认国家之组织，致财产支配不得不归之中心也”，就会使“共产之良法美意渐失其真”。[②]

留日学生团体也是早期译介马克思主义著作的主力军，对马克思主义传播发挥重要作用。当时日本是亚洲社会主义思潮的中心，为留日学生团体介绍和传播马克思主义理论提供了良好的思想环境和交流氛围。1903 年 2 月，《译书汇编》刊发马君武《社会主义与进化论比较——附社会党巨子所著书记》一文，详细介绍了社会主义学说的发展史，其中简要讲述了马克思的唯物史观和阶级斗争思想。马君武向读者介绍：“马克司者，以唯物论解历史学之人也。马氏尝谓阶级竞争为历史之钥。”[③] 他还在文末列出《共产党宣言》《哲学的贫困》《政治经济学批判》《资本论》和《英国工人阶级状况》五本马克思主义经典著作书单，为国人了解和学习马克思主义提供了阅读方向。除此之外，留日学生翻译的《社会主义》《广长舌》《近世社会主义》和《社会主义神髓》等日文版社会主义著作，详细介绍了西方工人运动的状况和马克思主义无产阶级革命理论。尽管对马克思主义的理解尚浮于表面，未达理论的精髓之处，但是扩大了马克思主义在中国的传播面和影响力，促进更多的知识分子去了解和运用马克思主义。

（二）早期中国共产党人对马克思主义科学技术思想的传播与推广

1917 年俄国十月革命的胜利为中国提供了一条全新的道路选择，马克思主义以崭新的面貌出现在大众视野。声势浩大的新文化运动，启国民之智，寻救国之路，为马克思主义在中国的传播提供了有利环境。以李大钊、陈独秀为代表的中国先进知识分子认识到马克思主义的科学性和革命性，开始有意识、有

---

① 马健行：《马克思主义史》第 2 卷，人民出版社 1995 年版，第 4 页。

② 马健行：《马克思主义史》第 2 卷，人民出版社 1995 年版，第 704 页。

③ 彭明：《五四运动史》，人民出版社 1998 年版，第 443 页。

计划地向国人介绍和宣传马克思主义理论。许多研究马克思主义的社团组织也纷纷成立，如李大钊创立的北京大学马克思学说研究会、陈独秀发起的上海马克思主义研究会等团体承载了马克思主义的理论研究任务，有效促进了马克思主义的普及与推广。由此，对马克思主义理论的介绍更为详尽，理论体系亦得以更充分地展开，蕴藏其中的马克思主义科学技术思想也在此过程中逐渐被中国共产党人所接受。

李大钊是最早接受和介绍马克思主义的早期中国共产党人。俄国十月革命胜利后，李大钊曾发表多篇文章予以肯定和称赞。而后在《马克思的历史哲学》《唯物史在现代史学上的价值》《马克思的经济学说》《十月革命与中国人民》和《国际工人运动略史》等一系列文章中，李大钊对马克思主义的不同理论部分进行了详尽的阐述和解读。1919年发表的《我的马克思主义观》是最早对马克思主义理论体系进行系统介绍的文章，李大钊把马克思主义理论体系阐释为“历史论”“经济论”和“政策论”三个部分，并强调三者以“阶级竞争说”为线索，串联成逻辑紧密、环环相扣的体系。除此之外，在引用《哲学的贫困》《共产党宣言》和《〈政治经济学批评〉序言》部分译文的基础上，李大钊肯定了科学技术对于社会生产力发展的推动作用，并且阐释了科学技术变革社会关系的过程。同年，在《物质变动和道德变动》的文章中，李大钊明确肯定科学技术对社会意识发展的重要影响，认为“一切宗教没有不受生产技术进步的左右的，没有不随着他变迁的”。[①] 这表明李大钊在研习和宣传马克思主义理论的过程中，逐渐吸收和内化了马克思主义科学技术思想，认识到科学技术与生产力对于推动社会发展的重要作用。

陈独秀也是较早自主宣传马克思主义的早期中国共产党人。陈独秀创办的《新青年》成为宣传马克思主义的主阵地，发表了数篇介绍社会主义学说和马克

---

① 李大钊：《李大钊全集》第3卷，人民出版社2013年版，第134页。

思主义的文章，在马克思主义中国化的传播史中扮演着极其重要的角色。陈独秀在1920年发表的《马尔萨斯人口论与中国人口问题》是他首次运用马克思主义分析中国问题的成果。而后在1922年4月，陈独秀在吴淞中国公学作了一次名为《马克思学说》的演讲，从“剩余价值”“唯物史观”“阶级争斗”和“劳工专政”四个部分详细地介绍了马克思主义的基本思想。在论及剩余价值论的基本原理时，陈独秀强调由于机器生产的优势，工场手工业逐渐没落，进而被机器大工业所取代。资本主义生产方式正是在科学技术进步的帮助下，依靠机器生产的推广实现了工业革命。这表明陈独秀通过阅读马克思主义著作汲取了马克思主义科学技术思想。

瞿秋白是早期中国共产党人中对普及科学技术思想贡献最大的理论家。瞿秋白曾撰写《社会主义在中国》，为共产国际详细介绍了中国社会主义运动的发展态势。他在《现代中国所当有的“上海大学”》《现代文明的问题与社会主义》《哲学概论》《现代社会学》和《社会科学概论》等相关文章和著作中都曾阐述过自己的科学观点，而且大多偏重于社会科学研究。其中，1924年发表的《社会科学概论》详细论述了社会科学的一般内容。他在“科学”部分阐释了科学与生产力的关系：“科学的发展能助长技术的进步，然而必须生产力的状态中已见可能，又必须生产力的发展确乎需要。”[①] 瞿秋白还认识到科学与共产主义的关系，一方面，无产阶级革命运动和社会主义建设都需要正确地掌握科学技术；另一方面，科学技术只有在社会主义制度下才能尽情地发展，社会主义制度下的科学技术是促进人的自由全面发展的革命力量。可见，此时瞿秋白对社会科学已经有了较为系统的考察，并且能够掌握和运用马克思主义科学技术思想的核心观点。

十月革命对科学社会主义的成功实践，为马克思主义打开中国思想场域提

---

① 瞿秋白：《瞿秋白文集·政治理论编》第2卷，人民出版社2013年版，第577页。

供了契机。中国共产党诞生后，创立了主要负责宣传马克思主义的期刊，并制定了系统的出版计划。随着大量马克思主义经典著作被译介和传播，早期中国共产党人对马克思主义理论的认识和理解逐渐深化，马克思主义科学技术思想也逐渐为中国共产党人所认同和掌握。除了对马克思主义科学技术思想的传播贡献较大的李大钊、陈独秀、瞿秋白等人之外，较早接触和宣传马克思主义的早期中国共产党人还包括杨匏安、李汉俊、李达、毛泽东、周恩来、蔡和森等人。他们中的大多数人在青年时期都学习过西方科学知识，推崇科学救国的思想。选择马克思主义作为救国思想之后，早期中国共产党人实现了从笼统地呼吁科学精神到选择具体的唯物史观的转变，从倡导“科学救国”到践行“革命救国”的转变，用辩证唯物主义和历史唯物主义的世界观和方法论分析社会现实，为中国共产党科学技术思想的形成提供了有力的思想基础。

二、马克思主义科学技术思想在“科玄论战”中的进一步传播

“科玄论战”是发生在20世纪20年代初的一场思想文化论战，中国先进知识分子围绕“科学与人生观”的核心问题展开了激烈争论。论战内容从对科学主义与人文主义的论辩扩展到物质文明与精神文明、自然科学与社会科学、自由意志与决定论等关系问题的探讨。陈独秀、邓中夏、瞿秋白等中国共产党人在论战中，运用历史唯物主义和辩证唯物主义观点分析社会科学问题，进一步扩大了马克思主义在中国思想界的影响力。

（一）中国先进知识分子对“科学与人生观”问题的观点分歧

新文化运动时期，各类思想学说竞相绽放，活跃了中国思想交流的学术氛围，重现出春秋战国时期百家争鸣的盛况。新文化运动与科学救国思潮的结合使得崇尚科学的信念逐渐深植于中国土地，出现了奉科学为圭臬的科学主义学派。这一学派认为科学可以解释和解决社会存在的一切问题。俄国十月革命之后，通过经典著作的译介和传播，马克思列宁主义在中国也渐得人心，出现了

同样重视科学作用的以早期中国共产党人为代表、重视科学作用的唯物史观派。尽管新文化运动竭力反对旧文化旧文学、提倡新文化新文学，但是东方文化主义仍然坚守住一方阵地，高举人文主义大旗，与科学主义进行博弈与角逐。“科玄论战”正是西方世界科学主义与人文主义的对立在中国社会的一个缩影，同时也是东西方文化激烈碰撞的产物。

1923 年 2 月，张君劢作题为《人生观》的演讲时阐释“科学与人生观”的关系问题。他认为科学讲究原则和证据，而人生观以自我为中心，两者存在本质区别。科学与人生观的不同就在于客观和主观、推理与直觉、分析与综合、因果规律与自由意志以及共同性与单一性之间的严格区别，人生观问题无论如何也无法由科学来解决。这实际上是对当时中国社会盛行的“科学万能论”作出的一种回应。他认为科学与人文、物质与精神之间有着不可逾越的鸿沟。张君劢的演讲引起了丁文江的强烈反对，丁文江在同年 4 月发表犀利长文进行反驳。他认为人生观与科学的界限无法分开，物质科学与精神科学也不能割裂开来，科学可以支配人生观。例如科学教育可以塑造一个人的人格，进而影响其人生观。张君劢和丁文江针对“科学与人生观”问题的回答形成两种尖锐对立的观点，引发了当时思想界的热烈讨论。后来加入论战的学者并没有打破两种观点的对立，对于“科学与人生观”问题的分歧愈显突出，并表现出科学派与玄学派两个派别的论战阵营。从 1923 年 5 月到 10 月，科学派以丁文江、胡适、任叔永、章延存、朱经农、唐钺、王星拱、吴稚晖等人为代表，对玄学派发起了猛烈的攻势。譬如，胡适认为人生观的思想属于科学的涵盖范围之内，无法撇清与科学的关系。丁文江再次补充，认为张君劢把“人生观是不是科学”和“科学能不能解决人生观”两个问题混为一谈，“人生观的科学是不可能的事，而科学的人生观却是可能的事”。① 也就是说，人生观的概念不在科学范围内，

① 郑师渠：《近代知识阶级新论》，人民出版社 2018 年版，第 480 页。

但人生观问题可以用科学方法解决，科学也同样可以变更和塑造人生观。其他人也依次发文表达了对玄学派观点的反对。面对科学派的百般诘难，张君劢、梁启超、林宰平、甘蛰仙、菊农、王平陵等学者坚守玄学派的立场和观点，对科学派予以有力回击，但最终还是在这场论战中稍逊一筹。

（二）早期中国共产党人对“科学与人生观”问题的解答与延伸

在“科玄论战”趋于平静之时，以陈独秀、邓中夏、瞿秋白等为代表的中国共产党人对“科学与人生观”问题进行解答与延伸，成为论战的“第三方”。中国共产党人从辩证唯物主义和历史唯物主义的理论高度，对“科玄论战”产生的根源和实质进行了总体分析和评价，把论战的深度和影响推动到了一个新层次。在此过程中，中国共产党人表现出坚定的理论立场和较高的理论素养。

1923 年 11 月，陈独秀在《〈科学与人生观〉序》以及和胡适的辩论中表达了观点，使论战的主题和内容进一步深化，标志着“唯物史观派”正式加入“科玄论战”。陈独秀在序中首先区分了自然科学和社会科学，认为人生观的问题属于社会科学领域。社会存在决定社会意识，因此人的思想观念可以从其生活实际中循得根据。人们拥有不同的人生观，归根结底是由人们所处的客观环境所决定，其背后有着深刻的客观物质因素，绝不是主观意志可以凭空捏造的。人生观问题需由社会科学来说明，而不是形而上的玄学来负责。针对胡适质疑自己探讨的是历史观问题，而非人生观问题，陈独秀强调唯物史观虽其名曰历史观，但是不局限于历史，还包括人生观和社会观的问题。世界上再纯粹的唯物论者都不得不承认精神现象存在的事实。唯物史观并不是否认精神现象的存在，而是将其确定为树立在经济基础之上的上层建筑。次年 5 月，陈独秀还作了《答张君劢及梁任公》一文，回应张君劢和梁启超的质疑，澄清二者对于马克思主义理论的误解。总之，陈独秀在参与思想论战过程中，不仅清楚地阐释了历史唯物主义的基本原理，还为更多知识分子普及了唯物史观的思想。

邓中夏是与陈独秀几乎同时发声的早期中国共产党人。他虽然没有直接对

"科学与人生观"问题进行解答，但从宏观上分析了"科玄论战"的局势。他认为，在论战中站在不同立场发声的是东方文化派、科学方法派和唯物史观派三个学术派别，分别代表了封建地主阶级、新兴资产阶级和无产阶级的思想和立场。邓中夏还揭示了社会制度与思想文化的发展规律，"封建思想必被资产阶级思想征服，资产阶级思想必被无产阶级思想征服，这是社会进化与思想进化的铁则"。[①]这昭示了"科玄论战"中三个派别未来的发展走向。因此，他呼吁在中国资本主义工业尚未发达时，资产阶级和无产阶级可以联合起来向封建地主阶级发起进攻，科学方法派与唯物史观派应当具备联盟意识。1924 年 1 月，他又在《思想界的联合战线问题》中表明了进一步扩展思想联合战线的必要性。总之，邓中夏的观点很好地展现了近代中国思想界的生态。

紧随在邓中夏之后参与"科玄论战"的是瞿秋白。瞿秋白在《现代文明的问题与共产主义》中隐蔽地批判了玄学派和科学派的观点，并以唯物史观为理论基础，阐述了内容丰富的马克思主义科技思想的相关内容，厘清了科学技术与社会制度、科学技术与社会革命的关系问题。而后在《自由世界和必然世界——驳张君劢》一文中，瞿秋白强调"科玄论战"的核心焦点是社会现象是否有因果规律以及是否承认自由意志的问题。针对玄学派的自由意志问题，瞿秋白详细探讨了自然现象与社会现象的发展规律、自由与必然的关系、历史的必然与有意识的行动之关系、社会的有定论等问题。他还阐释了社会存在影响社会意识的具体环节，首先是人与自然界的斗争引起科学技术革命，进而导致经济关系发生变革，而新的经济关系会确立新的政治制度，在稳定的政治制度下，最终会形成基本统一的社会心理。也就是说，每当有新的科学技术革命和思想斗争时，就会随之产生新的人生观。因此，"科学的因果律不但足以解释人生观，而且足以变更人生观"。[②]

---

① 邓中夏：《邓中夏全集》，人民出版社 2014 年版，第 291 页。

② 瞿秋白：《瞿秋白文集·政治理论编》第 2 卷，人民出版社 2013 年版，第 302 页。

（三）“科玄论战”对马克思主义科学技术思想传播的作用

“科玄论战”是中国近代社会历史上一场意义非凡的思想文化论战，实际上是中国先进知识分子对于不同道路选择的争论。无论是视科学为真理、坚持全面西化的科学派，还是坚守传统文化的玄学派，抑或是坚持以马克思主义指导中国革命实践的唯物史观派，他们在“科玄论战”乃至整个新文化运动中所表达的不同主张，在历史合力的作用下，推动了中国社会的前进和发展。

马克思主义唯物史观在本次科玄论战中大放异彩。早期中国共产党人高举马克思主义的大旗，以辩证唯物主义和历史唯物主义为理论工具分析“科学与人生观”问题，为马克思主义科学技术思想的传播提供了一个重要契机。通过分析陈独秀、邓中夏和瞿秋白等人在“科玄论战”中的观点，可以发现，早期中国共产党人已经掌握并能准确使用辩证唯物主义和历史唯物主义的科学方法分析社会问题，充分认识到自然科学与社会科学的区别、科学技术同生产力与生产关系之间的互动、科学技术推动社会历史发展等基本科技观点，且对中国当时科学文化发展状况的分析也十分深刻。这表明早期中国共产党人已经基本认识到马克思主义科学技术思想的核心观点，由此成为中国共产党科学技术思想形成的萌芽。

马克思主义科学技术思想深刻蕴含在马克思主义理论当中，早期中国共产党人积极宣传马克思主义理论，用全新视角和科学理论剖析世界历史和中国社会。一方面，扩大了马克思主义理论在中国的影响范围，加快中国社会对于马克思主义理论的接纳，指引中国先进知识分子跟随中国共产党的步伐，坚持无产阶级革命道路；另一方面，随着早期中国共产党人掌握和运用马克思主义理论，马克思主义科学技术思想也成为他们分析中国社会科技发展状况的理论支撑，充分体现了马克思主义科学技术思想阐释理论问题和分析社会现实的科学力量。“科玄论战”是马克思主义科学技术思想在中国社会的第一次公开展示，彰显了马克思主义科学技术思想的理论生命力和实践韧劲。这为今后中国共产党以马克思主义科学技术思想为指导发展科技事业、推进革命实践奠定了坚实的基础。

三、中国共产党的早期科学技术思想

思想载于人，中国共产党早期科学技术思想主要表现为早期中国共产党人的科技观点。随着马克思主义的传播范围更广泛、影响力度更深远，早期中国共产党人对于马克思主义理论的研究深度也要求更高，对内容体系的解读也从最初偏重阶级斗争理论而扩展到马克思主义的方方面面。其中，马克思主义科学技术思想也被早期中国共产党人所吸收，结合五四新文化运动时期的科学观念，初步形成以马克思主义为指导的中国共产党早期科学技术思想，主要表现在区分自然科学与社会科学、以科学方法认识自然与社会、以科学技术建设社会主义等方面。

（一）区分自然科学与社会科学

早期中国共产党人深化对科学的认识之后，区分了自然科学和社会科学的研究领域，认为马克思主义属于社会科学领域，是解释社会现象、指导革命实践的科学理论。首先，关于科学的定义，瞿秋白曾从不同的角度作出阐释。从因果律层面讲，科学是“宇宙间及社会里一切现象都有因果可寻——观察、分析、总和，因而推断一切现象之客观的原因及结果，并且求得共同的因果律”；[①] 从认识论层面讲，科学是“各种宇宙现象及社会现象中之智识，依劳作时之经验所得，较正于现实生活，确合乎客观对象，因而求得各该种现象之因果联系，也已整理而成系统者也”。[②] 瞿秋白对科学的定义基于实证科学原则，与陈独秀的理解基本一致。其次，明确了自然科学和社会科学的区别。把自然科学的观察、分析、综合等方法应用到人类社会，科学便会分化自然科学和社

① 瞿秋白：《瞿秋白文集·政治理论编》第2卷，人民出版社2013年版，第535页。

② 瞿秋白：《瞿秋白文集·政治理论编》第2卷，人民出版社2013年版，第577页。

会科学。自然科学是拿这种方法去研究自然界的物质运动及其相互关系，而社会科学则是用于研究人与人之间的相互关系及其实践活动。自然科学和社会科学的区别在于两者的研究对象不同，前者研究自然现象，后者说明社会现象，但它们研究的现象背后都是不以人的意志为转移的客观规律在发挥作用。最后，极其重视社会科学在中国革命中的作用。“社会科学是研究种种社会现象的科学：譬如社会学、经济学、政治学、法律学等。”① 恽代英曾表示，“要救中国，社会科学远比技术科学重要得多”，“要破坏，需要社会科学；要建设，仍需要社会科学”。② 在早期中国共产党人的观念中，马克思主义就是可以改造中国社会、指导中国革命的社会科学，马克思主义的解释范围不限于社会科学领域，它是可以解释宇宙一切现象的方法总论。由此可见，马克思主义理论在中国共产党人心目中的地位非常重要，是中国共产党人研究社会现实、开展革命活动的行动指南。

（二）以科学方法认识自然与社会

早期中国共产党人十分重视科学方法，强调要以科学的方法去认识自然与社会，因为科学的第一要义就是发现自然现象与社会现象背后的客观规律。首先，李大钊认为科学是要去发现自然界的法则并总结出因果律。近代西方人士正是通过科学方法找到了自然科学发展的规律，因而创造了大量科技发明。其次，与重视社会科学研究相对应，中国共产党人更注重以科学方法认识和分析社会问题。瞿秋白在《新青年》季刊的发刊词上写道：“研究社会科学，当严格的以科学方法研究一切，自哲学以至于文学，作根本上考察，综观社会现象之公律，而求结论。”③ 他认为“学理的发明，正在于试用以解释阶级所处环境”，④ “必以极精密

---

① 瞿秋白：《瞿秋白文集·政治理论编》第2卷，人民出版社2013年版，第534页。

② 恽代英：《恽代英全集》第5卷，人民出版社2014年版，第221页。

③ 瞿秋白：《瞿秋白文集·政治理论编》第2卷，人民出版社2013年版，第9页。

④ 瞿秋白：《瞿秋白文集·政治理论编》第2卷，人民出版社2013年版，第441页。

的社会科学方法，观察社会动力之所在”。[①] 无产阶级必须掌握社会科学方法，才能分析出自身的阶级环境和历史使命，掌握人类社会历史的发展规律，寻求合适的时机通过革命突破困境。再次，陈独秀强调“用科学的方法研究人事物质底分析”，认为学术的责任就在于揭示社会现象背后的客观规律。[②] 他指出，家族主义、婚姻制度、财产所有制、宗教思想、守旧与维新、物质与精神、利己和利他、乐观与悲观等种种问题都可以用社会科学方法加以分析和说明，每一种理论争执与社会现象背后都有客观原因，而绝非是个人自由意志所决定。最后，陈独秀还强调科学归纳法是科学本质所在，马克思主义就是运用自然科学的归纳法研究社会科学，得出可靠的、有根据的思想理论。事实上，早期中国共产党人正是把马克思主义当作科学方法来介绍和推广的，尤其以唯物史观和唯物辩证法来认识和分析社会发展状况。尽管对于马克思主义的了解并不十分准确，但是充分地体现了中国共产党人十分重视以科学方法认识社会现实的观念。

（三）以科学技术建设社会主义

在早期中国共产党人的著作中，对于马克思主义科学技术思想的吸收和运用并不少见。主要是在阐释科学社会主义理论的过程中，探讨科学技术与社会生产力的关系，论述科学技术在推动社会变革和建设社会主义中的积极作用。

第一，科学技术脱胎于社会生产，并与生产力相互作用。瞿秋白对这一观点阐述得最为彻底。他首先论述了科学的发展过程，认为科学的成立，始于资本主义的初期，各种劳动方法及组织方法技术，因生产力之发展而日益进步，改良技术的需要日益繁复；于是初则积累技术上的实用智识，继则综合分析，以求得智识的时候可以省力，去适应经济发展的需要——于是终则组织而成科学。其次，他分析科学技术与生产力的关系，认为无论是自然科学还是社会科

① 瞿秋白：《瞿秋白文集·政治理论编》第 2 卷，人民出版社 2013 年版，第 476 页。

② 陈独秀：《陈独秀文集》第 2 卷，人民出版社 2013 年版，第 168 页。

学，都是在与社会生产力的相互作用下日益发展起来的。瞿秋白还指出，“生产力（技术）的状态及需要大足以规定科学的发展”，①“科学的发展能助长技术的进步”。②而“生产力就是物质生产过程之中有作用的种种力量：自然界、工力、技术”。③从这里可以看出，瞿秋白阐明了科学技术的进步与否取决于社会生产力的发展水平，但他把科学和技术区分开来理解，并把技术等同于生产力，说明他没有完全厘清科学、技术和生产力三者之间的关系。

第二，科学技术是中立的，科技发展后果的优劣取决于社会制度。泰戈尔曾反对发展科学和物质文明，认为二者只会导致人类的自相残杀。陈独秀对此运用马克思主义科学技术思想的观点进行反驳，认为“一颗炸弹可以杀人，也可以开山通路；一条铁道可以运兵打战，也可以运粮拯饥，所以科学及物质文明本身并无罪恶”④，“科学及物质文明，在财产私有的社会，固可用为争夺残杀的工具；在财产公有的社会，便是利用厚生的源泉”。⑤物质文明是人类社会生活最基础的需要，科学技术可以增加物质文明。物质文明和精神文明的平衡发展对于人类社会发展十分重要。陈独秀认为泰戈尔没有看到生产方式和社会制度的决定作用，因而误解了科学和物质文明的价值。

第三，要充分利用科学技术建设社会主义。首先，科学技术是社会变革的重要动力。“社会主义颠覆现代文明的方法于思想上便是充分的发展一切科学——思想上的阶级斗争。”⑥科学技术在资本主义社会的发展会带来一系列消极后果，而变革资本主义生产关系之后，科学技术在社会主义社会将获得充足的发展空间。其次，社会变革后，可以将科学技术用于社会主义建设，帮助社会尽快恢复经济并实现更大发展。周恩来在《共产主义与中国》中呼吁，革命

---

①② 瞿秋白：《瞿秋白文集·政治理论编》第2卷，人民出版社2013年版，第577页。

③ 瞿秋白：《瞿秋白文集·政治理论编》第2卷，人民出版社2013年版，第545页。

④⑤ 陈独秀：《陈独秀文集》第2卷，人民出版社2013年版，第8页。

⑥ 瞿秋白：《瞿秋白选集》，人民出版社1985年版，第109页。

成功后，无产阶级政府应当重视“科学家来帮助无产阶级开发实业，振兴学术”。[①] 瞿秋白曾转述列宁“社会主义等于苏维埃加电气化”的观点，认为俄国的工业化及其农民的无产阶级化必须依靠科学技术的功能，例如俄国的电气化建设最终成为了工业现代化的物质基础。

从具体的科学技术观点来看，中国共产党早期科学技术思想呈现出重科学、轻技术的特点，而进一步明晰自然科学与社会科学的不同，则是为了更好地研究中国社会现实、开展革命活动。不可否认这是由中国共产党当时所处的历史条件决定的。在旧制度大厦倾覆、新道路尚在求索的情况下，以科学精神破除遗留的旧思想、以科学方法寻求新的道路选择才是紧要任务。中国共产党是新生政党，亟须科学理论和科学精神宣传政治主张，从而站稳立场。只有当新政权建立起来以后，科学与技术的统一、自然科学与社会科学的平衡才是着重解决的发展任务。总体来说，中国共产党早期科学技术思想是以马克思主义科学技术思想为指导、结合中国具体实际而形成，是以辩证唯物主义和历史唯物主义为理论基础的新科学观。其践行与发展的科学技术思想促进了马克思主义理论在中国的影响力，进而推动了革命实践的发展。但需要指出的是，随着民主革命的不断推进，中国共产党人深化对马克思主义科学技术思想的理解与吸收，不断剔除科学技术思想中的不合理因素，实现中国共产党科学技术思想的不断发展，为马克思主义科学技术思想的中国化发展奠定坚实基础。

---

① 周恩来：《周恩来早期文集（一九一二年十月——一九二四年六月）》（下卷），中共中央文献出版社、南开大学出版社 1998 年版，第 462 页。

第二章　实际应用驱动导向的科学技术思想（1927—1937年）

1927年八七会议上，毛泽东同志提出“枪杆子里出政权”的重要论断，在强调军事力量重要性的同时，推动了中国共产党科学技术思想的萌生。在独立领导革命斗争和根据地建设的过程中，中国共产党逐渐形成以实际应用驱动为导向的科学技术思想。迫于革命战争的现实需要，在实际应用驱动为导向的科学技术思想指导下，中国共产党把农业、军事和教育作为党的中心任务，颁布了一系列方针政策。军事上，加强部队训练、学习新式武器知识、发展军工；农业上，改进技术、普及知识、推动生产；教育上，设立学校以培养专业人才，通过社会教育提高群众的文化水平；由此，中国共产党领导的军工建设、农业发展和人才培养取得显著成果，在一定程度上促进了革命事业的发展。

第一节　土地革命战争时期发展科技事业的社会背景

土地革命战争时期，中国共产党和红军所处的社会境况十分不利。根据地的农业、工业、商业都陷入危机，建设根据地、支持革命事业的人才极其匮乏，红军的军事实力远远落后于国民党军队。中国共产党必须解决这些难题，在以实际应用驱动为导向、重点发展军事的科学技术思想的指导之下，以军事、政治、经济和教育工作为中心任务进行部署。

一、土地革命战争时期的时代特征

土地革命战争前期，中国共产党内外受难，于内是根据地发展困难，于外是国民党和帝国主义威胁。首先，根据地的经济走向崩溃。受多重剥削压迫以及自然灾害影响，农村的经济陷入危机。国民党内部斗争不断且频繁对共产党进行军事“围剿”，加之帝国主义的侵略，在如此战事频发的环境下，根据地的工商业被严重破坏，甚至部分还被帝国主义所掌控。其次，敌我双方实力过分悬殊。国民党的军队是一支现代化军队且有帝国主义的支持，而红军没有现代化军事技术，不会使用现代武器，没有自己的军事工业，没有充足的兵力。最后，人才远远无法满足革命战争的需要。革命战争所需的军事人才、政治人才、医疗人才都极其紧缺。

（一）根据地经济困难

土地革命战争前期，中国共产党面临着产业结构发展层次低下、战争环境极为严酷及知识人才极度匮乏等逆境。在地主军阀和帝国主义的剥削、频发的自然灾害的侵袭下，革命根据地的经济整体困难。

1. 农业危机深重

土地革命战争时期，“农村经济的崩溃更是急剧而激烈，地主的高利贷者的奴役与剥削，军阀的搜刮与不断的内战，帝国主义的掠夺之外，更加上了空前的水灾”。[①] 在人为的和自然的多重因素共同作用下，农业收成毁于一旦，许多农民被淹死、饿死、冻死，农民的生存异常困难，农村经济衰败，农业危机加剧。

---

① 《建党以来重要文献选编》第9册，中央文献出版社2011年版，第34页。

第一，多重剥削致使农业生产难以为继。首先，南京国民政府的苛刻税收压垮农业经济。1927—1937年，南京国民政府为弥补财政严重赤字，“在农村实施的‘竭泽而渔’、‘杀鸡取卵’的税收政策，使本已脆弱的农业经济失去了进一步发展的基本能力，造成了农村的普遍衰败”。① 其次，封建势力的剥削压垮农业经济。中国作为一个农业大国，农业是税收的主要来源，面对繁重的税收，地主势必将其转移至农民身上。作为被剥削者，农民本就只能获得其劳动产品的一小部分，还要缴纳重税，且苛捐杂税一日重于一日，因此农民连维持基本生存都十分困难。最后，军阀的掠夺压垮农业经济。“农民在地主高利贷及军阀无限制的掠夺之下，甚至于失去了最低限度的生产工具，使单纯的再生产也不能够继续。” ② 在多重剥削与掠夺之下，农民连基本生存都无法保证，无力购买生产工具，更不可能改进农业技术，农业生产自然难以为继。

第二，自然灾害频发致使农业生产损失惨重。“以1928年为例，仅遭受水旱灾害的就有21个省，1093个县，被灾县数占全国的40%。” ③ 旱灾、水灾、虫灾等自然灾害每年都会发生，甚至一年多灾，且受灾范围极其广泛，灾后损失极其惨重，“据不完全统计，此间财产损失约76167.5万元以上，被灾人次约3489818.2万人以上，受灾区域共计28个省和地区，死伤人数约395699人”。④ 而国民党“对于这些被灾的饥寒交迫生死不得的农民不曾有任何的救济”。⑤ 农民承担严苛的赋税，但其所交之税未曾用之于民，农业技术、水利设施都未得到改进，这也是农村无法抵御自然灾害且损失惨重的原因之一。

---

① 翁有为:《民国时期的农村与农民（1927—1937）——以赋税与灾荒为研究视角》,《中国社会科学》2018年第7期。

② 《建党以来重要文献选编》第6册，中央文献出版社2011年版，第207页。

③④ 肖巧朋:《民主革命时期党领导救灾工作的历史考察及经验总结》，天津商业大学硕士学位论文2012年。

⑤ 《建党以来重要文献选编》第9册，中央文献出版社2011年版，第34页。

2. 工业日渐衰败

在帝国主义与国民党的双重夹击之下，土地革命战争时期整个中国的工业都陷入危机。尤其是南京国民政府一直偏重于军事政治斗争，对工业建设置若罔闻，国民党还对苏区实施经济封锁，使得货物出口愈加困难，这使农村革命根据地的工业发展举步维艰。

第一，南京国民政府忽视工业建设。“南京国民政府成立后，其党内的派系斗争并未稍有停息，反倒是围绕‘党权’以及南京中央政权的掌控、军队编遣、地盘划分等政治经济权益的分配与冲突，演出了‘宁汉对立与合流’、‘宁粤对抗’，以及蒋桂、蒋唐、蒋冯战争、中原大战等一系列合纵连横、尔虞我诈的政治军事斗争。”① 为了对付中国共产党，国民党对中央苏区进行了多次军事围剿。因此可见，南京国民政府一直忙于军事政治斗争，其财政收入也大多花费于此，无暇且无力顾及工业建设。

第二，帝国主义加紧侵略中国，严重打击了中国的工业发展。“帝国主义利用与中国政府缔结的新的关税条约，加紧向中国倾销过剩产品……严重地打击了中国的民族工业的发展。南京政府国库支绌，根本不足以言工业建设。”② 在危机之中，南京国民政府仍旧忙于政治军事斗争，纵容帝国主义在中国的侵略行为，给中国工业发展致以双重打击。“工业的危机迅速地开展着，丝纱面粉等主要的轻工业部门都处于恐慌与衰落的状况中（上海丝厂开工的仅十分之二，其他各地亦一样，丝厂工人失业者在十万人以上，纱厂方面厚生、三新等厂倒闭，日本厂的纱锤织机迅速增加，面粉业开全工者仅五月）。”③ 轻工业部门遭到重创，只有部分轻工业因依附帝国主义而得到发展。除此之外，“重工业更加非

① 邵俊敏：《南京国民政府时期的工业经济分析（1927—1937）》，南京大学博士学位论文 2013 年。

② 朱宝琴：《论南京国民政府的工业政策（1927—1937 年）》，《南京大学学报（哲学・人文科学・社会科学版）》2000 年第 1 期。

③ 《建党以来重要文献选编》第 9 册，中央文献出版社 2011 年版，第 34 页。

民族化而处于帝国主义的垄断的状况之中”，[①] 帝国主义握住中国的主要经济命脉，民族资本主义依附于帝国主义，“在极端痛苦、迂回、畸形的形态之下发展着”。[②] 中国沦为帝国主义的原料市场、廉价劳动力市场、商品及资本输出市场，“城市的大批工人失业，物价腾贵，工资减低，工时增多，工作加重”。[③] 在国民党和帝国主义的双重压迫下，中国工人的生存境况日益困难，工业发展也愈加艰难。

第三，国民党以经济封锁阻断红色区域的货物出口。“红色区域的许多手工业生产是衰落了，烟、纸等项是其最著者”，[④] 手工业的发展困境对以农业经济为主、工业基础薄弱的农村根据地来说无疑是雪上加霜。

3. 商业渐趋凋零

在土地革命战争时期，革命根据地的商业同样担负着支援革命战争、保障红军给养、巩固工农联盟和扩大红色政权的重要任务。但是，在革命战争的年代里，帝国主义和国民党反动派对中国民族商业实行残酷的封锁政策和严厉打压，妄图把新兴的苏区商业扼杀在摇篮里，由此全国商业渐趋凋零。

第一，全国商业整体呈现不断衰落趋势。“国内商品销售疲软，商店营业状况恶化，各类公司、商店纷纷倒闭或改组，商业流通和城乡市场陷入困境，商人和店铺数量减少，商业资本明显萎缩。”[⑤] 以杭州的丝绸业为例，从1928—1932年，杭州绸机的停机数量大大增加，丝绸产量大幅下降，经营者数量显著减少，丝绸价格也急剧下降，呈现凋零的趋势。中国商业的渐趋凋零是由多重因素所导致的；首先，民国政府帮助帝国主义打击中国的民族商业，加上黑

① 《建党以来重要文献选编》第9册，中央文献出版社2011年版，第34页。

② 《建党以来重要文献选编》第8册，中央文献出版社2011年版，第115页。

③ 《建党以来重要文献选编》第7册，中央文献出版社2011年版，第15—16页。

④ 《毛泽东选集》第1卷，人民出版社1991年版，第132页。

⑤ 刘克祥、吴太昌：《中国近代经济史（1927—1937）》下册，人民出版社2010年版，第1751页。

恶势力的干扰，民族商业谋求发展步履维艰。例如，“1934 年国民党政府公布《储蓄银行法》，迫使永安公司银业部关闭，从此永安公司必须向官僚资本拆借资金，受他们的盘剥”。[①] 其次，帝国主义侵略干扰中国商业的发展，不断破坏并逐渐掌握了中国的部分商业，且受到资本主义世界经济危机的影响，中国的对外贸易遭受重创。最后，民国初期战争频发，动乱的环境不利于民族商业的发展。进入民国以后，内战和外战接踵而至，军阀和外国侵略者不断以各种手段掠夺民族商业的资金，使不少民族商业企业受到严重损失直到破产。例如，“1926 年，天津国货售品所的负责人宋则久受到军阀的敲诈，使他东躲西藏，最后拿出十万元才算了事”。[②] 中国的民族商业在炮火下蒙受了巨大的损失。

第二，根据地商业在敌人的封锁之下陷入困境。“敌人在进行经济封锁，奸商和反动派在破坏我们的金融和商业，我们红色区域的对外贸易，受到极大的妨碍。我们如果不把这些困难克服，革命战争不是要受到很大的影响吗？盐很贵，有时买不到。谷子秋冬便宜，春夏又贵得厉害。这些情形，立即影响到工农的生活，使工农生活不能改良。”[③] 根据地的商品无法输出，根据地外的商品无法进入，根据地陷入物资匮乏的困境，严重影响红军和群众的正常生活，十分不利于革命战争。

（二）战争环境严酷

帝国主义企图通过国民党使中国成为其殖民地，频频对红军进行围剿以企图消灭红军、消灭中国共产党。国民党的“军队和红军比较起来真有天壤之别。它控制了全中国的政治、经济、交通、文化的枢纽或命脉，它的政权是全国性的政权”。[④] 红军存在于零星的农村根据地，相较于占据众多优势的国民党军队

---

①② 王达强:《近代中国民族商业如何在与外商的竞争中发展自己》,《江苏市场经济》2002 年第 4 期。

③ 《毛泽东选集》第 1 卷，人民出版社 1991 年版，第 120 页。

④ 《毛泽东选集》第 1 卷，人民出版社 1991 年版，第 189 页。

而言，红军军事技术贫弱、士兵数量极少、武器落后且补充不易。由此可见，敌军强大而红军贫弱这是不争的事实。

1. 军事技术落后

“‘烂牛皮不是烂牛皮，烂豆腐不是烂豆腐’，这是朱云卿同志形容四军军事技术太差的愤激话。凡在四军生活过的人，大概没有不承认四军军事技术到了很差的程度了。”[①] 虽是愤激话，但这也反映出红军军事技术贫弱、红军士兵和干部的军事素养都有待提高的状况。由此可知，土地革命战争时期红军的军事技术和军事战略战术尚不完全适合战争的需要。

首先，红军的普通战士存在军事技术贫弱的问题。“我们检查部队中的军事技术工作，则可看到还有许多战士不会打手榴弹，不会刺枪。在慈利，某营担任游击，打了一千四百多排子弹而没有打死几个敌人，这可以看出我们军事技术上的弱点。”[②] 红军成分很复杂，部队中的许多士兵甚至连基础武器都不会使用，更不用说杀敌制胜，只是在浪费本就缺乏的武器弹药。其次，红军的指挥干部存在军事战术贫弱的问题。“干部在战场上的机动还差，如板栗园战斗中某部若能迅速抄敌退路，则少数残敌亦不能逃脱。这些都使我们失去消灭更多敌人的时机。”红军的指挥干部对于现代军事战术的把握程度不深、作战应变能力不够、指挥能力不足，无法适应战争需要。最后，红军内部各部队之间存在军事技术上的差距。“在这方面红十军还是非常的落后，不论在军事技术与政治工作，这两方面都还极大的落后于我们的主力红军。”[③] 相较于主力部队，非主力部队的军事实力更加薄弱。

2. 武器弹药短缺

土地革命战争初期，红军武器的生产效率较低，远远不如国民党先进，很

① 《毛泽东文集》第 1 卷，人民出版社 1993 年版，第 70 页。

② 《建党以来重要文献选编》第 12 册，中央文献出版社 2011 年版，第 38 页。

③ 《建党以来重要文献选编》第 10 册，中央文献出版社 2011 年版，第 536 页。

大程度上还依赖于对国民党武器的收缴和收集。军事资金也不足，曾多次筹款，呼吁民间捐助。此外，由于国民党的经济封锁，根据地很难从外部购入物资。相反，国民党占据很多有利优势，它控制着国家的政治、经济、交通和文化，可以有效地制约共产党，并得到帝国主义的资金、技术和武器等各项支持。因此，在武器实力的对比上，红军和国民党军队之间的差距极其悬殊。

第一，红军的现代武器主要来源于收集和收缴，没有较强的自产能力。首先，异常重视对敌人遗留武器的收集，凸显红军武器弹药短缺。红军没有自己的大型兵工厂，大部分武器都是从敌人手中收缴而来。每一场战争结束，红军及各级苏维埃政府“领导群众，分区分岭分段有组织的去搜山、去捞河，务须将一切的武器，如大炮、迫击炮、机关枪、长枪、短枪、手榴弹、一切子弹及空子弹壳、有线电、无线电，以及一切不知名的东西（特别对于无线电机及不知名的东西要加以保护），均须收检起来交政府登记，送往中央革命军事委员会”。① 其次，特别说明如何高效地收缴敌人武器，凸显红军武器弹药短缺。“在收缴敌人枪械的时间，应用极迅速的动作，很周密的防范，以免给敌乘机反攻。”② 收缴敌人器械也需要周密计划，缴获的武器应迅速派人送回后方，不被敌人反攻夺回。最后，非常强调要珍惜武器弹药，并动员群众支援战事。“在现时游击的时候，在战术上须避免打硬仗，以免损失红军实力，特别是子弹、枪械损失后，补充是万分困难。”③ 红军十分爱惜武器弹药，教育士兵不可以浪费。同时，红军还以“捐助一个钢板给红军”“捐助一架飞机给红军”等政治口号动员民间捐款以支援战事。

第二，国民党军队有充足的现代化武器装备。首先，国民党的现代化武器和工事十分强大。“敌之工事是欧式重层配备，铁丝网、壕沟等计八九层，我们

---

①《建党以来重要文献选编》第8册，中央文献出版社2011年版，第486页。

② 朱德:《朱德军事文选》，解放军出版社1997年版，第20—21页。

③《建党以来重要文献选编》第6册，中央文献出版社2011年版，第717页。

只有肉搏，没有重炮破坏敌之工事。”[①]反观红军没有如此强大的武器，尚未达到突破敌人工事的技术水平。其次，国民党在帝国主义给予的各项支持下，武器装备数量充足且武力强大。在经费上，国民党接受了帝国主义给予的资金支持，得以兴办兵工厂，制造武器。“经过宋子文向英美帝国主义者大借款，购买大批飞机大炮；法西斯蒂的德国且专为国民党兴办了两个兵工厂，制造屠杀中国劳苦群众的武器；近且向日本直接乞援。”[②]在装备上，帝国主义直接向国民党输送了大量先进武器。“帝国主义的军械、飞机、毒瓦斯以及一切新式的杀人利器正在一船一船的、一火车一火车的向着东方输送。”[③]在人才上，帝国主义向国民党派遣了专业的科技顾问，帮助国民党建造先进的武器装备。蒋介石的秘密军事建设计划中提及“在三年内完成五千架飞机，这个工作完全由美国顾问主持。在三年内完成坦克车二千辆，这个工作由德国顾问主持”。[④]国民党甚至还接受了帝国主义的军队支持，默许日本军队向红军及苏区进行打击。“他们等待日本军队一师团一师团的送来，枪炮飞机一船一船的装来，让败阵的日本军队整理补充，安排阵线，再向我们进攻。”[⑤]

3. 兵员补充不易

大革命失败后，中国共产党总结了革命失败的经验教训，意识到武装力量的重要性。土地革命战争初期，国民党的军队和士兵不仅数量多且质量高，相较而言，红军军队和士兵的数量少且质量低，扩大红军数量成为摆在中国共产党面前极为棘手的难题。

第一，国民党的军队数量众多，且不断招纳新兵。就数量而言，国民党“其军队数量之多超过中国任何一个历史时代的军队，超过世界任何一个国家

① 《建党以来重要文献选编》第7册，中央文献出版社2011年版，第401页。
② 《建党以来重要文献选编》第10册，中央文献出版社2011年版，第480页。
③ 《建党以来重要文献选编》第9册，中央文献出版社2011年版，第287页。
④ 《建党以来重要文献选编》第10册，中央文献出版社2011年版，第494页。
⑤ 《建党以来重要文献选编》第9册，中央文献出版社2011年版，第166页。

的常备军”。[①] 而且其军队数量还在不断增加，包括干部和普通士兵，“在三年内成立六十师新军队，完全以黄埔学生为干部。在江浙皖豫湘郭等省已开始招兵。蒋介石预定今年必须成立十五个师约十五万人。同时又在蒋介石所直辖的六七省内大大的扩充民团。现在蒋介石已于南昌、武昌、洛阳、杭州等地设新兵训练处，拟训练新兵一百五十团至二百团，闻九月底可以训练成功。现在洛阳已有德国顾问七十三人”。[②] 就质量而言，国民党聘有德国技术顾问负责培训新兵。为了反击国民党的不断围剿，招兵成为土地革命战争时期中国共产党的一大课题。

第二，红军军队数量较少，且因战事而损失较大。“战士精疲力竭，丧失斗志与战斗力，有的遇敌人不抵抗乱跑，沿途抛弃枪械子弹，有的因为渡河无船，淹死水中，有的因为路途不熟被敌人截击（如在河南失了八百余枪支），诸如此类等等。”[③] 由于战争的残酷性，很多士兵打退堂鼓，成为逃兵，这也侧面反映出这期间政治工作的缺位。“作战一次，就有一批伤兵。由于营养不足、受冻和其他原因，官兵病的很多。”[④] 战事频繁，因战争牺牲的士兵非常多，受伤士兵无法及时医治而不能继续作战。死、伤、逃，红军主力受了莫大的损失，为满足进行反“围剿”的兵力需求，“中国共产党和苏维埃政府开展了以‘扩红’运动为主要方式的兵役动员”，[⑤] 这也反映出红军兵力不足，招兵迫在眉睫。因之，中国共产党设置了专门的机构，颁布政令，深入到群众中，动员群众加入红军。“一切劳动者，工人，雇农，贫农，城市贫民，都有武装起来保护苏维埃政权的权利，一切属于统治阶级的和剥削者：军阀，地主，豪绅，官僚，资本家，富

① 《毛泽东选集》第 1 卷，人民出版社 1991 年版，第 189 页。

② 《建党以来重要文献选编》第 10 册，中央文献出版社 2011 年版，第 494 页。

③ 《建党以来重要文献选编》第 10 册，中央文献出版社 2011 年版，第 348 页。

④ 《毛泽东选集》第 1 卷，人民出版社 1991 年版，第 68 页。

⑤ 刘爱民、赵小军：《土地革命战争时期的兵役动员——以“扩红”运动为背景的考察》，《军事历史》2019 年第 4 期。

农及其家属都不准加入红军。”[①]在招募新兵时，对新兵的阶级成分也有所限制，反革命分子不允许加入红军队伍。除此之外，对年龄、身体状况亦有限制，“年龄须在十六岁以上三十岁以下，身长四尺二寸（裁尺）以上，体格强健，无恶疾及非五官不全者。各大队皆可随时征募新兵，但必须经军医处或卫生队检查合格后始得补名”。[②]虽然对新兵质量有所限制，但这一时期“扩红”运动的重点在于扩大数量，所以红军的成分十分复杂，其中农民占比很高，导致红军的军事技术水平整体较低，因此必须要对这些新兵进行高效的军事训练。此外，“扩红”运动也并非一帆风顺，其间出现了路线错误，存在逃跑现象。

（三）知识人才匮乏

只掌握一些普通知识远远无法满足革命需要，必须要培养一批掌握专门知识的人才。“所谓专门的知识，并不在于一般学术上的科目，而在于职工、农民、组织、宣传、军事以至专门的技术人才（写油印记录的人最缺）、事务人才。”[③]只有他们才可以胜任革命方方面面的工作。战争太多，损失众多老干部和人才，致使“军官及政治工作人员之缺乏，达于极点”。[④]为数不多的人才因战争损失而更为缺乏。各苏区急需大量人才，纷纷向中央苏区求助，“中央能多给我们一份人才，我们这苏区就要多巩固一分。无论如何，多派和快派人来，多多益善”。[⑤]人才关系到苏区是否稳固，而当时没有足够的人才满足各苏区的人才需求。

第一，军事人才极度缺乏。首先，急需一批军事人才来训练新兵。红军经历五次反“围剿”斗争后，红军主力损失极大。为了补充兵员而开展“扩红”

---

① 解放军总政治部办公厅：《中国人民解放军政治工作历史资料选编（第1册）土地革命战争时期（一）》，解放军出版社2002年版，第816页。

② 朱德：《朱德军事文选》，解放军出版社1997年版，第16页。

③《建党以来重要文献选编》第6册，中央文献出版社2011年版，第329页。

④《建党以来重要文献选编》第6册，中央文献出版社2011年版，第91页。

⑤《建党以来重要文献选编》第8册，中央文献出版社2011年版，第433页。

运动，吸纳了大量的农民群众，他们文化水平低，没有受过军事训练，凭着勇气和一腔热血可以作战，但是要夺得胜利却十分困难。其次，急需能力突出的红军干部。现有的红军干部除了一腔热血外，军事素养不高，无法指挥作战、无法对普通士兵开展有效的军事训练。“此时的红军军力长期处于敌强我弱的状态下，必须立刻培养出相当一批具有指挥能力的干部。”① 若没有一批素质较高的军事指挥人才，红军很难以少胜多。最后，急需大量的特种技术人员。“至于特种技术人才、各大炮、迫击炮、机关枪等简直是没有，甚至夺得敌人武器而没有人用。”② 由此可知，这一时期党的军事人才整体匮乏，与国民党军队相比红军整体军事素养较低。

第二，政治工作人才也非常缺乏。“现在各项专门人才的干部都非常缺乏，尤其缺乏职工的人才、女工运动的人才。”③ 希望中央派遣“做党的工作、团的工作以及文化工作人员”，④ 中国共产党在土地革命战争期间十分重视发挥政治人才的作用以配合军事，但是各苏区政治人才匮乏，期望中央派遣大量政治工作人才。

第三，医疗卫生人才亦十分欠缺。各苏区都希望中央派遣“诊伤的医生和诊梅毒、疥疮的医生”。⑤

二、土地革命战争时期党的中心任务和科学技术思想

战争年代是非常时期，中国共产党的中心任务是动员根据地的一切人力、物力和财力来恢复革命根据地的社会经济建设以支援革命战争，争取革命的最后胜利。政治、军事、经济和教育上的国防准备，都是救亡抗战的必需条件，

---

① 刘若璇：《浅析我军土地革命时期红军学校干部教育的历史经验与启示》，《黑龙江史志》2016 年第 6 期。

② 《建党以来重要文献选编》第 8 册，中央文献出版社 2011 年版，第 519 页。

③ 《建党以来重要文献选编》第 6 册，中央文献出版社 2011 年版，第 329 页。

④⑤ 《建党以来重要文献选编》第 8 册，中央文献出版社 2011 年版，第 433 页。

一刻都不可延缓。土地革命战争时期，在实际应用驱动导向的科学技术思想和围绕中国共产党的中心任务所颁布的一系列具体政策、方针的指导下，各项工作均有序开展，并取得卓越成果。

（一）土地革命战争时期党的中心任务

土地革命战争时期，根据地的发展以及中国共产党的革命事业都陷入困境，要克服这些困难必须集中力量恢复和发展根据地经济，尤其是农业经济。在此基础之上发展军事、教育事业，这就是当时党的中心任务。围绕这一中心任务，党和苏维埃政府颁布了一系列方针、政策，以指导根据地军事、政治、经济和教育的发展。

第一，就军事工作而言，“技术日益进步的现代，不仅在战争中特别加强了技术的作用，使用技术的知识训练也复杂了，并且由于技术的进步变更了战术的原则”。① 现代战争需要现代的军事技术和军事战术的使用，而中国共产党的军事技术战术远远落后于帝国主义。随着战争的日益现代化，红军必须学习现代化的军事技术和战术，学习新式武器知识，学会现代化武器的使用，迅速且高效地进行军事训练，但是后勤人员、红军士兵以及干部的学习各有侧重点。战争不仅只依靠中国共产党和红军，更要依靠人民群众，所以对人民群众也要进行军事教育和训练，从而提高整个苏区的军事实力，以适应战争需要，获得革命胜利。

第二，就经济工作而言，土地革命战争初期，在帝国主义侵略、国民党内部斗争以及国民党对中国共产党步步紧逼之下，中国的农业、工业以及商业都陷入危机，继而使根据地的经济整体陷入困境。毛泽东同志批评有些同志认为在革命环境中不需要经济建设的观点，他指出“如果取消了经济建设，这就不是服从战争，而是削弱战争”。② 所以，为了获得革命战争的胜利，必须克服当

---

① 《建党以来重要文献选编》第8册，中央文献出版社2011年版，第491页。

② 《毛泽东选集》第1卷，人民出版社1991年版，第120页。

前的经济困境，进行经济建设。而土地革命战争时期“经济建设的中心是发展农业生产，发展工业生产，发展对外贸易和发展合作社”。[①] 在现代农业科学技术以及农业知识的指导下，恢复和发展根据地的农业经济；重点发展根据地的军事工业，与此同时兼顾其他工业的发展，共同为革命战争服务；努力进行对外贸易。只有进行经济建设，发展苏区的经济，才能为革命战争提供物质基础，顺利地开展军事行动和革命工作。

第三，就政治工作而言，“政治工作是红军的生命线”，较高的政治素养和坚定的政治方向是其他一切工作的保障。中国共产党一贯重视政治工作，通过政治工作增强红军及各种武装的凝聚力；通过政治工作动员苏区的人民群众拥护党的领导，积极支援革命；通过政治工作，在白区和敌军中争取支持革命的积极分子，“为我所用”。

第四，就教育工作而言，“扩红”运动吸纳的士兵大多都是目不识丁的农民群众，红军虽然数量上有所扩大，但质量不高，无法满足战时的人才需求。而且从国民党、国统区吸纳人才无法满足人才缺口，中国共产党和苏维埃政府必须建立专门学校，从自己的士兵、群众中培养自己的各种人才。苏区的人民群众整体文化水平较低，开展广泛的社会教育，提高群众文化水平。教育工作的目标就是为革命战争输送人才，而且人才培养工作必须迅速且高效地进行。

（二）土地革命战争时期党的科学技术思想

土地革命战争时期的革命根据地，生产和生活资料十分缺乏，条件极其艰苦。为了满足革命斗争的现实需要，中国共产党开始以科学技术思想为指导建设根据地。但是这一时期中国共产党的科学技术思想尚未体系化，呈现出以实际应用驱动为导向的主要特征，尤其把指导军事发展作为工作重点。

---

① 《毛泽东选集》第1卷，人民出版社1991年版，第131页。

第一，中国共产党的科学技术思想尚处于萌芽阶段，还没有形成较为系统全面的统一布局。更多是基于革命战争的现实需要，在科学技术思想的指导下开展工作，并依据苏区根据地、党和红军的实际条件出发部署军事、政治、经济和教育工作。例如，根据中国共产党的军队素质和军事技术贫弱的情况，开展现代军事技术和战术的学习与训练；针对政治工作的极度重要性，注重培养政治工作人才；鉴于根据地经济崩溃的状况，实施有助于经济恢复的发展计划；对于极度缺乏各类专业人才的局面，则设立了专门学校，进行社会教育。总而言之，各项工作都是为了切实地解决土地革命战争时期面临的迫切问题，而不是考虑到方方面面进行布局，所以这一时期党的科技思想具有实际应用驱动的鲜明特征。

第二，工作重点比较突出，追求实实在在的发展。这时期中国共产党科技思想尽管尚未体系化、系统化，但在以实际应用驱动为导向的科技思想的指导之下，中国共产党在根据地尤其重视军事上的发展。如发展根据地的军事工业，对红军及地方武装进行军事训练和武器知识教育，开展“扩红”运动，教育和动员群众以配合红军的军事行动，而在各项具体工作中又有所侧重。例如，重点进行军事技术和战术的学习和训练；重点发挥政治工作的价值；重点恢复农业经济和发展军事工业；重点从红军和群众中培养自己的人才。

第二节　实际应用驱动导向科学技术思想的具体表现

土地革命战争时期，中国共产党十分清楚敌我实力悬殊，要取得革命战争的胜利就必须增强红军的实力、发展根据地，由此推行了一系列方针政策。在军事上，学习现代化军事技术和军事战术、学习新式武器知识、加强军事训练和发展军事工业。在政治上，以政治攻势争取敌人和动员群众，以政治工作打造理想信念坚定的红军。在经济上，着重恢复和科学地发展根据地的农业。在教育上，设立学校，培养专业人才，通过社会教育提高群众的文化水平。

一、实际应用驱动导向下的军事科技实践

中国共产党认为，“对于军事，人人都要重视它，学习它，武装工农，领导工农，夺取政权”。[①] 要取得革命的胜利就必须学习现代军事以提高军事实力。此外，中国共产党对于军事的认识不仅仅局限于军事技术本身，还意识到军事对人思维的影响，“军事是一切科学的结晶……使能尽敏捷迅速有系统有次序之能事，免除一切颓靡散漫忙乱纷杂的弱点”。[②] 军事化思维可以让人克服散漫混乱，变得条理化。在充分认识军事重要性的基础之上，中国共产党开展了一系列军事工作，并且卓有成效。

（一）加强军事训练，提高军事技术

土地革命战争时期，中国共产党主要对红军进行军事训练。首先，普通士兵和干部的军事训练内容有所区别。对普通士兵，尤其是新兵，主要集中在各种基础武器和基础战术的训练，“实行射击、刺枪、抛手榴弹、对空防御、河川战斗及对付骑兵战术的训练”。[③] 干部则肩负更多责任，学会使用武器是基本，更要“以现代的战术来重新教育我们的指挥干部，以实际战斗的经验与教训来学会更正确的进行战斗的方法。必须加强对军事教育机关及学校的领导，以及适当利用白军的军事人才来培养出质量更高的红色指挥员”。[④] 花更多的精力和代价对干部进行军事训练，主要集中于军事战术的训练，使广大干部更好地把握战局、指挥士兵作战。其次，利用现有的一切资源和机会对士兵及干部进行

① 《建党以来重要文献选编》第5册，中央文献出版社2011年版，第372页。
② 《建党以来重要文献选编》第6册，中央文献出版社2011年版，第39—40页。
③ 《建党以来重要文献选编》第12册，中央文献出版社2011年版，第254页。
④ 《建党以来重要文献选编》第11册，中央文献出版社2011年版，第185页。

军事训练。“把最近作战的胜利经验中的优点和弱点搜集起来训练我们的红色战斗员，并且要把战胜得来的各种武器能够有组织地利用起来，开始作大规模平地战及城市战的演习。”① 必须克服当前的艰难条件，充分利用新鲜的作战经验、收缴的武器和现有的场地，在短期内以最高效的方式迅速开展并按时完成军事训练。最后，为提高军事训练的效果采取适当措施。一是以实际应用驱动为导向，编订适合战况的军事训练教材。“废除一切形式主义，注重野战攻城的实用，就是适应革命开展时期的新的需要，初步预备铁的红军的技术和战术。”② 二是充分利用现有的军事人才，“非苏区部团部必须尽量把军事专门人才、军事技术人员及军事政治人才输送到苏区去”。③ 让专业军事人才对红军进行军事训练，政治人才发挥其辅助作用。三是军事训练的成效需要“实行测验制。以后教育经常采用道尔顿测验制，以促其进度之迅速”。④ 通过经常性的测试来提高、巩固军事训练效果。

这一时期的军事训练不只是面对红军，后勤人员、广大人民群众，尤其是青年也要进行军事训练，并且非常重视发挥党员的带头作用。首先，军事训练不仅仅只针对上战场的士兵，后勤人员也是军事训练的对象。比如运输员，“对运输员同样的要给以军事常识，如行军宿营须知，防空、防毒方法，步枪的使用，简单动作，以及怎样组织游击队和赤卫军等”。⑤ 由此可知，中国共产党的军事训练覆盖整个部队，旨在提高整个部队的协同作战能力。其次，对没有武装的广大人民群众也同样进行军事训练。“有计划的在群众中进行军事训练，培养军事干部人才。”⑥ 红军的作战需要群众配合，对群众进行军事训练可以提高群众的作战能力以更好地配合红军，甚至在群众中培养红军的军事人才，满足

①③ 《建党以来重要文献选编》第 8 册，中央文献出版社 2011 年版，第 463 页。

② 《建党以来重要文献选编》第 8 册，中央文献出版社 2011 年版，第 492 页。

④ 《朱德军事文选》，解放军出版社 1997 年版，第 13 页。

⑤ 《建党以来重要文献选编》第 10 册，中央文献出版社 2011 年版，第 168 页。

⑥ 《建党以来重要文献选编》第 6 册，中央文献出版社 2011 年版，第 575 页。

人才需要。尤其是要通过军事游戏、军事研究组、各种军事比赛、沙盘作业、宣传工作等多样形式，增强青年对军事的兴趣，鼓励青年积极学习军事常识、提高军事技术。最后，在军事训练过程中，发挥党员的带头作用，“加紧注意党员军事化”，① 以党员带动群众。

除了加强军事训练，中国共产党还强调注意卫生与加强体育锻炼。首先，在军队中开展卫生运动，士兵要严格遵守一系列卫生要求，如“禁止吃辣椒、水酒、生水及苍蝇息过的饮食物……禁止随地便溺、解大便、吐痰，要自挖厕所；要经常洗澡、洗衣、理发、剪指甲、洗牙，衣服、鞋袜打湿了要搭干的……凡患疟疾、痢疾、溃疡及其他传染病，必须离开部队入医院，或随卫生机关休养”。② 提倡士兵要讲个人卫生，防御疾病，伤病要休养。其次，在军队和苏区开展体育运动。“苏区体育运动是以体育与军事相结合即军事化体育为特征的。苏区体育事业的发展，对增强苏区人民和红军战士的体质，起了积极作用。”③ 以喜闻乐见、丰富多样的形式发展红色体育事业，锻炼士兵和群众的体魄和意志。苏区的卫生工作和体育事业旨在强健军民体魄、减少疾病，为军事训练提供更好的条件。

（二）学习武器知识，武装工农群众

土地革命战争时期，中国共产党对红军进行武器知识教育。首先，为了争取胜利，“红军在技术方面必须努力学习使用新式武器的知识”，④ 如此，对于收缴的武器就可以立刻上手使用。其次，要即刻开始学习所有的新式武器。“世界所有新式武器，在抗日准备期中，我们要学会使用……只有这样才有把握提高新的军事技术，来战胜敌人。”⑤ 武器知识不能等收缴了武器之后才开始学习，

① 《建党以来重要文献选编》第6册，中央文献出版社2011年版，第287页。

② 《建党以来重要文献选编》第9册，中央文献出版社2011年版，第535—536页。

③ 田子渝、曾成贵：《八十年来中共党史研究》，湖北人民出版社2001年版，第162页。

④ 《建党以来重要文献选编》第8册，中央文献出版社2011年版，第491页。

⑤ 《建党以来重要文献选编》第14册，中央文献出版社2011年版，第192页。

要把握先机才能掌握主动。最后，还要对武器的保养知识和方法进行教育。“讲解武器拭擦法、保护法，并督促士兵实行”，① 新式武器来之不易，要格外珍惜。由此可见，中国共产党对红军的武器知识教育较为全面，不仅包括使用知识，还包括保养知识。

不仅红军要学习新式武器知识，地方武装也要学习一定的武器知识。首先，正规红军要帮助地方武装。设置学校培养地方武装人才，派遣红军干部协助进行军事训练，拨出部分武器支援地方武装，增强地方武装的战斗力，并发展一部分地方武装成为正规军。“正规红军帮助地方武装，正规红军不是弱了，而是增强了。”② 其次，对游击队和赤卫队进行武器知识教育。“必须使每个游击队员尽可能了解使用武器和战争中的常识（如擦枪修枪，瞄准射击，利用地形，旗语、测绘与避免新式武器的攻击，运用新的现代战术等）。”③ “赤卫队所应受的训练，包含暴动一切须要的技术，不仅是如何用枪，并且学习如何夺取敌人的枪，如何使用各种木棍、铁器以及一切破坏的训练。”④ 对游击队和赤卫队队员进行新式武器知识和基础战术训练，使其更好地保卫地方以及配合红军的行动，提高作战效率，减少武器损失。最后，武装工人和农民也十分重要。“工人秘密的武装训练已成为中国工人斗争中迫切的工作。”⑤ 中国共产党要武装工人，帮助工人得到武装，派遣专人对工人进行武器知识和战术训练，除此之外，还要武装农民。“广大的农民，因为科学常识的欠缺，他们只知道擦枪油，不认识‘果子露’。一旦要求他们使用最新式的武器，自然是艰苦的工作，因此加紧地方武装的军事、政治教育。”⑥ 武装农民异常困难，但发展地方武装，这是扩大

---

① 《朱德军事文选》，解放军出版社 1997 年版，第 47 页。

② 范国盛：《井冈山斗争时期正规军和地方武装关系研究》，《中共乐山市委党校学报》2013 年第 2 期。

③ 《建党以来重要文献选编》第 11 册，中央文献出版社 2011 年版，第 463 页。

④ 《建党以来重要文献选编》第 5 册，中央文献出版社 2011 年版，第 217 页。

⑤ 《建党以来重要文献选编》第 4 册，中央文献出版社 2011 年版，第 676 页。

⑥ 《朱德军事文选》，解放军出版社 1997 年版，第 146 页。

红色区域的办法。“群众的割据出于群众自身的要求，群众武装了起来驱逐他的敌人，自行管理区域的大小事件，这样的割据，敌人是不能消灭的。”①

（三）发展军事工业，提高生产效率

土地革命战争时期，红军正处于敌人的经济封锁之中，为满足军需物资的需要，必须在苏区发展自己的工业，尤其是军事工业。“这些工业的发展、巩固与生产的提高，对于目前的革命战争，是具有极重大的直接关系的。”②

苏区此时的军事工业效率低下，无法满足战争的大量武器需要。首先，处于反革命经济封锁中，红军无法购入军事物资，比如无线电通信工具。先进武器大多是缴获而来且无力修理，由此可知当时苏区的军事工业完全无法满足战争需要。其次，军工厂的建立并不意味着红军的武器弹药就可以实现自给自足，军工厂仍然存在诸多问题，如生产效率低下，管理模式不适宜。“许多工厂尤其是军事工厂每月的生产计划不能完成。兵工厂做的子弹，有三万多发是打不响的。枪修好了许多拿到前方不能打，或者一打就坏了。两百多把刺刀不能用。高射机枪的表尺本来做得很好的，后来做出许多要不得。兵工厂的炸弹曾经发生爆炸。”③

苏区着手发展自己的军事工业。首先，为满足战争所需的大量武器弹药，苏区必须要建立自己的军工厂，修理和生产武器。“红军中自然也要尽可能地建立自己的修理厂和制造厂，至少也要在各特区设有小规模的制造局。”④其次，引进大量军工制造人才来建设发展苏区的军事工业，如“从敌人兵工厂中吸引工人特别是有手艺的工人去建立的”。⑤苏区缺少能够从事武器生产的人才，必须要从苏区之外、从敌人之中吸纳人才，以此弥补苏区军工制造人才不足的缺

① 刘景泉、顾友谷：《中共对农民运动的领导和革命新道路的开辟》，《南开学报（哲学社会科学版）》2017 年第 3 期。

②③《建党以来重要文献选编》第 11 册，中央文献出版社 2011 年版，第 282 页。

④《建党以来重要文献选编》第 7 册，中央文献出版社 2011 年版，第 555 页。

⑤《建党以来重要文献选编》第 7 册，中央文献出版社 2011 年版，第 610 页。

陷。最后，改进军事工业的管理方式，提高生产效率。通过关心工人的生活状况，鼓励工人参与工厂管理、组织劳动竞赛等方式改进军工厂的生产和管理，以便更好地满足战争需要。

不仅要在苏区发展军事工业，同时也要“兼及其他工业生产和交通邮电事业，以保证武装斗争的需要”。[①] 战争的胜利不止依赖武器弹药，也需要其他物资，如衣物棉被、医疗卫生用品等。因此，红军建设了一批生活物资生产工厂，包括被服厂、斗笠厂、印刷厂、矿厂、造纸厂、纺织厂、通讯材料厂、卫生材料厂等。例如，“1932 年开办了卫生材料厂，当地出产的原料，加工制造脱脂棉纱布、漂白粉酒精等，丸散膏丹都能制造，出产的药品以片丸为主，如治伤风感冒的中药丸、痢疾丸等，水剂能生产龙胆酊、碘酒等。厂内还有检验室，能进行药品质量检验。在器材方面能制造钢镊子。这在当时苏区来说，规模是很可观的。卫生材料厂的产品，对克服药材困难，起了很大作用。各部队根据条件与可能也都行制造医疗器材和药品”。[②] 在经济封锁的情况下，利用当地原料生产卫生材料，为红军医院提供了医疗用品，医治伤员。

（四）重视政治工作，发挥保障作用

尽管在军事力量对比上，中国共产党的军队远远落后于国民党军队，但是政治工作对军事的保障作用不容忽视，不能只看见敌我军事力量上的悬殊差距，也要明确政治工作的强大威力。

政治工作是红军保持昂扬斗志的强大武器，“红军因有政治工作才保证能为本阶级利益而牺牲，才是英勇无敌的百战百胜的红军”。[③] 首先，将打造政治信念坚定的“铁军”视为重要任务“必须利用现时战胜的便利条件，更为加紧建立与巩固政治上坚定、军事上有强固战斗力的真正‘铁军’似的工农红军的任

---

① 《土地革命时期革命根据地财政经济斗争史资料摘编（四）》，1978 年版，第 1 页。

② 朱克文等：《中国军事医学史》，人民军医出版社 1996 年版，第 181 页。

③ 《朱德军事文选》，解放军出版社 1997 年版，第 153 页。

务”。[①] 其次，红军士兵，尤其是特种技术人员，必须是经过筛查的、政治立场坚定的人。比如，译电人员“必须以阶级坚定的积极分子，最好是工农分子充当，还须经过政治部的负责考察，切勿以其为技术人员而加以丝毫的忽视。至要至要!”[②] 最后，红军的政治工作时刻不能松懈。即使在艰苦的长征途中，也“从未放松对战士的政治教育工作。每天早晨出发前，训练时，或每天晚上，我们都进行政治谈话”，[③] 以此鼓舞士气、坚定决心。尤其是要“提高红军干部的政治水平与军事水平，保证红军战争中优秀的与坚强的领导”。[④] 反对“军事指挥员不学习政治的错误倾向”。[⑤] 作为干部和军事指挥员，如果没有较高的政治水平，无法成为士兵的表率，无法坚定地谋求革命胜利，甚至可能成为叛徒。无论是行军作战，还是驻扎根据地；无论是士兵，还是干部，政治工作都常抓不懈。

政治工作不仅是红军的凝心剂，还是群众的动员剂。首先，中国共产党重视发动和领导群众运动。“只注意军事技术的工作，或只是等待暴动时机之降临，对于工人的职工运动部分斗争渐加忽视，对于农民自发的部分要求不加领导”，[⑥] 这是极大的错误。中国共产党充分反思失败的经历，重视发动和领导群众运动，把工作重点放在与军事相关的工人群体中，加强对于全国重工业工人的指导。“首先要注意着铁路、海员、兵工厂三种重要的产业，因为这是与军事有密切关系的产业。我们必须特别加紧工作，加紧在这些工人中的宣传鼓动，加紧在这些工厂中的支部工作，加紧群众的组织。”[⑦] 其次，中国共产党重视在白区和敌军中进行政治工作。“加紧作战地域的群众工作，争取新占领区域的赤

---

① 《建党以来重要文献选编》第8册，中央文献出版社2011年版，第463页。
② 《建党以来重要文献选编》第9册，中央文献出版社2011年版，第606页。
③ 《建党以来重要文献选编》第12册，中央文献出版社2011年版，第368页。
④ 《建党以来重要文献选编》第13册，中央文献出版社2011年版，第64页。
⑤ 《建党以来重要文献选编》第12册，中央文献出版社2011年版，第39页。
⑥ 《建党以来重要文献选编》第4册，中央文献出版社2011年版，第700页。
⑦ 《建党以来重要文献选编》第6册，中央文献出版社2011年版，第338页。

化与争取动摇和不满的白军士兵到革命方面来，是顺利进行战斗，粉碎敌人大举进攻的有力条件。”[①] 每个红军士兵都是政治工作者，每到一处都要进行政治动员，破除国民党对群众的欺骗，动员白区群众加入到革命队伍中，争取敌军中较为优秀的人，成为我方的人才。

政治工作必不可少，政治教育不容忽视。但是过分夸大政治工作的作用也是不正确的，“一切政治工作，要服从整个作战计划；一切政治工作，都要为着前线上的胜利”。[②] 政治工作是开展军事行动和提高军事技术的催化剂。在土地革命战争时期，中国共产党明确了政治工作的重要地位，在苏区积极开展政治工作，动员工农群众、发动群众运动；在白区努力争取群众、争取敌军中的积极分子。

二、实际应用驱动导向下的农业科技发展

“中国是一个落后的农业国，农民占全国人口百分之九十，农产品占全国总产额百分之八十以上，所以土地问题不解决，农民生活不能改进，革命不能够成功。”[③] 在中国的革命事业中，首要的任务就是解决土地问题，中国共产党带领农民群众打土豪、分田地，农民有了自己的土地，生产热情高涨。继而，中国共产党领导农民群众改进农业技术、普及农业知识，“使农村机器化、电气化，使用新式机器来耕种与收获，使用科学肥料，用科学方法改良田地和防止灾害”。[④] 科学地恢复农业生产、发展农业经济，既改善根据地群众的生活，也为红军提供粮食。

（一）恢复农业生产，改进农业技术

解决劳动力和农资问题，恢复农业生产。农村青壮年大多都已参军，导

① 《朱德军事文选》，解放军出版社 1997 年版，第 103 页。

② 《建党以来重要文献选编》第 11 册，中央文献出版社 2011 年版，第 203 页。

③ 《建党以来重要文献选编》第 9 册，中央文献出版社 2011 年版，第 515 页。

④ 《建党以来重要文献选编》第 9 册，中央文献出版社 2011 年版，第 524—525 页。

致农村劳动力严重不足。把广大妇女同志从封建束缚下解放出来，培育成为劳动好手。红军战士在农忙时节帮助农民群众种植、收获粮食，同时也武装保卫收粮。解决劳动力问题之后要解决农具和耕牛问题。苏区规定耕牛不可以宰杀，而且根据地成立了各种生产合作社，为农民解决农资问题。

改进农业技术，发展农业生产。帮助农民解决劳动力和农资的基础问题之后，“应当领导并帮助农民去解决……肥料、种子、水利以及防止害虫等农业上面的具体重要的问题”。[①] 首先，设置专门的农业技术研究机构，“改良种子、土地及技术，扫除害虫”。[②] 配合科研工作，在农业试验场进行实验，改进农业技术，并通过农业品展览等形式进行推广，提高作物产量，更好地防治虫灾。其次，整修和改良水利，更好地灌溉以及应对水灾、旱灾。与国民党无视农民利益不同，中国共产党“认改良水利扩大灌溉源流，采用新式技术机器电力等，为自己的重要职任之一。共产党组织并赞助农民之改良灌溉的合作社运动。共产党要努力设法实行防止水旱的工程，建堤导河、填筑淤地、筑造牧场等等；并实行预防饥荒的设备”。[③] 中国共产党帮助农民兴修水利，解决灌溉问题，增强农村抗洪抗灾的能力。除了兴修水利设施之外，还在农村倡导植树造林，这不仅可以增加农民收入，还可以加固土壤、涵养水源、调节小气候，增加农业收成。最后，为增强土壤肥力，号召农民群众收集各种肥料，多给土地施肥，对于施肥方式也有所指导，并呼吁农民群众精耕细作，多犁地、耙地。

（二）普及农业知识，推进科学生产

破除农民的迷信观念，灌输科学的农业知识。发展农业生产不仅需要改进农业技术，还要对农民群众“传布农业改良的科学智识”，[④] 提高群众的科学素

① 《建党以来重要文献选编》第 11 册，中央文献出版社 2011 年版，第 136 页。
② 《建党以来重要文献选编》第 14 册，中央文献出版社 2011 年版，第 248 页。
③ 《建党以来重要文献选编》第 4 册，中央文献出版社 2011 年版，第 644—645 页。
④ 《建党以来重要文献选编》第 10 册，中央文献出版社 2011 年版，第 81 页。

养，使得农业生产科学化。要提高农民的科学素养，必须先破除封建迷信，如“在反宗教宣传中应灌输运输员以一些农业上的自然科学常识，如风、雨、虫、旱等灾以及农业改进方法，如人造肥料、机器耕田等”。[①]在破除迷信的过程中灌输科学农业知识。

以生动形象的方式对农民群众普及科学知识。例如，“苏维埃政府更应创办农业试验场、畜牧场，教育农民群众以消灭害虫，防止水旱灾荒的初步科学知识，以增加农产品的收获，各种必需品的种植（如棉花等），山林的保护，应该更有计划的开始”。[②]在实践过程中向农民传授农业知识，展示先进农业技术、指导农民群众如何进行科学的农业生产，理论与实践相结合，使农事指导工作事半功倍。

在乡苏维埃设置专门的委员会负责农业技术的改进和农业知识的普及工作。“乡苏之下，应该组织各种辅助乡苏管理各种专门工作的委员会，有些委员会是经常组织的，如像农业生产（春耕、夏耕、秋收秋耕、冬耕）、生产教育、山林、水利、调查登记、教育、卫生、桥路、粮食……这些委员会，它们都有经常的工作。”[③]在专门委员会的指导下，农业生产日常化、科学化，以推动根据地农业经济发展，改善农民的生活、为红军提供粮食保障。

三、实际应用驱动导向下的科技人才培养

土地革命战争时期，中国共产党人才缺口很大。无论是发展军事，还是发展农业，都需要大量人才投入，他们是革命战争的中流砥柱，在各方面工作中都发挥着重要作用。这一时期，派遣党员同志赴苏学习、创办学校培养人才、进行社会教育以提高群众文化水平，这些引进和培养科技人才的举措意义重大，

---

① 《建党以来重要文献选编》第10册，中央文献出版社2011年版，第168页。

② 《建党以来重要文献选编》第11册，中央文献出版社2011年版，第169页。

③ 《毛泽东文集》第1卷，人民出版社1993年版，第354页。

成为当时中国共产党的一项重要工作。

（一）派遣学生赴苏，学习苏联经验

针对中国共产党人才匮乏的现状，派遣党员同志赴苏联学习先进革命经验，回国参加工作，这是党培育科技人才的形式之一。主要派遣“党籍较久，工作经验较多的同志”赴苏学习，[①] 而且派遣数量不会太多，这其中也包括一些女同志，“在莫斯科学习的女同志一定要认识自己之特殊的任务，很坚决的切实准备自己归国的工作，中国的劳动妇女，都在那里希望着你们”。[②] 女同志也可以参加革命事业，到苏联学习如何组织妇女运动，是革命力量中不可缺少的一部分。

中国共产党对派往苏联学习的同志抱有极高的期望。首先，希望他们学习俄国经验并结合国内情况，对某一专门问题进行专门学习和研究，成为这方面的专业人才，回国参加工作。“譬如职工运动、农民运动、宣传工作、组织工作、妇女工作、军事工作、秘密工作等等，以至于关于交通、发行等等更具体的问题。”[③] 其次，希望他们一方面要学习马克思主义理论，另一方面要坚持理论结合实际，“须加深理论的研究和专门工作的实习（如宣传、组织、职运和苏维埃等），最好能在派回以前，使同志们有半年以上的实习，真正参加工作，使他们在原则以外，能学得许多实际办法”。[④] 在某一专业问题上积累经验，以便回国之后迅速投入实践工作，而非只会纸上谈兵，这比理论学习更为关键。最后，希望归国的同志要带回证明其能力的报告，“将在那里每个人学习的成绩寄来，一定要有关于每个归国同志之各方面的估计，尤其是对党的认识及工作能力”。[⑤] 根据这些成绩单、报告，党可以更全面、准确地了解人才情况，知人善用，精确地分配工作，高效地发挥这些归国人才的作用。

---

①④ 《建党以来重要文献选编》第5册，中央文献出版社2011年版，第246页。

② 《建党以来重要文献选编》第6册，中央文献出版社2011年版，第349页。

③ 《建党以来重要文献选编》第6册，中央文献出版社2011年版，第346页。

⑤ 《建党以来重要文献选编》第6册，中央文献出版社2011年版，第330页。

（二）创办专门学校，培育专业人才

被派遣至苏联学习的同志数量是极少的，根本无法填补人才的缺口。为满足革命事业的人才需要，中国共产党必须创办自己的学校，在自己的军队和工农群众中培养专业人才，这是中国共产党培育科技人才的主要形式。由此，大量专门学校相继成立，为革命战争培养了大批军事技术人才、政治工作人才以及医疗卫生人才。

创办专门学校，培养军事人才。首先，苏区的军事教育较为系统，为满足不同需要创办不同的学校。有一般的军事学校，如红军大学、公略步兵学校；有特种技术学校，比如专门教授防空和防毒知识的学校；有为地方武装设立的学校；有开办的短期军事训练班。这些军事学校为红军培养了大批军事人才。其次，军事学校的培养对象较为广泛。除了红军内部的士兵，部分工农群众也可以进入红军军事学校学习，“从农民、工人和游击暴动队伍中（反对地主的农民，有军事经验的工人）创造出自己的军事指导人才”；① 强调选拔青年学生进入红军学校学习；“利用旧式军队中革命的青年军官”，② 让他们进入红军学校再培养；甚至从敌军中动员而来的军人，也可以被培养、改造成为我军的军事人才。

创办专门学校，培养政治人才。首先，在根据地设立众多干部教育学校，“我们已设立了红军大学、苏维埃大学、马克司共产主义大学，及教育部领导下的许多教育干部学校”。③ 这些干部教育学校培养了众多政治人才。其次，干部教育学校的培养对象也比较广泛。在红军内部，“各级政治部马上在部队中挑选一些适合于做这工作的同志予以训练，使这些人变成统一战线上最坚强最活动的干部，能到各方面进行有效的活动”。④ 将培养出来的政治干部派遣到群众中、敌人中，“以诚恳的谈话、耐心教育、很艰苦的说服、自发的讨论以及生活上的

---

①② 《建党以来重要文献选编》第5册，中央文献出版社2011年版，第456页。

③ 《建党以来重要文献选编》第11册，中央文献出版社2011年版，第126页。

④ 《建党以来重要文献选编》第12册，中央文献出版社2011年版，第274页。

优待等办法来训练他们，争取他们”，[1] 在群众中和敌人中发展可能“为我所用”的政治干部，派遣他们到白区进行党的宣传活动，这比起党内人员打入敌区开展政治工作更为高效。

创办专门学校，培养医疗卫生人才。首先，陆续开办专门学校和培训班。随着红军部队的扩大、战事的继续，医疗卫生人员的数量无法满足形势所需，中央派遣、争取敌军的医生、地方医生参军等形式都无法满足医疗卫生人才的需求，于是红军各方面军相继开办看护、军医的训练班、讲习班。中央军委在 1931 年 11 月批准创办了红军军医学校，“1932 年 2 月初，红军军医学校在江西雩都县（今于都）北门外天主堂举行开学典礼，朱总司令勉励学员要学好本领，为红军干部、战士服务”。[2] 其次，对学员要求严格。“学生业务学习方面，除学习必要的医学基础知识外，以战伤治疗和防治‘四种疾病’（疟疾、痢疾、疥疮、下腿溃疡）为重点。学员过着严格的军事生活，参加助民劳动和建校劳动。军政训练和业务学习安排得很紧张。”[3] 军医学校学员以学习战伤治疗和预防战时易得疾病为重点，完全适应革命战争的需要。考虑到大部分学员的文化水平较低，教师大多采用实物和形象教育，把知识化复杂为通俗，处处都体现了从实际出发的特点。最后，通过卫生报刊和书籍在群众中普及医疗卫生知识。“苏区军民文化程度较低，普遍不讲卫生，造成疾病流行。为普及卫生知识，军委总卫生部组织卫生人员交流经验，编辑出版了《健康报》《红色卫生》《医院小报》《卫生员讲话》《看护用书救济法》《医药识字科》等卫生书刊。”[4] 除了由专门学校培育专业的医疗卫生人才，还通过出版卫生报刊和书籍，使卫生医疗知识在红军官兵以及苏区群众中得到广泛普及，红军军医学校创建之初条件十分

---

① 《建党以来重要文献选编》第 12 册，中央文献出版社 2011 年版，第 274 页。

② 朱克文等：《中国军事医学史》，人民军医出版社 1996 年版，第 182 页。

③ 王冠良、高恩显：《中国人民解放军医学教育史》，军事医学科学出版社 2001 年版，第 10 页。

④ 张荣杰：《苏区军医群体述论》，《党史研究与教学》2018 年第 1 期。

艰难，但都坚持着教学工作。到第四期招生时，红军卫生学校（前红军军医学校）已经初具规模，设备更加充足，参考书也更为丰富。

物色和引进各种专门人才，“军医及军事专门技术人才，应尽量的物色军医，亦可找同情者，由互济会的路线介绍去。其他军事专门技术人才，如修械、造弹、飞机、无线电等等专门人才，亦应尽量的物色”。① 虽然引进的人才只占极少数，但这也是对人才培育形式的补充。

（三）发展社会教育，提高群众文化水平

土地革命战争时期，中国共产党十分重视群众教育，提高群众的文化水平。由专门学校培养的人才，是革命战争中的中流砥柱，但是革命战争的胜利无法仅依靠这些人的力量，还需要广大群众的配合与支持。只有提高群众的文化水平，使其正确地理解中国共产党的政治主张，才能引导群众成为坚定的革命力量。苏区群众的文化水平普遍较低，“政府用一切办法来提高工农群众的文化水平。除学校教育外，还发展广泛的社会教育，办夜校、识字组等，努力扫除文盲，提高青年和成人的文化水平”。②

在农民群体中开展识字运动，提高其文化水平。首先，提高农民群众的文化水平是一项重要任务。作为农业大国，农民在中国占绝大多数，而且“中国有百分之九十未受文化教育的人民，这个里面，最大多数是农民”。③ 提高群众的文化水平，自然要先把提高农民的文化水平置于重要位置。其次，编辑教科书，开展贫农识字运动。“小学校内贫农腐农及工人子弟完全免费，富裕的中农则必须酣置征收学费。必须立刻开始贫民识字运动。”④ 让农民子弟可以进入学校学习，乡村教师在提高农民文化水平的过程中发挥了重要作用。

---

① 《建党以来重要文献选编》第 7 册，中央文献出版社 2011 年版，第 148 页。

② 田子渝、曾成贵:《八十年来中共党史研究》，湖北人民出版社 2001 年版，第 162 页。

③ 《毛泽东选集》第 1 卷，人民出版社 1991 年版，第 39 页。

④ 《建党以来重要文献选编》第 8 册，中央文献出版社 2011 年版，第 339 页。

在工人群体中开展文娱活动，提高其文化水平。充分利用工会，“要首先在城市中、在国家企业与工人集中的地方，去组织工人学校、识字班、俱乐部、讲演会、讨论会及墙报等，吸引工人来参加各种文化的、娱乐的与体育的运动，并应设法出版工人的刊物”。① 将工作与娱乐、生活相结合，以各种形式吸引工人参与文娱活动，提高其文化水平。

在苏区儿童群体中实行义务教育，提高受教育程度。“苏区很多地方的儿童们，现在是用了大部分时间受教育，做游戏，只有小部分时间参加家庭的劳动，这同国民党时代恰好相反了。” ② 苏区的大部分儿童都在接受教育，教育的覆盖率较高。儿童既接受课堂教育，也接受实践教育，这也是在为革命事业培养人才后备军。“一年来苏维埃对于文化教育事业已在着力的进行，小学、夜学、识字运动与俱乐部运动，已在各地广泛发展起来了。” ③ 识字群众的人数大大增加、群众的识字数量大大增加，较高层次的群众文化教育也有所发展。“马克思共产主义大学、苏维埃大学与红军大学的建立，工农剧社与蓝衫团运动的发展，所有这些都表明苏维埃文化建设事业已进入了发展的阶段中。” ④ 中央政府指出，要保护文化机关和文化事业，要使劳动群众全部接受教育，开展文化战线上的斗争，已成为苏维埃建设任务的重要部分。在苏维埃社会教育的推行之下，苏区群众的文化水平整体有所提高。

第三节 实际应用驱动导向科学技术思想的实践成果

围绕着土地革命战争时期党的中心任务和科学技术思想，中国共产党进行

① 《建党以来重要文献选编》第12册，中央文献出版社2011年版，第6页。

② 《建党以来重要文献选编》第11册，中央文献出版社2011年版，第125页。

③④ 《建党以来重要文献选编》第10册，中央文献出版社2011年版，第571页。

了科技实践初步探索并取得了一系列具体成果，体现出以实际应用驱动科学技术思想为指导的行动特征。不同于古代中国经验式的科技发明应用，土地革命战争时期，中国共产党在实际应用驱动导向的科学技术思想指导下，注重理论抽象以指导具体的科技实践，并在军事技术、军事工业、农业科技以及人才教育方面取得显著成效，为革命事业的胜利作了充分准备。

一、军事技术与军事工业的发展

土地革命战争时期，革命根据地多处在贫瘠的山区，以农业经济为主，军工业极为落后，无法满足战争环境下的军需民用。但是，中国共产党和苏维埃政府在领导人民争自由、求解放的斗争中，知难而上，为人民兵工事业作出了巨大贡献。大略言之，这时期军工生产整体上经历了从无到有、由少到多、由缴获修缮到生产制造的发展进程，在中国军工发展史上谱写了一曲艰苦奋斗、自力更生的凯歌。

（一）无线电台诞生与无线电通信事业创立

通信技术发展与战争态势演化有着紧密的联系。在国民党疯狂围剿的白色恐怖下，中国共产党极度缺乏无线电通信人才和相应的无线电通信器材。中国共产党通过共产国际帮助、缴获敌军器械及自主研究实践等方式，迎来了第一座无线电台的诞生，无线电通信事业取得重大突破，体现了艰苦奋斗、自力更生的特点。

派遣人员赴苏学习技术，着手自主研发无线电台。首先，中国共产党重视与共产国际沟通联系以促成无线电通信人才培养。1928 年，莫斯科东方劳动者共产主义大学的涂作潮等 6 位同志赴莫斯科“国际无线电训练班”接受无线电技术培训学习，这为中国共产党无线电通信事业的发展奠定了坚实的基础。[①]

① 邱若宏：《中国共产党科技思想与实践研究：从建党时期到新中国成立》，人民出版社 2012 年版，第 84 页。

其次，中国共产党依靠党内人士着手自主研发无线电通信设备。周恩来同志指派李强同志秘密研发地下电台，“为了尽快实现无线电通信，1928 年 9 月，周恩来指派中山大学毕业的苗族青年党员张沈川协助李强工作”。[①] 两人全力合作在沪西极司非尔路福康里 9 号的一座民宅里成功安装了一部 50 瓦的无线电收发报机，中国共产党第一座地下无线电台秘密建立起来了。[②] 这一部无线电台也是中国共产党历史上第一次自主研制成功的地下秘密电台，初步打破了国民党无线电技术的封锁。

缴获白军无线电台器械，扩充红军通信技术设备。首先，中国共产党尤为重视收缴白军无线电通信设备。“我军无线电通信的建立是在第二次国内革命战争时期……1930 年底至 1931 年初的第一次反‘围剿’中，一方面军在龙岗消灭敌一个师，师长张辉被活捉，并缴获一部电台，但发报机被砸坏了，只留下一个收报机，充电机还在，实际是半部无线电台。这便是我军最早的电台。”[③] 其次，红军迅速开展无线电通信人才教育。第一次反“围剿”胜利带来了无线电台和无线电技术人员，红一方面军则立即在江西宁都小布举办了第 1 期红军无线电训练班，这为红军各军团培养了具有专业技能的无线电技术工作骨干，促进了无线电通信事业的发展。最后，红军无线电通信技术设备空前扩充。第三次反“围剿”胜利后，“苏区中央局一个电台，红军总部一个电台，十二军一个电台，三军团一个电台，一共有四个电台及工作人员。苏区中央局电台是我，三军团电台是杜平，红军总部电台是曾三、涂作潮，十二军电台是曹丹辉。打完高兴战斗后，红三军也有了电台”。[④] 电台的增加和各军团的分配大大加强了

① 吴荣臻主编：《苗族通史（三）》，民族出版社 2007 年版，第 406 页。

② 邱若宏：《中国共产党科技思想与实践研究：从建党时期到新中国成立》，人民出版社 2012 年版，第 85 页。

③ 中国人民解放军总参谋部通信部编研室编：《红军的耳目与神经——土地革命战争时期通信兵回忆录》，中共党史出版社 1991 年版，第 57 页。

④ 江西省邮电管理局编：《华东战时交通通信史料汇编（中央苏区卷）》，人民邮电出版社 1995 年版，第 641 页。

红军各方之间的及时沟通，各个革命根据地之间形成了对接相连的通信网，使得中国共产党无线电事业进一步发展。

突破人才物资封锁困境，创办无线通信材料企业。受困于白区封锁，中国共产党人才资源培养及无线电通信器械材料的建设艰难发展。首先，常依托个别共产党员秘密登门教学、地下收购零星材料推动无线电事业发展。一方面，李强同志受党组织指派在上海以业余无线电爱好者的身份穿梭于无线电通信行业中，陆续收集、购买一批无线电技术书刊、图纸和器材，秘密实验安装无线电收发报机。另一方面，“张川则采用单线联系、登门教学的方法在上海秘密培训出曾三、王子纲、伍云甫等通信技术人员”。[①] 其次，重视战争中红军思想教育、珍惜无线电台通信设备。在与国民党反动派的对峙抗争过程中，中国共产党凭借“人有我有，主动把握”的信念，依托共产国际培养及自我内部培训，严格强调爱惜无线电器械，加强军队思想教育，使得无线电通信事业从被动逐渐向较为主动发展，在革命信息传递方面发挥了巨大作用。最后，借助秘密收集无线电通信物资、多方合力创办无线电通信材料企业。中央苏区突破重重困境，创办了自己的通信器材生产企业。虽然通信器材生产规模微小，甚至作用局限，但红军自己尝试兴办企业、生产制造，逐渐改变了完全依赖于战争缴获白军无线电通信器材的被动局面。

（二）兵工生产技术与军事作战技术的提升

工业生产是军需生产的重点领域，是战略物资的重要来源。第二次国内革命战争期间，在实际应用驱动科学技术思想导向下，中国共产党高度重视并逐渐开展军事工业生产，兵工生产技术不断提高，同时在中国共产党的领导下，红军作战能力和技术也大有改观。

军事工业蓬勃发展，兵工技术大有改善。首先，中国共产党在井冈山时期

---

① 邱若宏：《中国共产党科技思想与实践研究：从建党时期到新中国成立》，人民出版社 2012 年版，第 85 页。

尝试建设简单军需工业，军事生产较为薄弱。“1927 年 10 月，毛主席指示在步云山庵边第二间侧厅开办过小型兵工厂，主要修理枪支……起初有七八人，后来发展到 10 多人。”① 生产工具有限、生产效率低下是初期兵工厂和兵工生产技术的现实特征。仅能生产土枪土炮的现实状况，不但不能满足前线作战需要，而且对于军队作战能力大有影响。为此，随着生产技术经验的积累，各地纷纷进行军需工厂建设。其次，中国共产党深入领导军需建设，兵工生产技术爬升。恢宏阶段的兵工厂见于中央军委兵工厂（又称官田中央兵工厂），官田中央兵工厂在成立和发展的短短两年时间内，“共修造 4 万多支步枪，修理机枪 2000 多挺、迫击炮 100 余门，制造子弹 40 余万发、手雷 600 多枚、地雷 5000 多颗”，② 兵工厂内工人数达 450 多人，厂内分为枪炮和弹药两科，人数众多、体系严密是之前出现的各类修械及兵工厂所不能比较的。最后，中国共产党领导红军缴获敌军的军需工业，成就自身军事工业发展。1929 年年底，袁文才同志率领军队在茶陵作战并取胜，缴获了罗光绍兵工厂的全部设备，“工厂还有 20 多名工人，这以后军械处便搬到黄洋界山下的梅树下村，改名为兵工厂。兵工厂有 30 多人”。③ 这对于扩充我军作战武器起到了重要作用。但必须看到，工人数量增多，但普遍技术水平低下，加之缺少必要的器材零件等物资，初期的兵工生产范围和规模有限。

红军内部积极改造，军事战术日趋完善。首先，发动群众参与战争、改造红军内部构成。“党应当发动群众，是要去宣传、鼓动群众，领导他们自己动手起来，如此群众的斗争情绪、阶级意识、组织和斗争力量才能发展”，④ 以使得

---

① 刘明逵、唐玉良主编：《中国近代工人阶级和工人运动（第 7 册）：土地革命战争时期工人阶级队伍和劳动生活状况》，中共中央党校出版社 2002 年版，第 876 页。

② 邱若宏：《中国共产党科技思想与实践研究：从建党时期到新中国成立》，人民出版社 2012 年版，第 77 页。

③ 刘明逵、唐玉良主编：《中国近代工人阶级和工人运动（第 7 册）：土地革命战争时期工人阶级队伍和劳动生活状况》，中共中央党校出版社 2002 年版，第 877 页。

④ 中国人民解放军历史资料丛书编审委员会编：《土地革命战争时期各地武装起义 · 湖南地区》，解放军出版社 1997 年版，第 455 页。

广大群众成为革命的主力。此外，“红军的士兵无论征兵制或自愿制均须规定，服役期间红军军官应力求工人化，就近在自己的部队中，选择最积极、最可靠的工人士兵加以短期训练，担任军官。采用苏联经验，实行政治委员会与政治部制度将现有的政治部加以改造，多参加工人同志”。[①] 调动红军内部成员变化，时刻保持红军战斗积极性，为提高战斗能力作准备。其次，合理战术规划实践、提升军事作战能力。“红军的战术应以游击战争为主要形式，很好的学习过去游击战争的经验”，[②] 在战争中把握战术主导权。进行军事训练和实战过程中，“战略防御时，反对单纯防御，执行积极防御，反对先发制人，执行后发制人，诱敌深入，以退为进；战略进攻时，既要夺取先机，反对机会主义估计不足，又要适可而止，反对冒险主义和冒险政策……战斗前要有充分准备，要改善红军技术”，[③] 达到由战术主动发展为战争主导的最终目的，提升红军作战战略能力。最后，掌握大型作战武器、提升自身作战技术。如伍修权同志作为苏联归来的技术人才，“到军区直属的重机枪连去训练战士们使用武器，教他们学会重机枪的拆卸和故障排除……对马克沁重机枪更加熟悉”。[④] 相较于战争初期贫弱的武器装备及武装技术，中国共产党的军事力量在重视科技发展之下大为增强，极大地改变了战争中处于被动的窘境。

（三）军事技术人才与军事工业发展的兴盛

第二次国内革命战争时期，中国共产党通过说服教育等方式招揽军事技术方面人才，涌现出众多军事人才领导配合工业生产，这大大改善了我军在军需制造上的不利环境，同时促成了中国共产党军工工业体系初步形成并完善。

吸收先进军事技术人才，提升军事生产技术水平。首先，依靠根据地现有

---

①② 中国人民解放军历史资料丛书编审委员会编：《土地革命战争时期各地武装起义·湖南地区》，解放军出版社 1997 年版，第 455—456 页。

③ 姜华宣：《中国共产党重要会议纪事（1921—2011）》，中央文献出版社 2011 年版，第 111 页。

④ 伍修权：《伍修权回忆录》，中国青年出版社 2009 年版，第 64 页。

的先进军事技术人才促进军工生产发展。吴汉杰同志任中央红军兵工厂厂长后，他以党员工人为骨干，带领工厂修理步枪、驳壳枪、机枪及迫击炮，甚至能够自已造步枪，研制出堪比白军制造的子弹的新型弹头。中央红军“兵工厂从无到有，从小到大，为前方部队配制 4 万多支步枪，40 多万发子弹，修理 2000 多挺机枪，100 多门迫击炮，两门山炮，造出 6 万多枚手雷地雷”，① 空前地扩大了红军军需物资储备，为前线反“围剿”斗争打下了坚实基础。同时，军事工业在形式和规模上都比之前出现的所有兵工厂更进一步。其次，依托吸纳海外归国优秀军事专家，促进了重要军工生产。中国共产党吸引招纳的著名兵工专家刘鼎，在闽浙赣省兵工厂发挥了巨大作用，为中国共产党在军事工业发展中的技术生产、武器制造、人才培养等方面作出巨大贡献。“1933 年任闽浙赣苏区政治部组织部长、红军分校政委，后任兵工厂政委。他亲自动手研制并组织生产红军第一门火炮及弹药，改进地雷设计和黑火药配方，创制电话机点火的电发地雷引信。” ② 此外，他带领小炮兵队学习与制作使用炮弹相关的理论，用研发的小迫击炮用于战争战斗，开创了中国共产党在战场上使用自主研发的火炮战斗的先河。

创设有利的发展环境，促进工业体系的初步形成。首先，革命根据地的军事工业得到初步发展，军工生产水平和能力有所提升。第二次反“围剿”胜利后，贺家桥红山兵工厂有“工人 90 多人，机床 3 部，炉子 10 架，每天可生产‘撇把子’枪三、四十支，八响枪二至四支，子弹近 120 发，大刀长矛三四十把，还可修理枪械十余件”，③ 与井冈山兵工厂仅能修补器械的初期情况相比较，在军工技术上大有突破。其次，革命根据地形成较为有利的发展环境，奠定了

① 陈忠舜：《军工先驱吴汉杰》，《湖南党史》1996 年第 3 期。

② 肖金虎主编：《长征路线（四川段）文化资源研究 · 宜宾卷》，四川人民出版社 2018 年版，第 27 页。

③ 程仪主编：《中共黄冈简史》，中国文联出版社 2002 年版，第 79 页。

军事工业初步形成的现实基础。第三次反“围剿”通过游击等战术安排取得了胜利，为这一时期军事工业生产创造了极为有利的环境。

生产积累军事武器装备，完善军事工业生产体系。首先，革命根据地的军事工业生产规模逐渐扩大，积累了大量的先进军事作战物资。规模最大、技术最为先进的红四方面军兵工厂，“兵工厂有一百三十八台机器，拆卸过后，主件乃有好几百斤，其中英国、德国、日本制造的三台大圆车，主件重九百余斤，子弹厂碾片机重八百余斤，压力机重七百余斤……加之原材料和军用品堆积如山：铜砖八百余块（每块重九十至一百斤），浓硫酸、硝酸一百余缸（每缸重一至二百斤），进口钢材一万余斤，焦炭二万余斤，硫磺和土硝二万余斤，杂铜二万余斤；子弹万发，枪支八千余支”。[①] 其反映出当时红四方面军兵工厂的军事工业生产能力巨大、物资储备十分充裕。其次，各地兵工厂蓬勃发展，军事工业体系趋于完善。“在驻旺苍的短短数月时间里，兵工厂修好大小枪支数百件，制造子弹100多万发，炸弹、手榴弹800多弹，马刀400多把”，[②] 第五次反“围剿”过程中，各地兵工厂迁至江面，组建成了一个规模更大的中央红军兵工厂并发展到鼎盛时期。1934年9月，党中央的决定将兵工厂的干部、工人编组成为一个工人师，其他革命根据地兵工厂也得到蓬勃发展，这大大满足了中国共产党领导的军事工业领域的发展需要，进一步促进军事工业体系趋于完善。

二、农业科技和农业工作的推广

农业是国民经济的基础，而粮食产量是农业发展的重中之重。土地革命战争时期，中国共产党和毛泽东十分重视农业科技的经验，并根据当时革命形势

① 四川省财政科学研究所、川陕革命根据地博物馆编：《川陕革命根据地财政经济史料选编》，四川省社会科学院出版社1987年版，第333页。

② 邱若宏：《中国共产党科技思想与实践研究：从建党时期到新中国成立》，人民出版社2012年版，第83页。

的特点及农民的要求，大力推广根据地的大生产运动。尤其表现为通过提高农业技术，促进农业生产发展，提高农业收成；积极向农民群众宣传和普及农业科学知识，促进农业技术与农业生产融合发展。这在当时的条件下取得斐然成绩，初步显示了农业科技的威力。

（一）推广生产技术，提高农业收成

白区的封锁与“围剿”导致外来物资无法进入苏区，其中就包括粮食等生活必需品，使得革命根据地只能自力更生解决农业问题，集中为耕牛、肥料、水利等问题。

第一，推行耕牛技术是解放农民劳动力、提高农业生产效率的有力举措。残酷的战争环境缺乏农事发展所需要的农耕牛等物质生产力，苏维埃政府高度重视农村耕种耕牛问题，并要求各级政府做好解决耕牛问题的准备方案。例如，1932 年 3 月，《对于春耕中之耕牛粮食问题的决议》指出，“在群众中要鼓励耕牛互助，使有牛的或租或借来帮助无牛的农民，或集资共买一牛共用，使耕牛比较多的地方能抽出一部分出卖给无牛的地方”，[①] 为农业秋收打下了基础。

第二，健全水利设施是完善灌溉系统、增加农业粮食产量的关键举措。“水利是农业的命脉，我们也应予以极大的注意。”[②] 革命根据地的水利工作是农业发展工作中极受重视的内容，为了促进水利工作的建设与改善，中央土地部等有关机构还督促设立水利局和水利委员会，向群众普及水利灌溉知识和进行水利建设。据《红色中华》告示，“据兴国一县的报告，就修好陂圳八百二十座，水塘一百八十四口，水车、筒车七十一乘，计费人工八万七千四百八十九天，能灌溉四十二万五千九百五十一担田。并新开坡圳四十九条，水塘四十九口，费人工四万零六百四十二天，能灌溉田九万四千六百七十六担。”[③]

① 《对于春耕中之耕牛粮食问题的决议》，《红色中华》1932 年 3 月 16 日。

② 《毛泽东选集》第 1 卷，人民出版社 1991 年版，第 132 页。

③ 王观澜：《春耕运动总结与夏耕运动的任务》，《红色中华》1934 年 5 月 28 日。

第三，利用改良肥料是改善土壤构成、增加粮食和棉产量的关键手段。利用技术进行土壤改造以增加农产量是根据地农业科技推广最为明显的内容。"《春耕计划》，要求广大农民千方百计增加肥料，除各种粪肥、石灰以外，要尽量割草、铲草皮，或挑塘泥去肥田……提早冬耕冬翻，精耕细作，使土壤得到改良……改造坑冷浸田，在田中开挖深沟。"[①] 在改良土壤的科学知识指导下，加之农民分得土地，粮食产量大幅度增加，人民生活的现状得到改善。棉花被定为革命生产的紧缺物资，特别是在寒冬作战时极为短缺。1933 年第二号训令《春耕计划》对棉花种植技术作出说明，"凡高原干燥地方，及沙坝、园地、山地等都可以种棉，棉籽由中央及政府设法购（买），不要钱，发给农民栽种"，训令还以送耕牛、锦旗的方式嘉奖优秀植棉农民，鼓励农民积极学习农业技术并应用于实践。苏维埃中央政府还专门组织了农业专家编写《植棉须知》等农业书籍，以通俗化、口语化的方式介绍植棉技巧，取得了显著效果。"中央苏区棉花的出苗生长率，1933 年为 20%，1934 年上升到 65%"，这得益于党和政府日常中常选派农业种植专家和技术人才到根据地进行农事指导。[②]

第四，设立专门的农事机构是指导农业科学种植、提供农事科学经验的有效途径。农业技术在根据地的推广多以训令等政策性文件和农业指导用书为常见手段。同时，还有专门的农业生产研究场所及机构，即农事试验场和研究所，如 1932 年，江西省作出"各乡组织肥料种子研究所，实行改良生产"的建议，随后在第二次省苏大会上通过了"在兴国等县开始设立农事试验场，以推进农业生产技术的改良，在博生设立农产品陈列所，陈列最好的农产品作为模范并以实施奖励"的决定。[③] 农事试验场和研究所在把握和研究特定植物生长的最

① 余伯流、凌步机：《中央苏区史》，江西人民出版社 2001 年版，第 687 页。

② 徐学初：《中华苏维埃经济建设研究》，巴蜀书社 2008 年版，第 161 页。

③ 余伯流：《中央苏区经济建设》，中央文献出版社 2009 年版，第 47 页。

佳气候、土壤、水分、时间等耕种条件后，及时向各地宣传科学种植经验，使得农民群众减少试错几率、增加实际产量。

（二）落实科技工作，宣传农业知识

在中央苏区革命根据地进行农业生产技术推广的同时，其他苏区农业科技工作也在如火如荼地开展试验，并取得有益成果。各级苏维埃政府在中央土地部的指导下，向农民群众宣传农业科学知识，推广农业相关科学技术，以促进农业科技与农业生产的结合。

重视苏区农业科学发展，设立农事专门科学机构。首先，苏区设立专门的土地培育机构，指导农业土壤改良。鄂豫皖边区土地培养局的“主要任务是研究土质结构和肥料制造、使用方法等，以指导农民科学种田”，[①] 动员农民根据不同土质合理地改善肥料，实现精耕细作的农业种植方式。其次，苏区设立专门的水利机构，合理规划和建设水利系统。各苏区水利局则“主要负责修塘、筑埂、挖沟、开河、便利灌溉等事项”，[②] 指导科学地将水利资源用以农业灌溉和防止灾害发生。

明确苏区农业用地范围，改良农业生产工具。首先，规范农业生产用地，发挥农民积极性。湘赣苏区边界《土地问题决议案》明确规定：“开垦荒山荒田，疏通水利，种植森林，豢养牲畜，这些工作须鼓动农民在自愿条件之下积极去进行。”[③] 议案的发布明确了农业用地范围，给予农民更多的生产自主权。其次，改良农业生产用具，提高农业实际产量。有一些地区过去完全采用脚力水车，对人力和时间都有很大耗费，而通过创制各种流通水车（俗称筒车）、牛车、压水车等，或开挖山塘修理水圳，或进一步添制耕田农具，都促进了农业产量的极大提升。

---

① 万立明：《民主革命时期中国共产党领导的科技事业研究》，九州出版社 2016 年版，第 24 页。

② 陈忠贞主编：《鄂豫皖革命根据地史》，安徽人民出版社 1998 年版，第 427 页。

③ 陈钢：《湘赣革命根据地全史》，江西人民出版社 2007 年版，第 186 页。

重视人与自然的和谐关系，普及日常的农业科学知识。首先，科学认识生态自然，倡导保护自然资源。1930年4月，鄂豫皖苏区六安县苏维埃代表大会颁布的《森林办法》规定："森林除供人生使用外，还有好村雨量之益，各民众都有保护之责任……不得破坏树苗，不得伤害森林，不得自由强伐。"保护植被成为农业科技工作中的共识。1932年3月，临时中央政府颁发《对于植树运动的决议案》，要求"各级政府向群众作植树运动的宣传，说明植树的利益，并规定每年春天进行植树运动"。[①]其次，落实日常的农业科技指导，教导农民科学有效地种植。在农业用水、施肥、开垦方面常有知识性、教导性的训令发布，在关系到某一农业种植技术问题时，会给出细致的指导。如"捕捉害虫，割去杂草制造捕虫器具，害禾的虫甚多，略写数种：（1）包子虫是生长在禾叶上结一包子，虫住包内。捕杀的办法，可用竹或木片之属制八寸长五寸阔的'×'形工具；（2）螟虫和蝗虫是最厉害的害禾虫，在湘赣苏区虽很少，但也有些捕杀办法，用脚盆装半盆水，中间放一油灯，虫见火即向火直冲，入水内浸死；（3）厌虫和钻心虫的捕杀办法，最好用石灰打入田内，其他经过调均水多放肥料，也是预防害虫的办法"。[②]

这一时期的农业科技和农业工作，呈现出以经验总结为主、研究试验浅显、专业化程度偏低的鲜明特性。一方面是由于农民自身素质不足，另一方面是因为战争的影响，农业科技理论和技术专业化发展受限。不过，值得注意的是，中国共产党在农业科技的推广中注重追寻人与自然的和谐状态，在开发土壤水利等自然资源的同时，实施植树造林等保护自然环境的举措，以维持生态平衡。中国共产党在农业发展方面处处体现着以科学技术为重、用科技推动生产的思想品质，具备实现生产大发展的实践品格。

---

① 敖文蔚：《中国近现代社会与民政（1906—1949）》，武汉大学出版社1992年版，第169页。

② 湖南省财政厅编：《湘鄂革命根据地财政经济史料摘编》，湖南人民出版社1986年版，第239—240页。

三、教育事业与人才培养的勃兴

土地革命战争时期，以实际应用驱动为导向的科学技术思想在军事和农业的科技实践方面创造了丰硕成果的同时，还培养了大量科技人才，促进社会进步发展。中国共产党重视科学技术思想，在教育实践领域和社会发展领域创造了不可忽视的人才成果，主要集中于军事人才、政治人才、农业人才及医疗人才。

（一）依托各类学校，人才大量涌现

土地革命战争初期，在革命根据地建设中，人才资源匮乏是长期存在的一大困境，因而人才的培养和任用成为中国共产党的重要工作任务。在科学技术思想的指引下，土地革命战争时期中国共产党的人才培养主要以各类专门学校为培养载体，同时少量吸纳社会进步人才，尤其是归国技术人才。军事、农业、政治工作等方面涌现出的大量人才，为革命战争胜利提供了强大的智力和实践支持。

在军事人才方面，军事技术过硬，思维灵活性突出。就影响力和规模而言，红军大学是当时军事人才培养的领先学校。该校旨在培养较高级的军事干部，学员约有六七百人，都是由各个战场抽调来校的营以上的军事干部，军事理论和军事训练相结合的教学使得这些军事人才在战场上灵活自如、指挥得当。宋任穷同志、程子华同志、刘道生同志等高级军事人才就是这所大学的学生，他们经过系统理论学习、参加军事战斗锻炼，成为中国共产党在战争中取得胜利的中流砥柱。此外，工农红军彭阳步兵学校培养学员近千人，工农红军公略步兵学校培养学员近八九百人，以及游击队干部学校培养游击队员等约三百人，这些军事学校为前线作战输送了大量的专业技术人才。通过学习科学系统的军事理论，配合严苛的日常军事训练，以较强的军事技能参与革命战争，发挥自身专业性、技术性等特点，体现了中国共产党在军事人才培养中以科学理论及

技术为导向，结合实际发展需要的理论思维。

在政治人才方面，政治素质扎实，思想先进性显著。革命根据地的发展和革命战争的向前推进急需大量的政治人才以领导根据地建设和指挥军队，主要见之于干部人才培养与输送。中国共产党在实际应用驱动导向为主的科学技术思想指导下，高度重视政治工作建设，加强政治理论系统化发展，依托专门政治学校开展干部政治培训，为革命服务。苏维埃大学先后培养约一千五百名政治工作人才，大抵选拔自“政权机关、群众团体或党、团员负责工作半年以上，并有积极表现者”，其为中国共产党先后提供了无数政治素养过硬、思想作风优良的高级政治领导人才，为加强红军团结等政治建设和战术指挥提供了巨大支持。“苏维埃大学在教学中贯彻教育为革命战争服务、教育与劳动生产相结合的方针，以及理论联系实际的原则。”①不仅如此，马克思共产主义大学还开设三种训练班，以“马克思列宁主义基本原理、党的建设、工人运动、历史、地理、自然科学常识等”②为学习内容，为中国共产党及各地输送政治人才近两百人，支援现实政治建设。

在农业人才方面，彰显农业理论丰富性和农业实践性。以农业科学理论为核心，借助于农业实践活动，在专门农业学校教育之下，大量农业人才涌现。中央农业学校是中国共产党在农业科技教育领域最早开设的学校机构，专门用来培养农业方面的技术专职人才。一方面，中央农业学校为学生设置了农事试验场和展览，供实践、学习和检验；另一方面，借助实践平台为农民群众提供更加优良的农业品种和植种经验。“凡农民、农业工人及志愿学习农业的公民经土地人民委员部介绍均可入学。首批招收学生 200 人”，③毕业后，学生群体纷纷成为农业方面的技术人才，参加各革命根据地的农业建设。此后，地方农业

① 余伯流、凌步机：《中央苏区史（下）》，江西人民出版社 2017 年版，第 976 页。

② 潘懋元：《潘懋元文集（卷四・历史与比较研究）》，广东高等教育出版社 2010 年版，第 242 页。

③ 张静如、梁志祥等主编：《中国共产党通志》，中央文献出版社 1997 年版，第 632 页。

学校相继创办，为革命根据地培养了无数农业干部和农业技术人才，用科学知识和技术经验造福苏区经济和社会，提升人民生活幸福感。

在医疗人才方面，凸显医学理论系统化和技术专业化。从几乎空白的医疗卫生基础到建设较为健全的苏维埃国家医院，这是中国共产党领导医疗卫生人才实现由粗到精的蜕变过程。1932年，贺诚同志出任中央苏区红军军医学校校长，彭龙伯同志任教务主任，还有两名专业教员，相互配合编写教材。“教员们耐心教授，将理论教学与医疗实践相结合，经常在病房和手术室边观摩边教学。第一期学员于1933年4月完成学习计划，其中19人通过毕业考试，分配到红军各医院工作。第二期学员近30人，其中有28人于1933年8月毕业，大部分分配到红军部队中担任卫生员。第三期学员49人，第4期学员61人。各期学员都如期毕业，分赴各红军医院工作。”①红军军医学校先后共培养两百多名军医，还有四五百名的卫生员、药剂师和护士等。随着各类红色卫生性质的学校相继创办，贺诚同志、傅连暲同志等有着丰富医学经验的人才担任教员以老带新，大批医疗卫生人才不断涌现。且医疗人才来源与前期相比，大多出自专业医科院校、具有良好的医学教育背景，专业性更加突出。

（二）开展社会教育，群众素质提升

农民工作是中国共产党在土地革命战争时期的重点工作，这不仅体现在帮助农村发展农业、吸纳农民群众参与革命等方面，也体现在提升农民文化知识水平，丰富农民文化生活等方面。正是因为“文化教育工作在这个苏维埃运动中占有极其重要的位置……加强教育工作来提高广大群众的政治文化水平，启发群众的阶级觉悟并培养革命的新后代，应成为我们最主要的战斗任务之一”，②围绕农民群众文化素质的建设需要，以扫盲运动为典型的识字浪潮、充

① 余伯流、凌步机：《中央苏区史》，江西人民出版社2001年版，第853页。

② 翟定一：《毛泽东农村教育思想》，湖南人民出版社1997年版，第33页。

实日常生活的文化娱乐活动、提升群众卫生意识的防疫教育生动广泛地开展。

农民群众积极参与识字活动，适龄儿童入学数量增加。首先，农民群众扫盲运动参与率高、情绪高涨。“广西、广东两省共有32388个识字班，参加学习的工农群众有15.6万人，其中以兴国县最多，全县有3337个识字班，参加学习的工农群众有2.25万人”，① 随着识字运动的不断推进，参与人数日益增多，尤其见于妇女踊跃报名。其次，参与群众数量庞大，识字效果显著。“对于识字运动，各村各机关普遍的设立工农补习夜校，在今年一年中，统计增加了有2万识字看报的工农群众。” ② 工农群众通过夜校、识字班等方式互相学习，不断提升文化知识水平，提升文化素养。最后，适龄儿童入学率高、基础教育深入发展。“根据江西、福建、粤赣三省的统计，在两千九百三十二个乡中，有列宁小学三千零五十二所……学龄儿童的多数是进入了列宁小学校，例如兴国学龄儿童综述二万零九百六十九人，进入列宁小学的一万二千八百零六人”，③ 农民子女中，学龄儿童绝大多数进入小学学习文化知识，进行实践劳动，改变以往适龄儿童教育缺席的不良状况，提升了儿童的文化素质。

群众文化娱乐活动形式多样，精神生活充盈且精彩纷呈。首先，农民群众文化娱乐活动突出知识性、趣味性及人民性的特点。红色俱乐部“有反对封建迷信小组，读报小组……定期编出壁报，常在周末为群众演文明戏，辅导和组织群众唱歌、跳舞，特别是青少年；开展以民间体育为主的各种体育活动，如武术，举石头，挤棍等等”，以贴近农民群众生活为特征，展现其特有的精神风貌。但除了生动有趣以外，为革命服务的文化要求仍然显著，如深入开展新戏运动中，都要“宣传革命战争的胜利，启发群众的阶级斗争，揭破反动派的欺骗等”，又如群众性歌咏活动的《打倒国民党》《起义当红军》《革命歌》等吟唱

---

① 俞启定主编：《中国教育简史》，中央广播电视大学出版社1999年版，第329页。

② 江西省方志敏研究会：《方志敏研究文丛1》，上海文化出版社2011年版，第168页。

③ 《建党以来重要文献选编》第11册，中央文献出版社2011年版，第125页。

曲目，“有着鲜明的阶级性，强烈的战斗性，爱憎分明”，突出文化生活为革命事业呐喊助威的特征。[①] 其次，红军内士兵文化娱乐活动与思想道德教育结合紧密。在红军内部开展生动活泼的文艺演出等文化活动时，凸显思想政治教育的目的性。“以支部为单位组织的讲课、读材料等一般教育以及自学、办轮训班、办刊物、会议交流等多种形式。这些生动活泼的思想道德建设工作，让官兵们看到了自己的力量和革命的希望，扫除了部队中的悲观失望情绪，振奋了士气，部队情绪很快高涨起来。”[②]

群众卫生意识普遍提升，注重日常防疫工作。首先，卫生研究会的成立促进了革命根据地医疗卫生水平的提高。《发起组织卫生研究会征求会员宣言》中表明：“大规模的作医药上卫生上的研究，提高每个卫生人员的研究热忱与为苏维埃服务的积极性，在粉碎旧的社会制度所给予的恶果，开展苏维埃政权下为着劳动大众的健康的医药卫生事业，保障红色战士的健康，根本的摧毁资产阶级的统治。”专门卫生研究机构成立，以口语化的书册向大众传播卫生知识，加强社会卫生系统建设。其次，专门定位于向大众普及卫生知识的书刊报纸发挥了重要的普及作用。《健康报》《红色卫生》《卫生讲话》《红星报》《打摆子预防法》《溃疡（烂疤子）的预防法》等报纸，通过宣传日常卫生知识、科学防范苏区常见疾病的办法以及各类家常疾病的救治经验，促使人民大众开始重视医疗卫生问题。最后，苏维埃政府连续在各类报纸书籍中强调防疫卫生运动的重要性。《红色中华》刊登苏维埃中央政府副主席项英的《大家起来做防疫的卫生运动》，以通俗易懂的方式告知民众如何应对预防瘟疫。群众防疫科普书刊及政策文件、防疫卫生打扫等运动帮助军民了解卫生问题的重要性，有助于其养成较好的卫生习惯，形成文明的生活方式，体现群众生活素养的

---

① 江西省文化厅革命文化史料征集工作委员会编：《江西苏区文化研究》，江西省文化厅革命文化史料征集工作委员会办公室 2001 年版，第 532 页。

② 韦冬主编：《中国共产党思想道德建设史（上）》，山东人民出版社 2015 年版，第 133 页。

提高。

中国共产党在军事工业、农业经济、人才教育方面创造的伟大成就，彰显了以革命需要为导向的实际应用驱动倾向，闪烁着科学技术思想的特性。在科学技术思想指引下，以科学技术为依托，展开军工建设、农业发展和科学人才培养，推动革命战争向着胜利行进。

第三章　中国化马克思主义科学技术思想的确立与应用（1937—1949年）

土地革命战争时期，中国共产党科学技术思想尚处于萌芽阶段，主要服务于革命战争的现实需要。而进入抗日战争和解放战争时期后，“抗战建国”的总任务使中国共产党对于科学技术的认识有了质的飞跃。在毛泽东哲学思想的指导下，中国共产党日益形成一套基于唯物史观和“实事求是”思想路线，以生产为导向、兼顾国防民生和“三位一体”科技教育观为核心的中国化马克思主义科学技术思想理论，并制定“科学大众化”工作方针，出台一系列科技服务于抗战、重视科技人才的政策，广泛开展农业、军事、文化等各方面科技实践活动。基于中国共产党的领导，科学技术在特定历史条件下显示出巨大威力，不仅推动抗日战争和解放战争取得伟大胜利，也为科学技术发展的新飞跃奠定了坚实基础。

第一节　中国化马克思主义科学技术思想的形成背景

抗日根据地与解放区虽仍处于战争环境，但与土地革命时期的根据地相比，情况更为稳定。民主革命时期，党中央领导人在依托于农村进行革命战争的特定形势下，始终把发展科学技术事业作为中国共产党救亡图存的一项中心任务来落实。同时，《实践论》和《矛盾论》所蕴含的辩证唯物主义和历史唯物主义原理指导了抗日战争和解放战争时期中国共产党科学技术思想理论脉络的形成与发展，加上中国共产党在20世纪三四十年代所积攒的指导科技实践工作的基本经验，为中国化马克思主义科学技术思想的初步形成与确立提供了可能。

一、中国化马克思主义科学技术思想的主要特点

1937年抗日战争初期，毛泽东同志在“抗大”讲课时编写了《辩证法唯物论（讲授提纲）》，而《实践论》和《矛盾论》正是其中的两个重要章节。“两论”的写作以唯物史观为指导，对辩证唯物主义认识论和唯物辩证法进行了创新性诠释，为抗日战争和解放战争时期中国共产党确立的科学技术思想提供了科学的世界观和方法论。在这一特定的历史时期，以毛泽东同志为核心的党中央为尽快改变中国经济与科学技术落后的状况，坚持以中国化马克思主义哲学为指导，确立了以“唯物史观”为哲学基础、以“实事求是”为思想路线和以“唯物辩证法”为理论实质的中国化马克思主义科学技术思想。

（一）以唯物史观为哲学基础

首先，科学技术对社会历史的推动作用，在抗日战争和解放战争时期表现得尤为突出。毛泽东同志在凝结着中国革命经验和实践智慧的光辉篇章《矛盾论》中深刻指出，“生产力和生产关系的矛盾，阶级之间的矛盾，新旧之间的矛盾，由于这些矛盾的发展，推动了社会的前进，推动了新旧社会的代谢”。[①] 再者，根据历史唯物主义中关于人类社会及其发展规律的经典论述可以得出，在决定社会发展的两对社会基本矛盾中，生产力与生产关系的矛盾是更为根本的

① 《毛泽东选集》第1卷，人民出版社1991年版，第302页。

矛盾，科学技术毋庸置疑是一种在社会历史中起推动作用的、革命的力量，并且是最高意义上的革命力量。为此，立足于唯物史观，中国共产党人沿着马克思主义关于科学技术的社会历史作用的思想轨迹，对新民主主义革命时期科学技术的巨大作用进行了深入细致的分析。中国共产党人清楚意识到，"科技的每次重大突破必将有力地作用于人们的生产生活方式，进而引起生产力和人类文明的巨大进步"。① 譬如，在解放战争时期，1945年11月《晋察冀日报》曾发表社论指出，"我们都深切痛惜中国科学技术落后。要建设繁荣富强的新中国，亟需提高科学技术"。② 因之，"号召自然科学协会的全体自然科学界工作者们，要在新民主主义的天地里沿着宽畅的道路奋发前进，努力研究，积极发明，使落后的农业发展到现代化的农业，使农业的中国推动到工业的中国，以担负起人民所托付给我们的'建设富强新中国'的重任"。③ 概言之，科学技术作为一种推动社会历史前进的革命力量，其广度将影响到人类社会的各个领域。

其次，马克思主义经典作家认为，生产力中也包括科学。马克思、恩格斯曾深刻指出，"社会的劳动生产力，首先是科学的力量"；④ 随着现代大工业的不断发展，现实资本财富的创造更多的"取决于科学的一般水平和技术进步，或者说取决于这种科学在生产上的应用"。⑤ 这些思想给以毛泽东同志为代表的中国共产党人带来深刻启发，中国共产党人在继承和发展马克思主义关于科学技术和生产力关系的论述中，结合中国民主革命的实际情况表达了独到的见解。1948年2月，毛泽东同志在《论联合政府》一文中明确指出，"中国一切政党

---

① 曾敏：《中国共产党科技思想研究》，四川人民出版社2015年版，第37页。

② 《努力研究，积极创造》，《晋察冀日报》1945年11月13日。

③ 武衡：《抗日战争时期解放区科学技术发展史资料（第5辑）》，中国学术出版社1986年版，第22页。

④ 中共中央宣传部教育局等编：《马克思主义著作青年读本导读》，人民出版社1992年版，第329页。

⑤ 《马克思恩格斯文集》第8卷，人民出版社2009年版，第196页。

的政策及其实践在中国人民中所表现的作用的好坏、大小，归根结底，看它对于中国人民的生产力的发展是否有帮助及其帮助之大小，看它是束缚生产力的，还是解放生产力的”。[①] 他认为，解放区在进行土地改革，废除封建土地所有制之后，广大农民迸发出极高的生产热情，但个体小生产在运用新的生产技术、抵御自然灾害等方面尚存在很大局限，因此需要进一步打好科学技术这一仗，从根本上发展生产力，改变解放区经济落后的局面。

总而言之，以唯物史观哲学作为贯穿中国化马克思主义科学技术思想的一根红线。中国共产党人关于科学技术就是直接生产力的观点指明了边区和解放区工作的根本旨归和发展方向，并通过开展和推进各项科技工作的展开，被根据地科技工作者所逐步认识和接受，这对于革命根据地的建设发展和“抗战建国”具有重要的指导意义。

（二）以实事求是为思想路线

毋庸置疑，实事求是的思想路线是毛泽东哲学思想的坚实基础和灵魂所在。毛泽东同志曾在20世纪三四十年代大量阅读和钻研马克思、恩格斯、列宁、斯大林以及其他马克思主义理论家的哲学著作，留下了数十万字的各类批注，并始终从“实事求是”的思想路线出发，汲取马克思主义科学技术思想养分，进而对马克思主义科学技术思想进行著书立说和广泛传播。因此，这一时期的中国共产党人对“科学”的本质逐渐有了逐步的认识，认为所谓科学即是对客观事物的本质认识，从根本上是与迷信相对立的。尤其需要指出的是，1940年1月，毛泽东同志专门就“科学”的含义作出解释，他指出：“它是反对一切封建思想和迷信思想，主张实事求是，主张客观真理，主张理论与实践一致的。”[②] 显然，毛泽东同志在此所阐释的实事求是的科学精神就是马克思主义科学技术思想中国化的核心要义。他在《实践论》中写道：“许多自然科学理论之所以被

① 《毛泽东选集》第3卷，人民出版社1991年版，第1079页。
② 《毛泽东选集》第2卷，人民出版社1991年版，第707页。

称为真理，不但在于自然科学家们创立这些学说的时候，而且在于为尔后的科学实践所证实的时候。”①换言之，所谓科学理论即是从实际出发，能够经得起尔后革命斗争的历史考验，亦能在实际运用中取得成功。

此外，立足于辩证唯物主义认识论的角度，《实践论》所讲的实践观点对于如何解决实事求是的问题亦有精辟论述，诸如“认识从实践始，经过实践得到了理论的认识，还须再回到实践去”；②“真正的革命的指导者……在于当某一客观过程已经从某一发展阶段向另一发展阶段推移转变的时候，须得善于使自己和参加革命的一切人员在主观认识上也跟着推移转变”。③《矛盾论》则从矛盾的观点指明了实事求是的“是”，是客观存在的事物所普遍存在的矛盾和矛盾运动规律。一言以蔽之，毛泽东同志对“实事求是”原则的提出和阐释，为这一时期中国共产党正确确立中国化马克思主义科学技术思想路线，并保证边区和解放区科技工作者能在实际工作中自觉遵循这一原则提供了理论依据。诸如，在解放战争时期，中国共产党虽已掌握了较为稳固的解放区，但当时解放区的科学技术事业是幼稚且脆弱的，既无科技基础、科技设施，又有敌人的重重封锁。面对科学技术条件的限制和实际情形的种种矛盾，中国共产党和中共中央的主观认识随着客观实际进行转变，提出了革命的新的工作方案，即科研教育机构同时从事教育和生产，教育学校也兼顾科研和生产，边区的工厂亦从事科研和教育，“科研、教育、生产”三者进行紧密结合，并号召广大科技人员在科技事业初创时期自力更生，艰苦创业。此外，在当时的教学中，教员们无动植物标本，只能在野外考察中进行搜集研究；无教材无参考书，只能通过实践而发现真理，又通过实践以证实和发展真理。

（三）以唯物辩证法为理论实质

抗日战争和解放战争时期，中国共产党人深刻认识到科学技术对社会生产

①② 《毛泽东选集》第 1 卷，人民出版社 1991 年版，第 292 页。

③ 《毛泽东选集》第 1 卷，人民出版社 1991 年版，第 294 页。

具有巨大推动作用，同时，科学技术又依赖和受制于社会生产，两者是辩证的统一体。[①] 毛泽东同志在《矛盾论》中指出："辩证法的宇宙观，主要地就是教导人们要善于去观察和分析各种事物的矛盾的运动，并根据这种分析，指出解决矛盾的方法。"[②] 因此，中国共产党领导的科技事业始终是把科学技术与革命战争和社会生产紧密结合。事实上，中国化马克思主义科技思想以唯物辩证法这一理论武器为指导原则是极其正确而又有效果的。

第一，科学技术推动社会生产发展，是提高劳动生产率、推动社会生产的有效手段。军工、粮食和医疗问题是革命战争年代所急需解决的问题。因此，边区和解放区科技工作者便紧紧围绕这三大课题开展研究，随之中国共产党开辟出军工和医疗两个技术部门。在农业、军工业和医疗业等方面的研究取得的卓越成就，无疑增强了根据地军民的物质生活保障，为配合根据地的军事斗争和经济建设都作出了重大贡献。1940 年 2 月，陕甘宁边区政府曾号召，要用自然科学的战线来坚决粉碎敌人的经济封锁。中共中央机关报《解放日报》发表的社论明确指出，一切自然科学正是发展抗日的经济文化建设，从而达到坚持长期抗战和增进人民福祉这个目的所不可或缺的重要步骤。以上言论无不充分体现了在民主革命期间社会生产、经济建设的极大提高是科技成就的结果，亦是科学的使命。

第二，社会生产对科学技术具有能动的反作用，科学技术依赖并受制于社会生产。恩格斯曾在《自然辩证法》中指出，天文学的产生来自农业民族和游牧民族的定季节需要，然而唯有依靠数学，天文学方能发展，因此人们便开始对数学进行了研究。"特别是随着城市的产生及手工业的发展，有了力学。不久，力学又成为航海及战争的需要。"[③] 在他看来，科学技术的产生和发展一直离不

① 万立明：《民主革命时期中国共产党领导的科技事业研究》，九州出版社 2015 年版，第 222 页。

② 《毛泽东选集》第 1 卷，人民出版社 1991 年版，第 304 页。

③ 《马克思恩格斯选集》第 3 卷，人民出版社 2012 年版，第 865 页。

开生产并由生产所决定。当时，以毛泽东同志为代表的中国共产党人对马克思主义关于科学技术与社会生产二者的辩证关系也有了逐步的认知，并随着马克思主义科学技术思想中国化的进程，将这一科学技术思想运用于因战争的恶劣环境而多次发生天花、伤寒等疾病的革命根据地地区，号召广大科技人员进行卫生防疫研究，积极开展急需药物和医疗器械的研制，并向人民大众普及卫生知识。

二、中国化马克思主义科学技术思想的理论脉络

中国化马克思主义科学技术思想是源自马克思和恩格斯的科学技术思想，并结合马克思主义哲学中国化的科学指导，与 20 世纪三四十年代中国科学技术实践所形成的理论结晶，二者的思想体系呈现着“源”与“流”的关系。回溯中国共产党人在抗日战争和解放战争时期指导中国科技事业建设的重要指导思想，其理论脉络清晰地表现为以生产为导向的科技创新观、国防和民生兼顾的科技功能观、“三位一体”的科技教育观的三大中国化马克思主义科技观。

（一）生产为导向的科技创新观

马克思本人并没有对创新理念进行过直接的论述，但其各个时期的著作中却蕴含着许多创新思想。实际上，马克思的创新学说是中国共产党人科学技术创新思想的基础。鉴于此，在马克思主义视阈下，抗日战争和解放战争时期，党中央领导人认为科技创新必须坚持与生产活动有机结合起来，并主张以生产为导向来达到创新的目的，而这亦是对马克思主义创新观的升华。

马克思主义创立之时就将科学与技术建立在生产基础上，主要表现为“生产——科学——技术”的循环过程，并深刻揭示出科技创新对提高生产力具有重大推动作用。另外，马克思在《资本论》中具体阐述道：“劳动生产力是由

多种情况决定的，其中包括：工人的平均熟练程度，科学的发展水平和它在工艺上应用的程度，生产过程的社会结合，生产资料的规模和效能，以及自然条件。”① 革命区的共产党人和群众极力提倡自然科学研究必须带有十分强烈的目的性，而以生产活动作为创新驱动的基础则是挖掘创新潜力的最好方式。徐特立同志直接指出：“生产提高不但需要财富集中、消费增加，还要科技进步。此外，生产产品必须物美价廉，方可消灭旧生产及小生产。”② 由此可见，社会生产活动的发展依靠的是文化水平及科学技术的创新与提高。

其次，除了徐特立同志，陈云、胡乔木等中国共产党人对以生产为导向的科技创新思想也都有着明确的共识。在烽火连天的战争岁月，陈云同志明确提出，中国共产党非常重视以生产活动为基点的科技创新，因为科技是我们借以驾驭自然并与自然作斗争的有力武器，也是广大劳动人民从事物质资料生产的有力杠杆。胡乔木对源于生产活动的科技创新所作的论述更为充分和具体，他深刻指出：“技术科学在根据地的经济建设上，无疑就是一个决定的因素，它能解决一切生产生活问题。总之，无论是兴修水利、改良农牧，植树造林，工厂管理、资料生产等，都必须依靠于科学技术，且需要特别注意的是，科学是我们进行经济建设克服战争中物质匮乏所必不可少的。”③ 中国共产党人对科学技术生产导向的辩证认识丰富了中国共产党科学技术思想。科技创新的价值不仅彰显在生产效能的提高上，且对于革命活动和增添抗战建国的物质基础亦有其重要性。

（二）军事和民生兼顾的科技功能观

科技功能观主要是指对科学技术社会功能的认识。抗日战争和解放战争时期，中国共产党对兼顾军事和民生的科技社会功能认识日益深入，认为科技功

---

① 《马克思恩格斯文集》第 5 卷，人民出版社 2009 年版，第 53 页。
② 徐特立：《徐特立文集》，湖南人民出版社 1980 年版，第 485 页。
③ 胡乔木：《胡乔木文集》第 1 卷，人民出版社 1992 年版，第 5 页。

能的展开是以社会发展的需求来进行的。因此，科学技术为“抗战建国”服务，侧重于国防和民生事业是在困难岁月里的务实选择，并以此作为这一时期中国共产党科学技术指导思想的理论根源。

在军事事业上，1938年4月，董存才同志在《科学与抗战》一文中强调：“现代的战争是科学的战争。”[①]他指出，即使我们不是唯武器论者，但要意识到新式科学化武器在战争中的作用，并极力呼吁，要尽可能地拿现代科学的成果，应用于国防工业和军事问题上。因此，在抗日战争时期，军工领域建立了很多兵工厂，例如，陕甘宁边区的茶坊兵工厂从最初只是局限于维修枪械，到逐渐发展为复装子弹、炸药、手榴弹的生产，最后还能制造各类枪炮和机械；工业领域创建了各类工业技术研究机构，譬如，晋察冀等边区建起了炼铁、炼焦、制革、被服、玻璃、火柴等数量众多的公营工厂。总之，根据地的科学技术发展推动了军工部门的发展，军工技术的提高一方面满足了革命根据地的军需民用，另一方面大大地提高了军事力量，有力地支援了民主革命战争。

在民生事业上，以毛泽东同志为代表的中国共产党人认为，在“抗战建国”背景下应当优先发展农业和卫生科技事业。例如，1947年夏季攻势后，随着战争形式和规模的扩大，解放区对粮食和其他物质的需求大大增加，因此党和民主政府为了减轻农民负担，增加粮食产量，在东北、华北等解放区相继制定了开展农业科技研究的决议，以对农事试验场研究工作进行指导和规划。在农业技术的改进下，解放区的农业产量取得了十分可观的成绩。据统计，1947—1949年三年间，东北解放区共恢复扩大耕地面积2136818垧，棉田面积已恢复到12万垧，大大超过原定计划。[②]此外，解放战争时期，随着中国共产党对医

① 董存才：《科学与抗战》，《新中华报》1938年4月5日。

② 中国社会科学院经济研究所编：《革命根据地经济史料选编》，江西人民出版社1986年版，第445—446页。

药卫生科研机构愈加重视，制药事业也有较大发展。例如，诞生于1944年的山东解放区新华制药厂，在解放战争时期药厂技术人员千方百计克服困难，研制出血清、疫苗、痘苗等产品，还试制过盘尼西林，不但保证了军需药品的供应，而且还一批批地把疫苗源源不断地送到前线，让战士们抵制疾病侵袭，保证身体健康，从而增强了军队战斗力。① 不可否认，卫生科技水平与军队的战斗力和军民生活水平息息相关。因此，坚持发展卫生科技事业也是兼顾军事和民生的科技功能观的具体表现。

（三）“三位一体”的科技教育观

教育、科研、生产“三位一体”的科学发展模式是中国共产党在20世纪三四十年代对科技事业工作开展的一次构思，主张将教育场所、科研场所和生产场所联系起来，从而达到理论和实践相一致的教育目的。实际上，这一科技教育思想萌芽并形成于抗日战争和解放战争时期，为边区和解放区的科学事业发展指明了正确的方向。

1941年9月，徐特立同志在《如何发展我们的自然科学》一文中强调，科研工作者需要在实验过程中注重与社会生产相结合的方式，科学研究为生产服务，同时生产亦会帮助科学正常的发展，技术与生产直接地联系起来，方能使科学家顾全大局。不仅如此，徐特立同志还清楚地认识到教育也必须与生产相联系，这是对教育本身实践性的有力佐证：“生产不仅是教育的内容，而且也是科学的内容，倘若科学离开了这一内容，那么物理学就会变成马哈主义，成为经验批判论的神秘，而数学的空间也就会成为康德的先验论。”② 大略言之，教育的内容脱离了生产，无疑会沦为无用的教条，继而培养出流于形式的人才。

抗日战争时期，以毛泽东同志为代表的中国共产党人高度评价了苏联所

① 武衡：《抗日战争时期解放区科学技术发展史资料（第4辑）》，中国学术出版社1985年版，第374—375页。

② 徐特立：《徐特立文集》，湖南人民出版社1980年版，第239页。

实行的理论与实践一致、科学与生产一致的做法，且借鉴此原则形成了具有中国特色的科学、教育、生产“三位一体”的科技教育指导思想，并贯彻落实到边区和解放区的科技工作之中。[①]毛泽东同志指出，苏联的农业试验场不仅担负着科学上的责任，而且还担负着生产上的责任，因此他们的农业科学是服务于广大人民群众的，一切生产行动是合理的。基于此，徐特立同志强烈呼吁：“中国农业试验场必须建立在有经济意义的农场中。化学实验应该试验羊毛退油以帮助纺织，进行有目的的实验，有生产关系的实验，这是理论与实践合一的基本方法。”[②]事实上，当时还是比较好地贯彻了“三位一体”的科技教育观，多数情况下，边区和解放区的科学机关不仅是教育机关，而且与生产机关也有密切联系，直接为革命根据地的生产生活服务。譬如，延安自然科学研究院、中国医科大学等科技教育机构和学校的创办均是中国共产党“三位一体”科技教育观的实现。由此可见，“三位一体”的辩证关系为中国化马克思主义科技思想提供了切实的理论联系实际的道路，亦从各个方面推动了抗日战争和解放战争时期中国共产党科学技术事业的建设和历史进程。

三、中国化马克思主义科学技术思想指导实践工作的基本经验

新民主主义革命时期，毛泽东同志多次发表文章及报告，如在《中国共产党在民族战争中的地位》一文中明确提出“使马克思主义在中国具体化”[③]的任务，强调要将马克思主义基本原理应用于科技实践并指导自然科学研究，而这无疑是中国共产党的一大创举。以毛泽东同志为代表的中国共产党人在这时期

① 邱若宏：《中国共产党科技思想与实践研究：从建党时期到新中国成立》，人民出版社2012年版，第137页。

② 徐特立：《徐特立文集》，湖南人民出版社1980年版，第241—242页。

③ 《毛泽东选集》第2卷，人民出版社1991年版，第534页。

积攒了必须坚持“理论联系实际”“自然科学与哲学社会科学并重”“科技发展与技术人才建设相促进”等科学技术事业发展的基本经验，且无论在抗日战争时期，还是解放战争时期都贯穿始终，进而迅速推动了边区和解放区科学技术的建设，为取得新民主主义革命的胜利作出了不可磨灭的巨大贡献。

（一）注重理论和实践，主观和客观相结合

毛泽东同志在《矛盾论》和《实践论》中一再强调，认识事物是一个持续发展的过程，人们若想得到工作的胜利，一定要使自己的思想合乎于客观外界的规律性，倘若不合，注定会在实践中失败。反观在新民主主义革命时期，环境险恶，条件艰苦，科技人员过去所掌握的科学技术知识，通常难以原封不动地应用到当时落后的社会生产中去，因此必须结合客观实际、主观与客观相结合，因陋就简，创造性地开展自然科学研究工作。实际上，一切从实际出发，理论联系实际，既是马克思主义的理论品质和基本原则，也是中国共产党指导科技事业发展的重要经验和优良作风之一。

第一，中国共产党领导科技教育事业的重要经验是坚持教学与生产实际相结合。毋庸置疑，兴办教育必须遵循这一原则，科技教育尤其如此。1940年，李富春同志在延安自然科学院开学典礼上指出该校的办学任务是：培育既通晓革命理论，又掌握自然科学的专业人员，要言之是理论与实践相统一的人才。徐特立同志高瞻远瞩、力排众议，在边区举行的一次教育方针讨论会上更为直接地指出：“教育要为工农业生产服务，我们要与军工局、建设厅等机关所属的各工农厂密切联系起来，坚决贯彻落实理论联系实际的重要原则，实现产学研的紧密结合。”随之，陕甘宁边区农业学校在其教学内容上作出了新的明确规定，要求采取“少而精”的原则，以学习农作物的栽培管理、选育良种、灭虫抗灾与合理施肥为主，学员边上课边劳动实习。与此同时，农事试验场不仅是作为学校的生产自给基地，亦是成为学生的课外劳动试验场。另外，晋察冀边区白求恩卫生学校也结合当时战争的特殊环境，因地制宜拟定新的教学计划和开展教学活动，使医学运用于边区具体环境，创造了行军教学、武装上课等多种教学方法，由此锻炼学员的战场医疗救护能力。

第二，中国共产党所领导的科技工作紧密适应革命战争和社会发展需要。换言之，无论在哪一阶段，中国共产党的科技工作都是战场上需要什么就去研发什么，工农业生产问题中遇到什么瓶颈就去攻克什么瓶颈，社会发展中需要什么科学技术就去传授什么科学技术，从不脱离实际、脱离群众。譬如，抗战时期，一度瘟疫流行，医药卫生科技工作者就刻苦钻研，很快便掌握了切实可行的防控措施和技术。在延安，面对日寇飞机不定期肆无忌惮地来低空扫射，我军军工人员一起展开科研攻关，很快便研制生产出一批高射重机枪，有力地打击了敌人的嚣张气焰。解放战争时期，随着我军向全国逐步推进，攻坚战亦逐步成为主要作战形式，人民军工就及时转向研制重型攻坚武器。实践证明，科技事业的发展是有条件的，即现实社会中存在客观的需求，这也正如科技史专家董光壁所言，中国共产党的主要自然科学研究意识之一是科学目标的功利倾向。事实上，中国共产党在指导科技工作时，始终秉持科学技术以社会经济为基础、社会经济要依靠于科学技术这一以辩证唯物主义认识论为其理论基础的方针。

（二）坚持自然科学与哲学社会科学相统一

一般来说，科学包含着自然科学与社会科学，而主要倾向于自然科学的科技政策，无不蕴含着哲学社会科学的思维方式和分析范式。中国共产党发展科技事业、制定科技政策，不仅强调要重视自然科学，而且旗帜鲜明地提出要坚持马克思主义基本原理与中国革命实际相结合，加强哲学社会科学的研究并发挥其指导作用。

第一，掌握和依靠自然科学以适应新民主主义社会建设形势所需。在抗日战争的残酷年代，毛泽东同志特别号召广大机关干部要学习自然科学知识，他指出：“马克思主义包含有自然科学，大家要来研究自然科学，否则世界上就有许多不懂的东西，那就不算一个最好的革命者。”[①] 与此同时，中共中央的领导同志们亦经常请自然科学专家到中央书记处、组织部、宣传部讲课。1940 年 2 月，在毛泽东等人的发起下成立了陕甘宁边区自然科学研究会。当时，会员人数达到 330 人，专业科学学会逐渐增加到炼铁、土木、机电、航空、地矿、数理、化学、生物等 12 个，由此加紧了基础科学研究及科技应用转化过程，对建设新民主主义社会的科学技术事业产生了重要影响。

第二，运用哲学社会科学加强对自然科学发展的指导作用。恩格斯曾指出，许多伟大的科学家所取得的成就无不受到各自哲学思想的影响。毛泽东同志在总结长期革命实践斗争的经验时，也深刻意识到不同的科学家具有不同的思维范式、哲学思想，导致他们进行科学研究时形成了不同特点的思想体系，可见这一论断符合马克思主义哲学的一般原理。另外，毛泽东同志亦十分注意用唯物辩证法去分析自然现象和自然规律，倡导要用正确的哲学世界观指导具体的科学研究。当时许多无产阶级革命家受其影响，经常亲自撰写文章、演讲，并反复强调没有哲学的自然科学必然是盲目的观点。朱德同志提出，唯有掌握马列主义这一科学世界观和方法论，才能使一切科学获得新的发展。

第三，加强自然辩证法研究工作，融自然科学与哲学社会科学研究于一炉。边区自然科学研究会成立了由徐特立同志担任指导的自然辩证法研究小组，该小组有计划地多次召开座谈会，不仅讨论恩格斯的《自然辩证法》《反杜林论》等名著的有关理论问题，还讨论实际应用问题，他们采用唯物辩证法来研讨自然科学，并运用自然科学以证实唯物辩证法的理论，进而实现自然科学和哲学社会科学更紧密的结合发展，这一指导方针无疑是富有典型的马克思主义理论特色的。对此，恩格斯曾提出：“现今的自然科学家，不论愿意与否都不可抗拒地被迫关心理论上的一般结论，同样，每个从事理论研究的人也不可抗拒地被

---

① 《毛泽东文集》第 2 卷，人民出版社 1993 年版，第 270 页。

迫接受现代自然科学的成果。”[①]1940 年 6 月，在延安举行的新哲学会第一届年会上，毛泽东同志明确指出：“搞哲学的也要搞自然科学，也要搞社会科学，因为很多问题实际上是联系在一起的。”[②]

（三）重视科技发展与人才队伍建设相促进

发展革命根据地的科学技术事业，缺少一支强有力且较大规模的科技人才队伍是不行的。从根本上来说，科技人才队伍建设不仅要充分营造自由的科研氛围和讲究学术民主，还要重视创新人才的培养和使用，这样才能充分满足根据地科技发展的迫切需要，从而实现“抗战建国”的长远目标。在抗日战争和解放战争时期，中国共产党十分重视科技发展与人才队伍建设的相互促进，进而基本实现了科技成果与人才群体发展共生共荣。

第一，科研中尊重自由研究、讲究民主参与，实践中重视求真务实、力求实效，这是革命格局下中国化马克思主义科学技术思想指导科学技术事业的一个重要原则。1941 年 6 月《解放日报》发表社论，指出：“人类历史上的前进运动，通常与思想的自由发展是直接联系的，假使让陈腐的独断教义支配人类的意识，又不允许人们摆脱教条的束缚，而赖从事于自由的研究，那就相当于在现实面前把人们的眼睛盖上一层黑幕。”[③]在延安，就聚集了大批全国著名的科学家和知识分子，当时的学术交流愿望强烈，科研氛围非常浓厚。1942 年 3 月，延安自然科学院第二任院长徐特立同志就此专门撰文《我们怎样学习》并指出，今后大家应该相互学习，相互批评，唯有学术上的真理，没有任何党派上的成见和辩护，进而为广大知识分子开辟出了学术自由的新天地。概之，20 世纪三四十年代，中国共产党对知识分子的特别优待与尊重，极大地激发了广

---

① 《马克思恩格斯选集》第 3 卷，人民出版社 2012 年版，第 873 页。

② 邱若宏：《中国共产党科技思想与实践研究：从建党时期到新中国成立》，人民出版社 2012 年版，第 341 页。

③ 《延安自然科学院史料》编辑委员会：《延安自然科学院史料》，中共党史资料出版社 1986 年版。

大科技工作者的积极性。

第二，马克思主义认为无产阶级国家社会建设需要有科技素养的人才，对此，中国共产党在革命时期的科技创新实践中，十分重视创新人才的培养和使用。马克思曾指出："技术教育，要使广大儿童和少年了解和掌握生产各个过程的基本原理，与此同时让他们熟悉运用各种生产的最简单的机器的技能。"[①]1891 年恩格斯在《致奥·倍倍尔》的信中提出："为了掌管全部社会生产及占有和使用生产资料，我们需要大量工程师、机械师等有技术素养的人才。"[②]他强调了科技人员此类"高级工人"是工人阶级的特殊组成部分，且在科技研发过程中具有关键作用。马克思主义经典作家的科技人才思想深刻影响到了当时身处动荡革命年代的以毛泽东同志为代表的中国共产党人，并在边区和解放区创新人才培育中形成了尊重科学与尊重人才的优良作风。延安时期，毛泽东同志曾称赞知识分子在根据地建设事业中是科学战线上的尖兵，具有先锋和桥梁作用。此外，需要指出的是，在解放战争时期，各个解放区一方面积极加强对旧社会过来的技术人才的教育工作，另一方面持续大力培养新的技术干部。比如东北区，到 1949 年 8 月，新建高等院校经整顿后有东北大学、哈尔滨医科大学、沈阳工学院、延边大学等许多院校，这些学校为新中国成立后东北工业基地的建设奠定了科学技术创新人才基础。

第二节　中国化马克思主义科学技术思想的主要内容

抗日根据地和解放区的科技事业已开始从一项临时性的措施变为一项有计

① 龚超育：《马克思社会教育思想研究》，人民出版社 2013 年版，第 59 页。

② 《恩格斯和倍倍尔通信集》，人民出版社 1985 年版，第 576 页。

划、有组织的长远事业。这一时期，中国共产党始终遵循马克思主义科学技术思想的理论指导，并结合中国经济发展和革命战争的需要形成了自己的思想体系。为此，中国共产党制定了以马克思主义唯物史观为指导的“科学大众化”工作方针及一系列科技服务抗战、重视科技人才的相应具体政策，在实践中进一步丰富和发展了中国化马克思主义科学技术思想。

一、制定“科学大众化”的工作方针

陕甘宁边区经济文化落后，边区人民的整体受教育水平低下，绝大部分民众不懂科学，甚至盲目迷信、反对科学，这样的社会环境不利于边区科技水平的整体提高。因此，为了提高广大人民群众的科学素养，中国共产党把对科学的宣传普及工作作为当时党政军民中同时进行辩证唯物主义普及的一项重要内容，强调革命队伍中的每个人研究自然科学刻不容缓。毛泽东同志曾在抗战初期制定了“民族的、科学的、大众的”科学文化纲领，他明确把“大众的”含义定义为科学和文化事业“应为全民族中百分之九十以上的工农劳苦民众服务，并逐渐成为他们的文化”，[①] 至此“科学大众化”的工作方针初露端倪。与此同时，中国共产党亦通过多种途径向人民大众逐步展示科学的价值和魅力，逐步把群众的思想意识引导到科学的轨道上来，为新社会新风尚的建设创造了条件。

（一）组织科普报告会，出版科普读物

第一，抗战时期边区自然科学研究会向群众宣传普及科学知识是其四大任务之一。毛泽东同志曾指出：“因为自然科学是很好的东西，它能解决衣、食、住、行等生活问题，所以每个人都要赞成它，每一个人都要研究自然科学。”[②]1941 年，朱德在庆祝第一届自然科学研究会年会上也指出，“自然科学，

① 《毛泽东选集》第 2 卷，人民出版社 1991 年版，第 708 页。

② 毛泽东：《在陕甘宁边区自然科学研究会成立大会上的讲话》，《新华日报》1940 年 3 月 15 日。

无疑是一个伟大的力量，倘若谁忽略了这个力量，那便是极其错误的”。[1]对此，边区自然科学研究会根据边区的生产、生活需要及群众疑问来拟定科普报告会的主题和内容，向广大群众宣传普及基本自然科学常识。这些报告会通常请各边区水平较高的广大科技工作者担任主讲人，科普报告会既深入浅出、通俗易懂，普及效果十分好又不流于庸俗。据统计，仅 1941 年 4 月到 1942 年 4 月，研究会统一组织的科普报告会就达 100 多次，[2]可见当时的科普报告会频率很高。解放战争后期，党和政府更为高度重视和关注科普工作，并把科普工作纳入新中国的科学政策体系，与此同时成立了科普局并广泛举行科普报告讲座。

第二，在报纸上开辟科普专栏，出版发行报刊，进行科学知识传播，无疑成为当时科普工作中最常用的科普途径。抗战时期，边区出版的《新中华报》《解放日报》《晋察冀日报》等报刊是科学宣传的主阵地。早在 1937 年，《新中华报》便刊登过《怎样来防治痢疾》《求神治病受了骗》等科普文章。1938 年 3 月和 10 月，该报分别开辟了《边区文化》《经济建设》专栏后，登载科技方面的文章次数更为频繁，《科学与抗战》《养猪浅说》《抗日肥皂制出经过》《防疫的冲锋号》等科普文章不胫而走，影响广泛。1941 年 10 月 4 日《解放日报》的科普专栏《科学园地》正式创刊，从创刊到 1943 年 3 月 4 日止，“科学园地”专栏共出刊 26 期，文章 190 多篇，这些文章内容十分广泛，绝大部分以生产技术普及和涉及边区人民的生产生活实际为主。下面略举数例，以窥一斑，如《谈谈边区食物营养问题》《如何植树》《谈谈黄铁矿》《怎样消灭细菌》，等等。

第三，除通过党报党刊宣传科学外，边区政府有关部门也注重通过创办

① 《祝陕甘宁边区自然科学研究会第一届年会》，《解放日报》1941 年 8 月 2 日。

② 武衡：《抗日战争时期解放区科学技术发展史资料（第 3 辑）》，中国学术出版社 1984 年版，第 350—352 页。

专门的科技报刊来进行科学普及。抗战时期，延安还先后发行过《科学季刊》《科学小报》(周刊)《自然科学界》等近十种科技刊物传播最新科技知识。此外，大量发行科学知识通俗读物对推动科普工作亦有较大影响。譬如仅1942年到1944年夏季，出版了《王大娘养胖娃》《解剖学》《司药必携》等8种医药卫生读物和宣传资料，发行量达到78200余册。[①]解放战争时期先后翻译或出版了《生物进化浅说》《生的起源》《地球的历史》《人怎样征服自然》《原子核论丛》《伟大的电》《人体旅行记》等几百种科普读物。解放区尤为重视卫生防疫方面的普及工作，并以印刷品作为主要传播手段，出版多种医学科普读物向群众进行广泛宣传，如哈尔滨卫生局主编的《卫生月刊》杂志、八路军总卫生部出版的《药学摘要》、胶东医疗文辑社出版的《医疗文辑》等。[②]显而易见，这些有关卫生防疫的书籍、报刊等的广泛应用，对解放区保障军民健康起到了积极的作用。

（二）组织反迷信活动，解释自然现象

在20世纪三四十年代，由于战乱和频繁发生的自然灾害，中国广大农村成为迷信盛行的重灾区。马克思说："物质生活的生产方式制约着整个社会生活，政治生活和精神生活的过程。不是人们的意识决定人们的存在，相反，是人们的社会存在决定人们的意识。"[③]迷信思想作为一种由社会物质存在反映并受其制约的思想意识，使面对如此天灾人祸且又无法摆脱悲惨命运的劳动人民，以万物有神灵的神权观念来面对这个"悲惨世界"，并塑造出佛仙鬼神形象来向他们祈告，进而满足其寻求精神慰藉的需要。对此，以改造中国、振兴中华为己任的中国共产党毫不犹豫地大力

① 武衡:《抗日战争时期解放区科学技术发展史资料（第1辑）》，中国学术出版社1983年版，第114页。

② 邓铁涛、程芝范:《中国医学通史（近代卷）》，人民卫生出版社2000年版，第509页。

③ 中共中央党校编:《马列著作毛泽东著作选读（哲学部分）》，人民出版社1978年版，第349页。

推动反迷信运动，让科学的光芒首先照亮边区这块落后的土地。其主要表现在：

第一，与宣传新民主主义文化运动相结合，逐步剔除民间封建迷信思想。1941年11月21日，边区可以看到日蚀现象，自然科学研究会便利用这个机会，组织当地民众一起观看日蚀，并进行现场解说，还将观察结果整理记录下来，发表在《解放日报》上，破除了陕北等地群众中流行的“天狗吃太阳”“野太阳吃家太阳”等封建迷信传说。此外，毛泽东同志曾在延安文艺会谈上的一次重要讲话中指出：要坚持“一方面在新基础上发展，一方面在旧基础上改造”①的方针，组织文艺工作者创造出更多内容健康的文艺作品。其中，以“打击‘巫师’或‘术士’”为主题的新秧歌运动成果极为突出。据统计，到1944年年底止，对边区内900余支旧秧歌的改造已使占总数三分之一以上的旧秧歌有了新内容和新气象。

第二，与医药卫生运动相结合，以点带面持续纵深推进反迷信斗争。在《关于开展群众卫生医药工作的决议》中提到：“边区的大量巫神，主要是边区文化落后以及医药缺乏和卫生教育不足的产物。因此，要消灭巫神的势力，首先要普及卫生运动和加强医药工作。”②对此，边区政府明确规定：“要增进广大医务人才和医药设备，力争数年内做到一个区有一个能治病医生和几个会新法接生的助产妇。”③与此同时，提倡中西医合作，号召现有卫生工作者共同反对疾病死亡和揭露巫神迷信势力。崔岳瑞是定边县卜掌村的一名中医，在行医中深入群众，用科学知识和自身医疗实践揭露巫神，效果显著，成为全边区的模范。边区政府遂发起“进行崔岳瑞运动，在群众自

① 西北五省编纂领导小组、中央档案馆编：《陕甘宁边区抗日民主根据地（文献卷·下）》，中共党史资料出版社1990年版，第457页。

②③ 西北五省编纂领导小组、中央档案馆编：《陕甘宁边区抗日民主根据地（文献卷·下）》，中共党史资料出版社1990年版，第481页。

党基础上破除迷信与增强科学意识”。[①] 由此号召全体医药卫生工作者向他学习。

第三，与“二流子”改造运动相结合，开展反巫神和巫神坦白运动。抗日战争时期边区政府展开了一场群众性的“二流子”改造运动，使那些抽大烟、当乞丐、不务正业之辈基本成为自食其力的劳动者，为大生产运动出力。再者，借着这股“改造”东风，中国共产党及其领导下的边区政府号召广大干群要“勤勤恳恳地像改造二流子一样去说服教育群众，改造迷信职业者”。[②] 在战争期间，中国共产党十分强调科学文化工作中的统一战线政策，明确指出要广泛联合那些不学无术、近乎“二流子”的庸医和旧式兽医，以及联合一切旧知识分子，帮助、感化和改造他们，使这个统一战线并肩向一切封建文化残余进军。

（三）开展纪念活动，传播自然科学史知识

第一，边区党和政府十分注重科技史知识的普及，因为这是对人民大众进行科学常识普及和弘扬科学精神的有效途径。黑格尔曾在《哲学史讲演录》导言中指出：“每一哲学都是它的时代的哲学，它是精神发展的全部锁链里面的一环。”[③] 哲学如此，自然科学亦是如此。自然科学有其鲜明的时代特性和历史继承性，因而人们唯有历史地、辩证地加以吸收和扬弃，方能更有效地加以创新和利用。当时在延安的中央党校、马列学院、自然科学院等科技教育学校都专门开设和讲授了“自然科学史”“最新自然科学简介”“自然科学概论”等课程。此外，温济泽、徐特立等同志还经常组织一系列学术活动并担负巡回演讲工作，让根据地人民都能了解马克思主义科学技术思想，如此一来，全民学科学、爱

① 西北五省编纂领导小组、中央档案馆编：《陕甘宁边区抗日民主根据地（文献卷・下）》，中共党史资料出版社 1990 年版，第 393 页。

② 西北五省编纂领导小组、中央档案馆编：《陕甘宁边区抗日民主根据地（文献卷・下）》，中共党史资料出版社 1990 年版，第 382 页。

③ 黑格尔：《哲学史演讲录》第 1 卷，商务印书馆 1983 年版，第 48 页。

科学入脑入心，蔚然成风。

第二，边区十分重视借助科技界先驱人物的纪念活动来传播科学，以提高全社会科学意识。1942 年正逢伽利略逝世 300 周年，《科学园地》第八期特地刊载“伽利略三百年祭纪念专号”，并载有《一个近代自然科学的奠基者——伽利略的一生》以及《伽利略在自然科学史上地位》两篇文章。1943 年延安科学界举行了著名科技人物牛顿诞辰 300 周年纪念大会，中共中央机关报《解放日报》登载了徐特立同志的《对牛顿应有的认识》、流明的《牛顿力学与相对论》以及江天成的《牛顿和他的时代背景》等论文，以鼓励边区的青年向著名的科学巨匠学习。除《解放日报》外，边区的其他报纸杂志，如《群众》报刊刊载了礼君撰写的《为什么要纪念伽利略和牛顿》，松坡撰写的《伽利略和近代科学》，以及刘辉撰写的《古典物理学和量子物理学》等文章，介绍传播自然科学史知识，阐释纪念著名科技先驱人物的重要意义。

第三，根据地科技工作者为了鼓励广大妇女同志们积极关注科学，还研究和介绍了居里夫人、富兰克林等女科学家的科学思想和科学实践，并报道了她们的先进事迹来教育大众。例如，在 1942 年的三八妇女节之际，《科学园地》刊载了《居里夫人及她的伟大贡献》一文，“敬献给广大女同志们并激励她们向这位近代伟大女科学家学习”。①

（四）举办生产展览，推广科技成果

抗日战争时期，边区通过举办各类生动、具体、直观、可参与的展览会，把边区一段时间以来的科技发明创造和最新生产成就进行集中展示，使展品所承载的科技信息更容易被一般民众所接受，同时也有利于人民群众积极学习和应用相关的技术发明，进而发挥了极好的科技普及效

① 武衡：《抗日战争时期解放区科学技术发展史资料（第 8 辑）》，中国学术出版社 1989 年版，第 234 页。

应，以便提高和改善人民的生产、生活。当时，举办的展览会主要有以下一些：

表1　抗日根据地举办的工农业、医疗卫生展览会粗略统计表

所在根据地	时　间	名　称
陕甘宁	1939年1月	首届农产竞赛展览会
	1939年5月	工业展览会
	1940年1月	第二届农工业展览会
	1941年5月	医药卫生展览会
	1941年7月	医大十周年展览会
	1941年9月	光华农场展览会
	1941年11月	第三届工业展览会
	1944年7月	延市卫生展览会
晋冀鲁豫	1940年10月	九一八生产展览会
	1940年9月	冀太区生产展览会
	1941年8月	冀鲁边生产品展览会
晋　绥	1942年12月	生产展览会
晋察冀	1945年1月	第一届生产展览会
山　东	1941年10月	生产物品展览会
	1944年8月	第一届工业展览会

注：据《解放区展览会资料》，文物出版社1988年版有关数据编制。

抗战胜利后，中国共产党继承了根据地推行的“科学大众化”的路线方针，更加注重科学技术的推广运用，各解放区亦举办了各类工农业生产展览。这些在特殊年代所举办的生产展览会可被誉为“临时科普基地”“临时科技馆”，展览会上的科技成果都是在解放战争极其艰苦的情况下取得的。因此，这不仅普及了人民群众的科学文化知识，同时也对其产生了强烈触动，增强了群众的革命信心和斗志。

解放战争时期解放区影响较大的展览会汇总见表2。

表 2　解放区举办的工农业生产展览会粗略统计表

名　称	时　间	举办地点或主办机构
纺织展览会	1946 年 1 月	晋冀鲁豫地区黎城
工农业产品展览会	1946 年 4 月	胶东沿海解放区
荣退军人生产展览会	1946 年 11 月	太行区黎北县
生产战斗大型展览会	1946 年 12 月	太行地区
军需品展览会	1947 年 1 月	渤海军区后勤部
妇女纺织成绩展览会	1947 年 3 月	太行区
列车巡回展览	1947 年 5 月	牡丹江铁路局
工艺品展览	1947 年 8 月	冀东区
农作物展览	1947 年 12 月	双城厢白二屯
工业品展览会	1948 年 5 月	哈尔滨市
农业生产展览会	1949 年 1 月	嫩江省
第一届农业生产展览会	1949 年 1 月	合江省
工业生产展览会	1949 年 1 月	齐齐哈尔市

注：据《解放区展览会资料》，文物出版社 1988 年版有关数据编制。

二、制定科技服务于抗战的相关政策

科技发展的基本政策根据现实需求和国家政权的长远目标所制定，用以促进自然科学进步，是为政治、经济、军事、文化发展等诸领域服务的行动方案和保障措施。1939 年，国民党当局对中共中央所领导的陕甘宁边区实行经济封锁，使根据地的财政经济和人民生活遭受严重困难。为了解决边区经济生产的实际需要，保证抗日战争的胜利，中共中央十分强调发挥科学技术在革命中的作用。边区政府在《自然科学研究会宣言》中号召："要用自然科学的战线，来彻底粉碎敌人的经济封锁。"① 恩格斯曾指出："军队的全部组织和作战方式以及与之有关的胜负，取决于物质的即经济的条件；取决于人和武器这两种材料，

① 《陕甘宁边区自然科学研究会宣言》，《新中华报》1940 年 2 月 28 日。

也就是取决于居民的质与量和取决于技术。”① 因此，抗日战争时期，中国共产党根据地科技发展的基本政策围绕着军事装备的发展、根据地经济建设和人民大众生产生活的改善三个方面来进行。具体可以从以下几个方面来分析：

（一）一切科学和科学家要为抗战建国服务

第一，中国共产党制定各项科技方针政策时，把服务“抗战建国”作为一切工作的出发点和落脚点。根据地在建立之初可以说是科学技术的荒原，但为了伟大民族的解放战争，边区科技人员在这现实环境中发挥其超人的智慧，因地制宜、就地取材，充分体现了科学家对科学应有的态度。例如，当时因日军封锁，难以买到水银，根据地科技者就用白银代替，制造出一种爆力很强的起爆药“雷银”。另外，朱德同志从马克思主义科学技术思想的基本观点出发，阐述了科学与革命的辩证关系，并明确强调中国共产党要努力“把科学与抗战建国的大业密切结合起来，以科学方面的胜利来争取抗战建国的胜利”。② 关于这一思想，在 1941 年朱德同志还撰文指出：“无论是要取得抗战胜利，抑或是建国的成功，不仅有赖于社会科学，而且也有赖于自然科学。一切科学，一切科学家，要为抗战建国而服务、而努力，才有利于战胜日本法西斯强盗，才有利于建设一个三民主义民主共和国。”③

第二，中国共产党在革命战争时期的特殊时代，把创建根据地军工提供军事物资作为压倒一切的紧急任务。抗战初期，敌我装备悬殊，加之中国军事工业发展滞后，导致中国军队损失严重。1938 年 1 月 3 日，毛泽东同志在延安工业品展览会闭幕式上指出：“过去抗战部分失败，原因之一在于我们的国防工业不如敌人，而现在一定要发展国防工业，这是将来最后完败敌人的制胜法宝。”④

---

①《马克思恩格斯选集》第 3 卷，人民出版社 2012 年版，第 579 页。

②《朱德军事文选》，解放军出版社 1997 年版，第 434 页。

③ 朱德：《朱德选集》，人民出版社 1983 年版，第 76 页。

④ 邓力群：《毛泽东与科学教育》，中央民族大学出版社 2004 年版，第 260 页。

根据这一指示精神，1938 年 3 月，中革军委迅速在陕甘宁边区专门成立了军工局。不久，军工局即划归为中革军委总后勤部领导。军工局为发展抗日根据地的军事工业做了大量实际工作，改变了游击战争无军火的窘况。

第三，中国共产党以抗日民族统一战线为基础，把大力发展兵工厂及国防工业作为抗战胜利的重要物质基础。1941 年 4 月，中共中央发布《关于兵工建设的指示》明确了兵工建设方针为："兵器制造要从战争实际出发，以弹药为主，枪械为副。"①1941 年 11 月，中央军委也发出指示："在与日寇战斗中，兵工生产不能对于生产群众性的、较落后武器的忽视，要集中力量于生产手榴弹、地雷、弹药等，大量发给军队。"② 要言之，中国共产党制定军事科技发展政策的实质是，一方面要各根据地开创与振兴兵工业，另一方面兵器制造要以制造弹药为主，以供应抗战前线的武器弹药需求。

（二）科学技术要为根据地经济建设服务

科学技术在经济建设的发展中起着关键性作用，它是衡量社会发展水平的重要指标。因此，立足于经济维度发展科学技术，正确处理二者相互依存、相互促进的有机关系，恰恰契合"坚持理论与实践相结合"这一方法论。1940 年，徐特立同志在阐述延安自然科学研究的任务时明确强调："我们的军事技术较七七事变开始时已大大地提高，而生产运动虽已大大地注意，但达到应有的自给程度还差很远。因此对于自然科学的研究……其总任务是为着生产和解决抗战的物质问题。"③ 因此，科学技术要面向边区经济主战场，并为其经济建设的基本任务服务。

第一，发展工业科学技术，增强开发自然资源能力。1937 年 5 月，林伯渠

---

① 黄正林：《陕甘宁边区社会经济史（1937—1945）》，人民出版社 2006 年版，第 433 页。

② 中共中央党校党史教研室：《中共党史参考资料（四）· 抗日战争时期（上）》，人民出版社 1979 年版，第 33 页。

③ 徐特立：《怎样进行自然科学的研究》，《中国文化》1940 年 12 月 25 日。

同志号召："在工业上要注意发展石油、食盐、煤炭、铁等主要生产，保护手工业"的政策。[①] 陕甘宁边区的煤炭、石油储量很可观。据统计，陕北一带就占全国煤炭储藏量的26%，且全中国的石油储量为137000万桶，陕甘宁边区即占一半。各根据地地处高原山区，梨树、杨树、桦树、漆树等树种资源丰富，军工生产所必需的硝化甘油、硝化棉等都能从现有资源中生成、提取，供各地迫切需要。《科学园地》在1942年7月1日刊载了《经营手织布工厂几个简单计算》一文，该文指出："为了保证自给自足的经济建设，加强技术研究和提高产品质量，是纺织业的中心任务。"[②] 因此，工业、手工业生产是极为需要科学技术支撑的事业，以此开发优势资源和提高生产力。

第二，改良农业生产技术，提高农业生产效能。边区的耕作方法普遍粗放，尤其是三边和延属分区，农民习惯于"广种薄收"，不施肥、不锄草，因此农业产量一直很低。为了增产粮食，边区政府高度重视农业科技开展大量科技实践，制定了各项农业政策且产生了积极的效果。1939年，边区政府公布的施政纲领明确提出："开垦荒地，兴修水利，改良耕种，增加农业生产，组织春耕秋收运动。"[③]1941年，私人农业进一步发展，扩大耕地面积481262亩，粮食产量增至1455800石，保障了边区粮食的自给。

第三，注重从经济建设的全局统筹科学技术工作。1940年，朱德同志就明确指出关于统筹发展的方针："根据地经济建设最重要的是，要建立健全整个经济部门的领导，统一整个经济筹划分配……并随时帮助各生产机关加强经济上和技术上的联系。"[④] 例如，1941年，陕甘宁边区注重联系既有资源进行科学技

① 林伯渠：《由苏维埃到民主共和制度》，《解放周刊》1937年5月31日。

② 《经营手织布工厂几个简单计算》，《解放日报》1942年7月1日。

③ 武衡：《抗日战争时期解放区科学技术发展史资料（第1辑）》，中国学术出版社1983年版，第66页。

④ 邱若宏：《中国共产党科技思想与实践研究：从建党时期到新中国成立》，人民出版社2012年版，第153页。

术开发与应用，制定了农业、工业和商业建设的发展规划并设定了量化的发展目标。

（三）科技成果要为人民大众的生产生活服务

中国共产党科技政策的重要环节是促进科技成果的转化。抗日根据地和解放区非常重视联系人民群众生产生活的实际需要，以确定研发方向，攻关科技难题，从而充分发挥科技的作用。正如《解放日报》1941 年 6 月 12 日所发表的社论指出："科学技术正是发展抗日的经济文化建设，以达到坚持长期抗战与增进人民幸福这个目的不可或缺的步骤。"① 要言之，以科技成果提高人民大众的生产技术和生活水平是自然科学研究的旨归。

第一，科技成果为人民大众服务尤其体现在农业技术传播方面。工业方面的科技成果可以直接转化为现实的生产力，然而农业科技成果需要较长时间的推广，才能被农民所接受和应用。因此，各个农业生产技术研究机构要把自然科学理论和广大群众的经验相结合，深入研究群众已有的丰富农业技术经验，然后在原有的生产基础上到群众中去推广。农业是国民经济的基础，农业技术内容甚多，举凡深耕、细种、修水利、灭除虫害、改良农具、改良品种和饲养耕畜等皆属之。因而，面向广大农民的农业科技，各农事试验场也负责派遣科技人员深入农村进行科技成果的推广与技术指导，以充分发挥科技的作用。

第二，科技成果为人民大众服务亦体现于提升医药卫生技术方面。抗日战争期间，特别是在 1939 年前后，陕甘宁边区被胡宗南部队封锁，药品运不进来，供应十分紧张。边区不得不广开门路，党和政府即决定在边区筹办八路军制药厂，药厂的生产方式采用半机械半手工式，短短数月时间里，药厂生产了针剂数万盒，药品数千磅，这既对边区医疗工作发挥了重要作用，也提升了人民身体健康水平。此外，延安的各医院、门诊所也结合自身条件，制造出滑石

① 武衡：《抗日战争时期解放区科学技术发展史资料（第 1 辑）》，中国学术出版社 1983 年版，第 63 页。

粉、樟脑剂、水银合金粉等药品。1945 年，中国医科大学试制粗制青霉素并获得了成功。边区广大医药卫生科技工作者秉承为战争和人民服务的正确方针，积极研究中医理论和中草药制备技术，以科学方法改进传统医学，全方位推进了医疗卫生事业建设。

三、制定一系列重视科技人才的政策

科技人才是科学技术事业发展的核心要素，然而，抗日根据地的科技发展遇到了缺少大量技术人才和熟练工人的瓶颈，这无疑是一个涉及党和根据地长远发展的战略性课题。对此，中共中央在提出广招天下士的同时，还制定了一系列方针政策，吸收大批科学家和技术人才加入根据地建设事业。随着解放战争革命形势的迅猛发展，解放区域日益扩大，党和政府愈加感觉到科技人才的紧缺，因此，中国共产党在这一时期的科技思想与政策大部分都与科技人才问题紧密相关，并且把党在抗战时期已制定的知识分子政策加以继承和发展。

（一）科技人才的引进与优待政策

侵华战争致使国土大面积沦丧，大批科技人员在全国范围内流动，而当时的革命圣地延安，是许多不愿留在中东部地区的大学教员和其他不愿留在沦陷区的科学家及技术人员向往的地方，面对如此难得的人才分流机遇，中共中央和边区政府着重强调大批引进和大胆使用知识分子。1939 年，毛泽东同志指出："在残酷的民族解放战争中，在建立新中国的伟大斗争中，光靠共产党和根据地民众力量是不够的，必须善于吸收知识分子，才能壮大人民的力量。发展革命的文化运动和革命的统一战线，如果没有知识分子的参加，革命的胜利是不可能的。"[①] 同年 12 月，陈云同志强调："现在各方面都在抢知识分子，国民党在抢，我们也要抢，抢得慢就没有了。"[②] 随即，中共中央提出了"要抢夺知识

---

① 《毛泽东选集》第 2 卷，人民出版社 1991 年版，第 618—619 页。

② 陈云：《陈云文选（第 1 卷）》，人民出版社 1995 年版，第 181 页。

分子”的口号，并先后出台了多项引进与优待知识分子的政策和指示。如1940年8月，中国共产党晋察冀边委发布施政纲领中指出：“要建立并改进大学及其专门教育，尤其加强自然科学教育，优待科学家和专门学者。”①1941年4月，中央军委发布关于吸收和对待专家的政策指示，提出：“对于特殊的人才，要不惜重价延聘。要尽可能购置他们所需要的科学设备，在战时尽力保证他们的安全。”②此外，当时中共中央颁布了一系列关于技术人员待遇条例与政策，如《吸收大后方医务人才予以特别优待》（1941年7月30日）、《文化技术干部待遇条例》（1942年5月26日）、《陕甘宁边府核准公布优待国医条例》（1941年9月19日）等。

在抗战胜利后，中国共产党的革命事业有了更大规模和更为深入的发展，欢迎科技人才的政策方针也走向成熟，发展成为一个丰富、稳定的系统，并且中共中央还及时指示各解放区要愈加注意科技人才的延揽工作与优待措施。1946年，太行区交通局向所属各县区下令指示：“调查你区各系统干部中有否路政土木工程方面有学识的人才？有否如经纬仪、绘图仪、罗盘等工程测绘仪工具？有否桥梁工程学、测量学、沟渠工程学等土木工程方面的书籍杂志？”③山东、东北等解放区也主动放手争取和使用旧知识分子中的专门人才来替人民办事，甚至吸纳了部分日籍技术人员。1948年12月，中共中央西北局强调指出：“必须把争取团结蒋管区知识分子的工作放在目前党的工作的重要位置上。”④此外，中国共产党还深刻认识到，提高人民军队战斗力，发展生产和建

① 中国人民解放军政治学院党史研究室编：《中共党史参考资料（第8册）》，中国人民解放军政治学院党史研究室1979年版，第440页。

② 中共中央党校党史教研室：《中共党史参考资料（四）·抗日战争时期（上）》，人民出版社1979年版，第249页。

③ 武衡：《抗日战争时期解放区科学技术发展史资料（第4辑）》，中国学术出版社1985年版，第71—72页。

④ 武衡：《抗日战争时期解放区科学技术发展史资料（第4辑）》，中国学术出版社1985年版，第32页。

设新中国都离不开宝贵的科技人才资源。对此，解放战争时期，党和政府进一步发展了抗战时期制定的优待科技人才政策。例如，1945 年晋察冀边区公布新修订的《优待技术干部办法》，第一次规定技术人员按不同等级享受相应待遇；为避免因物价上涨而降低科技人员生活水平，1949 年东北行政委员颁布以实物为薪金标准对卫生技术人员给予津贴的条例等。值得注意的是，中国共产党不仅优待解放区原有科技人才，对新区刚吸收的技术人员、知识分子也都一律采取保护和优待政策。

（二）培育科技人才的科教政策

人才队伍的培养是发展科技事业的立业之基。中国共产党在科技人才培养和使用方面，科技政策和教育政策二者的关系是紧密结合的。抗日战争和解放战争时期，人才培育工作按照毛泽东同志发布的指示，即“有计划地培养大批技术人才和管理干部，是我们的战斗任务”，[①] 积极响应“自己动手，丰衣足食”的号召，坚持自力更生的原则实施三方面的培养政策，使得中国共产党科学技术事业的发展有了更为充裕的人才保障。

第一，传授在职干部科学文化知识以提高他们的科学素养。1942 年 2 月，中共中央政治局颁布了《中共中央关于在职干部教育的决定》并明确强调，在职干部的在职教育是干部教育的必然选择，其包含政治教育、文化教育、理论教育和业务教育，且后三者亦都涉及科技教育内容。例如业务教育，农业技术干部要研究农学，医务技术干部要研究医学、军事技术干部要研究军事学等；至于理论教育，绝大多数面向于高级干部，教育内容相对复杂深奥，以思想科学、政治科学、经济科学等内容为主。显然易见，传授在职干部的内容主要牵涉自然科学和社会科学知识，有助于他们更加科学地开展研究工作，甚至转化为专门科技人员。

① 《毛泽东选集》第 2 卷，人民出版社 1991 年版，第 526 页。

第二，在党员革命干部队伍中大力加强他们的科技知识学习。毛泽东同志曾写信给叶剑英同志和柳鼎同志，要求他们给边区的同志购买一批内容通俗易懂、有阅读价值的自然科学书籍，帮助提高干部的政治文化水平。1940 年 2 月，中央军委发布了关于实行干部教育和培养财经人员理论知识的指示。1941 年 5 月，中共中央书记处明确强调，一切在经济部门和技术部门中工作的党员同志，必须向党内外的专家学习，党要加强对他们的领导，照顾他们的政治进步。另外，为了培养科技工作的领导者，1948 年，中共中央还批准了 21 名由东北局选派的青年党员去苏联学习科学技术。

第三，兴办专门的科技教育学校用以培养党的科技人才后备军。1946 年 4 月，《陕甘宁边区宪法原则》指出："设立职业学校，创造技术人才。"① 在东北解放区，中国共产党东北局和人民政府也颁布了相关科教文件和指示，如 1948 年发布的《关于教育工作的指示》中提出："教育领导机关为培养大批有科学技术和革命思想的知识分子，首先要拿出一定力量兴办大学、工业、邮电、卫生、铁路等专门学校。"②1949 年颁布的《关于整顿高等教育学校的决定》也指出："办好高等学校，培养大批掌握现代技术的专门人才，尤其是经济建设人才，方有可能实现东北经济建设任务。"③ 因此，要担负起培育中国共产党的高级专门人才的任务，必须整顿现有高校，提高其办学质量，进而适应新民主主义社会对科技人才的迫切需要。

（三）技术创新的相关激励政策

创新是推动科技发展的不竭动力。中国共产党历来十分重视科技奖励，通过实行相应的科技奖励制度，调动广大科技人员和工业建设者的积极性和创造

① 中国科学院历史研究所第三所编：《陕甘宁边区参议会文献汇编》，北京科学出版社 1958 年版，第 313 页。

② 蔡克勇：《高等教育简史》，华中工学院出版社 1982 年版，第 151 页。

③ 辽宁省教育科学研究所编：《东北解放区教育资料选编》，教育科学出版社 1983 年版，第 38 页。

性，从而刺激科学文化进步，振兴国民经济。自抗战以来，各根据地和解放区都形成了一整套科技奖励政策和法规，颁布了《晋察冀边区奖励生产技术条例》《奖励生产技术办法》《陕甘宁边区人民生产奖励决定》《山东省战时施政纲领》《督导民众生产运动奖励条例》等一系列规范的奖励条例，反映出党和政府对科技人才创造性劳动的尊重与肯定，有力地促进了科学技术事业的发展。

第一，物质激励。战争环境的特殊时代背景下，当时对于生产实践中的技术改进、科学发现或发明的物质奖励都相当丰厚。边区政府建设厅为了进一步推动边区工业发展，提高生产建设，1941 年 7 月规定对各工厂改进技术有较大成绩的职工予以物质奖励，奖额多寡按生产技术的新发明、改良现有技术的成绩大小而定，最高者达 300 元，最低为 5 元，其余有 150 元、50 元、30 元、10 元不等。1948 年 12 月，华北人民政府颁布了对技术成果大小予以奖励的安排部署，比如“1949 年度奖金，定为小米 150 万斤，工矿业 60 万斤，农林畜牧 30 万斤，科学仪器 10 万斤”。①

第二，精神激励。精神激励是一种内在激励，中国共产党在加强物质激励的同时还经常以召开座谈会等形式对科技人员表示慰问。毛泽东等中央领导同志亦会亲自出席有关科学技术发展方面的工作会议，有效地激励了与会科技干部。1941 年 3 月 22 日，毛泽东、林伯渠等中央领导人出席了中央直属机关学校在职财经经济会议。会后，领导人还和技术人员一起举行游艺节目，氛围宽松愉悦，参会技术人员均受到极大的精神鼓舞。

第三，典型激励。树立典型，激励作为，榜样的力量是可以催人奋进。新民主主义革命时期，在科学技术事业的发展进程中涌现了一批“颇堪嘉许”的英雄模范。1938 年，陕甘宁边区政府举办首届工人制造品竞赛展览会，会上对郝希英、周鉴祥等一百多名劳动英雄和有重大贡献的科技人员进行评选表彰，

① 武衡:《抗日战争时期解放区科学技术发展史资料（第 5 辑）》，中国学术出版社 1986 年版，第 32 页。

毛泽东同志还亲自给模范工作者们的奖状题词“国防经济建设的先锋”。1946年9月，杨秀峰同志签发通令，奖励晋冀鲁豫边区某炼铁厂陆达同志，他发明的灰生铁对解放区兵工建设事业贡献颇丰，并表彰其大胆创新、埋头苦干的精神。另外，最为著名的“模范化铁工人赵占魁运动”也极大地鼓舞了广大科技工作者的劳动热情。①

第三节　中国化马克思主义科学技术思想的实践成果

抗日战争时期，中国共产党在极其艰难困苦的环境下领导了一场蓬勃的自然科学实践活动，有计划、有组织地开展了军事、工业、农业、医疗卫生等各方面的科学技术研究活动，并大力进行科学技术的实际应用工作。这不但为抗日战争以至整个新民主主义革命的最后胜利奠定了重要的物质技术基础，也为打破敌人封锁，改善解放区人民生活和社会面貌作出了实质性贡献。解放战争时期，中国共产党领导下的科技事业是抗日战争时期科技事业的继承与提升。这一时期，在中国共产党领导下的科技事业取得了巨大的进展和成果，由此为新中国的成立、为新中国科技事业的蓬勃发展奠定了雄厚的基础。

一、科研教育机构和学校的涌现

在抗日战争和解放战争的艰苦岁月里，结合正确的科技政策指导，中国共产党根据当时的需要与可能，相继成立了许多专业化的科研教育机构和学校，取得了不少的科研成果，也积累了丰富的经验。这些蓬勃兴起的科研机构和学校对抗日根据地和解放区科技研究的开展及科技水平的提高发挥了十分重要的

① 《向模范工人赵占魁学习》,《解放日报》1942年9月11日。

作用。

（一）边区科研教育机构和学校的创立

抗日战争时期，在党的统一领导下，各抗日根据地相继制定并通过了有关法律和决定，创办各类科技学校，以各种形式培养各类科技人才。1939 年 1 月，陕甘宁边区第一届参议会通过《发展国防教育提高大众文化加强抗战力量案》，其中明确提出“创设技术科学学校，造就建设人才”。[①]1941 年，陕甘宁边区第二届参议会通过了自然科学研究会提出的《发展边区科学事业案》，明确指出要“充实自然科学院，举办职业学校，以培养科学及技术人员”。[②] 各边区都把科技教育作为“抗战建国”事业的一部分，并制定了发展科技教育的方针政策和措施。根据地的科技教育机构主要是各种类型的高等和中等科技学校，且后者居多，而抗战时期边区的高等科技教育机关则以延安自然科学院和中国医科大学为典型。

1. 延安自然科学院

为克服根据地的财政经济困难，更好地开展经济建设和文化建设，中共中央财政经济部于 1939 年 5 月创办了中央自然科学研究院，汇集了来自各方面的自然科学技术人员。1940 年 9 月初，延安自然科学院正式成立。这是中国共产党领导的第一所理工科高等学校。第一任院长是李富春，第二任院长是徐特立，第三任校长是李强。延安自然科学院设有大学部和中学部。大学部设有物理、化学、生物、地（质）矿（冶）4 个系，学制三年。1940 年春至 1945 年冬，全校师生员工共约 300 人。该院的宗旨是“以培养抗战建国的技术干部和专门的技术人才为目的”，[③] 培养既通晓革命理论、又掌握科技专业、理论与实践相结

---

① 中国科学院历史研究所第三所编：《陕甘宁边区参议会文献汇编》，科学出版社 1958 年版。

② 《延安自然科学院史料》编委会：《延安自然科学院史料》，中共党史资料出版社、北京工业学院出版社 1986 年版，第 108 页。

③ 梁星亮、杨洪：《中国共产党延安时期政治社会文化史论》，人民出版社 2011 年版，第 325 页。

合的人才。它是中国共产党在抗日战争中创建的第一所理工农综合性大学，开创了中国共产党领导高等自然科学教育的先河。为适应教学和科学研究的需要，该院还建立机械实习厂、化工实习厂、化学实验室和生物实验室等学院培养了一批技术骨干队伍，在配合陕甘宁边区经济建设方面作出了贡献。1943 年 4 月并入延安大学。

2. 中国医科大学

1940 年 9 月，中国医科大学在原延安八路军卫生学校的基础上扩建而成，是一所医科高等学校。学校的性质是“在中国共产党的领导下，从事培养技术人才的学校”。学校的办学目标是“培养革命的技术优良的卫生干部，适应抗战建国的需要，为民族解放与共产主义事业奋斗到底”；教育方针规定为“培养政治坚定、思想正确、忠于职责、贯彻始终的卫生工作者”。[①] 在教学方面设有解剖、生理、细菌、病理、药理、内外科 7 个学系，还兼管白求恩国际和平医院的教学。当时，在陕甘宁边区，中国医科大学的仪器设备算是比较齐全的。凡在普通医学院中能有的各种仪器、挂图等，中国医大都有。同时，中国医大还设有生理实验室解剖实习室、化学试验室、细菌检查室、X 光室等十多个实验室，著名的白求恩国际和平医院，作为中国医大的附属医院被指定为医大学员实习的场所。教员不少是医学专家或是名医，学员们真正能达到研究和实践相结合的目的。为了提高教学质量，中国医大还设立讲义书籍出版编审委员会，翻译各国名著。1942 年教育长曲正曾翻译内科临床技术学，该校教育处将完成整个医学教材的出版作为当年工作计划的中心之一。中国医科大学从创办开始便得到中共中央和中央军委的重视，毛泽东同志曾多次到校视察、做报告。如 1941 年参观建校 10 周年的展览时，毛泽东同志就亲笔题字“办得很好”，给在校师生讲话时说：“你们医大和中国革命一样，从无到有，从小到大，他必将随

---

① 李洪河：《往者可鉴：中国共产党领导卫生防疫事业的历史经验研究》，人民出版社 2016 年版，第 112 页。

着革命形势的发展而不断地壮大。”①

3. 中等科技学校

主要有陕北通信学校、延安航空摩托学校、延安气象学校、延安工业训练学校、太行工业学校、晋察冀边区白求恩卫生学校、晋绥军区卫生学校、延安农业学校、延安药科学校等。

（二）解放区科研教育机构和学校的发展

1. 华北解放区

1945年11月15日，延安大学自然科学院（即原延安自然科学院）120多人奉中共中央命令迁往东北解放区。1946年1月，延安自然科学院与晋察冀边区工业职业学校合并，改名为晋察冀边区工业专门学校。为配合教学，学校设置参观工厂学习环节，增强对工业生产的认识。1946年11月，晋察冀边区工业专门学校与晋察冀边区铁路学院合并，组建晋察冀工业交通学院，1947年11月，晋察冀工业交通学院的预科班搬到河北井陉，定名为晋察冀边区工业学校。

1945年12月9日，晋察冀边区行政委员会决定组建农科职业学校，培养农林、牧畜普通技术人才，为新民主主义新中国农村经济建设服务。该校强调“农业技术与农业知识并重，加强实习，贯彻理论与实践密切联系、学用一致的原则，提倡研究创造的精神”。② 修业期限定为三年，分为三个年级（必要时附设短期训练班）。全校教职员、学生均须参加生产劳动，在课外时间进行。

1946年6月，原晋冀鲁豫边区医学专门学校划归北方大学，为北方大学医学院。1947年3月成立农学院，任务是培养农、林、牧、副业技术人员。农学院创建之初就提出生产、教学、科研三结合的方针，设立农业研究室，分糖业、畜牧兽医、经济植物三个组。人员一部分来自延安自然科学院，大部分是从国

① 《张协和延安纪实1937—1947——从贫瘠的山沟到伟大的复兴》，中红网：http://www.crt.com.cn/。

② 邱若宏：《中国共产党科技思想与实践研究：从建党时期到新中国成立》，人民出版社2012年版，第230页。

民党统治区投奔革命的农业科技人员和大学生，还吸收当地著名兽医和有丰富生产经验的老农共同工作。1948 年，华北解放区的华北联合大学和北方大学合并成立了华北大学，其任务是为国家培养工业建设的专门人才。

1946 年 6 月，晋察冀边区白求恩卫生学校与张家口医学院（原蒙疆中央医学院）合并，改校名为白求恩医科大学，晋察冀军区卫生部部长殷希彭兼校长，军区卫生部政委姜齐贤兼政委。学制分为 4 年、2 年两种。同年 9 月，由于国民党军队向解放区大举进攻，白求恩医科大学撤离张家口，迁回阜平旧址。1948 年 7 月 1 日，白求恩医科大学与北方大学医学院合并，改校名为华北医科大学。

此外，华北解放区还创立了冀鲁豫行署卫生学校、晋察冀妇婴卫生学校、晋察冀军区电讯工程专科学校、华北工业交通学院、张家口农科职业学校等学校，科技教育事业蓬勃发展。

2. 东北解放区

1946 年 8 月，辽吉军区卫生部在洮南成立辽北省立卫生学院。同年，中长铁路工厂和大连铁路工厂联合设立技术学校。到 1947 年和 1948 年，工农、卫生等类技术学校就相继成立。1948 年 11 月东北全境解放时，由各企业部门创办并领导的中等技术学校已达 22 所。其中，属于工业范围的有吉林工科高级职业学校、安东工科高级职业学校、大连船渠青年技术学校等 7 校；属于医学性质的有黑龙江省立卫生技术学校、热河省立医学校、辽西省立卫生干部学校、松江省立助产士学校、东北药科学校等 6 校；此外，还有东北邮电学校、齐齐哈尔铁路局职工学校等 6 校。

抗日战争胜利后，在延安的中国医科大学根据中共中央和中央军委的命令，开赴东北，与先期到达兴山的东北军医大学合并，以中国医科大学为主，组建成新的中国医科大学。随着东北解放战争形势的发展，中国医科大学规模也不断扩大。1945 年年末，东北大学的前身是“东北公学”，它由老区来的一批干部所创办。1946 年 2 月校址迁至本溪后改称“东北大学”（以后移驻长春）。其教育方针是：“培养为人民服务的、献身于新中国新东北建设的政治、经济、文化、艺术、教育、实业、医学等专门人才。”[①] 其中，设有医学院和自然科学院。自然科学院设立了机械系、土建系、农业系、采冶系、应用化学系、电气系等。

1946 年，东北解放区的哈尔滨市创建了东北行政学院。于同年成立的哈尔滨大学设有自然科学院，有化学工程、电机工程、医学三个系。1948 年，两校合并建设东北科学院。它是东北解放区的最高学府，招收中等以上学校的学生。同年东北全境解放，学校迁到沈阳，复名为东北行政学院。1949 年 8 月 1 日，中共中央东北局、东北行政委员会发出《关于整顿高等教育的决定》，对东北的高等教育加以整顿，并在东北设立了以下高等科技学校：沈阳工学院、哈尔滨工业大学、大连大学工学院、沈阳农学院、哈尔滨农学院、沈阳医科大学（将中国医大、辽宁医大与药学院合并为一）、哈尔滨医科大学及大连大学医学院等。

3. 山东和华中解放区

山东省立各专科学校，如工业专科学校、医学院、农学院等经历了长期艰苦的建设工作，从无到有到大，初具规模，为向新型正规方面发展打下了基础。各校的教学设备日臻完善，逐步实现了学生学习需求的满足。如工专设有机械实习厂两处、自动车实习厂一处、电机实习厂、电讯间、化工实习厂、土木实习厂等，而且其资料和设备都比较齐全。医学院共设有组织、解剖、生理、生化、药理、病理、细菌、寄生虫、无机化学、生药学、检验等设施，发展极为迅速。

1945 年年初，中共中央华中局创办华中建设大学，校址在淮南抗日民主根据地盱眙县新铺镇，分设工学院、农学院、医学院及大学预科等。抗日战争胜

---

① 苏甫：《东北解放区教育史》，吉林教育出版社 1989 年版，第 77 页。

利后，根据形势需要和华中局指示分配工作或组成工作队开赴刚解放的中小城市进行接管工作。各院之修业期间限定为工学院3年，农学院2年，医学院3年至4年，预科1年。工学院分设纺织系、土木工程系、应用化学系。因华中是大量生产盐和棉的地区，需要培养初中以上的知识青年成为化学工业和纺织工业的专门人才。农学院分设畜产系、殖林系、农业化学系，华中地区的鸡瘟、猪瘟极为猖獗，需要专门人才以改进农民的副业，故设畜产系、农业化学系，主要是为改良地质和改良种子而设，拟招收高小以上知识青年加以培养教育。医学院不分系，拟将初中以上的知识青年培养成为农村中的一揽子医生，并拟招收医务部门的工作人员。

二、科技团体的形成和科考活动的开展

科技团体是群众性的科学技术组织，同时在科技教育方面也发挥了重要作用。抗日战争和解放战争时期，中国共产党不仅已经充分认识到自然科学的功能和重要性，而且积极推动科技团体的建立与形成。与此同时，这些科技团体脚踏实地地开展了多种多样的科考活动，无疑促进了边区和解放区的科学文化教育事业，对于粉碎敌人的封锁、推进生产和科学技术的发展也都起到了积极的作用，由此形成了重视自然科学的风气。

（一）抗日战争时期边区科技团体的形成

1931年抗日救亡运动兴起，1937年7月，抗日战争全面爆发。日军的封锁政策使我国的对外交通基本断绝，物资难以运入大后方。战时亟待解决的内需给中国科技带来了巨大推动力，科技团体将“科学救国”思潮付诸实际，将科学事业投入民族战争之中。在陕甘宁、晋察冀、山东、东北等解放区多种研究会、协会相继成立，为支援前线、巩固后方、推动生产、促进解放区的科教文化事业作出巨大贡献。这一时期，陕甘宁边区第一个科学技术团体是边区国防科学社，而最重要、也是影响最大的科学团体是陕甘宁边区自然科学研究会，

另一个很重要的科学团体是边区中西医药研究总会。在晋察冀边区，成仿吾等人还发起成立了新哲学会、新教育学会和自然科学界协会。中国共产党亦组织了一些科学组织，如自然科学座谈会、青协会等。抗日战争后期，国统区科技界的进步人士还成立了民主科学座谈会，中国科学工作者协会（中科协）等组织。

1940年2月5日，陕甘宁边区自然科学研究会在延安成立，该会是在毛泽东、吴玉章等及各界人士等发起和赞助之下成立的，也是当时影响最大的科技社团。[①]1939年年底，开始筹备成立“陕甘宁边区自然科学研究会”（以下简称研究会）。1940年2月5日，研究会成立以后开展了以下一些活动：一是组织自然辩证法研究小组。就如何解决工业原料问题，如何解决科技人员开展工作中遇到的困难，怎样建立各工厂、学校及技术人员之间的联系等问题展开讨论。二是筹备召开年会。通过筹备年会，组织联络边区的大部科技工作者。1941年8月，朱德同志在会上讲话，他肯定了自然科学工作者对边区经济建设的贡献，要求大家继续努力研究，以服务边区经济建设为宗旨。三是组织成立专业学会。从1941年10月起先后组建各专业学会，陆续建立的学会有：地矿学会、化工学会、军工学会、冶炼学会、生物学会、医药学会、数理学会等，除上述学会外，还建立了一些地区的分会和科学小组。四是举办学术活动。研究会经常组织专题报告会，如1941年8月30日徐特立同志讲的“边区自然科学教育问题”，1941年9月26日俞仲津讲的“关于日蚀的科学知识”。五是开展科学普及工作。研究会经常组织专题报告常识讲话、专题解答，如有关声、光、化、电、物理常识等系统讲座，普及科学知识。从1941年4月到1942年4月的一年间，各专业学会办过100余次科学普及报告。

1941年9月1日，边区医药界数百人士举行集会，宣布成立了陕甘宁边区医药学会，并推选时任边区主席林伯渠同志为会长，金茂岳同志为副会长。在

① 转引自何志平等主编：《中国科学技术团体》，上海科学普及出版社1990年版，第386页。

边区处于封锁的艰苦状态下，边区医药学会定期进行学术讨论，交换各自的研究成果，为抗战中的医药卫生工作作出贡献。[①]1942年6月10日，由成仿吾、童大林等人发起的自然科学界协会在晋察冀边区成立。1945年3月13日，边区中西医药总会正式成立，此后，山东和东北等地的科学技术团体相继成立。中国共产党领导下的科技团体汇聚了一批科技人员，并培养了一批科技干部。科技社团通过开展基础应用研究，服务边区经济建设，利用多种手段推进科学知识的传播，同时，科技社团在统一战线中也发挥着重要的作用，在参政议政、决策咨询及对外交流联络方面均有不俗的建树。

（二）抗日战争时期科考活动的开展

抗日战争时期，边区较早开展的是生物资源的调查考察。农业资源的调查是边区科学考察活动的重要内容，地质矿产调查直接为资源开发和工业发展奠定基础。

一是进行生物资源的考察。陕甘宁边区对资源的考察主要从森林、土壤、蚕桑、石油、地矿等几个方面进行。1940年，陕甘宁边区组成森林考察团，由乐天宇、江心、郝笑天、曹达、林山、王清华六人组成。在李富春同志的支持和鼓励之下，林学家乐天宇等6名同志于1940年6月14日至7月30日，对边区森林资源进行了科学考察，所写成的考察报告书，是制定边区林业开发政策和计划的重要依据。[②]

二是开展农业资源的调查。陕甘宁边区地处黄土高原，水土流失严重，土壤中有机质随雨水冲刷带走。本地农民不讲究施肥，开荒丢荒式的山地耕种方式决定了土地的贫瘠和边区农业的粗放型、落后性。陕甘宁边区多次组织对当地农业进行调查，对陕北地区地理地貌、土质状况、农业生产特点进行了深入详尽

---

① 陕西省地方志编纂委员会编：《陕西省志（第72卷）·卫生志》，陕西人民出版社1996年版，第131页。

② 魏永理：《中国西北近代开发史》，甘肃人民出版社1993年版，第558页。

的调查，还调查了边区农林畜牧业的历史与现状。调查发现，陕北黄土丘陵沟壑区和渭北黄土高原区。该区地形支离破碎，地表径流强烈，岩层储水能力又差，是地下水的贫瘠地带。①科考报告《陕甘宁边区的黄土》对边区地质和土壤（边区的土壤有决定意义的是黄土）、黄土的一般性质进行分析，还提出了改良土壤的意见，②这在当时是非常了不起的关于农业资源的调查报告。

三是开展地质矿产的调查，为资源开发和工业发展奠定基础，这是边区科学考察活动的重点。陕甘宁边区地矿学会成立后即决定对边区进行一次大面积的地质矿产普查。1941年11月至次年2月，由武衡同志、汪鹏同志、范慕韩同志组成关中地矿考察团，赴甘泉、富县耀县、淳化等地，调查煤、铁和耐火粘土矿。为解决边区工厂企业发展迫切需要燃料原材料问题，边区政府派出武衡、范慕韩、汪家宝组成地质考察团，于1941年11月28日出发，到关中马栏、瓦窑堡、安塞等地作了两个月考察。1942年2月又到陕北米脂、绥德等地考察，找到五六处煤矿，三四处铁矿可供开发，同时收集了大量矿床标本。这几次考察为边区解决了部分原材料、燃料问题，受到政府较高的评价。③

在晋冀鲁豫边区、太岳解放区、太行解放区、晋绥边区和晋察冀边区等地，也在不同程度上做过一些地质工作，目的是为了给解放区自办的工业提供资源，全都收到了相应的效果。在一些解放较早的革命根据地，开始建立地质机构，为寻找需要的矿产资源，做了一些工作；做得最多的是东北解放区，1945年8月，在日本投降后，接收了伪满地质调查所，大批地质资料被抢救出来，留下来的地质人员继续工作，队伍也有所扩大。④从1938年到1945年的七年间，陕

① 李登武：《陕北黄土高原植物区系地理研究》，西北农林科技大学出版社2009年版，第25页。

② 武衡：《抗日战争时期解放区科学技术发展史资料（第2辑）》，中国学术出版社1984年版，第119页。

③ 武衡：《抗日战争时期解放区科学技术发展史资料（第3辑）》，中国学术出版社1984年版，第358页。

④ 张以诚：《中国近代地质事业史话》，中国大地出版社2009年版，第62页。

甘宁边区从一个偏僻的农村初步建立起工业的基础，做到了军民日用必需品全部或部分自给，这个经历是不平凡的。

（三）解放战争时期新的科技团体的形成和活动开展

解放战争时期，边区和各根据地原来已经存在的科技团体继续活动，如1946年3月，晋察冀边区自然科学界协会向全国发出通电，提出了全国科学建设的意见八条，这个通电虽然是为了团结和号召国统区科技界人士向国民党统治当局争取权利、进行斗争而发布的，但一定程度上也真实反映了我党发展科技的思想、立场和具体举措。部分解放区成立了一些新的科技团体，其中影响较大的有山东自然科学研究会和东北自然科学研究会。1947年2月17日，山东自然科学研究会在省文协召开第一次筹备会，推定山东大学教授孙克定、省府宋彦人、王左青等7人为筹备委员。该会确定以“破除迷信，改进生产技术，推行社会卫生，协助科学教育及科学研究为初步目标”。①

东北自然科学研究会是解放区影响较大的一个科学技术团体。1948年4月8日，由李富春、王首道、陈郁、邵式平等经济与科技战线上的领导同志以及各界自然科学工作者80多人发起，在哈尔滨正式成立。筹备会总会通过了《东北自然科学研究会的发起》，号召志在为人民事业作贡献的自然科学者们组织起来，拧成团结的一股绳，为建设新中国而奋斗。会议还通过了《东北自然科学研究会章程》，规定研究会“以团结愿为人民服务的自然科学者及科学工作者促进科学理论技术之发展，积极参加新东北与新中国的各种建设事业，把科学理论技术与广大人民的劳动结合起来为宗旨”。在工作原则上，研究会旨在“研究自然科学理论和技术，尽量协助会员解决工作中所遇到的理论和技术上的疑难问题”。这次会议之后，东北各地也纷纷响应，相继成立研究会分会。②

---

① 何志平：《中国科学技术团体》，上海科学普及出版社1990年版，第435页。

② 邱若宏：《中国共产党科技思想与实践研究：从建党时期到新中国成立》，人民出版社2012年版，第247页。

三、多领域科技事业取得的巨大成就

抗日战争和解放战争时期，在中国化马克思主义科学技术思想的正确指导下，中国共产党科技政策的理论与实践均取得了令人赞叹的历史成绩。农业、军事工业、医疗卫生等多领域科技创新取得了一大批科技成果。这些成果对当时的中国而言确是难能可贵的，其迅速转化为现实生产力，推动了边区和解放区的科技进步，解决了当时战争环境下的现实需要。

（一）农业科技成果保障了根据地军民需要

农业方面产生了大量应用性强的科技成果，有力地保障了战争和根据地军民的需要，并创造了十分可观的经济效益。

第一，兴修水利与农具改良。在挖掘土地潜力方面，各根据地把兴修水利作为一项重要任务。1944年，太行区修成14条水渠，增加水浇地1.3万亩；太岳区变旱地为水地2.73万亩，防冲修滩1649亩；晋绥边区兴修水利后，到1944年已有75万亩耕地受益；晋东北的冀晋第二专区整修渠道369条，灌溉土地1.5万亩。除此之外，根据地还积极推进农具改良、优种推广和精耕细作，以最大限度促进粮食增产。[1]

第二，改良选育与引进推广优良农作物品种。陕甘宁边区依靠光华农场的技术力量，引进、试种和推广了不少当地没有的农作物新品种。主要包括谷物、粮食作物、蔬菜、植棉技术。边区政府号召推广优良品种后，各地利用农业展览会示范和劳动英雄带头等，引导农民注意选种和推广良种。1943年，由于绥德专署农场的积极推广和技术指导，各地农户试种狼尾谷，取得了很好的成绩。狼尾谷的优点有：穗子长而粗，结籽多，颗粒大，打的粮食多。经过各级政府积极工作，狼尾谷的种植亩数逐年增加。

---

① 郝平、周亚、李常宝：《中国抗日战争全景录（山西卷）》，山西人民出版社2015年版，第146页。

第三，推广植棉技术。1939年以后，我国北方棉区相继为日寇侵占，棉花资源大减，国民党反动派又对陕甘宁边区实行围困封锁，使边区军民对棉花、棉布的获取变得十分困难。为了解决边区军民的穿衣问题，毛泽东同志在提出“自己动手，丰衣足食”开展大生产运动的同时，号召“自己动手，解决穿的问题”。经过边区政府及各级党政领导和群众几年的努力，使边区植棉事业有了很大发展，逐步做到了棉花基本自给，大大缓和了边区军民的穿衣困难问题，对稳定边区经济，巩固陕甘宁边区，支援抗日战争起到了很大作用。

第四，农具改良技术的推广。根据地同时十分重视农具的改良和生产，1939年春季，陕甘宁边区创办了第一个农具工厂。该厂包括车床间、锻铁间、翻砂间、贮藏室等部分。他们在极端艰难困苦的条件下，以敌人的炸弹片和在边区内外搜集来的废钢铁为原料，以自掘自运的煤炭为燃料，从事农具的改革和生产，为边区的农业生产作出了重要贡献。①

第五，推动畜牧兽医科技的进步。陕甘宁边区于1939年建立了保健牧场，1941年与边区农业试验场合并为光华农场，设畜牧兽医组，开展了畜种改良、牛瘟防治试验。晋察冀解放区研制猪瘟疫苗。山东解放区1946年创建了农业实验所，东北解放区于1948年在哈尔滨市建立了家畜防疫所。②

（二）军事工业创新成果支援了战争武器弹药供应

军事工业得到了较大的发展，同土地革命时期比较，规模增大了，技术力量加强了，物质条件改善了，取得了一系列军事工业技术革新的成果。1939年6月，八路军总部成立军工部。军工部位于山西省黎城县上赤峪村。这时，晋冀鲁豫抗日根据地已经组建了7座兵工厂，均分布在太行山区，4所步枪制造所，下辖柳沟铁厂、下赤峪复装枪弹厂、试验厂。1940年4月，经朱德总司令

---

① 郭文韬、曹隆恭：《中国近代农业科技史》，中国农业科技出版社1989年版，第52页。

② 农业部科学技术委员会、农业部科学技术司编：《中国农业科技工作四十年》，中国科学技术出版社1989年版，第243页。

提名，兵工专家刘鼎被任命为八路军总部军工部部长。刘鼎同志从太行山煤铁资源丰富的实际出发，提出了一系列发展壮大太行山兵工生产的方案，取得了许多重大成果。针对太行地区三个枪厂生产的步枪规格不同、性能各异、零件不能互换，且生产效率低、质量差、成本高的问题，提出解决方案，实现了步枪生产的标准化、制式化，制造出了我党自主设计、制造的“八一式”步马枪，并实验成功了白口生铁闷火技术，解决了制造炮筒和炮弹的原料难题。

1941年起，太行山根据地开始做到大量自制炮弹，并向其他解放区推广。同时，军事科技创新成果也不断涌现，如陕甘宁边区机器厂枪械修理部的技术员刘贵福、孙云龙等人于1939年4月25日造出了自己新设计的性能优良、易于制造的无名式马步枪。他们还把库存的马克沁废机枪进行改造，制成了高射机枪。紫坊沟化学厂在厂长、工程师钱志道的领导下，克服种种困难，自行研制生产了硫酸、硝酸、硝化棉和双基药等火炸药的原料，不仅自给有余，还支援了晋绥边区的军事工业建设。据统计，全面抗战爆发后的8年，仅八路军总部军工部所属各兵工厂，共生产了步枪5万支、复装枪弹223万发、手榴弹58万枚、50毫米掷弹筒2500门、掷弹筒弹19.8万发、82迫弹64万发。[①]解放战争时期，军工生产和研究的重点转向了攻坚性武器，大中型口径的迫击炮及弹药，步兵炮、山炮和炮弹及为之配套的引信、火工品、火炸药等。这些武器弹药，大大增强了人民解放军的攻坚力量，对于最后决战的胜利起到了重要的作用。到新中国成立前夕，人民解放军兵工拥有工厂94座，职工近10万人。

（三）医药卫生科技成果一定程度上改善了民生

解放区的医药卫生科学技术工作是在第二次国内革命战争时期革命根据地的医药卫生工作的基础上发展起来的。各解放区和根据地逐步建立了较完整的医疗系统，如中央医院、八路军医院、陕甘宁边区医院、白求恩国际和平医院

---

① 庞天仪：《光辉的历程——人民兵工创建五十五周年》，兵器工业部1986年版，第74页。

等。医药研究组织有国医研究会、护士学会、中西药研究会等。在极端困难的条件下抗日根据地的卫生系统各部门还尽可能地开展了中医中药研究、药材和医疗器械研制，以及一些流行疾病防治。

1938年筹建的八路军制药厂（对内称十八集团军化学制药厂）设立了研究室，该室主要承担药品鉴定工作和新药品研制工作。该厂在技师翁达的带领下研究分析各种中药，把它制成各种膏丹丸散，代替西药使用，仅用三个月就研制成中西药40种。延安成立了卫生试验所，不久迁到山西省离石县，改为晋绥卫生试验所。下设破伤风研究室、疫苗室、化验室和采血室，从事牛痘疫苗、伤寒和副伤寒混合疫苗生产，研究破伤风抗毒素和气性坏疽抗毒素等。1941年6月，光华制药厂与延安中国医科大学卫生部联合组建中西医研究室，以科学的态度，共同研制医药，在中药科学化、中药西药化和西药中国化的道路上迈出了可喜的一步，收到了较好的效果。边区政府卫生处为此总结经验，明确提出了“中医科学化，西药中国化”的方针，并规定“西医应主动的与中医合作，用科学方法研究中药，帮助中医科学化，共同反对疾病死亡和改造巫神。中医应努力学习科学与学习西医，分析自己的秘方和经验”。①

（四）纺织造纸、冶金石油化学等工业部门奠定了经济建设基础

抗日战争和解放战争时期，边区和解放区在纺织造纸、冶金石油化学等工业部门的科技创新取得了非凡成就，为新中国科技、工业体系的建立奠定了坚实的基础。边区和根据地军民依托科技支持，充分发挥自主创新的能动性，取得了丰硕的科技创新成果。

一是在纺织品领域的科技创新。陕甘宁边区的难民纺织厂，在纺织机械的改造和发明方面一直走在前列。该厂技师朱次创造了卧式畜力动力机、木工车床和卷经轴机，改造了打毛机、钻车、合股机等。制造部学徒周景升将铣纬管

① 宋金寿：《抗战时期的陕甘宁边区》，北京出版社1995年版，第614页。

与钻孔合并在一个车床上进行，增加不少产量，又是一种创造。该厂棉织科股长袁光华自告奋勇用机试织土布，终获成功。毛织科科长刘佐魁试验成功用植物染料染色。于是边区开始大批采用当地出产的黑格兰根、栾树叶、蓬蓬草等植物染料代替部分化学原料。这些发明创造对提高质量、增加产量和降低成本起了很大作用。

二是在无线电领域的新发展。解放区的通信技术是为战争需要服务的，中共中央建立了延安广播电台。1940年12月30日，延安新华广播电台开始播音，在通信器材厂和无线电器材的维修和制造方面发挥了重要作用，并取得了许多成就。

三是在造纸技术方面的技术创造。在振华造纸厂工作的延安自然科学院教员华寿俊等同志发明了利用陕甘宁边区常见的马兰草造纸的技术，后又研究改进了操作方法和工序，缩短了工时，改进了质量，为人民生活提供了极大便利。

四是在日用化学工业方面的科技创造。例如，在陕甘宁边区的新华化学厂成立了化学实验室，负责研究、开发新产品。该厂可生产出洗涤肥皂、香皂、牙粉、粉笔、墨水、小苏打、精盐、白酒和酒精等十来种产品。用当地的五倍子和亚铁盐制成的化学墨水，其质量甚至优于国统区生产的“民生墨水”。边区还于1943年底制造出安全火柴。这些成就既有力地支持了抗日战争和解放战争，极大提升了边区和根据地军民的生产生活水平，也为新中国科技体系和工业体系建设奠定了坚实的物质基础。

第四章　形成“四个现代化”构想（1949—1976年）

新中国成立后，中国共产党第一代领导集体将马克思主义基本原理同中国具体实际相结合，对社会主义现代化的最终目标、实现标准、战略步骤等方面进行了积极探索。在“人民科学观”的指导下，新中国成立初期的建设实践为我国后来的工业化乃至现代化之路打下了坚实基础。同时，为更好地融入第三次科技革命浪潮，让新生的社会主义中国追赶上西方先进科学技术水平，中国共产党提出“向科学进军”，并在分析中国现实国情的基础上，逐渐形成以“四个现代化”为核心的科学技术思想。但在进行社会主义建设的艰难探索中，也出现过反右派斗争扩大化和“大跃进”，影响到社会主义现代化建设目标的顺利推进。随后，党通过一系列措施恢复和调整科技政策，将社会主义现代化事业重新引上正轨。而在“文化大革命”的十年动乱时期，现代化建设事业受“左”的思想影响再次遭受破坏。但在艰难环境下，科研领域仍取得一些举世瞩目的成就。从时间上看，以“四个现代化”为核心的科学技术思想承接着中国共产党领导人民进行革命、建设和改革的前后过程，标志着中国共产党科学技术思想历经坎坷后走向成熟，并推动开启中国科学技术事业飞速发展的新阶段。

第一节　“人民科学观”奠定“四个现代化”构想雏形

实现国家现代化须具备一定的社会历史条件。新中国成立后，出于发展经济和维护国防安全的需要，党和政府高度重视科学技术发展，正式提出了科学技术“为国家建设服务，为人民大众服务”的指导思想。随后，党和国家领导人相继提出“现代工业”“农业现代化”“国防现代化”和“培养技术人才”的观点，探索推进“四个现代化”。在“人民科学观”的指导下，我国的科研机构逐渐完备，科研人才队伍发展壮大，经济建设和科技发展又促进了农业生产的恢复和发展，保障了工业原料的供应，为“四个现代化”构想雏形提供了非常宝贵的实践基础。

一、确立“人民科学观”

新中国的成立，为科学技术事业的发展提供了稳定的社会环境。然而，由于旧中国的科学技术水平无法满足新中国成立初期社会发展需要，在发展国民经济、建设强大国防、赶超世界先进科技的背景下，党和政府提出了科学技术“为国家建设服务，为人民大众服务”的指导思想，确立了“人民科学观”。

（一）“人民科学观”提出的背景

发展国民经济的需要。从国内形势来看，新中国成立之初，面临的最大任务是恢复和发展国民经济，而加强经济建设需要发挥科学技术的作用。受长期战乱的影响，新中国成立初期工农业水平极端落后，国民经济千疮百孔。据统计，1949 年，重工业下降了 70%，等于历史最高年产量的 30%；农业生产下降约 25%，1949 年粮食产量为 2162 亿斤，是最高年产量的 75%。[1] 落后的经济

---

① 吴敏先：《中国共产党的经济理论与实践》，东北师范大学出版社 1997 年版，第 118 页。

状况迫切要求国家采取措施发展经济，科学技术成为发展经济的重要支撑。新中国成立后逐步走上恢复建设的道路，各项建设工作都迫切需要科学工作者的积极参加。据工业部门的报告估计，在全国工业调整的三年计划中，需要工程师2万名和技术员10万名。在农业方面，育种、选种、病虫害的防治、有效的农用药品和器械及化学肥料的制造、耕作方法的改良、水土保持的有效措施、农田蓄水灌溉的技术、农具的改良与推广等，都需要科学工作者研究改进的办法。卫生部门希望全国各方面的科学家们帮助研究特效药、驱虫剂、灭菌剂、营养化学、改善上下水道的方法、水利与疾病的关系、工人卫生以及各种医学所需的器材的制造等。①1951年，中共中央开始编制第一个五年计划，主要任务是集中力量进行工业化建设和加快推进各经济领域的社会主义改造，"一五"计划提出了对新科技、新人才的迫切需求，加快发展科学技术事业成为发展国民经济第一个五年计划的重要基础。

建设强大国防的需要。新中国成立初期，整个世界笼罩在冷战的阴影之下，以美国为首的西方资本主义国家对新中国实行政治上的孤立、经济上的封锁和军事上的威胁。当时，国民党败退到台湾，国内反动残余势力尚存，对新中国的国家建设有着很大威胁。1950年，朝鲜战争爆发，战火蔓延至我国边境，严重威胁到我国的国防安全。为维护国家主权和领土安全，中国人民志愿军跨过鸭绿江支援朝鲜，取得了抗美援朝战争的胜利。朝鲜战争期间，美国将众多科研成果应用到军事领域，使中国共产党认识到科学技术对战争的重要性。此外，冷战期间，美苏之间进行军备竞赛，美苏相继于1945年和1949年拥有核武器，包括中国在内的无核国家的安全受到极大冲击。国防安全成为这一时期科学技术发展的重要动力。对于新中国成立后的科技发展方向，毛泽东同志认为："我们进入了这样一个时期……钻社会主义工业化，钻社会主义改造，钻现代化的

① 《有组织有计划地开展人民科学工作》，《人民日报》1950年8月27日。

国防，并且开始要钻原子能这样的历史的新时期。”[①] 中国共产党人开始意识到，只有拥有强有力的国防力量，才能应对国内外的各种挑战，而科技发展是国防建设的基础和前提。1950 年，中华全国自然科学专门学会联合会、中华全国科学技术普及协会发表联合宣言，号召自然科学及技术工作者积极参加国防建设。“新中国的科学工作者，团结一致，把一切力量贯注在巩固祖国国防的工作中。把我们的科学知识服务于人民的陆军、海军和空军，服务于一切国防和生产战线的工作。”[②]

赶超世界先进科技的需要。国民党执政时期没有重视科学技术的发展，导致我国科学技术没有得到充分的发展。新中国成立初期，我国科技研究薄弱、科技人才匮乏。1949 年，全国除大学外，科技研究单位只有 40 个左右，全国科技人员不超过 5 万人，其中专门从事科技研究试验的人员仅 600 人。[③] 此外，受长期战乱的影响，我国科研机构残破、科研经费紧缺，科技成果寥寥无几，无法满足发展经济和国防建设的需要。毛泽东同志在回忆新中国成立初期的生产能力时指出：“现在我们能造什么？能造桌子椅子，能造茶碗茶壶，能种粮食，还能磨成面粉，还能造纸，但是，一辆汽车、一架飞机、一辆坦克、一辆拖拉机都不能造。”[④]20 世纪中期，第三次科技革命的浪潮在全球范围内蓬勃发展，包括中国在内的国家都不可避免地参与其中。世界范围内的科技发展对新中国带来了强大冲击，我国的科技水平远远落后于世界先进国家。早在新中国成立之前，吴玉章同志就号召学习世界先进科学技术，“我们要掌握世界上最新式的科学技术，无论它是资本主义国家美国所发明的也好，社会主义国家苏联所发明的也好，只要它有益于国计民生，我们都要去学会来应用”。[⑤] 新中国成

① 《毛泽东文集》第 6 卷，人民出版社 1999 年版，第 395 页。

② 《全国科联科普发表联合宣言　号召科学工作者服务国防建设》，《人民日报》1950 年 12 月 12 日。

③ 钱三强：《中国近代科学概况》，《新华月报》1953 年第 8 期。

④ 《毛泽东文集》第 6 卷，人民出版社 1999 年版，第 329 页。

⑤ 《吴玉章同志在全国第一次科学会议筹委会上的讲话》，《人民日报》1949 年 7 月 14 日。

立后，中国人民实现了真正的当家作主，开创了社会主义建设的新局面，民众的建设热情高涨，广大科技工作者积极投身到新中国建设当中，为新中国科技发展提供了丰富的人力资源。同时，党和政府高度重视科学技术对工业、农业和国防的作用，采取了正确的科学技术政策，初步发展了我国的科学技术。

（二）“人民科学观”的提出

新中国的成立为科学发展开辟了广阔前景，为发展经济、加强国防建设，党和政府迫切需要加快科技发展步伐。首要工作就是转变部分知识分子的传统观念，确立科学为人民大众服务的新观念。在新中国成立前夕召开的中华全国自然科学工作者代表会议筹备会上，朱德同志指出：“以往的科学是给封建官僚服务，今后的科学是给人民大众服务。如果在这个条件下来发展科学一定很快的就可以有成绩。”叶剑英同志也强调，“我们已进入了新的时期，进入了人民的时代”，“只有在人民政权之下，科学工作者才能真正为人民服务，科学才能真正的叫做人民的科学”。[①]1949 年 8 月，毛泽东同志在《别了，司徒雷登》中说：“美国确实有科学，有技术，可惜抓在资本家手里，不抓在人民手里，其用处就是对内剥削和压迫，对外侵略和杀人。”[②]这段论述集中表达了要把我国科学技术抓在人民手里的观点。1949 年 9 月 29 日，中国人民政治协商会议第一届全体会议通过了《共同纲领》，正式提出科学技术“为国家建设服务，为人民大众服务”的总方针，确立了“人民科学观”，为新中国的科学技术发展指明了方向。1949 年 11 月 1 日，中国科学院成立。在其成立初期，就确定了科学工作为人民服务的功能：“中国科学院之建立，正所以配合时代，发挥科学工作为人民服务的积极功能，摒除过去中国科学工作者主观上的弱点。”[③]1950 年 8 月，党和政府为进一步贯彻落实《共同纲领》提出的“为国家建设服务，为人

① 叶剑英：《叶剑英选集》，人民出版社 1996 年版，第 172 页。

② 《毛泽东选集》第 4 卷，人民出版社 1991 年版，第 1495 页。

③ 竺可桢：《中国科学的新方向》，《科学》1950 年第 4 期。

民大众服务”总方针，召开了中华全国自然科学工作者会议。全国 468 名科学家参加了这次会议。吴玉章同志在开幕词中指出：“今天中国人民是迫切需要科学家替他们解决问题，科学家也有义务替他们解决问题，也只有这样今天科学家才能得到人民的爱戴和荣誉。中国科学研究一旦和中国人民实际需要结合起来，中国科学的繁荣是指日可待的。”①1954 年 3 月，中共中央发布了中科院党组《关于目前科学院工作的基本情况和今后工作任务给中央的报告》的批示，特别强调：“团结科学家是党在科学工作中的重要政策。科学家是国家和社会的宝贵财富，必须重视和尊重他们，必须争取和团结一切科学家为人民服务。”②这是新中国成立以后全面奠定党的科学政策的初步基础的第一个文件。③

二、“人民科学观”指导下的科学技术实践

新中国实施了一系列的科学技术政策以保证“人民科学观”理论得到落实，如设立一系列科研机构，团结、教育、改造科研人才，学习苏联先进科学技术等。这些科学技术政策和活动提高了新中国的科技水平，促进了新中国经济的发展，并成功实现了推动工业化发展的目标。

（一）设立较完备的科研机构

1949 年春，当解放战争胜利在望的时候，中共中央筹划在新中国成立以后建立科学院。7 月 13 日，全国科学界在北平召开中华全国自然科学工作者代表会议筹备会议。11 月 1 日，在中央研究院与北平研究院的基础上成立了中国科学院，郭沫若同志为院长。它是中国自然科学技术最高学术领导机构和综合研究中心，主要研究基本的科学理论问题和国家现代化建设中的关键性、综合性的科学技术问题。中国科学院的建立为我国科学事业有组织有计划地开展，奠

① 《吴玉章同志在全国第一次科学会议筹委会上的讲话》，《人民日报》1949 年 7 月 14 日。

② 《建国以来重要文献选编》（第 5 册），中央文献出版社 1992 年版，第 164 页。

③ 龚育之：《科学·哲学·社会》，光明日报出版社 1987 年版，第 293 页。

定了良好的基础。成立8个月后，科学院将接管的23个研究机构调整后，建立了15个新的研究机构和3个筹备处。科学院罗致的110多位各方面的科学专家，分别担任各科专门委员，使科学院的研究机构渐趋完善、科研人才队伍发展壮大。1950年8月召开了中华全国自然科学工作者代表会议，这次会议加强了自然科学工作者的组织建设，产生了自然科学专门学会联合会和科学技术普及协会两个组织，并确定了科学团体的性质和任务，使我国自然科学界有了全国性的统一组织。1950年，政务院为鼓励科研人员创新，发布了《关于奖励有关生产的发明、技术改进及合理化建议的决定》和《保障发明权与专利权暂行条例》。1955年6月1日，中国科学院学部成立大会在北京举行开幕式。中国科学院物理学数学化学部、生物学地学部、技术科学部和哲学社会科学部宣告正式成立。郭沫若同志指出："学部的成立，标志着我国科学事业发展中的一个新阶段的开始。"①

（二）壮大我国的科研人才队伍

新中国成立初期，科学技术人才匮乏的现象严重影响了新中国工业化建设的发展。早在1949年7月，吴玉章同志在全国第一次科学会议筹委会上就提到，发展科技其中一个方面就是培养人才，因此培养科技队伍成为科学技术发展的重要任务。这一时期，主要采取三种途径建设科技队伍：团结、改造旧有的科技人员，培养新一代科研人才和争取海外科学家回国。

团结、改造旧有的科技人员。新中国成立初期，部分知识分子受旧社会的影响，对中国共产党存在怀疑和保留态度。党和政府为使他们成为建设新中国的科研人才，决定对旧社会的知识分子实行"团结、教育、改造"的政策。1950年6月，毛泽东同志在中国共产党第七届中央委员会第三次全体会议的报告中指出，"要争取一切爱国的知识分子为人民服务"，"对知识分子，要办

---

① 《1956年6月1日中国科学院学部成立大会在北京举行》，《非常日报》http://www.verydaily.com/history/eitem-2621-html。

各种培训班，办军政大学、革命大学，要使用他们，同时对他们进行教育和改造”。①1949 年到 1950 年间，各地竞相举办军政大学、革命大学及各种培训班，吸收知识分子学习相关文件，进行教育改造。1950 年 6 月，毛泽东同志在中国人民政治协商会议第一届全国委员会第二次会议上号召文教战线的知识分子开展一个自我教育和自我改造运动，做一个完全的革命派。从 1951 年 9 月开始，全国开展了一场知识分子思想改造运动。同年 10 月 23 日，毛泽东同志在中国人民政治协商会议第一届全国委员会第三次会议上指出思想改造的重要性：“思想改造，首先是各种知识分子的思想改造，是我国在各方面彻底实现民主改革和逐步实行工业化的重要条件之一。”② 毛泽东同志认为科研人才既需要接受政治上的改造，也需要精通研究技术，“单有红还不行，还要懂得业务，懂得技术”，③ 并提出我国科研人才“又红又专”的具体要求。同年 11 月 30 日，中共中央发出《关于在学校中进行思想改造和组织清理工作的指示》，知识分子的思想改造运动在全国形成规模。1952 年 1 月 5 日，全国政协常委会做出《关于展开各界人士思想改造的学习运动的决定》，使这个运动成为全国规模的知识分子的思想改造运动。这一运动为社会主义工业化建设提供了人才储备。随着新中国经济和社会的发展，中共中央越来越重视科研人员对国家工业化和未来现代化建设的重要性。1956 年 1 月，周恩来同志在关于知识分子问题会议上指出：“在社会主义时代，比以前任何时代都更加需要充分地提高生产技术，更加需要充分地发展科学和利用科学知识。因此，我们要又多、又快、又好、又省地发展社会主义建设，除了必须依靠工人阶级和广大农民的积极劳动以外，还必须依靠知识分子的积极劳动，也就是说，必须依靠体力劳动和脑力劳动的密切合

---

① 《建国以来重要文献选编》（第 1 册），中央文献出版社 1992 年版，第 259 页。

② 毛泽东：《中国人民政治协商会议第一届全国委员会第三次会议的开会词》，《人民日报》1951 年 10 月 24 日。

③ 《毛泽东文集》第 7 卷，人民出版社 1999 年版，第 309 页。

作，依靠工人、农民、知识分子的兄弟联盟。”[①]

培养新一代科研人才。随着新中国经济建设事业的发展，各个领域对科研人才的需求日益增多，旧有的科技人才已经不能满足新中国科技发展的需要。国家必须尽快培养大量的科学工作干部，使其担负起国家科学工作的巨大任务。1950年8月，政务院发出《关于实施高等学校课程改革的决定》，要求对高校的课程必须实行有计划有步骤的改革，以达到理论与实际的一致。该《决定》指出，高等学校应以系为培养人才的教学单位，各系课程应配合国家经济、政治、文化建设当前与长远的需要，在系统理论知识的基础上适当地专门化。1952年，中央人民政府依据发展专门工业学院、加强综合院校的原则，对高等院校进行调整。这次院系调整增加了高等院校数量和学校在校人数，为国家建设培养了大批科学技术工作人员。据1952年统计，高等工业院校从原来的31所扩充到47所，其学生数占各科学生数的第一位。[②]1954年3月，中央在给中科院的批示中强调“大力培养新生的科研力量，扩大科研工作的队伍”是发展我国科研事业的重要环节，并要求在高等学校开展科研。[③]科学技术人员是国家现代化建设中的关键，但是高等院校培养的人才远远不能满足国家工业化建设的需要。1953年，周恩来同志在《过渡时期总路线》中提出：“我们的技术人才还很不够，培养人才是一个重大的任务。要从各方面培养人才，除各种专门学校外，还要在工厂中培养技术工人，要使干部学习业务，学习技术。”[④]并进一步提出，把培养青年科学干部作为我国科学工作中长期的重要任务。1955年6月，为保证科学干部的培养力度，中国科学院学部成立大会通过了《中国科学院研究生暂行条例》。国务院批准后公布实施，并决定招收第一批研究生，

① 《周恩来选集》(下卷)，人民出版社1984年版，第159—160页。

② 何沁:《中华人民共和国史》,《高等教育出版社》1997年版，第86页。

③ 《建国以来重要文献选编》(第5册)，中央文献出版社1993年版，第166页。

④ 《建国以来重要文献选编》(第4册)，中央文献出版社1993年版，第354页。

并建立起了培养高级科学干部的正规制度。这是提高我国科学工作水平，适应社会主义工业化和未来现代化建设的一项重大措施。

争取海外科学家回国。新中国成立后，党中央积极争取在国外的科学人才回国，众多身在外国的科学家也渴望回国投身于新中国的建设事业。1949年12月13日，政务院建立了“办理留学生回国事务委员会”组织处理留学生回国事宜。在国家的号召下，众多海外留学人士回国。1950年3月，华罗庚自美国返抵北京；同年5月，李四光自英国返抵北京。此后，赵忠尧、钱学森等相继回国。留学回归热潮从1949年持续到1957年春天，大约3000人回国，约占新中国成立前在外留学生总数的50%以上。① 他们为新中国的科学技术事业作出了突出贡献。

（三）学习外国先进科学技术

新中国成立初期，党和政府实行“一边倒”的外交政策。我国在依靠苏联开展社会主义工业化建设的同时，也接受了苏联的科学技术援助。1953年2月7日，中国人民政治协商会议第一届全国委员会第四次会议闭幕，毛泽东同志在会上作了重要指示：“要学习苏联。我们要进行伟大的国家建设，我们面前的工作是艰苦的，我们的经验是不够的，因此，要认真学习苏联的先进经验。无论共产党内、共产党外、老干部、新干部、技术人员、知识分子以及工人群众和农民群众，都必须诚心诚意地向苏联学习。我们不仅要学习马克思、恩格斯、列宁、斯大林的理论，而且要学习苏联先进的科学技术。我们要在全国范围内掀起学习苏联的高潮，来建设我们的国家。”② 毛泽东同志的讲话激发了广大科技工作者学习苏联的热情。1954年，两国签订了《中苏科学技术合作协定》。根据协定的规定，两国通过交流国民经济各部门的经验来实现两国间的科学技

① 邓琪：《建国初期中共科技思想及其实践研究（1949—1956）》，江苏大学硕士学位论文2010年。

② 《人民政协第一届全国委员会第四次会议闭幕毛泽东主席作了三点重要指示加强抗美援朝斗争、学习苏联、反对官僚主义》，《人民日报》1953年2月8日。

术合作，双方将互相供应技术资料和有关情报，苏联向我国派遣专家进行技术援助。20世纪50年代，中国从苏联和东欧各国获得了上千项技术资料。大批中国留学生和科研人员被派往苏联学习，这对我国的科学技术的发展起了重要的作用。1951年，中央人民政府为适应国家建设需要，培养专门人才，决定选派在职干部及一部分大学生、中学毕业生赴苏联留学，学习苏联先进科学技术与文化知识。这是新中国成立后首次派遣赴苏联留学学生。 8月13、19日两日，留苏学生分批离京出国。据统计，“1951年至1965年间在苏联学习的中国人员中有1.8万名技术工人、1.1万名各类留学生、900多名中国科学院各研究所的科学家和按科技合作合同在苏联了解技术成就和生产经验的1500名工程师”。①

新中国成立初期虽然采取“一边倒”的方针向苏联学习，为了改变自然科学的落后状况，我国也加强了与其他国家科学技术方面的合作。这一时期，中国与苏联、波兰、捷克斯洛伐克、德意志民主共和国、罗马尼亚、匈牙利、保加利亚等许多国家签订了科学技术合作协定或文化合作协定。1953年，苏、中、捷、波、德、罗、匈、保、阿、朝、蒙11个国家在莫斯科签订了共同成立联合原子核研究所的协定。②在加强国际合作的同时，毛泽东同志认为在探索社会主义建设道路的过程中要借鉴学习世界先进科学技术的经验，但是也应该结合中国的实际情况。1958年，毛泽东同志提出要遵循“自力更生为主，争取外援为辅”的路线，独立进行社会主义建设。

（四）开展“技术革命”

经过三年的努力，到1952年年底，国民经济得到恢复和初步发展，加快经济发展成为全国人民的一致要求。在这样的背景下，党中央制定了第一个五年计划。为配合经济发展的需要，1953年，毛泽东同志在批阅《关于党在过渡时

① 李涛：《关于建国初期赴苏留学生派遣工作的历史考察》，《东南大学学报（哲学社会科学版）》2005年第5期。

② 里海、陈辉：《中国科学院：1949—1956》，科学出版社1957年版，第67页。

期总路线的学习和宣传提纲》时指出“在技术上起一个革命”，[①] 由此提出了技术革命的观点。“技术革命”要求把中国大规模使用简单、落后工具的状态改变为大规模使用高度机械化、最为先进的机器的状态，实现批量生产人民群众所需物品，满足人们日益增长的生活需求，提高人民群众的生活水平。1954年，中华全国总工会发布了《关于在全国范围内开展技术革新运动的决定》。随着社会主义工业化建设的推进和三大改造的实施，社会主义建设事业对科技的需求越来越强烈。1955年，毛泽东同志在谈到《关于农业合作化问题》时指出，“中国只有在社会经济制度方面彻底地完成社会主义改造，又在技术方面，在一切能够使用机器操作的部门和地方，统统使用机器操作，才能使社会经济面貌全部改观”；“我们现在不但正在进行关于社会制度方面的由私有制到公有制的革命，而且正在进行技术方面的由手工业生产到大规模现代化机器生产的革命，而这两种革命是结合在一起的”。[②]1956年毛泽东同志在中央知识分子问题会议上，重申了技术革命的问题：“现在我们革什么命，革技术的命，革没有文化、愚昧无知的命，所以叫技术革命、文化革命。”[③]1960年，中共中央发布了《关于立即掀起一个搞半机械化和机械化为中心的技术革新和技术革命运动的指示》。技术革命是经济发展的产物：“科学是关系我们国防、经济和文化各方面的有决定性的因素，只有掌握了最先进的科学，我们才能有巩固的国防，才能有强大的先进的经济力量。”[④]

三、“人民科学观”为实现“四个现代化”奠定基础

新中国成立后，国家的建设和发展紧紧围绕着社会主义工业化开展，在

---

① 《毛泽东文集》第6卷，人民出版社1999年版，第316页。

② 《毛泽东文集》第6卷，人民出版社1999年版，第418—432页。

③ 《毛泽东年谱（一九四九——一九七六）》（第2卷），中央文献出版社，2013年版，第515页。

④ 《建国以来重要文献选编》（第8册），中央文献出版社1994年版，第35—36页。

"人民科学观"的推动下，我国国民经济得到恢复，工业化建设取得初步发展，在探索工业化建设的过程中，"四个现代化"的构想逐渐成形。

（一）"四个现代化"构想初步成形

新中国成立后，百废待兴，艰巨的建设任务摆在中国共产党人面前。1949年7月23日，周恩来同志在全国工会工作会议上提出："恢复生产，首先就得恢复农业生产……第二是恢复交通运输。"①并指出，工人阶级还要参加今后的国防建设和文化建设。把农业、交通、国防和文化作为新中国成立后的主要任务。要在缺少工业基础的新中国促进国民经济快速恢复，就必须要把中央政府的经济投资"着重用在发展工农业所需要的水利事业、铁道事业和交通事业方面，用在农业和纺织业方面，用在一切工业所需要的燃料工业、钢铁工业和化学工业方面"。②以重工业为中心的工业化建设是将资金集中在回报周期长的公共产业部门，这是私人资本几乎不想涉足的产业部门，如工业、交通、国防等与国计民生紧密相关的部门。这一思想实际反映了领导人既想要加快社会主义现代化建设事业的速度，又想要改善人民生活的美好愿望，这些基础产业是一个国家实现工业化的必要条件。周恩来同志等国家领导人强调重点发展这四大行业，是将建立独立的工业体系当做通往国民经济现代化的必由之路，最终的目的就是要"摆脱对西方的依附，走出一条适合中国国情的现代化强国之路"。③随着1953年过渡时期总路线的提出，国家发展的战略目标开始向"现代化"转变。1954年9月，周恩来同志在第一届全国人民代表大会第一次会议的《政府工作报告》中首次提出"四个现代化"的构想："中国经济基础薄弱，生产落后，要摆脱贫穷落后面貌，达到革命目的，就必须要发展科学技术，就必须要建立起规模宏大的、现代化的工业、农业、交通运输业以及高度现代化

① 《周恩来选集》（上卷），人民出版社1980年版，第361—363页。

② 《周恩来选集》（下卷），人民出版社1984年版，第45—46页。

③ 胡长明：《毛泽东和周恩来》，中共党史出版社2005年版，第255页。

的国防。”[1]在探索工业化建设的过程中，“四个现代化”构想逐渐成形。

（二）“人民科学观”促进了工业化的发展

新中国成立初期，党和政府高度重视科学技术对工业、农业和国防的作用，并采取了正确的科学技术政策，初步推动了“四个现代化”构想的发展。1954年9月23日，在第一届全国人民代表大会第一次会议所作的《政府工作报告》中，周恩来同志强调：“没有现代化的技术，就没有现代化的工业。”[2]要求合理有效地使用和提高现有的技术人才，加强技术组织工作，并提出要在农业方面改进农作技术等，表明周恩来同志等党的领导人已经认识到科学技术在现代化建设中的重要地位和作用。而这一时期“人民科学观”的实践，为“四个现代化”目标的正式提出奠定了基础。

“人民科学观”主要从尽快恢复国民经济、为我国科学事业提供有利条件出发，进行有关国防现代化和工业现代化的建设实践。在“为国家建设服务，为人民服务”的科技发展总方针的指导下，在党和国家的领导和支持下，新中国的科研机构有了一定程度的发展。据调查结果显示，1956年，中国独立的科研机构有410个，所有职工已经有6.4万多人，这中间包括科研人员19603人，[3]并且初步设立了较为完备的科研机构，为新中国的科技研究创造了良好的环境。通过团结、改造旧有的科技人员，争取海外科学家回国，培养新一代科技人才三个途径，使得我国的科研力量迅速壮大起来。科研机构的渐趋完备、科研队伍的发展壮大，促进了我国工业化的迅速发展。社会主义建设的全面发展、工业化的健康发展也离不开国际合作与交流，在“人民科学观”的指引下，学习苏联的先进技术经验对新中国的经济发展产生了重要影响，“它使我

---

① 中共中央文献研究室：《周恩来经济文选》，中央文献出版社1993年版，第176页。

② 《周恩来选集》（下卷），人民出版社1984年版，第136页。

③ 贾丽会：《中国共产党科技政策与实践研究（1949—1976）》，天津商业大学硕士学位论文2018年。

国的工业技术水平从解放前落后于工业发达国家半个世纪，迅速提高到40年代的水平”。[①] 在毛泽东同志发展技术革命的号召下，这一时期我国众多领域都积极推进使用机器操作。首先，在工业方面，以大连中苏造船公司为例，在苏联的援助下，该公司众多新式设备和机床投入了生产，特别是满足造船和修船工业特殊需要的数台大型机床以及自动与半自动电焊机和切割器，各种运输工具和起重工具大大增加了，繁重的体力劳动亦逐渐为机械化所代替，全厂面貌为之一新。[②] 其次，在农业方面，截至1953年，我国已经推广新式畜力农具70万件，其中各种新式犁约占三分之二以上，推广范围遍及24个省、1个自治区和3个直辖市的郊区。[③] 最后，在国防方面，为尽快增强国防实力，打破西方的核垄断，1955年作出了发展原子能、研制原子弹的决策，“我们现在比过去强，以后还要比现在强，不仅要有更多的飞机大炮，而且还要有原子弹。在今天的世界上，我们要不受人欺负，就不能没有这个东西”，[④] 进一步为以工业、农业、国防、交通运输为主的“现代化”构想打下了坚实的基础。

在如何实现毛泽东同志“工业化和农业近代化”的目标上，坚持科技为广大人民服务的“人民科学观”，开创了一条符合中国国情的正确路径。这是因为在现代化工业发展极其落后的情况下，要实现完全现代化，就要经历同资本主义国家相同的发展步骤，即实现工业化。只有实现工业化，才能促进农业、国防、交通等领域的快速发展，推动社会的进步。“人民科学观”理论正是这样在实践中正确展开的，为实现“四个现代化”奠定了初步基础。

---

① 陈夕：《156项工程与中国工业的现代化》，《党的文献》1999年第5期。

② 原宪千：《继续前进发展中国造船事业》，《人民日报》1955年1月2日。

③ 《推广新式畜力农具》，《人民日报》1955年1月6日。

④ 《毛泽东文集》第7卷，人民出版社1999年版，第27页。

第二节　“向科学进军”推动“四个现代化”正式提出

“三大改造”完成后，社会主义制度在我国初步确立，国民经济进一步发展，人民民主政权得到巩固。1956年，党和政府提出“向科学进军”的口号，科学技术成为社会主义现代化建设的重要力量。“向科学进军”科技发展思想和“四个现代化”科技发展目标的提出，标志着中国共产党开始将科学技术的发展提升到国家大政方针的战略高度，这对中国共产党科学技术事业的发展产生了深远的影响。“向科学进军”是实现“四个现代化”的手段，“四个现代化”的目标又为“向科学进军”提供方向保证，在两者的号召下，中国共产党科学研究工作也有了较大的发展，这对于早日实现赶上世界先进科技水平的目标起到了至关重要的推动作用。

一、号召“向科学进军”

1956年，农业、手工业、资本主义工商业的社会主义改造运动使我国的工农业生产和国民经济得到巨大发展，经济发展对科学技术发展也提出新的要求。世界范围内，第三次科学技术革命和期间中苏关系的恶化对我国科学技术的发展提出新挑战。在国内国际双重因素的影响下，中共中央发出并实施的“向科学进军”的号召，对中国的科技事业产生了重大影响。

（一）“向科学进军”提出的背景

我国经济形势的转变催生了“向科学进军”思想的产生。1956年年底，“三大改造”基本完成，我国正式进入社会主义建设阶段。在新民主主义向社会主义的过渡时期，工农业和国民经济的恢复和发展为接下来科学技术事业的发展提供了优良的社会环境，“科学在中国好像一株被移植的果树，过去没有适当的环境，所以滋生不十分茂盛。现在有了良好的气候，肥沃的土壤，它必将树立坚固的根，开灿烂的花，结肥美的果实”。[①] 但是，我国的科技状况远远不能满足大规模工业化建设的需要。首先，我国的科学研究事业还处于起步阶段，科技人才在数量和质量上不能满足经济建设的要求。其次，在知识分子使用上还存在诸多问题，挫伤了知识分子的积极性。这引起了党和国家的高度重视。

在世界范围内，这一时期以原子能、电子计算机等为标志的第三次科学技术革命正如火如荼地进行。世界新兴科学技术的发展使党和政府体会到中国与世界科学技术的巨大差距，并意识到学习先进科学技术对国家现代化建设事业的巨大重要性。周恩来同志于 1956 年指出：“世界科学在最近二三十年中，有了特别巨大和迅速的进步，这些进步把我们抛在科学发展的后面很远。”他强调：“我们必须急起直追，力求尽可能迅速地扩大和提高我国的科学文化力量，而在不太长时间里赶上世界先进水平。”[②]1959 年苏联单方面撕毁了中苏两国之间关于国防新技术的协议，并停止向中国展示原子弹的样品以及生产原子弹的科学技术资料。随后，1960 年，苏联决定单方面撕毁合同撤走在华专家，并停止一切技术援助，我国的社会主义建设事业遭受很大损失，众多科研项目被迫停止，我国的卫星发射计划也一度搁浅。西方国家的经济封锁，加上中苏关系的恶化，给我国经济带来了严重损失，但也在一定程度上打破了苏联模式的束缚，为我国“向科技进军”的实施提供了一定条件。

（二）“向科学进军”的提出和内涵

为摆脱科学技术的落后局面，毛泽东同志在 1956 年召开的关于知识分子问题的会议上，号召全党努力学习科学知识，同党外知识分子团结一致，为迅速赶上世界科学先进水平而奋斗。周恩来同志在会议报告中向全党全军全国人民发出了“向科学进军”的伟大号召，主要从三个方面阐述了“向科学进军”思

---

① 竺可桢：《竺可桢全集》（第 3 卷），上海科技教育出版社 2004 年版，第 25 页。

② 《建国以来重要文献选编》（第 8 册），中央文献出版社 1994 年版，第 35—36 页。

想的内容和要求。

一是要求追赶世界先进科学水平。世界范围内的科学技术在第三次科技革命的助推下有了突飞猛进的发展，在这种国际形势下，是闭门造车还是开放交流，是全盘吸收还是有重点地学习，自然就引起了中国共产党第一代中央领导集体的注意。毛泽东同志在《论十大关系》中直言不讳地说：“自然科学方面，我们比较落后，特别要努力向外国学习。”这体现出以毛泽东同志为核心的中国共产党第一代中央领导集体开放包容的心态。但是这种学习并非是盲目的，而是“有批判地学”。① 在报告中，周恩来同志重点强调了原子能和电子学等先进技术，认为：“人类面临着一个新的科学技术和工业革命的前夕……我们必须赶上这个世界先进科学水平。我们要记着，当我们向前赶的时候，别人也在继续迅速地前进。因此我们必须在这个方面付出最紧张的劳动。”②

二是强调科学与技术的地位。周恩来同志指出：“科学是关系我们的国防、经济和文化各方面的有决定性的因素，而且因为世界科学在最近二三十年中，有了特别巨大和迅速的进步，这些进步把我们抛在科学发展的后面很远。”③ 因此，必须掌握最先进的科技，巩固我们的国防，发展强大先进的经济力量，才能在和平的竞赛或者敌人所发动的侵略战争中，掌握主动权，战胜帝国主义国家。

三是注重具体战略部署。在报告中，周恩来同志提出，“要在第三个五年计划期末，使我国最急需的科学部门接近世界先进水平，使外国的最新成就，经过我们自己的努力很快地就可以达到”。为了完成这个伟大的任务，周恩来同志认为，应该派遣优秀专家学者到苏联和其他国家进行实习和研究；聘请国外优秀专家帮助建立科研机构；集中国内优秀科学力量进行科学研究；加强政府各

---

① 《毛泽东文集》第7卷，人民出版社1999年版，第42页。

②③ 《周恩来选集》(下卷)，人民出版社1984年版，第182页。

部门实际应用研究等。为了不空谈地向科学进军，周恩来同志还指出如何具体地向科学进军，如制定 1956 年到 1967 年科学发展的远景规划。周恩来同志强调要最充分地动员和发挥知识分子现有力量，这是我国目前紧张地建设事业所必需的。为了充分地动员和发挥知识分子的力量，“应该改善对于他们的使用和安排，使他们能够发挥他们对于国家有益的专长。应该对于所使用的知识分子有充分的了解，给他们以应得的信任和支持，使他们能够积极地进行工作”，改善知识分子的政治待遇和生活待遇。

二、“向科学进军”指导下的科学技术实践

在“向科学进军”的指导下，党和国家的领导人制定了符合国家实际的科学技术发展规划，提出了“百家争鸣”的科技发展方针。为了纠正“大跃进”时期“左”的不良风气，政府又颁布了“科研十四条”并帮助知识分子“脱帽加冕”，调动了科学技术战线工作者的积极性。

（一）制定科学技术发展规划

1955 年年底，毛泽东同志提出要“以苏为鉴”，探索适合中国国情的社会主义现代化建设道路；周恩来同志从科学技术层面出发，对如何进行社会主义现代化建设展开了积极有益的探索和思考。为了加快科学技术发展，缩短中国与西方在完成社会现代化目标之间的时间差距，毛泽东同志在出席 1956 年 1 月的最高国务会议上谈道：“我国人民应该有一个远大的计划，要在几十年内，努力改变我国在经济上和科学文化上的落后状况，迅速达到世界上的先进水平。”① 在社会主义现代化建设目标的号召下，周恩来同志提出“制定从一九五六年到一九六七年科学发展的远景规划”的任务，“按照需要和可能，把世界科学的最先进的成就尽可能迅速地介绍到我国中来，把我国科学界所最短

① 《毛泽东文集》第 7 卷，人民出版社 1999 年版，第 2 页。

缺而又是国家建设所最急需的门类尽可能迅速地补足起来，使十二年后，我国这些门类的科学和技术水平可以接近苏联和其他世界大国”。[①]1956年3月14日，国务院成立科学规划委员会领导规划工作。中共中央调集了600多名各门类和学科的科学家，于1956年12月下旬，完成了《1956—1967年科学技术发展远景规划纲要（修正草案）》。规划主要提出了六大类问题：（1）国家工业化、国防现代化建设中迫切需要解决的关键性问题；（2）调查研究自然条件和资源情况，保证重要领域的综合开发和工农业生产的建设需要；（3）配合国家重工业建设的若干项目；（4）为提高中国农业收获量和发展林业所进行的重大科研项目；（5）为人民保健事业进行的重大科研项目；（6）基本理论问题的研究。最终十二年规划提前5年完成，在重点领域实现了突破。为进一步追赶世界先进科技水平，给我国现代化建设事业提供技术保障，我国又制定了第二个科学技术规划《1963—1972年科学技术发展规划》（以下简称《十年科学规划》）。薄一波同志在回顾新中国成立以来中国共产党的重大决策与事件时指出：“实践证明，我们制定的这个长远规划是宏伟的，也是切实可行的，它成为当时全国人民向科学进军的行动纲领。”[②]

（二）提出“百花齐放、百家争鸣”方针

“向科学进军”强调发挥知识分子的主体作用。为了团结广大知识分子积极投身于科学事业，首先，周恩来同志在知识分子会议上提出，“应该改善对于他们的使用和安排，使他们能够发挥他们对于国家有益的专长”，“给他们以应得的信任和支持”并“应该给知识分子以必要的工作条件和适当的待遇”。[③]1956年，中共中央为了促进科学文化事业的发展，更广泛地调动科学工作者的积极性和创造性，在科学和文化方面提出“百花齐放、百家争鸣”的指导方针。其

① 《建国以来重要文献选编》第八册，北京：中央文献出版社，1994年版，第39页。

② 薄一波：《若干重大决策与事件的回顾（上卷）》，中共中央党校出版社1991年版，第514页。

③ 《周恩来选集》（下卷），人民出版社1984年版，第170页。

次，同年4月28日，毛泽东同志在中央政治局扩大会议上明确提出，以“百花齐放、百家争鸣”作为指导方针。“双百方针”提倡在科学研究工作和文学艺术工作中有独立思考的自由，鼓励科学家们自由辩论、自由创作，调动一切积极因素为人民服务，使我国的科学工作赶上世界先进水平。毛泽东同志提出，“百花齐放、百家争鸣，这是一个基本性的同时也是长期性的方针，‘百花齐放、百家争鸣’这个方针不但是使科学和艺术发展的好方法，而且推而广之，也是我们进行一切工作的好方法”。[①]在“双百方针”的指导下，文化艺术和科学领域取得了一些重要的突破和成就。

（三）颁布“科研十四条”

反右派斗争扩大化和“大跃进”，影响了正常的科研工作秩序，导致建设现代化的事业受阻。1959—1961年我国经历了三年困难时期，中共中央决心扭转局面，纠正“左”的错误。毛泽东同志在《大兴调查研究之风》中指出，“要是不做调查研究工作，只凭想象和估计办事，我们的工作就没有基础。所以，请同志们回去后大兴调查研究之风”。[②]1961年，中国共产党第八届中央委员会第九次全体会议提出“调整、巩固、充实、提高”的八字方针。“大跃进”时期那种过于强调发展速度的追赶型现代化建设战略得到纠正，盲目追求“大而快”的科技政策也因此得到矫正。被“左”倾思想干扰的现代化建设事业逐渐走向正轨，这也直接推动了科学技术政策的恢复和调整。在毛泽东同志的倡导下，从中央到地方纷纷深入基层，进行调查研究。在科学方面，在聂荣臻同志主持下，对北京、上海的一些科研机构进行了典型调查，总结新中国成立以来党领导科学事业的经验和教训。聂荣臻同志广泛征求科学家和干部的意见，组织出台了《关于自然科学研究机构当前工作的十四条意见（草案）》，简称“科研十四条”。聂荣臻同志随后又起草了《关于自然科学工作中若干政策问题的请

---

① 《毛泽东文集》第7卷，人民出版社1999年版，第279—280页。

② 《毛泽东文集》第8卷，人民出版社1993年版，第233—234页。

示报告》(以下简称《请示报告》)，主要包括七部分内容：第一，自然科学工作者的红与专问题；第二，“百花齐放、百家争鸣”的问题；第三，理论联系实际的问题；第四，克服培养、使用科学人才中的“平均主义”问题；第五，关于科学工作的保密问题；第六，保证科学研究工作的时间问题；第七，研究机构内中国共产党的领导方法问题。这一重要的政策性文件被邓小平同志誉为中国第一部“科技工作的宪法”。1961 年 7 月，中央批转了这个文件，要求各部门积极贯彻执行“科研十四条”，调整了“大跃进”期间科学技术工作出现的一些问题，稳定了科学技术界的混乱局面，使我国科技工作重新恢复生机和活力。1981 年 7 月 14 日，《人民日报》发表社论指出：“‘科研十四条’的贯彻执行，调动了科学技术工作者的积极性，密切了党和知识分子的关系，对团结广大科技人员，共同克服三年经济困难，改进研究机构的工作秩序，提高科研水平，加快出人才出成果，起了有力的促进作用。全国科学大会以来，这些内容大部分得到重申和发展。”①

（四）帮助知识分子“脱帽加冕”

现代化建设事业的顺利开展离不开各条科技战线的科学技术工作者夜以继日的奋战。但是 1957 年反右派斗争的扩大化，不仅产生了许多科研机构“项目等人”的不良现象，而且挫伤了一批科学技术工作者的工作积极性，直接影响了工业尤其是国防现代化目标的实现。党和政府为了调动科技人员的积极性，加快各个科研项目的进展，保证我国现代化建设少受影响，重申了一系列为知识分子“脱帽加冕”的政策方针。1962 年 2 月 16 日至 3 月 12 日，聂荣臻同志在广州主持召开了全国科学技术工作会议。广州会议主要讨论了三个问题：第一，重申了党的知识分子政策，纠正了在执行知识分子政策中宁“左”毋右的倾向，发扬独立自主的革命精神，攻下包括原子弹、氢弹在内的一些尖端科学

① 《学习〈关于建国以来党的若干历史问题的决议〉第四部分开始全面建设社会主义的十年》，《人民日报》1981 年 7 月 14 日。

技术；第二，关于技术政策和技术措施方面的问题，肯定了高等学校是科学研究的重要方面军，基础科学与应用科学并重的方针；第三，关于制定科学规划和组织科学技术力量的问题，总结和检阅了1956年科学发展规划的实施情况，加强了赶超世界先进水平的决心。据与会代表回忆："陈毅副总理受周总理委托所作的讲话中，正确地总结了新中国成立十三年我国知识分子队伍的变化，指出我国知识分子的绝大多数是拥护党的，拥护社会主义的，是经受了考验，作出了贡献的，他们是劳动人民的一部分，应当为他们脱资产阶级知识分子之帽，加劳动人民知识分子之冕。"①1962年3月28日，周恩来同志在第二届全国人民代表大会第三次会议上作《政府工作报告》，重申了为知识分子"脱帽加冕"的问题。"我国的知识分子，在社会主义建设的各个战线上，作出了宝贵的贡献，应当受到国家和人民的尊重。"他强调说，我国的知识分子："绝大多数都是积极地为社会主义服务，接受中国共产党的领导，并且愿意继续进行自我改造的，毫无疑问，他们是属于劳动人民地知识分子。"②1962年9月24日至27日召开了中国共产党第八届中央委员会第十次全体会议，会上强调加强科学文化教育，加强科学技术的研究，特别是要注意对农业科学技术的研究，大力培养这些方面的人才，同时提出了加强对知识分子的团结和教育工作，使他们充分发挥应有的作用。

三、"向科学进军"是实现"四个现代化"的有效方法

党的第一代中央领导集体顺应国际第三次科技革命的潮流和国内社会主义建设事业如火如荼开展的势头，提出了"向科学进军"的思想。这一科学技术思想为之后社会主义现代化建设实践提供了科学技术力量的支撑和保障，是推

① 《全国高等学校科研工作会议认为一九六二年广州会议具有重要意义，周恩来、陈毅同志在会上的讲话完全正确知识分子是劳动人民一部分应当为他们脱资产阶级知识分子之帽，加劳动人民知识分子之冕》，《人民日报》1979年1月23日。

② 《周恩来统一战线文选》，人民出版社1984年版，第426页。

动“四个现代化”不断发展的有效方法。

（一）“四个现代化”科学技术思想的提出

“四个现代化”思想有着不断深化和发展的过程，是探索具有中国特色的现代化建设道路的反映。周恩来同志在深刻认识国情的基础上，准确地提出了“农业是工业的基础”“工业领导农业”以及“交通运输是建设的先行部门”的观点。这种观点非常注重国民经济各部门之间的兼容性和统筹性，兼顾轻工业和农业的发展，促使国民经济有计划地平衡发展。1954年提出的“四个现代化”构想在落实到实际建设中时，党和国家领导人又不断地进行补充和调整。

1957年2月，毛泽东同志发表《关于正确处理人民内部矛盾的问题》，提出要把中国建设成为具有高度现代工业、现代农业和现代科学文化的社会主义国家的三个现代化主张，将科学文化纳入国家现代化。虽然没有将国防纳入“三个现代化”之中，但是中共中央并没有忽视国防的重要性。1957年8月8日，周恩来同志在给外交部全体干部作报告时指出：“世界形势给我们争取和平的可能，但要警惕帝国主义搞军事突然事变，这种可能性较小，但并非没有，我们任何时候都不要在国防方面忽视这一点。”[①]20世纪50年代末，随着社会主义建设进程加快和国际环境的恶化，中共中央对现代化的内容进行了相应的调整。1960年，毛泽东同志在“三个现代化”基础上将国防现代化加入社会主义现代化建设之中。随后，周恩来同志结合我国社会主义现代化建设的实际，于1963年的上海科学技术工作会议上，阐述了“四个现代化”主张，即“农业现代化、工业现代化、国防现代化、科学技术现代化”，认为在中国社会主义现代化建设进程中，“四个现代化”中最为关键的就是科学技术现代化。[②]1964年

① 中共中央文献研究室编：《周恩来年谱（1949—1976）》（中卷），中央文献出版社1997年版，第68页。

② 冯文彬、高狄、王茂林：《中国共产党建设全书：1921—1991（第8卷）·中国现代化与中国共产党》，山西出版社1991年版，第1000页。

12月21日，周恩来同志在第三届全国人民代表大会《政府工作报告》中正式提出“四个现代化”思想，该思想强调尖端科学技术与国防工业相结合，且力求国防工业的发展要注重“自力更生为主，争取外援为辅”，并提出了“科学技术现代化”的著名观点。这些思想主张为我国特色社会主义现代化发展之路奠定了理论和实践的基础，“四个现代化”成为我国社会主义建设的战略目标。

（二）“向科学进军”助推社会主义现代化建设事业发展

20世纪五六十年代，世界范围内第三次科技革命正在如火如荼地开展。西方国家在第三次科学技术革命带来科技发展红利的基础上加快了实现社会现代化目标的步伐。“向科学进军”的提出要求加强国家对科学工作的管理和指导。这一时期科学技术队伍迅速壮大，在这一思想的指导下，我国的科学技术工作者全身心投入科学事业，科学研究工作有了较大发展，科学技术事业欣欣向荣，促进了科学技术领域上层建筑的不断完善。随着“一五”计划的开展，中共中央更准确地把“向科学进军”的目标概括为将社会主义中国建设成为一个具有现代农业、工业、国防和科学技术的世界强国的“四个现代化”。

此外，党和政府高度重视科学技术对现代化事业的推进作用，从科学技术领域的上层建筑方面出台了一系列举措。1962年2月召开的广州会议研究了《十年科学规划》，这次规划的重点是：切实解决经济建设中关键性的科学技术问题；切实解决国防现代化中的科学技术问题；加强基础科学的研究工作。周恩来同志认为科学技术是推进社会主义建设的关键，并强调要把科学技术与生产相结合，由此提出了“实行一主、二从、三结合”的方法。即“工厂企业、教育机关、研究机构都要搞生产、教育和科学研究，各以本业为主，以其余二业为从，三业结合起来”。① 简单来说，就是工厂企业可以办教育搞科研，以生产为主，教育和科研为辅；学校可以办车间和研究所，以教育为主，生产和研究为辅；研究机构可以办教育和车间，以研究为主，生产和教育为辅，以此实现

---

① 刘武生：《周恩来在建设年代（1949—1965年）》，人民出版社2008年版，第142页。

科学技术对社会主义建设的推动。1963 年 12 月，毛泽东同志在听取中央科学小组汇报科技工作十年规划时，明确地说：“科学技术这一仗，一定要打，而且必须打好……不搞科学技术，生产力无法提高。”① 毛泽东同志指出科技落后是近代中国被动挨打的重要原因，并认为：“如果不在今后几年内，争取彻底改变我国经济和技术远远落后于帝国主义国家的状态，挨打是不可避免的。”② 为了摆脱经济和技术落后状态，毛泽东同志认为：“我们必须打破常规，尽量采用先进技术，在一个不太长的历史时期内，把我国建设成为一个社会主义的现代化的强国。”③

在这以后，我国的科学技术工作开始走向现代化的发展道路，一系列新兴技术，如原子能、喷气技术、电子计算机技术等迅速发展起来。许多传统的科学技术领域，例如分子生物学、地球化学、络合物化学、空间物理、天文物理等也在我国成长起来了。加快工业化发展的“向科学进军”科技思想成为推进“四个现代化”的有效方法，为实现我国现代化建设事业提供了技术和人才支持。同时，实现“四个现代化”的伟大目标又为“向科学进军”提供了方向保证，确保我国科学发展沿着正确的轨道前进。

第三节 “四个现代化”科学技术思想在阻滞中的曲折发展

从 1949 年新中国成立到 1976 年“文化大革命”结束，27 年间的社会主义现代化建设事业并非一帆风顺。在二十多年的艰难探索时期里，我国的科学技术思想也出现过一些偏差和错误，其中最典型的是 1957 年“科技大跃进”的“左”倾思想影响和 1966 年“文化大革命”发生后出现的一系列“左”倾思想和观点。这

① 龚育之等：《毛泽东的读书生活》，生活·读书·新知三联书店 2005 年版，第 111 页。
② 《毛泽东文集》第 8 卷，人民出版社 1999 年版，第 340 页。
③ 《毛泽东文集》第 8 卷，人民出版社 1999 年版，第 341 页。

些错误思想不仅对当时我国科技发展产生了负面影响，造成了我国科学技术与世界科学技术水平的差距进一步拉大，而且打乱了党和国家所制定的一系列正确的社会主义现代化建设方案，对实现我国“四个现代化”的进程带来了很大损失。在党内干部同志的干预下，这些错误的思想及其实践被纠正，我国的社会主义现代化建设事业也在国防等重要领域取得了一定的成就。在全面实现中国特色社会主义现代化道路上，有必要对前27年出现的错误思想进行总结并及时反思，确保我国科学技术沿着有利于社会主义现代化事业的正确方向不断发展。

一、“四个现代化”建设实践中的“左”倾思想影响

国际方面，第二次世界大战以后，世界范围内掀起了全球性的现代化浪潮，西方发达国家完成了一般的工业化进程，机器大生产在国民经济中逐渐占据了主导地位，而中国的现代化建设的速度显然落后于西方，这促使毛泽东同志思考能够使现代化建设的速度“更上一层楼”的办法；国内方面，随着“一五计划”的顺利开展，人民建设社会主义事业的热情高涨，整个国家焕发着勃勃生机。前一阶段的建设经验也让毛泽东同志相信，我国的工业化和现代化建设的速度可以通过群众运动的方式大大提升，但国际、国内两方面的因素引发了我国科学技术界脱离国家实际的“左”的倾向。

（一）“大跃进”时期的“左”倾思想影响

1957年9月，在中国共产党第八届中央委员会第三次全体会议上，毛泽东同志认为1956年对经济工作中过急情况的纠正是“反冒进”。同年11月13日，《人民日报》发表社论：“有些人害了右倾保守的毛病，他们不了解在农业合作化以后，我们就有条件也有必要在生产战线上来一个大的跃进。”①正式提出了“大跃进”的口号。1958年5月，中国共产党第八次全国代表大会第二次会议

① 《发动全民，讨论四十条纲要，掀起农业生产的新高潮》，《人民日报》1957年11月13日。

正式通过了“鼓足干劲、力争上游、多快好省地建设社会主义”的总路线。聂荣臻同志曾表示，社会主义的大跃进是全面大跃进，科学技术研究工作也要大跃进。在现代化事业“全面跃进”的背景下，科学技术界的跃进也随之开始，这是新中国科学事业的又一次偏转。

第一，科技界提出“思想跃进”的口号。1958年2月，中国科学院在上海自然科学研究机构的17位科学家，向中国科学院全体高级知识分子提出倡议：“下决心做左派，争取在五年内成为又红又专、更红更专的科学工作者。”《人民日报》对此发表社论，并指出：科学家、教授们又红又专的个人规划，预示着科学研究和教学工作也将有一个大的跃进。①“又红又专”的提法本身是要求政治和业务都要进步，但要求“大跃进”就脱离了客观规律。在“思想大跃进”的口号鼓舞下，科技工作者们满怀斗志争相进行“科技大跃进”。中国科学院地球物理研究所19个副研究员以上的科学研究人员，在《人民日报》上发表了《致科学界同志们的一封公开信》，明确表示“科学事业的大跃进，是要以我们科学工作者思想上的大跃进作前提的”。②

第二，科学技术界形成“科技跃进”的冒进思想。在中国科学院第二次党代表大会召开的时候，应用物理研究所为向全院跃进大会献礼，掀起了一个30小时的跃进浪潮，在短短的30小时的时间内群策群力做出了43件礼品，其中有八九件达到国际水平。③科学院冶金陶瓷研究所为了迎接“七一”，在短短的10天内，完成了46项研究工作，其中22项已经达到或超过国际水平。④科学

---

①《上海科学家和教授掀起自我思想改造运动　决心做左派　力争红又专》，《人民日报》1958年2月25日。

②《致科学界同志们的一封公开信》，《人民日报》1958年3月11日。

③　姜虎文：《应用物理研究所研究工作的跃进》，《自然辩证法研究通讯》1958年第3期。

④《上海北京的工人农民和科学技术工作者　发扬敢想敢说敢做敢为的创造精神　用最新的创造发明和科学成果向党献礼　在多层高压容器、玻璃钢、铝、半导体晶体管等许多方面　达到和超过国际水平》，《人民日报》1958年7月2日。

技术界竞相献礼，助长了浮夸风。1958年9月26日，《人民日报》刊发《祖国科学以划时代速度前进》，认为："近百年来中国科学技术落后于世界水平的状况不久将要一去不复返了！这几个月来科学技术在跃进中的奇迹使人们充满了这个信念。"[①] 这些在短时间内创造的科学技术"奇迹"使人们信心满满，甚至呼吁全国人民鼓足干劲，通过技术的大跃进把生产跃进推向前去，用更快的速度追赶国际科技先进水平，并进一步提出要在第二个五年规划到来之际继续推进科学技术大跃进。

第三，科学技术界提出了"群众性的技术革命"的思想。郭沫若同志在《努力实现科学发展的大跃进》中提出："我们要发动群众、相信群众，把群众的经验提高到科学理论水平，使科学得到发展；同时又交还到群众中去，使它更加推广。"[②] 中共中央对于群众在科学和技术上的创造与发明给予了足够的重视，积极地加以总结、提高和推广。1958年9月，标志着科学技术工作者广泛的团结和群众性的技术革命运动将以更大规模前进的中华人民共和国科学技术协会在北京成立。《人民日报》发表社论指出："中国科技协会这个科学技术团体更应在技术革命的群众运动中发挥巨大的作用。用群众运动的方法来领导技术革命的群众运动，一定能使我国科学技术工作在社会主义大跃进中大放异彩。"[③] 群众性的技术革命虽然在一定程度上广泛发动了人民，总结推广了一些经验。但是，科学与技术的发展有其自身规律，并不是人人都能成为科学家。大规模的群众运动就造成了一定人力、物力的浪费。

"科技大跃进"本身反映了广大的科技工作者对建设社会主义现代化事业的热情，也体现了广大的科学技术工作者对落后的社会主义国家也能在短时间里取得现代化事业建设成就的信心。科学技术工作者可以在充分调动起来的主观

① 《祖国科学以划时代速度前进》，《人民日报》1958年9月26日。

② 郭沫若：《努力实现科学发展的大跃进》，《人民日报》1958年3月17日。

③ 《祝中国科学技术协会成立》，《人民日报》1958年9月27日。

能动性上集思广益，集体攻克一些科研难题，确实能取得一定的成效。但另一方面规律是客观的，是不以人的意志为转移的。一旦主体的主观努力超过了科学研究的规律范围，就会造成事倍功半的效果，这种“三十个小时做出43件礼品”的行为明显违背了科学研究讲求时间的规律，因而最后收效甚微。[①]因此，在全面建设社会主义现代化事业的今天，每个研究者都应该尊重客观规律，按照客观规律的要求办事。

（二）“文革”时期的“左”倾思想影响

“文化大革命”是一场由领导者错误发动，被反革命集团利用，给党、国家和各族人民带来严重灾难的内乱。这场造成“左倾”错误思潮泛滥的内乱打乱了科技工作者的正常科研工作。一部分人罔视科学研究规律，用“左”倾思想影响科学技术发展，导致了科学研究的质量下降，科学研究与现代化建设事业息息相关，中国和世界在现代化建设上的距离再一次被拉大。

“文革”的“左”倾思潮强调在科技领域大搞阶级斗争，错误地把科学技术工作战线划分成了修正主义和无产阶级两条对立的科研路线。这就将科学技术和政治捆绑在一起，把科学技术打上政治标签。科学研究需要坚持政治方向，但是“以阶级斗争为纲，政治统帅业务”则忽略了科学研究的性质和特点。“政治挂帅”现象体现在错误解读科学研究成果的实际贡献，简单化地归为政治立场，也体现在将一些基础研究工作误判为不突出政治，或带上资产阶级道路的帽子。

1966—1967年，中国科学院组织了将近30个学科100多名科学工作者成功地对珠穆朗玛峰进行了全面的科学考察，收集到大量的数据和资料，这次多学科的成功考察是“文革”时期党内干部群众坚持发展地球科学的科学实践成果，却被当成了“文革”的一项成就。[②]“文革”期间，“左”倾思想造成政治

---

① 姜虎文：《应用物理研究所研究工作的跃进》，《自然辩证法研究通讯》1958年第3期。

② 《无产阶级文化大革命丰硕成果，人类科学史上空前伟大创举，毛泽东思想指引革命科学工作者攀登高峰，珠穆朗玛峰多学科，考察取得辉煌胜利》，《人民日报》1968年1月18日。

和业务工作的关系扭曲，对我国科技发展产生不良影响。

江青、林彪等反革命集团极力否认理论研究和科学实验的作用，认为科学实验是“资产阶级学术‘权威’垄断理论研究”，是故意“把理论神秘化”，如果课题“对今后的生产失去了指导意义，那就没有前途”，坚持科研要“深入群众，向群众学习”，[①] 宣扬开门办科学，实行“三结合”，鼓吹用群众运动的方式开展科学研究，以求得我国科学事业赶超英美。这种极端错误的科学技术思想严重忽视了理论研究基础研究在整个科学领域的重要地位，而且也违背了马克思关于科学同直接劳动相分离而成为一种独立力量的论断，给科学技术领域带来了一股急功近利的不良风气，损害了我国科学事业的长久发展。1966 年 5 月，中国科技协会在福州召开科学实验交流会，会议强调要以千千万万的农民，尤其是贫下中农为主体，开创一条社会主义农业科学发展道路。这种片面强调“开门办科研”的思想否定了农业科技研究的必要性，只是一味强调经验，仍然停留于中国古代经验主义农业实践基础上。

在片面强调“开门办科研”的思想影响下，科学研究是否与广大群众相结合、是否敞开科研大门是一项衡量科学技术工作者的政治标准。科学家领导科研机构被当作“站在反动的资产阶级立场上，坚持‘一长制’和‘专家治所’”，“搞科学神秘化、垄断科学，把群众拒于科学实验大门之外”属于“资产阶级专政”。[②] 对科学技术工作者的批判最终变成了只有实行“三结合”，深入群众，向群众学习，才是科学技术工作者进行研究工作唯一正确的途径。片面强调“开门办科研”实际上否定了科学实验和科学技术工作者独立劳动的价值，直接影响了我国科研的质量。

我国科学技术起步较晚的国情决定了我国科学技术的发展要不断学习和借鉴西方先进科学技术。但是由于受到国外发达国家对我国的技术封锁，同时也

① 《科学研究必须结合生产实践》，《人民日报》1971 年 1 月 6 日。

② 《“专家治所”就是资产阶级专政》，《人民日报》1968 年 11 月 4 日。

由于受“文革”时期“左”倾思想的影响，滋生了“人定胜天”的脱离科学技术发展本身规律的倾向，学习西方先进科学技术，有时被上纲成“洋奴哲学”“爬行主义思想”。受这一“闭关自守、盲目自大”倾向影响，引进国外先进技术，开展中外学术交流经常要冲破来自国内外的重重阻力，艰难进行，阻碍了中西科学技术间的交流。

1973年，四机部向中央建议从国外引进彩色电视显像管生产线，当四机部赴美考察时，美国康宁公司赠送给代表团成员一件玻璃制品的蜗牛作为纪念，表达对中国人民坚忍不拔、有毅力和恒心的尊敬。但是江青等反革命集团却将其曲解为“这是美帝国主义侮辱我们‘爬行主义’”，并要求立刻取消引进生产线的计划。①“蜗牛事件”是“四人帮”极力阻碍中外科学技术文化交流的典型例子。

在“左”倾思想影响下，向学习西方和坚持自力更生两种发展科学技术的方法被视作“两条路线的激烈斗争”。反革命集团故意把学习西方技术的意见打成“中国赫鲁晓夫式鼓吹洋奴哲学、爬行主义和专家路线的反革命谬论”。②一些领导人基于我国技术水平底子薄弱的国情，提出了“进口成套设备，国内进行装配”，在仿制基础上逐渐提高我国的技术水平的合理意见，被“左”倾思想造反派当成是“宣扬媚外崇洋的买办洋奴哲学”要求打倒。③十年“文革”进一步拉大了中国同世界先进科学技术水平的差距。

二、党内领导同志维护“四个现代化”建设事业的具体实践

在这段时期，党内领导同志尽力维护“四个现代化”建设，竭力避免“左”倾思想的干扰，领导广大科技工作者努力奋斗，仍然取得许多重要成果，例如

---

① 宗一道：《“安东尼奥尼事件”和“蜗牛事件”》，《文史精华》2002年第2期。

② 《砸烂洋奴哲学，攀登科学高峰》，《人民日报》1968年9月22日。

③ 《扫除洋奴哲学，大搞造船工业》，《人民日报》1970年6月4日。

原子弹、导弹核武器、氢弹、东方红一号人造地球卫星、返回式遥感人造地球卫星、新型抗疟青蒿素、籼型杂交水稻、哥德巴赫猜想等等，“三线”建设也取得重要成果。同时，毛泽东同志和诺贝尔奖获得者坂田昌一关于基本粒子的谈话，以及鼓励广大科技工作者用唯物辩证法指导科学研究等发展科学技术指导思想也逐步深入人心。在“文化大革命”的困境之下，党内的领导同志，尤其是像周恩来同志、聂荣臻同志等中央领导人在“文革”极其困难的情况下，坚持新中国成立十七年以来正确的科学技术政策、竭尽全力地维护广大的科学技术工作者，使得备受破坏的科学技术工作战线得到了一定程度的保护。这也是我国科学技术领域在动乱年代仍然能够排除干扰，贯彻四个现代化方针，取得成就的原因。

（一）保护科技工作者

科技成果的取得需要靠科学技术工作者的无私付出。在“大跃进”时期，“左”的错误思潮不断地冲击着科学技术战线，当时主管国防科学技术事业的聂荣臻同志极力保护科技工作者免受冲击。“大跃进”时期，许多科研单位过多地强调“加强政治学习”，整天开会讨论文件，影响到了科研任务的进展。针对这一情况，1960 年 12 月 13 日，聂荣臻同志签发了一项通知，规定“必须保证科技人员每周有六分之五的时间从事专业工作”，纠正了会议过多的现象。当他察觉到科研单位按照军队的要求对待知识分子时，及时通知五院领导人“以研制工作为中心，不照套军队的‘五好、四好运动’的做法”，①保护了科技人员。1960 年 10 月，聂荣臻同志专门宴请一批科研工作者，与他们交交心，了解一下他们的问题。当他听到科研单位不顾实际情况，抽调数千名大学生参加长时间的农业劳动、几十名科学技术人员去西藏参与平叛的事情后，立即向相关负责人传达相关指示，要求“迅速纠正”。②

---

① 《聂荣臻传》编写组：《聂荣臻传》，当代中国出版社 2006 年版，第 353 页。

② 《聂荣臻传》编写组：《聂荣臻传》，当代中国出版社 2006 年版，第 354 页。

1966年8月1日至12日，聂荣臻同志在出席中国共产党第八届中央委员会第十一次全体会议时，和周恩来同志一道坚持把“保护科学家和科技工作者”这一意见写进《关于无产阶级文化大革命的决定》中。这个文件的第十六条明确规定：“对于科学家、技术人员和一般工作人员，只要他们是爱国的，是积极工作的，是不反党反社会主义的，是不里通外国的，在这次运动中，都应该继续采取团结、批评、团结的方针。对于有贡献的科学家和科学技术人员，应该加以保护。对他们的世界观和作风，可以帮助他们逐步改造。”① 这对科学技术工作者起到了一定的保护作用。

1966年12月7日，周恩来同志在接见中国科学院京外单位的代表时提出：“不能横扫一切干部，不能把有点毛病、有点坏习气的都叫牛鬼蛇神。有重大贡献的科学家当然要保护，一般的科学家不反党反社会主义，也应当保护。”

1975年邓小平同志短暂主持中央工作时，曾对科技界投入了很大的关注。9月26日，邓小平同志在听取中科院汇报科学技术问题时指出：“要把那些比较好的、有培养前途的科技人员记下来，建立科技人员档案，帮助他们创造条件，不管他们资格老不老……总之，要给有培养前途的科技人员创造条件，关心他们，支持他们，包括一些有怪脾气的人。首先要解决这些人的房子问题，家庭有困难的也要帮助解决。”② 在动荡年代，这些领导者千方百计地改善科学技术工作者的处境，减少他们受到的冲击，给予了他们很大的支持。

（二）维护科研、学术交流秩序

党内领导同志努力维护科研、学术交流秩序。正常的学术科研环境是取得科学技术成果的重要基础。1960年，“左”的思潮还在继续，一些科研单位仍然不相信广大的科学技术工作者。对于一些著名的科学家采取“行政归他，决策权归我”的错误办法，颠倒了正常的科研秩序。聂荣臻同志在了解到钱学森担任导

① 《中国共产党中央委员会关于无产阶级文化大革命的决定》，《人民日报》1966年8月9日。

② 《邓小平文选》第2卷，人民出版社1994年版，第33页。

弹研究院的院长后，无法决定自己领域内的许多技术问题，反而要管理大量的行政事务时，立刻联系相关负责人，指出“党委只管大政方针政策，技术工作让钱学森负责”，并要求研究员建立技术指挥线，确保科学家在技术问题上的决策权。这既充分发挥了科学家们的作用，又很好地维护了科研工作的秩序。①

周恩来同志也对中外学术交流活动非常关切。1972 年 10 月 5 日，周恩来同志在接见即将赴美访问的中科院代表团时，明确指出：“对于外国的先进技术、好的东西，我们要学习、要吸收。”② 同年 10 月 15 日，周恩来同志在审阅有关部门关于向东欧国家进行科研项目合作的报告时，批评道：“为何不派人去伦敦、巴黎、波恩、渥太华、东京去研究西欧、美、加、日本的机械工业情况，反而求其次？”③1973 年 7 月 19 日，在周恩来同志的推动下，一些部门开始恢复向国外派遣外语留学生的工作。在动荡年代，周恩来同志为中外正常的学术交流作了非常大的贡献。

聂荣臻同志作为国防科学技术事业的主管人，也为保护科研机构作出了很大贡献。1967 年年初，应用地球物理研究所一批绝密资料被造反派抄走，聂荣臻同志闻讯后立刻指示“千方百计把材料搞回来”，经过一夜的追查，终于将这批决定着中国科研事业命运的宝贵资料全部追回。④ 邓小平同志在短暂复出时期，从领导班子上谈论恢复科研机构的问题。1975 年 9 月 26 日，他在和中科院有关同志讲话时，认为那些“一不懂行、二不热心、三有派性的人”不必要留在领导班子，应该提拔那些“科研人员中有水平有知识的人当所长。”⑤

---

① 《聂荣臻传》编写组:《聂荣臻传》，当代中国出版社 2006 年版，第 355 页。

② 中共中央文献研究室编:《周恩来年谱（1949—1976）（下卷）》，中央文献出版社 1997 年版，第 556—557 页。

③ 中共中央文献研究室编:《周恩来年谱（1949—1976）（下卷）》，中央文献出版社 1997 年版，第 559 页。

④ 《聂荣臻传》编写组:《聂荣臻传》，当代中国出版社 2006 年版，第 374 页。

⑤ 《邓小平文选》第 2 卷，人民出版社 1994 年版，第 33 页。

（三）保证国防科学技术领域的安全

党内领导同志千方百计保证国防科技领域的稳定和安全。国防科学技术事业作为“文革”中取得成果的重要领域，离不开周恩来同志，以及主管国防科学技术事业的聂荣臻同志的保护和支持。这两位领导人在动荡中竭尽全力地确保国防科学技术事业的重大项目正常进行，不受动荡环境的干扰。

1966年8月，聂荣臻同志在第55次中央军委常委会上提出，在导弹和原子弹试验基地的科研单位上，“文化大革命”应该推迟，建议“与师以下部队一样”只进行正面教育。在听取国防科委负责人汇报运动开展情况时，聂荣臻同志指示：“科研业务工作不能停下来，科研部门领导要抓业务。今年试验任务重，有些问题还没有底，要认真清理项目，疏通渠道。”[①] 同年9月24日，聂荣臻同志在国防科委干部会议上谈道，“科委所属几所院校的学生绝大多数是好的，要多做团结工作；国防科委要做好准备，要抓革命，促生产，业务工作不能放松”，确保国防科研工作有序进行。同年11月30日，面对很多研制导弹的科学家不断受到冲击的情况，聂荣臻同志在中央军委常委会上建议请毛泽东同志、周恩来同志接见这方面的科学家，以示中央的关怀，阻止造反派的冲击。

1967年，聂荣臻同志看到许多科研单位受到冲击，为了保护多年来国防科研所积累的宝贵成果，3月11日，他让人起草了《关于军事接管和调整改组国防科研机构的报告》，提出派军队人员对这些科研机构实行军管，以恢复科研工作。6月12日，周恩来同志主持中央专委会议，听取氢弹试验准备工作，并直接负责试验场区外的安全工作，确保实验顺利进行。会后，聂荣臻同志亲自去核试验基地主持第一次氢弹试验，保证我国第一颗氢弹爆炸成功。[②]9月20日，聂荣臻同志签发《关于国防科研体制调整改组方案的报告》，提出由国防科委接

---

① 《聂荣臻传》编写组：《聂荣臻传》，当代中国出版社2006年版，第372页。

② 中共中央文献研究室编：《周恩来年谱（1949—1976）（下卷）》，中央文献出版社1997年版，第16页；《聂荣臻传》编写组：《聂荣臻传》，当代中国出版社2006年版，第368页。

管18个国防科技研究院，及时阻止了造反派对这些机构的冲击。

1969年8月9日，周恩来同志主持召开国防尖端科技会议，要求保障钱学森等科学家的工作环境，并批准了一份重点保护的工程技术人员的名单，指出："从政治上保护他们，不许侵犯他们、抓走他们；如果有人要武斗、抓人，可以用武力保护。总之，要想尽一切办法，使他们不受干扰，不被冲击。"①1974年4月12日，周恩来同志最后一次主持会议，在会议上，他语重心长地对与会人员说，要清除林彪反革命集团的影响，克服派性，和派性作斗争，要采取措施进行整顿。正是这些领导人的支持和保护，才让我国的国防科学技术事业在动荡年代依然取得了一定成果。

三、关于"四个现代化"建设事业中"左"倾思想影响科学技术发展的反思

"大跃进"和"文化大革命"中的"左"倾思想不仅对当时我国科技发展产生了负面影响，造成我国科学技术与世界科学技术水平的差距进一步拉大，严重干扰党和国家所制定的一系列正确的社会主义现代化建设进程。在全面实现中国特色社会主义现代化道路上，有必要对前27年出现的"左"倾思想对科学技术发展的影响进行反思、吸取教训，确保我国科学技术沿着有利于社会主义现代化事业的正确方向不断发展。

（一）"左"倾思想影响科学技术和现代化建设事业发展

尽管在党内领导同志的努力下，在这段时期，我国的科技发展仍然取得重要进展，但是在"大跃进"和"文革"时期的"左"倾思想的影响下科学技术的发展在整体上受到重要干扰，对我国"四个现代化"建设事业造成了重大损失。1957年"科技大跃进"，第一次给我国科学技术事业的发展带来了很大的

① 中共中央文献研究室编：《周恩来年谱（1949—1976）（下卷）》，中央文献出版社1997年版，第314页。

负面影响。科学技术界掀起的“大跃进”运动的初衷是为了促进我国科学技术事业迅速发展，早日实现“科技强国”的梦想。但是“科技大跃进”运动不仅违背了科学发展的规律，而且轻视推动科学技术发展的主体——科研工作者。在“科学政治化”思想的影响下，科学技术界浮夸风盛行，科研水平下降，对我国科学技术未来的发展以及与之息息相关的社会主义现代化建设带来消极影响，也为“文革”时期的“左”倾思想埋下了种子。

“文革”期间许多高水平科学家被反革命集团当成“资产阶级反动学术权威”遭受批斗。

受“文革”期间“左”倾思想的影响，大量期刊被迫停刊，科研队伍收缩。

（二）正确处理好科技和政治在现代化建设事业中的关系

正确理解科技与政治的关系，是我国科学技术发展事业的必要条件。政治体现于我国社会生活的方方面面，其中也包括科学技术事业。政治影响科技界但又不干预科学界具体的科研过程，是保障我国科学技术事业长久繁荣的重要原则。许多科研工作者因为知识背景不同，对科研过程的某个问题存在不同的争论，这种争论本身是学术性质的，不应该用政治标准加以衡量。政治民主是学术进步和发展的一个条件，只有允许不同学术观点的争鸣才能推动学术问题实现突破。“文革”时期随意给持有不同学术观点的科研工作者戴上“资产阶级反动学术权威”的帽子，造成科研人员人人自危，不敢研究真问题、讲真话，最终导致我国科学研究停滞不前。

许多科学技术工作者的世界观和价值观有所差异，因此在科学研究中会形成自己的政治观点和价值判断，但这种观点与其科研成果无关，他的学术成就是超越政治和阶级的。科学技术与政治的关系越来越密切，但并不是政治的附庸。“文革”时期简单地将科技当作是政治运动的工具，因此产生了严重的轻视理论研究、将“理论与实践相结合”庸俗化、口号化的实用主义科技思潮。马克思主义者正确的态度应当是以马克思主义科学的世界观和方法论来指导科学研究，确保科研成果造福于人民。

任何国家的现代化都离不开科学研究，离不开广大的科研人员。中国“四个现代化”的伟大建设目标一旦没有了这一群科学技术工作者，现代化事业势必受阻、停滞不前。新中国二十七年的现代化建设实践的经验告诉我们：什么时候作为个体的科学技术工作者得到尊重，现代化建设事业的发展就会顺利推进；什么时候作为个体的科学技术工作者饱受歧视，现代化建设事业的发展就会停滞不前。

新中国成立后的十七年间，尽管出现了1957年反右派斗争扩大化、1958年“科学技术大跃进”这样的失误，让新中国初期的科学技术发展受到了一定的波折与干扰，但是总体而言，成就是巨大的。截止到1965年，我国的科研单位从全国只有40个增长到仅中科院就有106个研究所；专门科研人员从全国只有600多人发展到仅中科院就有专业科研人员2.19万人，且基本形成了学科齐全的自然科学综合研究中心，为新中国十七年间的社会主义现代化建设事业的发展提供了坚实的人才和技术支撑。“文革”时期，在“左”倾错误思想影响下，中国科学技术的发展和四个现代化建设进程受到干扰。但是在党内领导同志的努力下，特别是周恩来、邓小平、聂荣臻等党和国家领导人的帮助和支持下，加上许多科学技术工作者不畏艰苦的奋斗精神，使得中国在国防尖端科学技术领域上仍然取得了较大的成果。当十年“文革”结束，“四个现代化”的目标再次被提上党和国家工作日程的时候，中国的科学技术工作又迎来了新的春天。

第五章　科技战略的形成与发展（1976—2012 年）

1976 年粉碎“四人帮”，“左”倾思想逐步得以纠正。随着“文化大革命”结束和中共十一届三中全会的召开，中国共产党的科学技术思想发展重新回到正轨，明确科学技术对于中国各项事业发展具有重大意义后，科技工作也随之迎来“春天”。在 1978 年全国科学大会上，邓小平同志基于实现“四个现代化”战略，进一步提出“科学技术是生产力”，阐述了新时期中国科技事业的路线方针和政策，包括落实知识分子政策、贯彻“百家争鸣”方针、建设又红又专的科技队伍等。邓小平理论充分肯定人才对科技事业发展的重要作用，极大调动广大知识分子的积极性，将科学技术发展与教育相结合，为改革开放初期的科技工作指明方向。20 世纪 90 年代，江泽民同志准确研判世界经济发展趋势，确立“科教兴国”战略，科教兴国是发展先进生产力的必然要求，也是建设当代中国先进文化基础工程的战略决策，更是提高人民群众物质文化生活水平、维护其根本利益的重要前提。进入 21 世纪后，胡锦涛同志科学分析中国的基本国情、全面研判中国的战略需求，把增强自主创新能力、加快推进国家创新体系建设和培养造就富有创新精神的人才队伍作为发展科学技术的战略基点，进一步提出可持续发展思想，为改革开放转型后一阶段的科技工作提供了思想指导，并推动一批科技成果的面世。科学技术是第一生产力、科教兴国、可持续发展等战略的提出，是对中国化马克思主义科学技术思想的进一步发展和完善，也为“四个现代化”的最终实现指明了具体方向。

第一节 “科学技术是第一生产力”

“文化大革命”使中国的政治、经济、思想认识和社会舆论各方面都受到“左”倾错误的严重影响，中国的科学技术事业发展一度陷入停滞状态。随着第三次科技革命的兴起，中国的科技工作不仅与发达国家的差距继续拉大，与一些发展中国家或地区相比也有落后趋势。面对机遇与挑战，以邓小平同志为核心的党中央将“拨乱反正”作为首要任务，提出了一系列科学技术思想新主张，全面纠正了关于科技发展和知识分子的错误认识，明确提出“科学技术是第一生产力”、“‘四个现代化’的关键是科学技术的现代化”等重要论断；深化了科技发展与经济建设的认识，坚持“独立自主、自力更生”与对外开放相结合、“尊重知识、尊重人才”与发展教育相结合的科学技术思想，为改革开放初期的科技工作指明方向。

一、“科学技术是第一生产力”的提出

从中共十一届三中全会召开前后到20世纪80年代初，邓小平理论及其科学技术思想框架基本形成。邓小平理论开拓了马克思主义的新境界，是马克思主义在中国发展的新阶段，是当代中国的马克思主义，是中国特色社会主义理论体系的开创之作。它是贯通哲学、政治经济学、科学社会主义等领域，涵盖经济、政治、科技、教育、文化、民族、军事、外交、统一战线、党的建设等方面比较完备的科学体系。邓小平同志深刻洞悉世界科技发展的现状和未来趋势，认识到现

代科技对经济发展和社会进步的巨大推动功能，提出了“科学技术是第一生产力”的科学论断，完成了对科技领域的拨乱反正，开辟了新时期中国科技发展的新路，为中国科技工作的基本方针奠定了理论基础。以邓小平同志为核心的党中央提出了“‘四个现代化’的关键是科学技术的现代化”和“面向、依靠”的战略方针，共同构成了这一时期以科技是第一生产力为核心的现代科技观。

（一）“科学技术是第一生产力”提出的背景

20世纪80年代中期到90年代，邓小平科学技术思想逐步成熟。这一思想是在和平与发展成为时代主题，中国改革开放与现代化建设不断推进的历史背景下形成的。这一时期，邓小平同志敏锐地把握时代变化特征，系统总结了新中国成立以来科学技术事业发展的经验教训，并运用历史唯物主义原理阐明科技的巨大作用，提出了“科学技术是第一生产力”这一中国化马克思主义科学技术思想，由此促进了中国科技的全面发展，开创了中国科技事业的春天。1978年3月，全国科学大会召开期间，邓小平同志在继承马克思主义科学技术思想的基础上阐述了“科学技术是生产力”的观点，同时指出“现代科学技术的发展，是科学与生产的关系越来越密切了。科学技术作为生产力，越来越显示出巨大的作用”。① 他既从根本上纠正了“文化大革命”中对科学技术的错误定位，又突出强调了科学技术与经济发展的相互作用。为进一步扫清向科学技术现代化进军道路上的思想障碍，邓小平同志明确提出“为社会主义服务的脑力劳动者是劳动人民的一部分”，旨在从教育改革入手，建设“一支浩浩荡荡的工人阶级的又红又专的科学技术大军”。1988年9月，邓小平同志会见捷克斯洛伐克总统胡萨克时提到，“马克思说过，科学技术是生产力，事实证明这话讲得很对。依我看，科学技术是第一生产力”。② 邓小平同志将科技提到“第一”生产力的重要地位，意味着科学技术成为整个生产力体系的首位，深化了对当

① 《邓小平文选》第2卷，人民出版社1994年版，第87页。

② 《邓小平文选》第3卷，人民出版社1993年版，第274页。

代中国生产力水平的理解。

此外，发源于20世纪40年代的第三次科技革命，到70年代进入异常活跃时期。全国科技大会的召开和关于真理标准的讨论作为中国科技发展拨乱反正和酝酿改革阶段，成为邓小平同志提出“科学技术是第一生产力”科学论断的重要历史背景。这一观点为中国科技发展提供了正确思想认识之理论方面的指导。第三次科技革命催生了一系列高新技术的发展，比如空间技术、原子能技术、航天技术、电子计算机技术、人工合成材料、分子生物学和遗传工程等，一旦掌握这些高新技术便可成为一个国家的发展优势。因此，在这个和平与发展的时代，中国共产党如何适应第三次科技革命所带来的生产力变革，以掌握足够多的高新技术，从而在国际竞争中赢得主动，邓小平同志给出了正确的解决方案：依靠科学技术的整体力量发展第一生产力，倡导走具有中国特色的科技发展道路。1978年3月，全国科技大会的召开成为了改变中国科技发展困境的突破口。邓小平同志旗帜鲜明地阐述了“知识分子是工人阶级的一部分”的马克思主义观点，打破了“文化大革命”以来对知识分子的错误定位和思想藩篱，为彻底清除“左”倾错误对知识分子政策的深刻影响奠定了理论基础。科学家郭沫若同志直呼“这是人民的春天，这是科学的春天！”① 同年5月，在全国掀起的关于真理标准的讨论，从思想认识上彻底清算了“左”倾错误，“实践是检验真理的唯一标准”为“文化大革命”结束后中国科技发展提供了思想路线和社会舆论方面的支撑。

（二）以“科学技术是第一生产力”为核心的现代科技观

20世纪80年代末，邓小平同志提出的“科学技术是第一生产力”的科学技术思想，是邓小平理论科技思想的核心观点和思想精髓，并为中国科技工作的基本方针奠定了理论基础。中国共产党在这一科学论断的思想指导下，通过对科学技术与经济发展两者关系的再认识，继而提出了“四个现代化的关键是

---

① 郭沫若：《科学的春天》，《人民日报》1978年4月1日。

科学技术的现代化”和“面向、依靠”的战略方针，构成了新中国科技发展的第二次跨越之以科技是第一生产力为核心的现代科技观。

1.“科学技术是第一生产力”的提出

1975 年，邓小平同志在听取《科学院工作汇报提纲》时，肯定了“汇报提纲”中关于“科学技术也是生产力”的观点，他指出：科学技术叫生产力，科技人员就是劳动者。[①] 科技正在成为愈来愈重要的生产力论断，成为新时期中国科技工作者的理论方针和行动指南。经过十多年的深入实践和思考，1988 年邓小平同志正式提出了“科学技术是第一生产力”的重要论述，最大限度肯定了科学技术在生产力中的发展潜力，进一步解放和发展了生产力。“科学技术是生产力”是马克思主义科学技术思想的核心观点。马克思认为，“劳动生产力是随着科学和技术的不断进步而不断发展的”。[②] 邓小平同志的现代科技认识论深刻阐明了科学技术与发展生产力的必然联系和内在规律，由此丰富发展了马克思主义关于科技的学说。

值得注意的是，科学技术在国民经济发展中的地位也越来越突出。一方面，在努力恢复科学技术事业发展体系过程中，邓小平同志作为具有世界眼光的卓越政治家深刻认识到科学技术必须与经济、社会协调发展的必要性，中国亟须尽快恢复在“文化大革命”遭受破坏的生产领域和几乎停止发展的国民经济。另一方面，在新一轮科技革命中，现代科学技术越来越成为一个国家发展的绝对优势。“近三十年来，现代科学技术不只是在个别的科学理论上、个别的生产技术上获得了发展，也不只是有了一般意义上的进步和改革，而是几乎各门科学技术领域都发生了深刻的变化，出现了新的飞跃，产生了并且正在继续产生一系列新兴科学技术。现代科学为生产技术的进步开辟道路，决定它的发展方向。”[③] 中国想要在新一轮科技革命中占据一席之地，填补“文化大革命”十年

① 曾敏：《中国共产党科技思想研究》，四川人民出版社 2015 年版，第 77 页。

② 《马克思恩格斯选集》第 2 卷，人民出版社 2012 年版，第 271 页。

③ 《邓小平文选》第 2 卷，人民出版社 1994 年版，第 87 页。

时间的发展空白，就需要重新审视科学技术在国民经济发展中的地位。

2.“四个现代化”的关键是科学技术的现代化

1964年周恩来同志根据毛泽东同志的提议，在第三届全国人民代表大会第一次会议上提出了“四个现代化”理论。在“文化大革命”时期，“四个现代化”未能彻底地贯彻和实现。1978年全国科技大会上，邓小平同志在马克思主义科学技术思想的指导下重申了“四个现代化”，提出了“四个现代化关键是科学技术的现代化”，明确指出科学技术在现代化建设中的关键性作用，是现代农业、现代工业和现代国防建设的基础。

邓小平同志的这一科学论断立足于现代化建设工作部署，逐渐认识到科学技术要服务于经济发展的实际需要和国家各方面建设，不能盲目追求“高、精、尖”和科技竞赛，应该考虑国家科技资源整体配置。同时“四个现代化关键是科学技术的现代化”深化了现代化建设中的认识：当时经济界围绕着中国经济发展模式到底是“内涵式发展”还是“外延式发展”开展了激烈的讨论，邓小平同志这一论断的提出有力地回答了这一问题。中国的经济发展应该走“内涵式”发展道路，通过结构优化、质量提高和实力增强来实现实质性的跨越式发展。科学技术的现代化是实现“内涵式”发展的重要抓手，能够从经济建设内部出发不断提高生产力水平和优化生产结构，从而促进中国经济的内生性发展。“中国要发展，离开科学不行。”[①] 科学界对此提出了科技、经济、社会三位一体协调发展的问题，重新认识了科学技术的本质与社会功能。“四个现代化关键是科学技术的现代化”，科学技术能否成为“四个现代化”的关键在于科技成果能否成功转化为现实生产力，科技能否与经济相结合。

3.“面向、依靠”方针的确立

1982年，国务院领导在全国科学技术奖励大会《经济振兴的一个战略问

① 《邓小平文选》第3卷，人民出版社1993年版，第183页。

题》讲话中，明确提出“科学技术工作必须面向经济建设，经济建设必须依靠科学技术”的战略指导方针（以下简称“面向、依靠”方针）。传统的经济体制不能很好地协调经济发展与科学技术之间的关系，两者的结合始终没有实质性的突破，“面向、依靠”方针是解决科技与经济发展“两张皮”问题的纲领性方针。“面向、依靠”方针成为指导经济与科技协调发展的基本思想，也是指导现代科技体制改革的重要指导方针。

随着改革开放和经济建设的迅猛发展，越来越需要发挥科学技术对经济、社会建设各方面的技术支持。中国要实现从“外延式”发展转向“内涵式”发展，需要更多现代科学技术的加入。但是经济体制与科技体制的不相适应、依靠科技进步并没有很好地成为新经济体制的核心思想、政治经济与科技的改革发展不同步等问题的出现，使中国共产党人开始思考经济与科技如何协调发展。“面向、依靠”方针就是立足于彻底解决科技与经济结合的问题而提出来的，是对科技发展和经济建设的现实关照。

二、“科学技术是第一生产力”指导下的科技实践工作

在改革开放和新技术革命的大环境下，中国共产党围绕“科学技术是第一生产力”这一中国化马克思主义科学技术论断的正确指导下，开展了一系列科技实践工作：实施科技体制改革，进一步促进经济与科技的紧密结合；坚持“独立自主、自力更生”与对外开放相结合，在吸收外来先进科学技术基础上保持自主独立性地发展科学技术；开展教育体制改革，充分“尊重知识、尊重人才”，大力培养科技人才。

（一）开展科技体制改革，促进科技与经济紧密结合

科技工作如何面向经济发展、科技成果如何快速转为现实生产力、如何充分发挥科研人员的积极性与创造才能都是旧体制无法解决的问题。中国科技想要跟上世界科技发展步伐，充分实现“面向、指导”方针，就必须开展科技体

制改革，建立促进科技与经济紧密结合的新体制。

高度集中的科技管理旧体制在新中国成立初期发挥了重要作用，但也有效率不高、管理僵化、体系臃肿等种种问题，越来越多内在的体制问题都表明科技管理旧体制需要改革。1985年3月13日，中央发布了《中共中央关于科学技术体制改革的决定》，对当时的科技体制进行运行机制、组织结构和人事制度三方面的改革，力图“使科学技术成果迅速地广泛地应用于生产，使科学技术人员的作用得到充分发挥，大大解放科学技术生产力，促进经济和社会的发展”。[①] 通过科技体制的改革可以为科技的发展营造有利的制度氛围，比如“中央规定，科学研究机构要建立技术责任制，实行党委领导下的所长负责制。这是重要的组织措施。它既有利于加强党委的领导，又有利于充分发挥专家的作用”。[②] 党委负责把方向、定计划，在宏观上把握科学技术的发展；真正涉及技术的问题要放手给所长、副所长以及各类专家，让科学工作者自己管理、自己解决问题，人尽其才，真正让他们全身心地投入到科研工作中，激发科技人员的积极性和主动性；还要有专门负责后勤的人，为科学技术的发展提供坚实的物质保障。科技体制改革使科技发展跳出了封闭的科技体系，获得更大的发展自由与主动性，以更开阔的视野来探索中国科技与经济结合道路。

（二）坚持“独立自主、自力更生”与对外开放相结合

“独立自主、自力更生”始终是我国科技发展的基本方针。但自力更生、自主创新并不意味着拒绝外来先进技术成果，邓小平同志强调“要把世界一切先进技术、先进成果作为我们发展的起点”。只有在与世界的比较中，才能认识落后改变落后，认识先进赶超先进。改革开放初期，中国科学技术的发展坚持“独立自主、自力更生”与对外开放相结合。在不断发展、创新自身的同时汲取外来一切有利于科技发展的积极因素，如先进技术、资金、人才等。

---

① 《十二大以来重要文献选编（中册）》，人民出版社1986年版，第674页。

② 《邓小平文选》第2卷，人民出版社1994年版，第97页。

一方面，在“独立自主、自力更生”方针下开展科技工作。“中国的事情要按照中国的情况来办，要依靠中国人自己的力量来办。独立自主，自力更生，无论过去、现在和将来，都是我们的立足点。”① 这是中国的经验，中华人民共和国建立后的很长一段时期，在缺少外援的情况下，中国的科技仍取得了重大成就，诸如原子弹、氢弹、人造卫星等。改革开放之后，中国科学技术面临的国际环境改善，可以向世界学习与交流，但在根本上还是要靠自己、靠中国人民自己的努力。

一是将发展高尖端科学技术作为科技工作的重要抓手，在高端科技的发展上更是要坚持“独立自主、自力更生”。其中的典型事例，是邓小平同志对中国电子对撞机工程的支持。这项工程从 20 世纪 80 年代初讨论、启动开始，到 1984 年 10 月正式奠基，再到 1988 年 10 月对撞机首次实现对撞，都是在邓小平同志的坚决支持下推进的。当时，曾有一些人对此表示疑问，但邓小平同志一再强调“不要再犹豫”。之所以如此坚定，正源于邓小平同志对发展中国自己的高科技的坚决与坚持，即使条件艰难，也要独立自主发展科学技术事业。

二是把握时机、迎头赶上。邓小平同志说：“下一个世纪是高科技发展的世纪……过去也好，今天也好，将来也好，中国必须发展自己的高科技，在世界高科技领域占有一席之地。”中国想要在国际上获得一席之地，必须发展科学技术，尤其是高新技术。而且“现在世界的发展，特别是高科技领域的发展一日千里，中国不能安于落后，必须一开始就参与这个领域的发展。搞这个工程就是这个意思。还有其他一些重大项目，中国也不能不参与，尽管穷”。② 只有从一开始就参与，才有可能追赶上世界科技的先进水平，否则差距只会越来越大，中国也不是完全没有能力参与，排除万难也要上。就像中国电子对撞机工程，不仅是对国外的照搬，其中还有很多中国人自己的创造。所以，邓小平同志希望中国高科技领域的发展“都不要失掉时机，都要开始接触，这个线不能断了，

① 《邓小平文选》第 3 卷，人民出版社 1993 年版，第 2—3 页。

② 卢佳：《邓小平和中国高科技发展》，《湘潮》2014 年第 12 期。

要不然我们很难赶上世界的发展”。①

另一方面，吸收外来一切积极因素以发展科学技术。一是强调学习的紧迫性和长期性。中共十一届三中全会作出对外开放的重大决定，中国不能闭关锁国，要承认自己现在的落后，要引进、吸收和借鉴国外的先进技术、资金、人才等一切有利因素。这种学习“不仅因为今天科学技术落后……即使我们的科学技术赶上了世界先进水平，也还要学习人家的长处”。② 二是要引进学习国外的一切积极因素。引进国外的先进科学技术、先进设备；引进先进的管理技术，“一定要按照国际先进的管理方法、先进的经营方法、先进的定额来管理”；③ 引进外资，“现在搞建设，可以利用外国的资金和技术，吸收外资可以采取补偿贸易的方法，也可以搞合营”；④ 引进国外的人才；积极开展国际学术交流活动，加强同世界各国科学界的友好往来和合作关系。总之，只要有利于中国科技的发展，一切积极因素都要利用起来，无论是技术、资金、设备，还是人才。

基于这一重要思想，改革开放初期，“中国积极推进科技领域的对外开放，充分利用国际环境，加强国际科技合作和交流，多渠道、多形式地引进和吸收国外的先进技术、先进设备以及先进管理经验”。⑤ 国际科技合作与交流一定程度上推动了中国科技的发展，但并不止步于此，中国科技的发展始终坚持自力更生，在消化的基础上加以创新和发展是更为关键的步骤。

（三）坚持“尊重知识，尊重人才”与发展教育相结合

大力发展经济离不开科学技术的支持，科学技术的发展离不开知识与人才储备的支撑，知识构建和人才队伍建设需要我们大力发展教育。改革开放初期，在“科学技术是第一生产力”思想指导下，中国科学技术的发展始终坚持“尊

① 卢佳：《邓小平和中国高科技发展》，《湘潮》2014 年第 12 期。

② 《邓小平文选》第 2 卷，人民出版社 1994 年版，第 91 页。

③ 《邓小平文选》第 2 卷，人民出版社 1994 年版，第 129 页。

④ 《邓小平文选》第 2 卷，人民出版社 1994 年版，第 156 页。

⑤ 胡钰、李志红：《邓小平科技思想的战略内涵》，《中国软科学》2004 年第 8 期。

重知识，尊重人才”与发展教育相结合。

“文化大革命”使科学、文化与教育领域深受“左”倾错误的严重影响，教育路线的“两个估计”和知识分子的错误定位使社会中形成了一股“知识无用论”的不良风气。在科技、文化与教育领域进行拨乱反正工作时，邓小平同志郑重地指出：“一定要在党内造成一种空气：尊重知识，尊重人才，反对不尊重知识分子的错误思想。”①知识分子的绝大多数已经是工人阶级和劳动阶级自己的知识分子，已经是工人阶级的一部分。要发展科技，要在全社会思想舆论中充分尊重知识分子和其劳动，“尊重知识，尊重人才”，大力发展教育。

一方面，发展科技必须要尊重知识、尊重人才。一是要突出人才在科技发展中的重要性。“靠空讲不能实现现代化，必须有知识，有人才。没有知识，没有人才，怎么上得去？”②要纠正过去对知识分子的错误认识，充分肯定人才的重要性，形成“尊重知识、尊重人才”的社会风气。二是要采取多种方式鼓励人才、调动其积极性。要鼓励科研人才，给予生活补贴，改善他们的物质待遇，免除后顾之忧。要鼓励教师，“要确实保证教师的教学活动时间，要关心他们的政治生活、工作条件和业务学习。对于在教学工作中作出突出贡献的教师，应该给以表扬和奖励”。③对于人才，应该设置相应的职称，给予一定程度的奖励，也是给予一种尊重，“在学校里面应该有教授（一级教授、二级教授、三级教授）、副教授、讲师、助教这样的职称。在科学研究单位应该有研究员（一级研究员、二级研究员、三级研究员）、助理研究员、研究实习员这样的职称。在企业单位应该有总工程师、工程师、总会计师、会计师等职称，凡是合乎这些标准的人，就应该授予他相应的职称，享受相应的工资待遇”。④三是让人才各自

① 《邓小平文选》第2卷，人民出版社1994年版，第41页。

② 《邓小平文选》第2卷，人民出版社1994年版，第40页。

③ 《邓小平文选》第2卷，人民出版社1994年版，第95页。

④ 《邓小平文选》第2卷，人民出版社1994年版，第224页。

发挥作用。“科学技术人员应当把最大的精力放到科学技术工作上去。我们说至少必须保证六分之五的时间搞业务，也就是说这是最低的限度，能有更多的时间更好。”[①] 科技人员要保证充分时间用于科学研究；教育人员也要专注于教育事业，为科技发展培育更多人才。

另一方面，大力发展教育事业，培养科技人才。一是要发展大学的科学教育，逐步加重科研工作分量，增加科研任务，基础科学与应用科学并重，并且鼓励工科大学着重发展应用科学，突出科学技术研究的重要性。二是要改善学风，营造良好社会氛围。“特别是科学，它本身就是实事求是、老老实实的学问，是不允许弄虚作假的”，[②] 培养实事求是、不弄虚作假的风气；“我们要坚持百家争鸣的方针，允许争论。不同学派之间要互相尊重，取长补短。要提倡学术交流。任何一项科研成果，都不可能是一个人努力的结果，都是吸收了前人和今人的研究成果”。[③] 鼓励学术交流、取长补短，营造良好的学术氛围。三是要动员全社会的力量发展教育。“教育事业，决不只是教育部门的事，各级党委要认真地把它作为大事来抓。各行各业都要来支持教育事业，大力兴办教育事业。”四是创新人才培养方式。“科技要发展，基础在人才，要派年轻人出国到发达国家学习，掌握先进技术。”[④] 邓小平同志访美之后，中国开始大量派遣留学生。邓小平同志还特别强调“必须打破常规去发现、选拔和培养杰出的人才”。[⑤] 对于学制和教材，邓小平同志也提出了自己的建议，要求教材要符合实际，符合现代化科学的发展，这样才能够学习到先进的科学知识。

对科学技术和知识分子的正确认识是科学技术思想界拨乱反正的重要标志，它纠正了我国在此之前一段时间对知识、人才、科技的错误认识，为打开我国

---

① 《邓小平文选》第2卷，人民出版社1994年版，第94页。

②③ 《邓小平文选》第2卷，人民出版社1994年版，第57页。

④ 《新中国60年科技脉络图》，中新网 http://www.china.com.cn/news/60years/2009-07/18/content_18160021.htm。

⑤ 《邓小平文选》第2卷，人民出版社1994年版，第95页。

科技进步与经济社会发展的新局面打下重要基础。在正确的科学技术思想和路线的指导下，改革开放初期的科技工作恢复正常、得以发展，并取得了不少成绩。

三、“科学技术是第一生产力”指导下的科技实践成果

我国是一个发展中国家，人口多、底子薄、基础差，社会生产力的发展水平很不发达，经济、科技等与发达国家存在很大的差距。基于落后的科学技术发展现状和第三次科技革命发展机遇，在邓小平同志“科学技术是第一生产力”的科学技术思想指导下，经过艰苦奋斗、自主创新，中国科学事业取得一系列重要历史成就，为“四个现代化”的实现和生产力水平的提高奠定了坚实的物质基础。

（一）中国科技体制在改革中不断完善

自1983年提出科技体制改革，国民经济依靠科技进步发展的体制就在不断完善，科技改革也逐渐与政治、经济方面的改革协同进行，实现了科技经济一体化发展。在科技体制改革的初期，改革都是本着“走一步看一步，摸着石头过河”和单项试点的方法来逐步推进；随着科技体制改革的深入，试点法不能再给科技体制带来更多新的改变，综合、协同整治成为科技体制改革的关键。中国的科技体制改革是一个漫长的历史过程，人们对改革的需求在不断更新，经济与科技发展两者关系的再认识也在不断更新，中国科技体制始终保持着改革的状态，才能在一次次现实考验中不断完善。

改革开放以来，为促进科技经济一体化形成了一系列优化体制的举措。例如，鼓励科技人员创办集体、个体科研机构，自主经营、自负盈亏，引进商品经济促进成熟的科技成果转化现实生产力；鼓励国有科研机构面向开放地区和国际市场创办多种所有制形式的科研生产经营实体，不断发展新型科技企业；1988年正式启动“火炬计划”推进高新技术产业的发展；1991年启动国家基础

性研究重大关键项目计划（“攀登计划”），不断巩固基础研究队伍。

（二）中国科技发展收获一系列重要成就

对撞机实验成功。1984 年 10 月 7 日，北京正负电子对撞机工程正式破土动工。邓小平同志亲自来到高能物理研究所参加奠基典礼，揭开了我国第一个高能加速器建设的序幕。1988 年 10 月 16 日首次实现了正负电子的对撞，提前建成了这一在世界上具有领先水平的高科技工程。中国的高能加速器从无到有，仅仅用了 4 年时间，这一建设速度在国际加速器建造史上也是罕见的。北京正负电子对撞机工程从项目决策到人事安排、对外合作、组织实施、工程管理等都是在邓小平同志直接关怀下进行的。北京正负电子对撞机成为中国拥有高科技的重要象征。它的建造成功是中国高能物理发展史上一个重要的里程碑。

启动“863 计划”。1986 年 3 月 3 日，王大珩、王淦昌、杨嘉墀、陈芳允等科学家针对世界高科技的迅速发展和世界主要国家已制定了高科技发展计划的紧迫现实，向中央提出了全面追踪世界高科技的发展和制定中国发展高科技计划的建议和设想。根据邓小平同志的意见，中央立即组织有关部门负责同志和专家对我国高技术的发展战略进行全面论证，制定高科技研究发展计划。这个计划因是 1986 年 3 月提出的，故简称“863 计划”。在邓小平同志的支持和推动下，1986 年 11 月，中共中央、国务院批准了《高技术研究发展计划纲要》。计划纲要确定从世界高技术的发展趋势和我国的需要与实际可能出发，选择 15 个主题项目，分别属于 7 个领域，包括生物技术、航天技术、信息技术、先进防御技术、自动化技术、能源技术和新材料技术的一些领域，以此作为突破重点，在几个重要的高技术领域跟踪世界先进水平。

杂交水稻育成攻克世界难题。我国自 1964 年开始研究水稻杂种优势开发，1970 年，采用自己独创的方法，进行不同品种水稻之间的杂交实验，终于在 1973 年培育成一批矮秆水稻的雄性不育系和保持系，后来又从引进品种中找到了恢复系，配成了强优组合，育成了杂交水稻，且解决了繁殖制种和栽培技术问题。自 1975 年试种成功后，很快地在全国大面积推广。从 1976 年到 1988 年，播种面积近 4 亿亩，累计增产粮食 400 亿公斤。杂交水稻还在菲律宾、美国、朝鲜、日本、埃及等 12 个国家开花结果。杂交水稻的成功，丰富了遗传学理论的宝库，受到了国际社会的重视，1980 年，我国第一个农业技术专利转让给美国。美国科学家经过对比试验证明，中国杂交水稻良种比美国当时采用的一个水稻良种增产 165.5% 到 180.8%，亩产达 7500 公斤左右。1981 年，国家科委发明评选委员会对这项由全国杂交水稻科研协作组完成的成果，授予特等发明奖。这是 1979—1985 年度近千项发明奖中唯一的特等奖。中国选育成功高产的杂交水稻，大大提高了中国和世界水稻产量，实现了"第二次绿色革命"。

第二节　科教兴国战略

20 世纪 90 年代以来，世界科技革命新一轮高潮到来，知识经济初见端倪，科学技术、知识、信息的重要性更为突出。与此同时，虽然改革开放以来中国的科技事业取得不凡成就，但科技整体发展水平和全民的科学文化素养依旧较低。江泽民同志为进一步将邓小平所提的"科学技术是第一生产力"落到实处，客观分析世界经济状况和社会发展趋势，提出"科教兴国"战略，并指出其是贯彻落实"三个代表"重要思想的重要举措。"三个代表"重要思想是在科学判断党的历史方位的基础上提出来的，是对马克思列宁主义、毛泽东思想和邓小平理论的继承和发展，反映了当代世界和中国的发展变化对党和国家工作的新要求，是加强和改进党的建设、推进社会主义制度自我完善和发展的强大理论武器，是全党集体智慧的结晶。作为中国先进生产力发展的必然要求，科学技术是建构生产力系统的关键要素，而教育则孕育着生产力系统最重要的外在要素即劳动者；作为中国先进文化前进方向的有力保证，发展科技和教育不仅推动全民族科学文化素质的提高，还能够保证人民大众对各种文化的辨别、吸纳和创新；作为中国最广大人民群众利益的实现手段，科技和教育不仅能够解放和发展生产力，不断提高人民群众的物质生活水平，还可以在一定程度上满足其精神文化需求。

一、科教兴国战略的提出

科教兴国战略的提出是在社会主义现代化建设实践中继承发展、贯彻落实科学技术是第一生产力的结果，科教兴国战略的科学技术思想既适应了中国经济社会发展的内在要求，也适应了日趋激烈的国际科技竞争新趋势。从根本上来说，它把中国化马克思主义科学技术思想推向了时代的新高度，是指导中国科技事业发展、实现中华民族伟大复兴的理论指南。

（一）科教兴国战略的提出背景

科教兴国战略思想尊重于现实并且来源于现实，它是立足于20世纪90年代初至21世纪初国际国内不断发展变化的现实环境而形成的。1995年5月，中共中央、国务院《关于加速科学技术进步的决定》，首次正式提出实施科教兴国战略，并明确地指出了科教兴国战略的内涵及意义。继该《决定》发布之后，全国科学技术大会召开，江泽民同志在会上提出，要探索一条具有中国特色的科技进步道路，必须重视关系科技工作全局的几个问题，对贯彻落实科教兴国战略作出了全面部署。[①] 在1997年中共十五大上，“科教兴国”被确定为跨世纪的国家发展战略，自此科技的地位被提升到前所未有的高度。面对这一时期的新机遇与新挑战，中国科技的发展前景可谓是喜忧参半。因此，在新形势下提出科教兴国战略的科学技术思想，刻不容缓。

一方面，中国科技的发展有着较好的国内国际环境。一是世界科技革命的

---

① 曾敏：《中国共产党科技思想研究》，四川人民出版社2015年版，第94—95页。

新一轮高潮正在兴起，这对于中国科学技术的发展是一种机遇。世界科技发展呈现出新方向，“物质科学的研究重点转向极端条件下的物性和相互作用，为创造新材料、新能源和清洁高效的工艺提供了新的基础知识；以分子生物学为核心的生物工程技术酝酿着新的重大突破，为农业、医药和人类健康开辟了全新的前景；信息技术向最广泛的应用领域进军，同科技、经济、文化相结合形成了新的产业……地球科学愈来愈趋向综合化，为人类探索、保护、合理利用资源和生态环境增加了新的能力”。[①] 把握世界科技发展大势，有利于明确中国科技发展的方向和重点。二是科技革命影响加深，中国科技事业取得不凡成就，发展方向更为明确，为进一步发展打下良好基础。“经过十几年改革和发展的成功实践，我国科技工作发生了历史性变化，科技实力和水平显著提高，战略重点已转向国民经济建设，为经济发展和社会进步作出了突出贡献。”[②]

另一方面，中国科技的发展也面临多重挑战。一是来自国际敌对势力的阻挠。东欧剧变，苏联解体之后，中国已然成为社会主义的代名词，“国际敌对势力把中国视为眼中钉，千方百计想搞垮中国共产党的领导和社会主义制度，一刻也没有停止对我国实行西化、分化的政治战略”。[③] 二是中国的科技发展水平与发达国家仍有较大差距。当前综合国力的竞争日益激烈且更加倚重科技和经济实力，发达国家凭借其科技优势，“大大提高了它们抢占市场、垄断技术、获取超额利润的能力”，[④] 在综合国力竞争中占得先机，这使得属于发展中国家的中国处于劣势。三是中国科技发展自身也有诸多困难。“在体制、机制以及思想观念等方面还存在许多阻碍科技与经济结合的不利因素；多数企业还缺乏依靠科技进步的内在动力；科技成果转化率和科技进步贡献率较低；旧体制下形成

---

① 《江泽民文选》第 2 卷，人民出版社 2006 年版，第 236 页。

② 《江泽民文选》第 1 卷，人民出版社 2006 年版，第 425 页。

③ 《江泽民文选》第 3 卷，人民出版社 2006 年版，第 8 页。

④ 《江泽民文选》第 2 卷，人民出版社 2006 年版，第 424 页。

的科技系统结构不合理、机构重复设置、力量分散的状况依然存在；全社会多元化的科技投入体系还未形成，投入过低的状况尚未改观。”① 因此，面对这时期中国科技谋求进一步发展所迫切需要解决的难题，江泽民同志非常重视中国的科技和教育工作，他提出的科教兴国战略正是这一特定历史背景下的产物。

（二）以民族复兴为目标的科教兴国战略

以江泽民同志为核心的党的第三代中央领导集体，既立足于中国具体实践，又高瞻远瞩，着眼于民族的兴衰，准确把握21世纪新竞争、新趋势，及时果断地提出了“科技创新是兴国的强大动力”“国运兴衰系于教育”“科技是实现最广大人民利益的重要手段”一系列以实现民族伟大复兴为目标的科教兴国战略的科学技术思想，指明了中国科技的发展方向。

1. 科技创新是兴国的强大动力

1995年，江泽民同志曾创造性地提出“创新是一个民族进步的灵魂，是一个国家兴旺发达的动力”② 的重要论断。此后，他在众多讲话中再次重申了这一论断，并进一步提出：“有没有创新能力，能不能进行创新，是当今世界范围内经济和科技竞争的决定性因素。”③ 科技创新是推动人类社会发展的根本动力，也是21世纪推动中国社会主义科技事业发展的动力机车。对此，江泽民同志强调了科技创新在社会主义现代化建设中的重要作用，深刻指出：“科技创新已经越来越成为当今社会生产力的解放和发展的重要基础和标志，越来越决定着一个国家、一个民族的发展进程。”由此可见，科技创新是江泽民科教兴国战略思想中核心、活跃的因素。

科技创新要勇攀高峰，既要解决当下的经济发展难题，“又要超前于经济社会发展，进行研究开发，为未来的发展提供动力、储备后劲”；④ 此外，要加强

① 《十四大以来重要文献选编（中）》，人民出版社1997年版，第1343页。

② 江泽民：《江泽民同志在全国科学技术大会上的讲话》，《人民日报》1995年6月5日。

③ 江泽民：《论科学技术》，中央文献出版社2001年版，第192页。

④ 《江泽民文选》第1卷，人民出版社2006年版，第430页。

基础性研究和高技术研究，有重点地突破。尤其“要在电子信息、生物、新材料、新能源、航天、海洋等重要领域接近或达到世界先进水平”，[①]发展高新技术产业，让中国在世界高新技术及产业领域占据一席之地，以摆脱被动、落后的局面，维护国家安全，进而实现科技兴国。值得注意的是，江泽民同志亦十分重视为科技创新提供政治上和组织上的保障，他强调指出：“各级党委和政府要从战略的高度，充分认识推进科技创新的重要性和紧迫性，把加强技术创新，发展高科技，实现产业化摆上重要议事日程。”[②]

2. 国家发展前景与教育密切相关

教育是人力资本因素中的关键因素，它对经济社会的发展、科技人才的培养之影响是长期的且具有导向性。因此，要面对新科技革命的全方位变革和知识经济的浪潮，实现中华民族的伟大复兴，教育具有基础的地位，自不待言。1991年12月，江泽民同志在一次座谈会上，明确提出：“教育是伟大的事业。历史经验证明，一定要把教育搞上去，国家才能昌盛。”[③]

诚然，大力推进科教兴国战略，把教育放在优先发展的战略性位置是重中之重。江泽民同志在北京师范大学100周年校庆大会上亦强调指出：“当今时代，科技进步日新月异，国际竞争日趋激烈。各国之间的竞争，说到底，是人才的竞争，是民族创新能力的竞争。教育是培养人才和增强民族创新能力的基础，必须放在现代化建设的全局性战略性重要位置。”[④]由此，振兴教育为社会主义现代化建设和中国科技事业提供人才储备和智力支持是大势所趋。

3. 科技是实现最广大人民利益的重要手段

增强科技实力、发展先进生产力，归根到底是为了满足人民群众日益增长

---

① 《十四大以来重要文献选编（中）》，人民出版社1997年版，第1350页。

② 江泽民：《论科学技术》，中央文献出版社2001年版，第157页。

③ 潘宁：《试论科教兴国战略的内涵》，《毛泽东邓小平理论研究》2000年第4期。

④ 《江泽民文选》第3卷，人民出版社2006年版，第499页。

的物质文化需要，实现最广大人民的根本利益。从实质上来看，民富国强即是最广大人民的根本利益。以江泽民同志为核心的党中央，提出了科教兴国的战略部署，这是实现国家富强的必由之路。因此，要充分重视科技和教育的战略性地位，大力推进科学技术是第一生产力的作用，使人民群众更好地掌握科学技术，让广大人民成为致富道路上的领跑者，以加速实现国家的繁荣富强。正如江泽民同志所言："大力推进我国的科技进步和创新，是我们发展先进生产力和先进文化的必然要求，也是我们实现最广大人民根本利益的要求。"①

此外，科技进步的历程表明，科学技术这一武器极大促进了经济社会物质文明和精神文明的快速发展，无疑是提高人民生活水平和质量、推进人的全面发展的重要手段。对此，江泽民同志强调指出，科教兴国战略观导向下的科技工作的一切出发点和落脚点都要以实现好、维护好和发展好广大人民群众的根本利益为前提条件，努力使更多的科技成果服务于人民。

二、科教兴国战略指导下的科技实践工作

科学技术的发展在于创新，创新在于人才，人才在于教育，江泽民同志在继承邓小平同志一系列思想的基础之上，提出了科教兴国战略，将科技发展思想切实同国家发展的具体战略进行结合，使之转化为国家发展的具体战略举措。江泽民同志指出，振兴经济首先要振兴科技，只有坚定地推进科学技术进步，才能在激烈的竞争中取得主动。理顺科技、教育与经济的关系：必须将科技摆在优先发展的战略地位，深化科技体制改革、构建国家创新体系；必须把教育摆在优先发展的战略地位，教育是科技进步的基础，大力培养科技人才，提高全民科学文化素养。在科教兴国战略的指导下，科技生产力得到进一步解放和发展，众多科技实践成果涌现，经济建设更加依赖科技进步和劳动者素质提高。

---

① 《江泽民论有中国特色社会主义（专题摘编）》，中央文献出版社2002年版，第237页。

（一）理顺科技、教育与经济的关系

科教兴国指的是，“全面落实科学技术是第一生产力的思想，坚持教育为本，把科技和教育摆在经济社会发展的重要位置，增强国家的科技实力及向现实生产力转化的能力，提高全民族的科技文化素质，把经济建设转到依靠科技进步和提高劳动者素质的轨道上来，加速实现国家繁荣强盛”。[①]要实现科学技术的进一步发展，首先就是要厘清科技、教育与经济的关系。

1. 科技工作要面向经济建设主战场

江泽民同志提出，“科学技术是先进生产力的集中体现和主要标志”。[②]先进的科技代表着先进的生产力，代表着促进经济社会发展的强大动力，必须充分肯定科技进步与创新对经济社会发展的推动作用。

科技工作要面向经济建设。科学技术“要为解决经济社会发展的热点、难点、重点问题作出贡献”。[③]一是科技兴农。农村和农业经济发展的根本出路在于依靠科学技术实现现代化。在引进国外的先进技术、优良品种和管理经验的同时，加强农业科技研发，在对农业发展有重大影响的关键技术上取得突破，并将先进技术在农业生产中普及推广，为农业现代化奠定技术基础。二是科技助推工业现代化。以信息化带动工业化，解决关键性和基础性技术难题，“加快传统产业的技术改造，提高产品的技术含量和市场竞争力，提高工业增长质量和效益，促进产业结构优化升级”。[④]三是科技振兴西部。国家要加大对西部地区的科技支持，重点开发基础设施建设，合理开发自然资源，加强生态环境建设，发展优势产业，为振兴西部地区奠定良好基础。四是科技强军。“加强国防科研，改善武器装备，提高官兵的科技素质，建立科学的体制编制，提高科技

---

① 《江泽民文选》第1卷，人民出版社2006年版，第428页。

② 江泽民：《论“三个代表”》，中央文献出版社2001年版，第156页。

③ 《江泽民文选》第1卷，人民出版社2006年版，第430页。

④ 《江泽民文选》第1卷，人民出版社2006年版，第431页。

创新能力和科学管理水平，同时提出军队建设要逐步实现由数量规模型向质量效能型、由人力密集型向科技密集型转变。”[①]以武器现代化、管理现代化、军事人才现代化适应世界军事领域的深刻变化。五是促进可持续发展。处理好经济发展与人口、资源、环境之间的关系需要依赖科技进步，控制人口增长，提高资源的开发利用效率，加强环境污染的预防和治理。

经济建设为科技工作提供坚实基础。科学技术的研发、科学成果的商品化和产业化都需要依赖市场机制，科研机构和院校要面向市场，科学技术要进入市场、进入企业，尤其是要激发企业的科技研发和转化活力，使企业成为科技创新的主体，实现科学技术的产研结合。以市场推动科技成果向现实生产力转化，使科学技术与经济建设更好地结合。

2. 教育是发展科学技术的基础

江泽民同志明确指出，“知识分子是工人阶级中掌握科学文化知识较多的一部分，是先进生产力的开拓者”，[②]充分肯定知识分子在中国现代历史上所作出的卓越贡献。“科技进步、经济繁荣和社会发展，从根本上说取决于提高劳动者的素质，培养大批人才。”[③]没有知识分子的参与，改革和建设无法取得胜利；没有科技工作者的参与，中国的科学进步、经济社会发展无法实现。社会生产自动化、信息化、智能化水平不断提高，对劳动者素质的要求愈来愈高，“我国科技人员的数量和整体水平还不适应社会主义现代化建设的要求”。[④]提高劳动者素质、培养更多高素质科技工作者成为十分紧迫的战略任务。

推动科技进步和经济社会发展的关键在于创新，实现创新的关键在于人才，江泽民同志一贯将人才资源视为第一资源，要在知识经济时代占得先机，必须

① 《江泽民文选》第 2 卷，人民出版社 2006 年版，第 457 页。

② 《十四大以来重要文献选编（上）》，人民出版社 1996 年版，第 26 页。

③ 《十四大以来重要文献选编（上）》，人民出版社 1996 年版，第 25 页。

④ 《江泽民文选》第 1 卷，人民出版社 2006 年版，第 435 页。

拥有大批高水平的科技人才。培养人才的关键则在于教育，贯彻科教兴国战略，“把教育摆在优先发展的战略地位，努力提高全民族的思想道德和科学文化水平”，① 培养出一批高水平的科学技术工作者，这是实现社会主义现代化的根本大计。

（二）把科技发展摆在优先发展的战略地位

科技进步与创新是经济社会发展的主导力量，解决经济发展难题和经济发展后劲都依赖于科技进步与创新。将科技发展摆在优先发展的战略地位，深化科技体制改革，形成适合社会主义市场经济和科技自身发展的新型科技体制；建设国家创新体系，推动知识创新与技术创新。将中国科技发展把握在自己手中，实现中国科技的跨越式发展。

1. 深化科技体制改革

科技体制改革是一场意义深远的革命，江泽民同志在中共十四大报告中明确指出科技体制改革的重点是，“调整科技系统的结构，分流人才。要真正从体制上解决科研机构重复设置、力量分散、科技与经济脱节的状况，加强企业技术开发力量，促进科技与经济的有机结合”。②

形成布局合理的科技系统结构。一是使企业成为科技进步与创新的主体。在企业内部设立科研中心，实行科研、设计、生产的有机结合，提高企业技术开发水平。升级国有企业的设备与技术，发挥其在技术研发上的优势；积极扶持中小型科技企业的发展，“特别是要发展‘专、精、特、新’的科技型企业，同大企业建立密切的协作关系”。③ 提高中小型企业的科技水平。二是精简机构、集中力量、加强合作。稳住由政府财政支持的重点科研院所，减少其他科研院所的数量；分流科技工作者，保留精干的高水平科技队伍；鼓励企业、科研机

---

① 《十四大以来重要文献选编（上）》，人民出版社 1996 年版，第 25 页。

② 《十四大以来重要文献选编（中）》，人民出版社 1997 年版，第 1353 页。

③ 《江泽民文选》第 3 卷，人民出版社 2006 年版，第 453 页。

构与高等院校之间开展更为密切、深层次的合作，打破各自为战的格局，这是科技体制改革的重点。三是建立技术服务机构。科技服务机构以市场为导向，为科研机构提供各种技术服务。同时鼓励科技服务机构进入企业，也可以转型为科技企业或者组建企业集团，积极参与地方经济的发展。

建立富有活力的运行机制。一是与经济建设密切相关的科技活动都要以市场机制为主，让市场更好地分配资源，促进科学成果转化，以竞争机制激发科技工作的活力。二是各级党委和政府不能放松对科技活动的宏观调控。在市场机制尚未健全的情况下，各级党委和政府要切实将科技发展作为重要任务来抓，要制定科学发展规划，加大科研投入，创新管理方式，尤其对“从事有关国家整体利益和长远利益的基础性研究、应用研究、高技术研究、社会公益性研究和重大科技攻关活动”[①]要大力扶持。此外，还要加强科技立法和执法工作，完善知识产权保护制度。

形成全社会多元化的科技投入体系。“科技投入是科技进步的必要条件……必须采取有力措施，调整投资结构，鼓励、引导全社会多渠道、多层次地增加科技投入。”[②]加大中央和地方对重点科研活动的财政支持，鼓励企业增加科技投入，“建立有利于技术创新和科技成果转化为现实生产力的投融资体制”。[③]扩大科技贷款规模，多渠道引进和高效利用外资。

形成科学的研究院所管理制度。中共中央、国务院《关于加速科学技术进步的决定》指出，要“建立政事分离、责权明确的组织管理制度；优化组织结构和专业结构；建立‘开放、流动、竞争、协作’的新型科研机制；建立固定与流动岗位相结合，专职与兼职相结合的人事制度；建立科技人员的收入与经济效益或工作业绩挂钩的分配制度；有条件的科研院所，可试行理事会领导、

① 《江泽民文选》第1卷，人民出版社2006年版，第433页。

② 《十四大以来重要文献选编（中）》，人民出版社1997年版，第1359页。

③ 《江泽民文选》第2卷，人民出版社2006年版，第399页。

由科技人员代表组成的监事会监督、院所长负责的新型管理制度”。[①] 以科学、专业的管理方式便利科技工作、激发科技创造活力。

2. 建设国家创新体系

江泽民同志认为，科学技术转化为生产力需要一个创新机制。“一个没有创新能力的民族，难以屹立于世界先进民族之林。”[②] “科学的本质就是创新。”中国要在21世纪世界科技发展中占得一席之地，就必须根据中国国情，搞出真正的中国的创新体系。

处理好学习和创新的关系。一是坚持向其他国家学习，取长补短。“我们现在技术上还比较落后，应该努力学习和借鉴别国的长处，即使我们实现了现代化，也还是要不断向其他国家学习，取长补短。”[③] 引进、学习不是盲目的，要做好功课。统筹国内研发与国外引进两项工作，经过专家反复论证，尤其引进关键技术和经验。二是坚持在学习、消化、吸收基础上提高自主创新能力。“如果自主创新能力上不去，一味靠技术引进，就永远难以摆脱技术落后的局面。”[④] 一味依靠技术进步，只能增强依附性，消弭科技创新创造活力。要掌握中国科技的命运就要提高自主创新能力，以国内研发为主，瞄准世界科技前沿，在关键领域有所突破，实现中国科技的跨越式发展，占领世界科技高地。

以试点工作推进国家创新体系建设。江泽民同志在中国科学院《迎接知识经济时代，建设国家创新体系》报告上作出了搞些试点以推进国家创新体系建设的重要批示。“1998年10月12日．中国科学院宣布：1998年首批启动12项试点工作。由此，中国的国家创新体系的建设拉开了新的一幕。1999年初，中国政府宣布，从1998年到2000年投资50亿元来建设国家创新体系。”[⑤]

---

① 《十四大以来重要文献选编（中）》，人民出版社1997年版，第1356页。

② 江泽民：《论科学技术》，中央文献出版社2001年版，第55页。

③④ 《江泽民文选》第1卷，人民出版社2006年版，第432页。

⑤ 姚俭建：《江泽民科学技术思想研究》，上海交通大学出版社2011年版，第135页。

知识创新与技术创新并举。制定并实施诸多计划，如“211 工程”“技术创新工程”“攀登计划”“知识创新工程”（试点）和“产学研”联合开发工程计划等，发挥大型科技企业在技术创新中的核心作用，发挥科研机构与高等院校在知识创新上的核心作用，实现各种科技力量的联合，共同推进国家科技创新能力的提高。

（三）把教育摆在优先发展的战略地位

江泽民同志认为，教育是科学进步和创新的基础，将教育摆在优先发展的战略地位，以培养一批高素质人才和提高全民科学文化素养为目标，深化教育体制改革、优化人才培养模式、加强科普工作。更好地发挥教育对于科技发展和经济发展的基础作用，更好地实现教育机制与科技、经济的密切结合，实现经济社会的更好发展依靠的是科技进步和劳动者素质提高。

1. 深化教育体制改革

现有的教育体制有诸多弊端，无法满足实现科技进步和经济社会发展的人才需求，必须对现有的教育结构、教育观念、教育模式进行改革，形成具有中国特色的社会主义教育体制。

优化教育结构。一是要大力加强基础教育，发展多层次的职业教育和成人教育，进一步提高高等教育质量，发展继续教育，满足多层次教育需要，尤其是要“多办一些各类职业学校，培养大量各种初级、中级人才”。[1] 建设学习型社会，倡导终身学习也是时代发展的趋势。二是“推动学校教育、社会教育、家庭教育紧密结合、相互促进，加强各级各类教育的衔接和沟通”。[2] 教育事业的发展需要全社会的支持，鼓励社会与民间办学，学校教育必须贯彻党的教育方针，各级党委和政府要将教育置于优先位置，进行宏观调控，形成教育合力。

转变教育思想与教育模式。一是转变教师单向灌输、唯分数论、单一刻板

---

① 《江泽民文选》第 1 卷，人民出版社 2006 年版，第 373 页。

② 《江泽民文选》第 3 卷，人民出版社 2006 年版，第 500 页。

的教育观念与模式。师生之间应该是“相互学习、相互切磋、相互启发、相互激励”[1]的关系；教师还要善于发现和培养学生的闪光点，因材施教。二是教育要面向世界，博采众长，借鉴世界教育的优秀经验。三是教育要充分利用现代科学技术手段，提高教学质量。比如，“进一步完善学校的计算机网络，加快数字图书馆等教育公共服务体系建设……采用音像录放等设施”[2]等。

打造高水平的教师队伍。一是“要进一步建立和完善适应我国教育发展需要的、开放灵活的教师教育体系，努力造就一支献身教育事业的高水平的教师队伍”。[3]教师要时刻谨记育人使命；“具备求真务实、勇于创新、严谨自律的治学态度和学术精神，努力发扬优良的学术风气和学术道德”，[4]终身学习，做知识的传播者；成为学生的榜样，身教更胜于言传。二是关心教师的生活，肯定教师的工作，提高教师的地位，激发教师的育人积极性与创造性。

2. 优化人才培养模式

没有人才，社会主义现代化事业便无法向前发展，所以必须优化人才培养模式，营造适合人才培养的环境，完善人才培养制度政策，“形成一个拴心留人的环境，培育一个争相创新的氛围，使优秀人才脱颖而出、发挥才干”。[5]

拓宽人才培养途径。一是人才培养主体多元化。学校是人才培养最为常规的场所，除此之外，企业也要发挥人才吸纳与培养的作用，科研机构也要成为人才培养基地，科技中间机构也要发挥其独特作用。二是“要形成开放、灵活的人才市场配置机制，打破单位、部门壁垒，鼓励人才合理流动，培育并形成与其他要素市场相贯通的人才市场，建立人才结构调整与经济结构调整相协调的动态机制”。[6]鼓励人才的竞争与流动。三是积极欢迎出国学习人员回国参与

---

① 《江泽民文选》第2卷，人民出版社2006年版，第334页。
②③ 《江泽民文选》第3卷，人民出版社2006年版，第500页。
④ 《江泽民文选》第3卷，人民出版社2006年版，第502页。
⑤ 《江泽民文选》第3卷，人民出版社2006年版，第121页。
⑥ 《江泽民文选》第3卷，人民出版社2006年版，第320页。

现代化建设，还要善于从广大劳动者，如工人、农民中筛选出杰出人才。

营造有利于人才培养与涌现的良好环境。一是营造尊重人才、尊重知识、尊师重教的社会风尚。人才培养在教育，教育振兴在教师。尊重知识成果，让人民愿意成为科技工作者，并以此为傲；维护教师的合法权益，激发工作主动性。二是营造生动、活跃、民主的学术氛围，让创造活力充分涌现。“创造宽松和谐的环境……努力营造一种尊重特点、鼓励创新、信任理解的良好环境”，[①]给予人才关怀、信任和激励，给他们最大的成长空间。三是积极开展国际交流，为人才成长提供更为广阔的平台和丰富的资源。

完善人才培养制度和政策。一是改善人才的生活条件与待遇。领导干部要深入到知识分子之中，倾听知识分子的意见，为知识分子办实事，要把它作为“各级党政领导干部任期目标责任制的重要内容和政绩考核的重要标准”。[②]切实为改善知识分子的生活条件和待遇作努力，知识分子没有了后顾之忧才可以专注于科研。二是建立人才激励机制。“对有突出贡献的知识分子给予重奖，并形成规范化的奖励制度。”[③]比如，中共中央、国务院设立的国家最高科学技术成就奖就是为了奖励突出的科研工作者，以此鼓励所有的科技人才施展才干、积极进取。三是重视科技人才队伍的年轻化。科技事业的进一步发展需要年轻的血液，必须有一大批年轻的科技人才。江泽民同志说，“人的思维创造活动的最好年龄，一般是二十几岁到三十几岁。年轻人不但思维敏捷，精力旺盛，而且对知识、经验的积累和掌握也最为快捷，又最少包袱，敢想敢干，再加上其他的有利条件，所以新的发现、新的创造在青年时期居多”。[④]对于科技人才的培养要从小抓起，尤其抓好青年人才的培养，让青年人才尤其是跨世纪青年学术带头人和

① 《江泽民文选》第3卷，人民出版社2006年版，第320页。

② 《江泽民文选》第1卷，人民出版社2006年版，第371页。

③ 江泽民：《论科学技术》，中央文献出版社2001年版，第35页。

④ 江泽民：《论科学技术》，中央文献出版社2001年版，第111页。

技术带头人大量涌现，实现科技队伍的新老交替，增强中国科技队伍活力。

3. 加强科普工作

愚昧不是社会主义，科教兴国战略不仅是要培养具有专业知识和超高技能的科技工作人员，还要提高全民族的科技文化水平。国民教育水平也是衡量一个国家、一个社会发展程度的标准之一，提高全民科学文化素养、破除封建愚昧，提高整体教育水平，为科技进步和创新积累广泛的群众基础、提供强大的发展后劲。

要在领导干部中普及科学知识。一是科学技术的发展需要干部尤其是领导干部的带领，只有掌握科学技术发展的最新态势，才可以游刃有余地指导科学技术的发展。"要在干部特别是领导干部中，普及现代科学技术知识……是一个很迫切的问题。"[①] 领导干部不仅要自己学，向专家学，在实践中不断论证地学，还要"贯彻科学精神，讲求科学方法，为群众作出表率"。[②] 二是广大领导干部要具备较高的学习能力并且不断地学习。科学技术的发展速度和科学知识的更新换代的速度非常之快，这也要求领导干部必须时刻学习新知识。

要在人民群众中普及科学知识。一是要办好义务教育，这是普及科学知识最基础的工程，抓好青少年的科学教育，让科学的种子早早萌芽；要办好各层次的职业教育与成人教育，提升大部分人的科学文化素养。二是要发挥广大知识分子，尤其是高级知识分子的作用。科技工作者的使命不仅只在于科研，还在于弘扬科学精神，在科普工作中发挥作用。比如，"一百多位院士参与了《院士科普书系》的编写工作，已经写出了五十多本书稿，即将陆续出版"。[③] 三是通过大众传媒和其他途径，营造"学科学、用科技"的社会新风尚，"促进社会主义精神文明建设，用科学战胜封建迷信和愚昧落后"。[④]

---

① 江泽民：《论科学技术》，中央文献出版社2001年版，第40页。

② 《江泽民文选》第3卷，人民出版社2006年版，第39页。

③ 《江泽民文选》第3卷，人民出版社2006年版，第38页。

④ 江泽民：《论科学技术》，中央文献出版社2001年版，第61页。

三、科教兴国战略指导下的科技实践成果

1995年，中共中央、国务院作出《关于加速科学技术进步的决定》，第一次明确提出科教兴国战略。科教兴国战略把邓小平同志“科学技术是第一生产力”的战略思想上升为国家意志，变成具体的工作部署，成为中国面向21世纪的重大战略选择。科教兴国战略大力推动了中国科学与教育事业的发展，科技体制与教育体制均有所改善，众多科技成果问世。

（一）科技体制改革有所进展

在科技体制改革的推动之下，科技系统的结构有所优化，企业逐渐成为科技进步和创新的主体，企业、科研机构、高等学校以及科技服务机构之间的孤立被打破，合作互动增加；科技运行机制更加灵活，市场发挥作用，科技活力进一步被激发，各级党委和政府弥补市场不足，发挥宏观调控作用，共同推动科学技术的发展。

随着科技投入的增加、创新试点工作的进行、知识创新与技术创新工程的开展，“包括大学、企业、科研院所在内的一个新的国家创新体系正在形成”。① 值得一提的是，科技工业园区的出现，有效促进了科学技术成果向产业领域的转移，进一步推动了高新技术产业的发展。有关数据统计表明，“20世纪90年代以来，我国高新技术产业开发区蓬勃发展。据53个国家级高新区统计，2000年经济规模达9200亿元，工业总产值7900亿元，出口创汇185亿美元，财政收入460亿元，从业人员达到250万人，其中仅北京中关村科技园区经济规模已经超过1400亿元。全国高新区平均以超过30%的速度在增长”。②

教育体制的改革以及一系列教育工程，如“211工程”的实施，为科学技术的进步、为国家创新体系建设提供了强大的智力支持。

---

① 张敏卿、王红、胡小平：《科学技术与社会进步论》，现代出版社2014年版，第253—254页。

② 张敏卿、王红、胡小平：《科学技术与社会进步论》，现代出版社2014年版，第254页。

（二）重大科技成果问世

两系法杂交水稻技术诞生，三系水稻顺利发展为两系。在此之后，1998 年，超级杂交水稻被列为“863 计划”的重点项目，袁隆平“成功地设计出了以高冠层、矮穗层、高度抗倒为特征的超高产株型模式培育方法”。[①]2001 年，超级杂交水稻一期通过验收，比一般水稻产量高 20%。除水稻之外，还有很多作物品种不断优化、增产，农业新技术得到推广，有效地推动了农业经济的发展，促进农业现代化。

中国的载人航天工程于 1992 年 9 月 21 日启动，当时中国的推力火箭和返回式卫星技术已经比较成熟，“我国自行研制的长征系列火箭连续五年 23 次发射成功，将 31 颗卫星包括 19 颗国外研制的卫星送入预定轨道”。[②]但是，载人航天却一片空白。1999 年 11 月神舟一号飞行取得成功，2001 年 1 月神舟二号飞行取得成功、2002 年 3 月神舟三号带着模拟人成功飞行，2002 年 12 月至 2003 年 1 月神舟四号解决了存在的有害气体超标问题圆满结束飞行，这些无人飞船的成功飞行为 2003 年 10 月的第一次载人航天飞行打下了坚实基础，是中国载人航天工程取得的重大成就，是中国综合国力提高的标志。

“神威一号”高性能计算机在 1999 年 8 月问世，是我国巨型计算机研制和应用领域取得的重大成果，其主要技术指示和性能达到国际先进水平，这标志着中国成为世界上第三个具备研制高性能计算机能力的国家。“神威一号”计算机在气象预报、人类基因组测序等众多方面得到应用，为经济建设和科学研究作出重要贡献。我国计算机集成制造系统从空白起步到获得两项世界级大奖：清华大学国家 CIMS 工程研究中心在 1994 年获得了 CIMS“大学领先奖”，北

① 杨新年：《当代中国科技史》，知识产权出版社 2014 年版，第 642 页。

② 国家统计局：《科学技术事业取得辉煌成就》，http://www.stats.gov.cn/ztjc/ztfx/jwxlfxbg/200205/t20020530_35921.html。

京第一机床厂在1995年获得了CIMS“世界工业领先奖”，这标志着我国CIMS的研究与应用水平进入了国际先进水平。

“863计划”实施之前，中国研制的水下机器人都是有缆遥控型，1994年“探索者”号研制成功，它的工作深度达到1000米，实现了从有缆向无缆的飞跃。1995年春，CR-01 6000米无缆自治水下机器人研制成功，“它具有观察型功能，装有摄像机和静态照相机，可围绕沉着物和海底进行摄像和照相；具有自动回避障碍、自动围绕沉着物回游以及自动返航等自治功能”。①同年5月，中国科学院考察船考察太平洋夏威夷以东1000海里海域时将其投入海底进行测试，历时三个月，它成功测量了海底地貌并且摄取了深海贵金属锰核录像和照片。人们把CR-01视为成功发射了一颗返回式的“海洋卫星”，这表明中国机器人的总体技术水平跻身世界先进行列。

第三节　可持续发展思想

随着人类社会跨入21世纪，世界新科技革命势头更猛，一系列高新技术和产业破土而出，科学技术对一个国家的影响不断加深。综合国力竞争日益激烈，发达国家在经济科技上长期占优势，中国的科技发展水平本就较低，而且经济发展与人口、资源和环境的矛盾越来越突出，要实现可持续发展困难重重。以胡锦涛同志为总书记的党中央提出了科学发展观及其一系列科学技术新主张：一方面，更加重视科学技术的动力功能，以自主创新思想为核心，大力倡导创新型国家的建设；另一方面，在科学发展观的指导之下，倡导全面、协调、可

① 张凤春：《从零到6000米的突破》，http://www.cas.cn/zt/jzt/cxzt/zgkxykjcxal/200410/t20041010_2668110.shtml。

持续发展，突出强调科技要与经济、环境、人和谐发展。这些思想主张为改革开放转型后一阶段的科技工作提供了方向引领，并且取得了卓越的科技实践成果。科学发展观是马克思主义同当代中国实际和时代特征相结合的产物，是马克思主义关于发展的世界观和方法论的集中体现，开辟了当代中国马克思主义发展新境界。科学发展观提出以后，在实践中不断得到丰富和完善，对中国特色社会主义事业发展发挥了重要的指导作用。

一、可持续发展思想的提出

全面、协调、可持续发展是科学发展观的内涵，科学发展观是对党的三代中央领导集体发展思想的继承与创新，也是中国共产党在社会主义现代化建设的历程中，植根于中国现实，为回应国内外经济社会、科学技术事业快速发展中所出现的种种新情况新挑战而提出的。鉴于此，以胡锦涛同志为总书记的党中央对社会发展面临的全新境遇具有清醒的认识，适时提出了科学发展观视阈下以人类文明进步为基石的科技和谐观，深化与升华了科学发展观的科学技术思想。

（一）可持续发展的提出背景

以可持续发展为重要内涵的科学发展观既是中国共产党面对战略机遇期与矛盾凸显期之双重境遇的积极回应，也是历史与现实架构的立体式背景下的时代产物。胡锦涛同志在中共十七大报告上指出："科学发展观，是立足社会主义初级阶段基本国情，总结我国发展实践，借鉴国外发展经验，适应新的发展要求提出来的。"[①] 进入21世纪之后，众多新兴技术领域取得突破、高新技术产业迅速崛起，引发了世界范围内的产业结构调整。与此同时，中国仍处于社会主义初级阶段，人口多、底子薄，且科学技术与经济发展要求不相适应，导致经济发展与人口、资源、环境的矛盾日益突出。在这一背景下，胡锦涛同志强调指出：

---

① 闫志民：《中国特色社会主义理论发展史》，人民出版社2012年版，第475页。

进一步推进具有中国特色科技事业的发展，做好当前和今后的工作，“关键是要真正把科学发展观的要求体现在经济社会发展的各个方面和各项具体工作中”。[①]

一方面，适逢科技发展的时代机遇。“本世纪头20年，是我国经济发展的重要战略机遇期，也是我国科学技术发展的重要战略机遇期。”[②]一是世界范围内科技进步日新月异，为中国科学技术发展创造良好的国际环境。进入21世纪，信息化时代特征明显，“科技知识创新、传播、应用的规模和速度不断提高，科学研究、技术创新、产业发展、社会进步相互促进和一体化发展趋势更加明显，一系列重大科技成果以前所未有的速度转化为现实生产力”。[③]二是中国的经济和科学教育事业不断发展，为中国科学技术发展创造良好的国内环境。“经济结构战略性调整取得成效，农业的基础地位继续加强，传统产业得到提升，高新技术产业和现代服务业加速发展。建设了一大批水利、交通、通信、能源和环保等基础设施工程。西部大开发取得重要进展。经济效益进一步提高，财政收入不断增长。”中国必须顺应时代潮流，把握21世纪的发展机遇，掌握科学技术的发展优势，更好把握社会的进步方向，争取在某些科技领域占领高地。

另一方面，面临矛盾重重的发展困境。一是发达国家长期占据科技发展优势。科学技术越来越成为综合国力竞争的焦点，“国家核心竞争力越来越表现为对智力资源和智慧成果的培育、配置、调控能力，表现为对知识产权的拥有、运用能力”。[④]发达国家在综合国力竞争中长期领先。二是我国正处于并将长期处于社会主义初级阶段，在发展道路上还面临着诸多问题亟待解决。生产力还不发达，人民生活质量不高；自主创新能力不强，科学技术水平低下；粗放型经济增长方式没有根本转变，经济结构不够合理；区域发展不平衡，经济社会

① 冷溶：《科学发展观的创立及其重大意义》，《马克思主义研究》2006年第8期。

② 胡锦涛：《坚持走中国特色自主创新道路　为建设创新型国家而努力奋斗——全国科学技术大会上的讲话》，人民出版社2006年版，第7页。

③ 薛建明：《当代中国科技进步和低碳社会构建》，中国书籍出版社2013年版，第200页。

④ 《十六大以来重要文献选编（下册）》，中央文献出版社2008年版，第479页。

发展与城乡资源环境的矛盾日益突出。这些问题根深蒂固、错综复杂，促使以胡锦涛同志为总书记的党中央深刻意识到，必须抓住科技发展的时代机遇，积极应对挑战，作出战略选择，努力把科学技术转化为实际生产力，推动科学技术本身的发展，无疑可持续发展思想就是为解决这时期中国的发展问题而提出的。

（二）提出以人类文明进步为基石的科技和谐理念

中共十六大以来，以胡锦涛同志为总书记的党中央，立足于新世纪、新阶段，深刻总结这时期中国共产党科技发展所面临的新挑战之经验教训，富有洞见地提出了科学发展观的三层科技理论维度："科学技术是人类文明进步的基石和原动力""科技和谐思想""提高自主创新能力，建设创新型国家"，这一系列以人类文明进步为基石的科技和谐观，深化与丰富了科学发展观的科学技术思想。

1. 科学技术是人类文明进步的基石和原动力

科学技术是生产力，这是马克思主义的一个基本观点。邓小平同志将科技提到了"第一"的重要地位，并且反复强调"四个现代化，关键是科学技术的现代化"。江泽民同志将"科学技术是第一生产力"与国家的具体战略相结合，提出"科教兴国"的战略思想。胡锦涛同志在此基础上，进一步阐述了科技的价值和社会地位，提出"科学技术是人类文明进步的基石和原动力"，既强调了科技在社会发展中的基础地位，又突出了科技发展对于人类社会发展的重要推动作用。

科学技术是推动经济发展的重要动力。"科学技术特别是战略高技术正日益成为经济社会发展的决定性力量"，① 科学技术的进步与社会经济的发展逐渐呈现相互依存、相互影响、相互交融、相互促进的总趋势。要在国际竞争中获胜，

---

① 胡锦涛：《在中国科学院第十三次院士大会和中国工程院第八次院士大会上的讲话》，人民出版社 2006 年版，第 2 页。

必须“进一步发挥科学技术对经济社会全面发展的关键性作用”。[①]

科学技术是人类社会进步的重要标志。“人类文明每一次重大进步都与科学技术的革命性突破密切相关。”[②]人类社会的发展史也是科学技术进步的革命史。科学技术的变革极大地推动了物质财富和精神财富的创造，推动了人类社会各领域的变革，影响了人类生活方式和思维方式。胡锦涛同志提出，“科学技术作为人类文明进步的基石和原动力的作用日益凸显，科学技术比历史上任何时期都更加深刻地决定着经济发展、社会进步、人民幸福”。[③]在此认知基础上，更加肯定了科学技术的重要地位和作用。

2. 和谐思想是科技长久的保障

从理论层面看，科技和谐思想深刻体现着科学发展这一重要的时代课题。科学技术是一把“双刃剑”，利用得好就能造福人类、推动社会发展，利用得不好就会危害人类、阻碍社会进步。科学技术在极大地解放生产力、推动人类社会快速前进的同时，也让人类面临多种全球性问题：环境污染问题、生态恶化问题、资源匮乏问题、科技伦理问题等。

胡锦涛同志高度重视科技与经济社会、生态环境的和谐发展。他说：“目前，我国科技的总体水平同世界先进水平相比仍有较大差距，同我国经济社会发展的要求还有许多不相适应的地方。”[④]科学技术的发展以资源消耗、自然环境破坏为巨大代价，科学技术理应与其他各领域和谐发展。因之，为了实现全面、协调、可持续发展，科学技术的进步和创新要坚持可持续发展思想的指导。

---

① 胡锦涛:《在中国科学院第十二次院士大会、中国工程院第七次院士大会上的讲话》，人民出版社》2004 年版，第 4 页。

②③ 胡锦涛:《在中国科学院第十五次院士大会、中国工程院第十次院士大会上的讲话》，人民出版社 2010 年版，第 5 页。

④ 胡锦涛:《坚持走中国特色自主创新道路　为建设创新型国家而努力奋斗——全国科学技术大会上的讲话》，人民出版社 2006 年版，第 5 页。

3. 提高自主创新能力，建设创新型国家

与时俱进是马克思主义的理论品质及重要精髓，其核心体现就是创新。邓小平同志提出要吸收、借鉴外国先进技术发展自己，但更要坚持“独立自主、自力更生”，科技事业的独立自主离不开自主创新能力的不断提高。江泽民同志提出要构建国家创新体系，提高自主创新能力。

胡锦涛同志同样重视创新，并进一步提出要建设创新型国家。胡锦涛同志认为，“人类文明的发展史告诉我们，一个民族要兴旺发达，要屹立于世界民族之林，不能没有创新的理论思维”。[①] 而中国要实现进一步发展，在人类文明的康庄大道上迈开前进的步伐，必须形成具有中国特色的创新道路，建设创新型国家，由此提出了可持续发展视阈下的“自主创新、重点跨越、支撑发展、引领未来”之科技战略举措指导方针。在中共十七大报告中，胡锦涛同志正式提出“要把提高自主创新能力，建设创新型国家作为国家发展战略的核心和提高综合国力的关键”。[②] 彰显了新世纪国家发展理论的战略高度。

二、可持续发展思想指导下的科技实践工作

在可持续发展思想的指导之下，中国共产党的科学技术思想在改革开放转型后一阶段呈现出新气象。进一步肯定科学技术对人类社会发展的重要作用，将科学技术发展置于优先发展的战略地位；进一步肯定创新在科学技术发展中的重要地位，提出要提高自主创新能力，推进国家创新体系建设，建设创新型国家；进一步认识科技是一把“双刃剑”，提出要推进全面、协调、可持续的发展，实现科技与经济、自然环境、人的和谐发展，科技才可以真正发挥其价值。

① 《胡锦涛参加政协社科新闻出版界委员讨论会》，http://www.people.com.cn/GB/shizheng/7501/7586/20020305/679229.html。

② 胡锦涛：《在中国共产党十七次全国代表大会上的报告》，人民出版社2007年版，第22页。

（一）建设创新型国家

国际竞争的实质就是科技竞争力之间的较量，“我们比以往任何时候都更加迫切地需要坚实的科学基础和有力的技术支撑”。[①] 自主创新是科技发展的灵魂，是一个民族和国家兴旺发达的不竭动力。“提高自主创新能力，是国家发展战略的核心，是提高综合国力的关键”，[②] 要“把增强自主创新能力作为发展科学技术的战略基点”，[③] 走出一条具有中国特色的自主创新道路。

把提高自主创新能力摆在全部科技工作的首位。一方面，作为一个发展中大国，中国自改革开放以来就不断引进各种国外的先进技术以促进自身科技和经济的发展。另一方面，科学技术的引进固然重要，但消化、吸收、再创新更加重要。科技引进并不等同于科技创新，不仅无法满足中国日益增长的发展需求，而且过分依赖他国技术会失去独立性和自主性，随时被扼住发展的咽喉。“坚持走中国特色自主创新道路，把增强自主创新能力贯彻到现代化建设各个方面”，[④] 坚持自主创新这一科技发展的战略主线，推进国家创新体系建设和创新型国家建设，不断提升科技核心实力。

制定正确的科技发展战略。中共中央作出具有前瞻性的、长期且全面的发展规划，有利于中国的科技力量和科技资源的高效配置，最大程度激发科技创造活力，提高科技发展水平，使科技成为现代化建设事业的推动力。《国家中长期科学和技术发展规划纲要（2006—2020 年）》对建设创新型国家的总体目标和科技事业未来十五年的总体部署作了明确设定，大致可以归结为以下两个方

---

① 胡锦涛：《坚持走中国特色自主创新道路 为建设创新型国家而努力奋斗——全国科学技术大会上的讲话》，人民出版社 2006 年版，第 5 页。

② 胡锦涛：《在庆祝我国首次月球探测工程圆满成功大会上的讲话》，人民出版社 2007 年版，第 7 页。

③ 胡锦涛：《坚持走中国特色自主创新道路 为建设创新型国家而努力奋斗——全国科学技术大会上的讲话》，人民出版社 2006 年版，第 8 页。

④ 胡锦涛：《在中国科学院第十四次院士大会和中国工程院第九次院士大会上的讲话》，人民出版社 2008 年版，第 12 页。

面：一是科技事业发展的总体目标。胡锦涛同志明确指出："总体目标是：到2020年，使我国的自主创新能力显著增强，科技促进经济社会发展和保障国家安全的能力显著增强，基础科学和前沿技术研究综合实力显著增强，取得一批在世界具有重大影响的科学技术成果，进入创新型国家行列，为全面建设小康社会提供强有力的支撑。"① 由此可知，我国科技事业发展的着力点就是要提高自主创新能力，尤其重点发展基础科学和前沿技术，而且始终坚持科技为经济社会服务、为人民服务的根本方向。二是2006—2020年科技事业发展的总体部署。坚持"自主创新，重点跨越，支撑发展，引领未来"的科技工作指导方针，考虑中国经济社会和国家发展的需要，确定11个重要领域和68项优先主题，筛选出16个重大专项，重点发展8个技术领域的27项前沿技术，加深对18个基础科学问题的研究，还提出了4个重大科学研究计划。此外，"深化体制改革，完善政策措施，增加科技投入，加强人才队伍建设，推进国家创新体系建设"，② 为科学技术的发展创造良好的环境。

深化科技体制改革，推动科技转化。一是要"进一步完善适应社会主义市场经济发展要求的政府管理科技事业的体制机制"。③ 对于科技事业，政府要加强政策规划引导，将重心放在重要领域、优先主题、重大专项、前沿技术和基础研究上，减少各种浪费，提高资源的利用效率。二是要充分发挥市场在资源配置中的决定性作用。让市场成为各种资源的分配向导，让资源流向最需要的地方，使科学技术与其他社会生产要素有机结合，实现科技与社会的良性互动。三是各种科学研究机构也要进行管理体制改革。得到国家支持的研究机构要尽快建立现代科研院所制度；面向市场的企业加快建立现代企业制度，让企业成

① 胡锦涛：《坚持走中国特色自主创新道路　为建设创新型国家而努力奋斗——全国科学技术大会上的讲话》，人民出版社2006年版，第7页。

② 《中共中央国务院关于实施科技规划纲要增强自主创新能力的决定》，人民出版社2006年版，第37页。

③ 《胡锦涛文选》第2卷，人民出版社2016年版，第407页。

为科技发展的主体，逐步形成结构优化的企业国家重点实验室体系，让科学技术更高效地转化为生产力，推动经济社会的发展。

选择重点领域实现跨越式发展，带动科学技术整体发展。国与国之间的竞争逐渐成为以经济和科技为基础的综合国力的较量，是各国核心科技、关键技术掌握力的较量。要提高中国的国际竞争实力，一方面要切合世界科技发展趋势，关注世界科技的发展，在世界科技的重点领域和前沿领域有所突破，才能使中国的科技发展水平实现跨越式发展；另一方面要攻克中国经济社会和科学研究的难题，"抓住具有基础性、战略性、前瞻性的重大课题集中攻关，着力解决制约经济社会发展的重大科技问题，力求实现关键技术和核心技术的新突破"。①《国家中长期科学和技术发展规划纲要（2006—2020年）》指出，要在生物技术、信息技术、新材料技术、先进制造技术、先进能源技术、海洋技术、激光技术和空天技术领域有重点突破。比如"必须在功能基因组、蛋白质组、干细胞与治疗性克隆、组织工程、生物催化与转化技术等方面取得关键性突破"。②"重点研究规模化的氢能利用和分布式供能系统，先进核能及核燃料循环技术，开发高效、清洁和二氧化碳近零排放的化石能源开发利用技术，低成本、高效率的可再生能源新技术。"③把握科技发展的重点领域，集中力量、重点突破，在重点领域掌握一批核心技术，才能提高中国的自主创新能力，带动国家科技实力实现跨越式发展。

坚持以人为本，实施人才强国战略，使中国从人口大国转变为人才资源强国。一是要推进人才队伍建设，尤其是培养出一批高层次创新人才。完善人才

---

① 江金权：《伟大工程谱新篇——胡锦涛总书记抓党建重要活动纪略》，人民出版社2007年版，第288页。

② 《中共中央国务院关于实施科技规划纲要增强自主创新能力的决定》，人民出版社2006年版，第60页。

③ 《中共中央国务院关于实施科技规划纲要增强自主创新能力的决定》，人民出版社2006年版，第65页。

队伍建设的政策措施，拓宽人才培养渠道，为中国科技事业发展培养出更高层次的人才队伍。二是要加快人事制度改革，促进人才的流动。积极发挥市场在人才资源配置中的作用，加快事业单位人事制度改革，优化科技人才的结构。三是要鼓励出国留学人员回国和吸引境外人才到中国工作。坚持“支持留学、鼓励回国、来去自由”的出国留学工作方针，推进“春晖计划”等吸引留学人员回国工作，并做好境外人才的吸引和招聘工作。四是要营造良好的社会风气，让人才充分涌现。营造尊重科技人才、尊重创新创造的社会风气；“在全社会培育创新意识，倡导创新精神，完善创新机制，”① 鼓励群众参与创新创造；改善科技人才相关政策，给予广大科技人才以尊重与支持。“努力造就数以亿计的高素质劳动者、数以千万计的专门人才和一大批拔尖创新人才，把优秀人才集聚到国家科技事业中来，”② 为建设创新型国家提供强大的人才支撑力量。

（二）实现全面、协调、可持续的绿色发展

发展是第一要义，但发展必须是科学且长远的发展，而不是“拆东墙补西墙”式的不平衡发展。改革开放以来，我国的科技事业已然取得了很多重要成就，但不可否认在这一过程中造成的消极影响，也必须明确解决这些突出的问题和矛盾依旧需要依赖科学技术的进步和创新。创新已然成为“解决人类面临的能源资源、生态环境、自然灾害、人口健康等全球性问题的重要途径，成为经济社会发展的主要驱动力”，③ 在发展科技与经济过程付出的代价要依靠科技进步和创新来弥补，明确科技与经济、自然、人之间的关系，努力让科技成为人类发展的有力工具。

---

① 《胡锦涛文选》第2卷，人民出版社2016年版，第195页。

② 胡锦涛:《在中国科学院第十四次院士大会和中国工程院第九次院士大会上的讲话》，人民出版社2008年版，第7页。

③ 《胡锦涛文选》第3卷，人民出版社2016年版，第399页。

提高自主创新能力，推动科学技术实现跨越式发展的目的不仅仅在于推动经济社会的发展，更在于实现科技、经济、生态环境与人的全面、协调、可持续发展，进而实现科技与经济社会的和谐发展。在可持续发展思想的指导下，统筹科技与经济社会两方面的发展。一是要明确科技事业与经济社会发展要求还不完全适应。“与完成调整经济结构、转变经济增长方式的迫切要求还不相适应，与把经济社会发展切实转入以人为本、全面协调可持续的轨道的迫切要求还不相适应，与实现全面建设小康社会、不断提高人民生活水平的迫切要求还不相适应。”①二是要把科学技术真正置于优先发展的战略地位。科技与经济社会发展有不相适应的地方，但是经济社会的又好又快发展依赖于科学技术的发展。要把握发展规律、创新发展理念、破解重点难题，通过科技创新实现重点领域的跨越式发展，有效带动经济实力和科技实力的整体跃升，实现从依靠资源消耗向依托科技创新为主的经济发展方式的转变，利用科技发展所带来的一切知识、方式、思想、精神与制度推动经济社会发展。三是要形成科技与经济互促互进、接续发展的良好运转体制。将科学技术与其他生产要素相结合，切实解决经济发展难题，促进生产方式的转变，同时经济的发展也要为科学技术的发展提供强大的资金和市场的支持，为科学技术的发展营造有利的环境。

实现科技与自然环境的和谐发展。在可持续发展思想的指导之下，统筹科技、经济与自然环境之间的关系，实现和谐发展、长远发展。“永不停息的科技进步和创新使人类认识、利用、适应自然的水平和能力不断提高，”②科技的发展确实推动了经济社会的发展，但与此同时，这样的科技发展忽视了对自然

① 胡锦涛：《坚持走中国特色自主创新道路　为建设创新型国家而努力奋斗——全国科学技术大会上的讲话》，人民出版社 2006 年版，第 6 页。

② 胡锦涛：《在中国科学院第十五次院士大会、中国工程院第十次院士大会上的讲话》，人民出版社 2010 年版，第 5 页。

环境造成的破坏，资源匮乏问题和环境污染问题已然十分严峻，对自然环境的保护已是刻不容缓。一是要高度重视自然环境的保护问题。自中共十六大以来，党中央高度重视生产力的可持续发展问题和生态环境的还原保护问题，提出“把环境保护放在更加重要的战略位置”，①“必须用科学发展观统领环境保护工作，痛下决心解决环境问题”，②要将我国建设成为资源节约型、环境友好型社会。二是要依靠科技进步和创新解决自然环境的保护问题。“要发展相关技术、方法、手段，构建人与自然和谐相处的生态环境保育发展体系。”③将自然环境保护纳入科技发展的目标之中，依靠科技进步和创新，助推经济发展方式转变，从源头减少资源消耗和浪费，减轻环境污染，提高发展质量、扩大发展空间、拓宽发展道路，才能真正实现经济的绿色长远发展。

实现科技与人的和谐发展。在可持续发展思想的指导之下，让科技真正为民服务，造福人民。一是要明确科学技术是造福人类的工具般的存在。“只懂得应用科学本身是不够的。关心人的本身，应当始终成为一切技术上奋斗的主要目标……保证我们科学思想的成果会造福于人类，而不致成为祸害。”④科技自诞生之日起就应该为人类所用，而不是本末倒置，人类被科技奴役束缚。二是实现科技成果惠及民众。要始终坚持从人民群众的迫切要求出发，坚持科技为人民群众服务，大力发展与民生相关的科技，满足人民群众的需要。例如，发展绿色农业生产技术、空气净化技术、医疗卫生科技、文化传播技术等，让人民呼吸更新鲜的空气、吃上更健康的食物、享受最好的医疗、掌握最新的知识。真正使科技创新与提高人民生活水平及质量，与提高人民科学文化素养及健康素质相结合，这才是科技的存在价值。三是科技是人类实现自我发展的重要手

① 张平：《中国改革开放：1978—2008综合篇（下）》，人民出版社2009年版，第914页。

② 《十六大以来重要文献选编（下）》，中央文献出版社2006年版，第86页。

③ 胡锦涛：《中国科学院第十五次院士大会、中国工程院第十次院士大会上的讲话》，人民出版社2010年版，第10页。

④ 许良英、赵中立、张宣三编译：《爱因斯坦文集（第3卷）》，商务印书馆1979年版，第73页。

段。科技是人类适应、改造自然、提升自我的重要工具。正是因为科学技术的发展、工具的使用，人类才逐步确立了自身在自然界的主体地位。人类借助科技不断将自然存在改造成“人化”存在，与此同时，人又在运用科技的过程中不断创新、完善，不断延伸人的肢体、提升创造力。在科技事业不断的发展过程中，“人终于成为自己的社会结合的主人，从而也就成为自然界主人，成为自己本身的主人—自由的人”。[①] 科技不仅是要满足人类的各种需要，更是人实现自由全面发展的工具。

三、可持续发展思想指导下的科技实践成果

改革开放以来，在中国共产党科学技术思想的指导下，经过艰苦奋斗，中国的科技事业取得了一大批重要成果，推动了社会主义现代化建设。进入 21 世纪，世界科技革命更是如火如荼地进行着，以胡锦涛同志为总书记的党中央抓住时代机遇，制定并推进了一系列科技工作，科学技术的支撑条件更为完善，在前沿技术研究方面取得重大突破。

（一）科技发展的支撑条件更为完善

科技发展计划引领科技发展。“十一五”期间，围绕《国家中长期科学和技术发展规划纲要（2006—2020 年）》的目标和部署，制定了一系列科技计划：基础研究计划，包括国家自然科学基金和国家重点基础研究发展计划（“973”计划）；国家科技支撑计划；高技术研究发展计划（“863”计划）；科技基础条件平台建设；政策引导类计划，包括星火计划、火炬计划、技术创新引导工程、国家重点新产品计划、区域可持续发展促进行动、国家软科学研究计划；还有国际科技合作计划、国家重点实验室、国家工程技术研究中心、科技型中小企业技术创新基金。这些科技计划为科技发展营造良好的政策环境，优化资源配

① 《马克思恩格斯选集》（第 3 卷），人民出版社 2012 年版，第 817 页。

置，有助于重大技术问题的研究和关键技术的攻克。

科技体制改革激发科技创新活力。改革开放转型后一阶段，科技体制的很多方面都得到进一步完善。一是对国家所属的科研机构进行管理体制改革，鼓励科研机构转制为科技型企业并予以政策上的优惠，建立“开放、流动、竞争、协作”的新机制，激发科研机构的创新活力。二是完善面向中小企业技术创新的服务体系，为中小企业发展创造良好的外部环境，为它们提供创新基金，鼓励民营企业、中小型企业成为重要创新主体。三是加强与科技有关的知识产权保护和管理工作，提高知识产权保护意识和管理水平，我国的专利数和发表论文数迅速增长。四是在经济上给予大力支持，加大科技投入、加大税收激励力度、给予适当金融支持。

人才培养和管理体系进一步完善。一是人才培养工作大力加强。开辟人才培养的多种途径，尤其发挥企业在人才培养中的作用；建设人才培养基地，落实“科教兴国”战略；完善人才保障机制，消除科技工作人员的后顾之忧而专注于科研。二是对科研机构进行人事制度改革。优化科技人才的选用、管理、调度。科技人员能进能出、职务能上能下、待遇能高能低；给予科研机构自主权，对科技人员分类管理；根据实际情况增减科技人员以使结构合理化；营造良好的环境让人才充分涌现。三是完善科技人员的奖励制度。比如完善国家科学技术奖励条例，对不同奖项的评选和奖励做出更为完善的规定，作为对广大科技人员的激励。

（二）前沿技术研究取得重大进展

1. 生物技术研究取得重大进展

证明诱导性多功能干细胞（iPS细胞）具有真正的全能性。中国科学家利用iPS细胞系培养出活体小老鼠，并且其中一些小老鼠已发育成熟并且繁殖了后代。这是世界上第一次获得完全由iPS细胞制备的活体小鼠，有力地证明了iPS细胞具有真正的全能性，将iPS细胞研究推向新的高度。

“主要动植物功能基因组研究”取得重要研究成果。水稻研究已建立了大型转移DNA插入突变体库，分离和鉴定了调控影响水稻生产的1150个关键基因；设计制作世界第一张家蚕全基因组基因表达芯片，成功组装了世界上第一张家蚕基因组序列精细图；小麦、玉米、棉花、大豆、油菜、花生、番茄等作物功能基因组研究形成一定的规模，精细定位和鉴定了550个重要基因。

众多疫苗研制成功。非典型肺炎（SARS）病毒灭活疫苗通过国家食品药品监督管理局审评，正式批准进入I期临床试验，是全球第一个进入临床试验的SARS病毒灭活疫苗；成功研制出优于国际同类疫苗性能的新型H5N1亚型禽流感灭活疫苗和重组禽痘病毒活载体疫苗；率先在世界上研制成功“口服重组幽门螺杆菌疫苗”；戊型肝炎疫苗通过三期临床试验，获批上市。

2. 信息技术研究取得重大进展

一批国产中央处理器（CPU）问世以及得到应用。2004年，美国慧智公司宣布在其主流产品中采用方舟CPU作为核心处理器，方舟CPU成为中国历史上第一个走出国门的CPU产品。“北大众志—863CPU系统芯片”成功量产，进入市场推广阶段。龙芯2号64位高性能通用CPU芯片问世。

首台千万亿次超级计算机系统“天河一号”研制成功。该系统突破了一系列关键技术，“系统峰值性能达每秒1206万亿次双精度浮点运算，内存总容量98太字节，点点通信带宽每秒40吉字节，共享磁盘容量为1拍字节，具有高性能、高能效、高安全和易使用等显著特点，综合技术水平进入世界前列”。①

3. 载人航天技术取得重大进展

中国第一艘载人飞船神舟五号，在轨运行14圈，历时21小时23分，成功降落，中国实现首次航天载人。神舟六号载人飞船搭乘两位航天员，历时119小时成功降落，承担地球表面骨细胞、心脏医学、数字照片及测试飞船等科学

① 科技部：《我国首台千万亿次超级计算机系统“天河一号”研制成功》，http://www.most.gov.cn/kjbgz/200911/t20091128_74402.htm。

实验。神舟七号载人飞船搭乘三位航天员，承担空间对地观测、空间科学及技术实验，在飞行过程中，释放一颗伴飞小卫星，航天员实现首次出舱活动。神舟八号为无人驾驶，首次实现与“天宫一号”目标飞行器的空间交会对接，成为一座小型空间站，这标志着中国已经成功突破空间交会对接及组合体运行等一系列关键技术。中德两国科学家在神八上开展17项空间生命科学实验，这也是中外科学家的第一次合作。神舟九号载人飞船搭乘三位宇航员，其中1名为女航天员，与天宫一号进行首次载人交会对接任务，包括一次自动交会对接和一次手动控制，为空间站建立奠定基础。从神五到神九，中国的太空能力进一步提高，不仅是科技发展水平的提高，也是中国国际竞争力增强的体现。

总而言之，这一时期，科技成就众多，科学技术的发展紧扣国计民生。一方面破解经济发展难题、解决环境问题，另一方面切实将科技成果用于人民、惠及人民。由此可知，改革开放转型后一阶段，中国科技事业的发展逐渐趋向于全面、协调、可持续，是“和谐”地发展。

第六章　创新驱动发展战略（2012年至今）

随着新一轮科技和产业革命的蓬勃兴起，世界各国在科技领域展开了激烈竞争。国内经济社会正处于向高质量发展阶段转型的关键时期，党的十八大以来，习近平同志把创新摆在国家发展全局的核心位置，高度重视科技创新，围绕实施创新驱动发展战略、加快推进以科技创新为核心的全面创新，提出一系列新思想、新论断、新要求。其间逐步形成以“建设世界科技强国”为奋斗目标，以推动经济和社会发展为价值定位，以营造良好政策环境为基础支撑，以科技创新为国家发展驱动力量，以创新型人才队伍为实施主体，以走中国特色自主创新道路为实施路径，以扩大科技开放合作为有效补充，以科技战略观、科技实践观、科技人才观、科技发展观为核心观点的创新驱动发展的科学技术体系。习近平同志关于科技创新的重要论述对于适应和引领我国经济发展新常态，发挥科技创新在全面创新中的引领作用，加快形成以创新为主要引领和支撑的经济体系和发展模式，实现“两个一百年”奋斗目标，实现中华民族伟大复兴的中国梦具有十分重要的指导意义。党的十八大以来，以习近平同志为核心的党中央从理论和实践结合上系统回答了新时代坚持和发展什么样的中国特色社会主义、怎样坚持和发展中国特色社会主义这个重大时代课题，回答了新时代坚持和发展中国特色社会主义的总目标、总任务、总体布局、战略布局和发展方向、发展方式、发展动力、战略步骤、外部条件、政治保证等基本问题，并且根据新的实践对经济、政治、法治、科技、文化、教育、民生、民族、宗教、社会、生态文明、国家安全、国防和军队、“一国两制”和祖国统一、统一战线、外交、党的建设等各方面作出理论分析和政策指导，创立了习近平新时代中国特色社会主义思想。

第一节　建设世界科技强国的时代背景

时代是思想之母，实践是理论之源。进入21世纪，全球科技创新迈入空前活跃时期，新一轮科技和产业革命正在与人类社会发展形成历史性交汇，也正深刻改变着人类的生产和生活方式，世界经济结构与全球发展格局正在发生深刻变化，以习近平同志为核心的党中央因事而化、因时而进、因势而新，形成新时代中国特色社会主义思想，不断丰富创新驱动发展战略的内涵，逐步形成“建设世界科技强国”的宏伟目标。

一、创新驱动发展科学技术形成的时代环境

（一）国内环境

进入新时代，中国迎来世界范围内新一轮科技和产业革命的交汇期，抓住机遇，迎接挑战，是中国共产党人需要承担的历史重任。这次的科技和产业革命关乎着我们国家“能否提升产业竞争优势，突破现有经济发展瓶颈”，实现中华民族的伟大复兴。尽管国际大环境的不确定因素日益增加，但我国仍然处于重要的战略机遇期。我们把握好这个战略机遇期，顺利推行创新驱动发展战略，就需要保证自己掌握关键核心技术，做到科技自立自强。中国人民正在为实现“两个一百年”奋斗目标和中华民族伟大复兴的中国梦而努力奋斗，中国人民也在应对各类国际突发事件中认识到科技创新、科技自主对国家稳定发展的重要性。正是在这一历史背景下，以“建设世界科技强国”为目标的科学技术体系逐渐发展形成。

1. 中国经济社会发展提出新要求

随着决胜全面建成小康社会已经进入攻坚阶段，科技创新在推动社会主义建设中的积极作用和巨大潜能更需要被全面挖掘和释放。习近平总书记将科技创新作为破解我国经济社会发展瓶颈和解决深层次矛盾问题的根本出路，具体而言，表现在以下三个方面：

一是从实现经济高质量发展来看，当前，我国正处在经济产业结构优化升级的关键期，在全球经济下行周期与国内经济下行周期双重共振的环境下，转换经济发展方式，优化产业结构，更换经济发展动能的压力剧增，必须加快落实习近平总书记关于创新驱动发展战略的指示，以科技创新塑造新业态，打造新的消费热点，促进经济发展质量、效率和动力的深刻变革，打通从科技强到产业强、经济强、国家强的转化渠道。

二是从供给侧结构性改革的角度来看，以科技创新推动供给侧结构性改革是当前我国经济发展的现实要求和必然选择。经济增长动力方面，通过提高科技进步贡献率可以有力地促进培育壮大经济发展新动能，从而实现由规模数量型增长转换到以高效益、高效率为特征的增长模式。产业优化升级方面，通过加快科技创新以化解过剩产能，有序降低无效和低端供给，提升有效和中高端供给，提高供给侧对现实需求变化的适应性，培育新型主导产业。

三是从资源环境维度来看，一方面，我国生态服务功能整体下降，环境承载能力已经达到或者接近上限；另一方面，我国经济步入资源约束型新阶段，出现一定程度的“资源诅咒”现象。此外，我国经济速度高增长周期表现出能源、机械制造、电子、化学、冶金等重化工业加速发展特征，这又造成了生态环境问题的日益严重。正如习近平总书记曾指出：“当前我们拼投资、拼资源、拼环境的老路已经走不通，找到一条不以牺牲环境为代价的新的发展道路刻不容缓。”①

① 《抓科技创新要只争朝夕》，东方网 http://sh.eastday.com/m/20140528/u1a8113975.html。

2. 中国科技创新发展呈现新特征

中国科技已经从跟跑为主迈入领跑、并跑、跟跑三跑并存的阶段，正处于从点面突破向系统能力提升的关键时期，在世界尖端科技竞争的版图上占有一席之地。具体而言，我国科技发展呈现出以下四个新特征：

一是科技创新的学科界限不断被打破，多学科交叉融合的发展趋势进一步强化，科技创新前沿领域的发展空间高速延展，科学、技术、经济、社会一体化的程度不断加深。各领域的科技创新不断从学科内走向学科交叉领域，科技创新链条环节之间边界有模糊趋势，不同学科协同发力，部分科技甚至打破了自然科学与社会科学的界限。

二是科技发展智能化程度加深。从机器人阿尔法狗（AlphaGo）战胜围棋顶尖高手李世石开始，科技智能化应用以前所未有的速度走向人们的生活。无人驾驶通过传感器、计算机视觉等技术解放人的双手和感知日渐成为可能，社会的智能发展趋势也进一步得到确定。智能科技给人类带来巨大便利的同时，也在科技伦理等多方面潜藏了许多隐忧，但是“智能”已经成为新时代科技发展的风向标和重要领域。

三是科学与技术的渗透融合度更高。科学研究从简单走向复杂和综合，新的技术手段是实现科技发展和理论探索的重要支撑，同时，技术的发明又需要科学理论的指导。科学与技术紧密结合，科技创新的链条更加灵巧，在一些重点新兴领域呈现出技术更新快、成果转化快、产业升级快的“三快”特征。

四是我国处于工业化、城镇化、农业现代化和信息化叠加发展的“并联式”发展阶段，科技创新对实现“四化”联合驱动的作用更加重要，只有把科技创新蕴含的巨大能量释放出来，才能进一步推动社会发展。这就要求加快我国科技创新由外源性向内生性转变，强化自主创新能力，将科技创新与制度出现有机结合，实现对经济社会发展的双轴驱动。

3. 我国科技创新面临诸多问题和挑战

习近平总书记对中国科技创新中存在的问题进行了深刻思考。他指出：“我国创新能力不强，科技发展水平总体不高，科技对经济社会发展的支撑能力不足，科技对经济增长的贡献率远低于发达国家水平，这是我国这个经济大个头的‘阿喀琉斯之踵’。”[①] 具体而言，主要表现在以下五个方面：

一是科技创新体制与管理机制障碍突显。我国科技创新体制最初形成于计划经济背景下，行政依附性较强，由于纵向管理条块分割，横向组织块状分布，导致我国科技机构之间部门重叠、定位不清、联动不畅等问题存在。同时，科技与经济的黏合度有待加强，科技创新成果推广与转化机制尚不健全，科技协同创新机制建设任务艰巨。

二是科技创新资金投入不足与使用效率不高的问题较为突出。这些年来，中国对科技创新的投入力度增强，但是仍远低于发达国家水平。特别是金融支撑科技创新发力不足，科技资源配置不合理、资金使用效率不高的问题亟待解决。

三是科技创新人才结构性短缺与整体素质不高并存。改革开放以来，国家对科技创新人才培养的重视程度不断加强，并取得一定成效。然而，人才结构性短缺、整体素质不高的问题尚未得到根本性扭转。

四是科技创新知识产权保护任重道远。与发达国家相比，我国在科技创新知识产权领域仍存在一些亟待解决的问题，科技知识产权立法不够完善，科技知识产权领域执法效果欠佳，科技工作者维权意识不强等问题需要引起国家有关部门重视。

五是科技创新国际交流与合作机制尚不健全。在科技引进方面，存在科技引进资金利用分散，低水平重复引进较多等问题。同时科技引进质量相对不高，在科技引进中的风险管控能力有待增强。此外，我国科技“走出去”的步伐比较缓慢，构建“两种资源、两个市场”的外向型科技发展道路任重道远。习近平总书记强调，我们一定要树立问题意识，在看到科技创新的问题和差距的同

① 《习近平关于科技创新论述摘编》，中央文献出版社 2016 年版，第 8 页。

时，要树立创新自信，从问题着手，有针对性的采取行动，补齐短板，在科技创新发展的道路上行稳致远。

（二）国际环境

目前，世界局势正处于深刻调整和变动中，随着新一轮科技和产业革命的蓬勃兴起，每个国家的经济发展水平、社会演进形式、人民的生活质量等都与科技创新紧密联系，世界各国都在科技领域进行激烈的竞争，对中国而言，激烈的科技竞争带来的既是挑战也是机遇。与此同时，近几年来，世界环境更加不稳定、不确定。以美国为首的一些西方国家依然固守传统的霸权主义逻辑，利用自己在国际上的科技实力随意打压他国的科技成就。在不确定性因素日益增多的世界格局之下，抓住科技自主创新，有意识地把关键核心技术掌握在自己手中，正体现了“善于在危机育先机、于变局中开新局”的意识。

1. 新一轮科技和产业革命正蓬勃兴起

信息化、网络化及经济全球化将全人类全面带入数字时代，世界产业发展、人类生活方式与思想观念、国际竞争格局都发生了深刻改变。同时，人类生产生活方式改变所产生的新消费和需求驱动，使科技发展势能叠加，迭代加速，由此构成了一个以科技革命为动能、实现人类需求为目的、产业变革为介体的互动循环体系，进一步交互推动人类社会向前发展。就其发展态势和特征而言，主要表现在以下两个方面：

一方面，科技创新呈现颠覆性技术群体突破新态势。当前，科学创新日益呈现出加速化、集成化与立体化的特征，科学知识积累与科技成果数量呈指数型增长，学科集群密集出现，学科之间、自然科学和人文科学之间的知识壁垒被打破，新兴学科群大量出现，科学与技术高度融合，科技前沿不断延展，基础科学有望步入新的台阶。

另一方面，科技创新与经济社会发展的耦合度进一步提升。现代技术内核与外部环境多维交融，不断深入社会肌理，使其社会性功能日益提升，对社会生产力发展、百姓日常生活、经济结构升级、国家综合实力等各个层面都产生十分重要的影响。从产业发展来看，互联网、智能终端、量子通讯等一系列前沿科技成为新经济、新业态发展的核心依托，有力推动现代农业、高端制造、清洁能源等产业的高速发展，拓展了巨大的商业空间。从日常生活来看，人民生活各个微小的细节被科技创新重新塑造。电子商务、网络社交、远程教育、智能医疗、共享单车和无人驾驶等，科技创新渗透到衣、食、住、行、用等各个方面，日常生活的便捷化与智能化显著提升。

2. 世界各国在科技领域进行激烈竞争

当前，各主要国家紧盯科技发展前沿，密切关注颠覆性技术发展动态，基于对科技与经济社会高度耦合的理性觉察与实践体悟，在联系自身发展需求与世界科技环境的基础上，纷纷制定推动科技创新的重大战略规划，搭建起对尖端科技及颠覆性技术研究的常态化机制。

美国发布了新版《国家创新战略》和《国家先进制造业战略计划》。2013年，美国提出将在10年内建设45个国家创新中心，促进再工业化和制造业回归。德国政府于2010年颁布《德国高技术战略2020》，2013年发布《德国工业4.0计划实施建议》，2014年又制定了《新高技术战略——德国创新》，搭建了一个完善的面向未来科技竞争的总体创新发展规划体系。①欧盟将科技创新置于极其重要的位置，着力打造整合各成员国创新资源和优势的合作平台和机制，颁布了“工业复兴战略”，并启动了“地平线2020”科研创新框架计划。日本自20世纪80年代初就提出科技立国战略。在20世纪90年代，日本就颁布了《科学技术基本法》，先后实施了五期《科学技术基本计划》，并在2013年、2016年先后颁布《日本再兴战略》、《科学技术创新综合战略2016》。在此基础上，日本还推出“颠覆性技术创新计划”(ImPACT)，明确提出了超智能社会的

---

① *The new High-Tech Strategy Innovations for Germany*，https://www.bundesregierung.de/Webs/Breg/EN/Chancellor/_node.html.

战略目标。

3. 世界科技迅猛发展带来机遇和挑战

科技全球化是经济全球化的重要组成部分，当前科技全球化深入发展，世界科技创新图景发生深刻变化。在此背景下，习近平主席于 2018 年 4 月博鳌亚洲论坛上指出："新一轮科技和产业革命给人类社会发展带来新的机遇，也提出前所未有的挑战。"① 世界科技迅猛发展也给中国带来了重大机遇和挑战。

一方面，世界科技迅猛发展给中国经济社会发展带来重大机遇。当前，中国转变发展方式的阶段和全球新一轮科技革命和产业变革历史性交汇，完全有机会和有能力赶上新一波科技发展红利，实现社会生产力的跨域式发展。具体来看，主要表现在以下方面：一是在更广领域和更深程度利用国际科技资源。从整体上看，世界科技资源的开放和共享还有巨大空间，国际间的技术流动和科技资源共享都能为我国科技的进一步发展带来机遇。二是我国完全有能力和信心在科技全球化大势中，走非对称超越路径，最终实现跨越式发展。在当前我国科技的经济支撑日益厚实，科技环境不断优化，科学技术基础设施日益完善的背景下，我国有可能赢得并掌握国际科技空间治理的主动权和话语权。三是在世界科技高速发展的背景下，我国可以通过强化科技与经济发展的黏合效应，始终坚持科技创新面向经济发展需求，从而促进中国经济发展模式转型，优化经济结构，转化经济发展动能，最终实现经济高质量可持续发展。

另一方面，伴随世界科技迅猛发展，各国在科技创新领域的竞争日益激烈，这也带来了诸多挑战。一是贸易保护主义有抬头之势，一些国家对中国科技发展进行残酷打压。近年来，中美之间的贸易争端与冲突暴露出中国在关键领域和核心技术方面的路径依赖短板和缺陷。二是科技全球化可能会导致在一些领域内拉大中国与发达国家之间的科技差距。发达国家在科技资源全球流动中起

① 习近平：《开放共创繁荣　创新引领未来：在博鳌亚洲论坛　2018 年年会开幕式上的主旨演讲》，人民出版社 2018 年版，第 6 页。

到主导作用，且最终目的是为本国利益服务。这种不平衡的全球科技构架模式会强化一些发达国家在国际科技治理中的地位和话语权，促使优质科技创新资源向少数发达国家聚集，导致中国在一些领域有差距拉大的风险。三是科技高端人才流失问题。当前世界各国正加大力度争夺科技高端人才。在全球人力资源流动加快的背景下，对人才资源的垄断和争夺愈演愈烈。当前，我国科技人才外流问题严重，这对我国科技人才队伍建设带来严峻挑战。

面对全球科技迅猛发展带给中国的机遇和挑战，习近平总书记强调："在激烈的国际竞争中，惟创新者进，惟创新者强，惟创新者胜。"[①] 如果不识变、不应变、不求变，就可能陷入战略被动，错失发展机遇，甚至错过整整一个时代。尤其是在当前美国保守主义势力抬头引起的种种科技霸权行为之下，习近平总书记提出"要在危机中育先机、于变局中开新局"，积极应对世界出现的各种不确定因素，并在这些变化中找到先机、开出新局。习近平总书记指出，要确保国家在科技霸权主义的威胁之下依然能够走创新驱动发展战略，就需要把科技自立自强作为国家发展的战略支撑。因此，必须紧紧抓住和用好"新工业革命"的时代机遇，牢固树立抢占先机的竞争意识，高度重视具有高冲击力的挑战性研发项目，集中力量奠定在重要关键技术上的国际顶尖地位，积极参与全球科技创新治理，努力推动科技与经济社会发展的全面超越。

二、创新驱动发展科学技术的形成历程

随着中共十八大到"科技三会"（全国科技创新大会、两院院士大会、中国科协第九次全国代表大会）的召开，习近平总书记在中共十八大上正式提出建设创新型国家、实施创新驱动发展战略，直至"科技三会"召开之前，以习近平同志为核心的党中央围绕以建设创新型国家为中心来发展我国科技事业。"科

① 中共中央文献研究室编：《习近平关于科技创新论述摘编》，中央文献出版社2016年版，第3页。

技三会”召开以来，以习近平同志为核心的党中央对科技创新思想的认识更为深入，确立了建设世界科技强国作为新时代中国科学技术事业的目标。

（一）从中共十八大到“科技三会”：以建设创新型国家为中心

中共十八大正式确立了创新驱动发展战略，以习近平同志为核心的党中央着力把创新摆在国家发展全局的核心位置，积极推动创新观念在整个社会落地生根。从中共十八大到 2016 年的全国“科技三会”，以习近平同志为核心的党中央将科技创新当作全面创新的核心来统筹社会经济发展全局。2013 年 7 月 18 日，习近平总书记在《深化科技体制改革增强科技创新活力，真正把创新发展战略落到实处》的讲话中指出，要深化科技体制改革，增强科技创新活力，结合实际运用我国科技事业发展经验，真正把创新发展战略落到实处。2013 年 8 月 30 日，他在《技术和粮食一样要端自己的饭碗》中指出，技术和粮食一样要端自己的饭碗，科技创新关键靠自己。2013 年 10 月 1 日，习近平总书记在《敏锐把握世界科技创新发展趋势，切实把创新驱动发展战略实施好》的讲话中指出，科技创新是提高社会生产力和综合国力的战略支撑，必须摆在国家发展全局的核心位置。在全球新一轮科技革命和产业变革的大背景下，需要从五个方面着力解决制约大力推动科技创新的因素，做到抢占时代潮头、把握发展机遇。

坚持自主创新，加快建设创新型国家的步伐。2014 年 1 月 7 日，习近平总书记在会见嫦娥三号任务参研参试人员代表时的讲话中指出，我国航天事业取得成果是由于坚持自主创新。同日，习近平总书记在《中国必须成为科技创新大国》的讲话中指出，中国创造要坚持自主创新，全面深化科技体制改革，扩大科技开放与合作，为人类科技进步作出更大的贡献。2014 年 6 月 3 日，习近平主席在 2014 年国际工程科技大会上的主旨演讲指出，科技进步和创新将成为推动人类社会发展的重要引擎。创新大大改变人类的生活，甚至可以引发新的产业变革与社会变革。此外，他还指出坚定不移走中国特色自主创新道路，解放和发展生产力要从破除科技体制机制和增强自主创新能力入手。2014 年 6 月

10日，在全国两院院士大会上，习近平总书记再次提到，保障国家安全，建设创新型国家，要把核心技术掌握在自己手里，坚定不移走中国特色自主创新道路。习近平总书记反复强调，科技是国家强盛之基，创新是民族进步之魂，创新的历史机遇必须紧紧抓住，把关键技术掌握在自己手里，要破除藩篱让创新源泉充分涌流，要激励青年才俊积极创新创造。2015年12月1日，在气候变化巴黎大会开幕式上，习近平主席提到要加快构建人与自然和谐发展的现代化建设新格局，通过发挥科技创新，实施发展绿色建筑和低碳交通等一系列政策措施来落实五大发展理念。2016年5月10日，习近平总书记在省部级主要领导干部学习贯彻中共十八届五中全会精神专题研讨班上的讲话提到："经济发展面临动力转换节点，低成本资源和要素投入形成的驱动力明显减弱，经济增长需要更多驱动力创新。"①

（二）"科技三会"以来：以"建设世界科技强国"为目标

2016年5月30日，习近平总书记在全国"科技三会"上明确提出了建设世界科技强国的伟大目标。他在《为建设世界科技强国而奋斗——在全国科技创新大会、两院院士大会、中国科协第九次全国代表大会上的讲话》中，把科技创新摆在更加重要的位置。到2020年时，我国的目标是进入创新型国家行列，到2030年时，我国的目标是进入创新型国家前列，到2050年时，我国的目标是要成为世界科技强国。这次会议正式拉开了建设世界科技强国的时代大幕。2016年9月4日，习近平总书记在讲话中再一次提到，创新是发展的第一动力，要抓住创新发展的牛鼻子，要实施创新驱动发展战略，努力建设世界科技强国。

2017年10月18日，习近平总书记在中共十九大报告中指出，加快建设创新型国家。创新是引领发展的第一动力，加强国家创新体系建设，强化战略科技力量。深化科技体制改革，建立以企业为主体、市场为导向、产学研深度融

---

① 习近平：《在省部级主要领导干部学习贯彻党的十八届五中全会精神专题研讨班上的讲话》，《人民日报》2016年5月10日。

合的技术创新体系，加强对中小企业创新的支持，促进科技成果转化。倡导创新文化，强化知识产权创造、保护和运用。培养和造就一大批具有国际水平的战略科技人才、科技领军人才、青年科技人才和高水平创新团队等相关措施。

2018 年 3 月 7 日，习近平总书记参加十三届全国人大一次会议广东代表团会议时提出，发展是第一要务，人才是第一资源，创新是第一动力。中国如果不走创新驱动发展道路，新旧动能不能顺利转换，就不能真正强大起来。强起来要靠创新，创新要靠人才。2018 年 3 月 12 日，在十三届全国人大一次会议解放军和武警部队代表团会议上，习近平总书记强调，“要强化开放共享观念，坚决打破封闭垄断，加强科技创新资源优化配置，挖掘全社会科技创新潜力，形成国防科技创新百舸争流、千帆竞发的生动局面”。[①] 近几年来，美国科技霸权主义行为频频出现，将正常的科技发展与合作政治化，随意打压中国的科技创新成果。在这种环境下，走创新驱动发展道路就需要保证国家科技创新的持续与稳定，尤其是需要确保自己掌握关键核心技术。2020 年 7 月 23 日，习近平总书记在考察吉林一汽集团时就指出，“必须加强关键核心技术和关键零部件的自主研发，实现技术自立自强”，只有这样才能做强做大民族品牌。“技术自立自强”，首次被提出。10 月 29 日，党的十九届五中全会公报在继续强调把创新作为推动发展的第一动力时，首次把“科技自立自强作为国家发展的战略支撑”，实现关键核心技术的自主研发成为国家发展的重大战略，丰富了创新驱动发展战略的内涵，这些都充分体现了以习近平同志为核心的党中央探索和建设科技强国的智慧。

三、创新驱动发展科学技术的体系建构

思想是时代的光芒，伟大思想引领伟大时代。中共十八大以来，以习近平同志为核心的党中央高度关注中国科技发展。围绕“奋斗目标”“价值定位”“基

① 习近平：《习近平出席解放军和武警部队代表团全体会议》，《人民日报》2018 年 3 月 13 日。

础支撑”“驱动力量”“实施主体”“实施路径”“有效补充”“核心观点”八个维度对科技创新展开论述，准确地把握了时代脉搏和中国国情，进一步打开了我国科技事业发展的宏观视野和格局，指引着我国进行世界科技强国的建设实践。

（一）以“建设世界科技强国”为奋斗目标

科技兴则民族兴，科技强则国家强。习近平总书记立足于我国取得的一系列科技成就，前瞻性地针对科技创新，提出了建设世界科技强国的奋斗目标。在全国“科技三会”，他深刻指出，面向世界科技前沿、面向经济主战场、面向国家重大需求，加快各领域科技创新，掌握全球科技竞争先机，这是我们提出建设世界科技强国的出发点。①实现建设世界科技强国的伟大目标需要经过我国科技界艰苦卓绝地探索和奋斗方能实现，这一目标亦是伟大中国梦的重要部分。

当今世界，新一轮科技革命蓄势待发。习近平总书记审时度势，深化改革，矢志不渝推进世界科技强国的建设，并采取一系列措施，为实现世界科技强国奋斗目标奠定了基础。一是要强化战略导向和目标引导。加快构筑支撑高端引领的先发优势，加强对关系根本和全局的科学问题的研究部署，坚持科技自立自强，加强关键核心技术自主研发；在关键领域、“卡脖子”的地方下大功夫，集合精锐力量，作出战略性安排，以在新兴前沿交叉领域成为开拓者，创造更多竞争优势。②二是要建设世界主要科学中心和创新高地。在重大创新领域组建一批国家实验室。拥有一批世界一流科研机构、研究型大学、创新型企业，以能持续涌现出一批重大原创性科学成果。③三是要促进香港同内地加强科技合作。切实解决香港科技界提出的有关科技问题，抓紧研究制定具体政策，予以合理地解决，让香港科技界为实现建设科技强国的奋斗目标而贡献一分

①③《为建设世界科技强国而奋斗：在全国科技创新大会、两院院士大会、中国科协第九次全国代表大会上的讲话》,《人民日报》2016年5月30日。

②《构筑强大科技实力和创新能力——三论学习贯彻习近平总书记两院院士大会重要讲话》,《人民日报》2018年5月31日。

力量。[①]

2018年5月28日，习近平总书记在中国科学院第十九次院士大会、中国工程院第十四次院士大会上的开幕式上发表重要讲话，号召全党全国全社会要万众一心为实现建设世界科技强国的目标而努力奋斗，各级党委和政府、各部门各单位要把思想和行动统一到中共十九大精神上来，统一到党中央对科技事业的部署上来，切实抓好落实工作。

当前，我国仍处于重要战略机遇期。全国广大科技工作者要积极响应党中央的号召，坚定信心，坚韧不拔，坚持不懈，把科技创新摆在关键位置，掌握好全球科技竞争先机，在世界科技前沿领域，乘势而上、奋勇争先，进而继续在世界科技强国建设的历史进程中建功立业并取得重大突破。

（二）以推动经济和社会发展为价值定位

创新驱动发展战略始终以推动经济和社会发展为价值定位，并将价值定位与中华民族复兴的伟大事业紧密结合。这突出体现了创新驱动发展战略蕴含强烈的责任意识和高度的历史使命。习近平总书记多次讲到科学技术与“两个一百年”的关系，他指出：“今天，我们比历史上任何时期都更接近实现中华民族伟大复兴的目标，比历史上任何时期都更加有信心、有能力实现这个目标。”[②]为了抓住这一难得的历史机遇，我们需要更加重视科学技术的创新和进步在推动经济和社会的发展方面发挥的巨大作用。

中国特色社会主义进入新时代以来，以习近平同志为核心的党中央高度重视科学技术在经济和社会发展中的巨大作用，尤其重视科技发展对改善人民生活的作用。2016年4月26日，习近平总书记在知识分子、劳动模范、青年代

① 《促进香港同内地加强科技合作　支持香港为建设科技强国贡献力量》，《人民日报》2018年5月15日。

② 《在中国科学院第十七次院士大会、中国工程院第十二次院士大会上的讲话》，《人民日报》2014年6月10日。

表座谈会上的讲话中指出，要坚持面向经济社会发展主战场、面向人民群众新需求，让创新成果更多更快造福社会、造福人民。[①]2017 年 12 月 8 日，在中共十九届中央政治局第二次集体学习时，习近平总书记又一次强调，大数据发展日新月异，我们应该深入了解大数据发展现状和趋势及其对经济社会发展的影响，推进数据资源整合和开放共享，保障数据安全，加快建设数字中国，更好服务我国经济社会发展和人民生活改善。[②] 由此可见，科技创新在推动经济社会发展、满足人民日益增长的美好生活需要方面发挥着越来越重要的作用。

科学技术是战胜疫情的关键利器，为国家经济社会发展注入了新活力。自新冠肺炎疫情发生以来，习近平总书记亲自指挥、亲自部署，作出了一系列重要指示。2020 年 2 月 23 日，习近平总书记在统筹推进新冠肺炎疫情防控和经济社会发展工作部署会议上的讲话中指出，要综合多学科力量开展科研攻关，加强传染源、传播致病机理等理论研究，为复工复产复课等制定更有针对性和操作性的防控指南。[③]2020 年 9 月 11 日，习近平总书记在科学家座谈会上的讲话中，肯定了广大科技工作者在疫苗研发、防控等多个重要领域开展科研攻关，为统筹推进疫情防控和经济社会发展提供了有力支撑，作出了重大贡献。

（三）以营造良好政策环境为基础支撑

在创新驱动发展科学技术的体系建构中，科技体制改革是极为重要的内容。科技体制改革旨在健全政策支持体系，为营造推进中国科技事业发展的良好政策环境提供基础支撑，进而形成更加完善和有力的政策支持。2013 年 9 月 30 日，在中共十八届中央政治局第九次集体学习时，习近平总书记强调："着力营造良好政策环境，科技创新要取得突破，不仅需要基础设施等'硬件'支撑，

---

① 《在知识分子、劳动模范、青年代表座谈会上的讲话》,《人民日报》2016 年 4 月 30 日。

② 《审时度势精心谋划超前布局力争主动　实施国家大数据战略加快建设数字中国》,《人民日报》2017 年 12 月 10 日。

③ 《奋战关键阶段　决胜收官之年》，新华网 http://www.xinhuanet.com/2020-02/26/c_1125630904.htm。

更需要制度等‘软件’保障。”[①] 面对我国“软件”环境的改善相对滞后于科技“硬件”条件的情况，习近平总书记从科技研发角度提出“加强关键核心技术和关键零部件的自主研发，实现技术自立自强”才能防止出现因“硬件”不足造成的“卡脖子”问题。同时，习近平总书记高度重视深化科技体制机制改革，他提出：“实施创新驱动发展战略是一项系统工程，涉及方方面面的工作。最为紧迫的是要进一步解放思想，加快科技体制改革步伐，破除一切束缚创新驱动发展的观念和体制机制障碍。”[②]

一方面，要完善科技转化机制。习近平总书记很早就意识到科技和经济始终是“两张皮”的痼疾解决不好，就难以提高科技创新效率。科技创新并不仅仅是实验室里的研究，其关键在于如何将科技创新成果转化为推动经济社会发展的现实动力，习近平总书记对这一问题深思熟虑后，提出既要“着力从科技体制改革和经济社会领域改革两个方面同步发力，改革国家科技创新战略规划和资源配置体制机制，完善政绩考核体系和激励政策，深化产学研合作，加快解决制约科技成果转移转化的关键问题”，[③] 又要“着力完善科技创新基础制度，加开建立健全国家科技报告制度、创新调查制度、国家科技管理信息系统，大幅提高科技资源开放共享水平”。[④]

另一方面，强调突出企业主体地位。习近平总书记早在 2014 年就曾指出，“市场活力来自于人，特别是来自于企业家，来自于企业家精神。激发市场活力就是把该放的权放到位，该营造的环境营造好，该制定的规则制定好，让企业家有用武之地”。[⑤] 构建以企业为主体的科技创新体制，“加强知识产权保护工

① 中共中央文献研究室编：《习近平关于科技创新论述摘编》，中央文献出版社 2016 年版，第 69 页。

② 中共中央文献研究室编：《习近平关于科技创新论述摘编》，中央文献出版社 2016 年版，第 57 页。

③ 中共中央文献研究室编：《习近平关于科技创新论述摘编》，中央文献出版社 2016 年版，第 58 页。

④ 《加快科技体制改革步伐》，新华网 http://www.xinhuanet.com/politics/2016-02/29/c_128761312.htm。

⑤ 《习近平出席亚太经合组织（APEC）工商领导人峰会并作主旨演讲》，《人民日报》2014 年 11 月 10 日。

作，依法惩治侵犯知识产权和科技成果的违法犯罪行为；完善推动企业技术创新的税收政策，激励企业开展各类创新活动；引导金融机构加强和改善对企业技术创新的金融服务，加大资本市场对科技企业的支持力度”。①

（四）以科技创新为国家发展驱动力量

改革开放四十多年以来，我国的科技创新能力不断提升，在很多科技领域捷报频传：2020 年 1 月 11 日，世界最大单口径射电望远镜正式投入运行；2020 年 7 月 31 日，随着最后一颗北斗卫星全面完成在轨测试，中国向世界宣布，服务于全球的北斗三号全球卫星导航系统正式开通。但是，我国科技发展总体水平仍有较大的提升空间。虽然我国经济总量早在 2010 年就已经跃居世界第二，但是这种高速增长主要依靠劳动力、资本、资源、能源等要素的投入，属于数量扩张型、粗放型增长模式，转变经济发展方式迫在眉睫。习近平总书记深刻指出：“以科技创新催生新发展动能，实现高质量发展，必须实现依靠创新驱动的内涵型增长，我们更要大力提升自主创新能力，尽快突破关键核心技术，这是关系我国发展全局的重大问题，也是形成以国内大循环为主体的关键。”② 因此，实施国家创新驱动发展战略，建设创新型国家，是我国社会经济实现可持续发展的重要道路。

中共十八大以来，以习近平同志为核心的党中央高度重视科技创新工作，把科技创新摆在国家发展全局的关键位置，并坚持以科技创新作为国家发展的驱动力量，作出了实施创新驱动发展战略的重大部署。2014 年 6 月 9 日，习近平总书记在中国科学院第十七次院士大会、中国工程院第十二次院士大会上的讲话中指出，如果把科技创新比作我国发展的新引擎，那么改革就是点燃这个新引擎必不可少的点火系。我们要采取更加有效的措施完善点火系，把创新驱动的新引擎全速发动起来。③ 科技创新是引领我国在新时代激烈的国际竞争面

① 中共中央文献研究室编：《习近平关于科技创新论述摘编》，中央文献出版社 2016 年版，第 69 页。

② 习近平：《在经济社会领域专家座谈会上的讲话》，人民出版社 2020 年版，第 10 页。

③《在中国科学院第十七次院士大会、中国工程院第十二次院士大会上的讲话》，《人民日报》2014 年 6 月 10 日。

前实现弯道超车的第一动力。2020 年 8 月 20 日，习近平总书记主持召开扎实推进长三角一体化发展座谈会并发表重要讲话。会议指出："当前，新一轮科技革命和产业变革加速演变，更加凸显了加速提高我国科技创新能力的紧迫性。上海和长三角区域不仅要提供优质产品，更要提供高水平科技供给，支撑全国高质量发展。"[①] 同年 9 月 22 日，习近平总书记在教育文化卫生体育领域专家代表座谈会上的讲话上再次强调，"提升自主创新能力，尽快突破关键核心技术，是构建新发展格局的一个关键问题"。[②]

（五）以创新型人才队伍为实施主体

科技创新需要大量人才，人才是科技创新的基础，任何技术创新实质上都是人的创新。创新型科技人才已经成为衡量国家实力、生产力发展水平的重要指标，从这一意义上而言，建设科技强国需要以创新型人才为实施主体，需要建设一支能把握和引领世界科技发展方向的科技人才队伍。对此，习近平总书记有着非常精准的认识，在他发表的一系列重要讲话中多次强调要培养造就创新型人才的问题。2014 年 8 月 18 日，习近平总书记在中央财经领导小组第七次会议上的讲话中鲜明指出："人才是创新的根基，是创新的核心要素。为了加快形成一支规模宏大、富有创新精神、敢于承担风险的创新型人才队伍，要重点在用好、吸引、培养上下功夫。"[③] 我国已推出"千人计划""万人计划""长江学者"等人才工程，各地方政府也积极实施符合当地发展情况的人才工程，这种全国上下大兴识才、爱才、敬才、用才之风，开创人人皆可成才、人人尽展其才的整体氛围都与以习近平同志为核心的党中央对培育创新型人才队伍工作的高度重视不无关系。

从根源上讲，人才资源一直都是资本和科技创新的主体。面对当今世界的

---

① 《真抓实干、埋头苦干，推动长三角一体化发展不断取得成效》，《人民日报》2020 年 8 月 24 日。

② 《习近平在教育文化卫生体育领域专家代表座谈会上的讲话》，《人民日报》2020 年 9 月 23 日。

③ 《习近平的创新观》，中华网 https://news.china.com/zw/news/13000776/20180810/33536366_2.html。

迅猛发展，特别是随着科学技术的飞速进步，把选拔和培育人才落实到创新事业的实践中是重中之重，唯有这样，才能做到人尽其才，才尽其用。一是关于创新型人才的培育方式。在参加全国政协十二届一次会议科协、科技界委员联组讨论时，习近平总书记强调，要“完善促进人才脱颖而出的机制，完善人才发现机制，不拘一格选人才，培养宏大的具有创新活力的青年创新型人才队伍”。[①] 二是打造创新型人才的良好社会环境。科技人才队伍的培养质量与社会文化环境的好坏密切相关。习近平总书记对此有深刻的论述：“环境好，则人才聚、事业兴；环境不好，则人才散、事业衰。”[②] 只有塑造良好的社会文化环境，形成开发、创新、活力的研究氛围，才能凝聚起创新型科技人才，为中国科学技术事业建言献策、奋力耕耘。

千秋基业，人才为先。人才是实现国家富强、民族复兴最持久有力的支撑。为此，以习近平同志为核心的党中央提出把创新型人才队伍作为支撑发展的第一资源。如此一来，国家的发展事业大有希望，中华民族的伟大复兴指日可待。

（六）以走中国特色自主创新道路为实施路径

中国特色的自主创新道路是中国特色社会主义道路的重要组成部分，是实现国家富强和民族复兴的必由之路。习近平总书记站在时代发展的制高点上，为了推动我国科技事业的发展、提升我国的综合实力，指出要以毫不动摇走中国特色自主创新道路为实施路径。他着重强调：“面向未来，增强自主创新能力，最重要的就是要坚定不移走中国特色自主创新道路，坚持自主创新、重点跨越、支撑发展、引领未来的方针，加快创新型国家建设步伐。”[③]2017 年 7 月 27 日，习近平总书记在省部级主要领导“学习习近平总书记重要讲话精神，迎

① 中共中央文献研究室编：《习近平关于科技创新论述摘编》，中央文献出版社 2016 年版，第 108 页。

② 《习近平谈治国理政》第一卷，外文出版社 2018 年版，第 61 页。

③ 《在中国科学院第十七次院士大会、中国工程院第十二次院士大会上的讲话》，《人民日报》2014 年 6 月 10 日。

接党的十九大”专题研讨班上明确回答了“举什么旗、走什么路”的问题，强调对于科技创新，必须高举马克思主义理论旗帜，坚定不移走中国特色自主创新道路。

自力更生是中华民族自立于世界民族之林的奋斗基点，自主创新是我们攀登世界科技高峰的必由之路，习近平总书记勉励广大企业都要朝这个方向努力奋斗。2018 年 6 月 13 日，他在视察万华烟台工业园时语重心长地叮嘱大家，要坚持走自主创新之路，要有这么一股劲，要有这样的信念和追求，不断在关键核心技术研发上取得新突破。① 他在视察中集来福士海洋工程有限公司烟台基地时的讲话上强调，国有企业特别是中央所属国有企业，一定要加强自主创新能力，研发和掌握更多的国之重器。②2018 年 10 月 22 日，习近平总书记在考察格力电器股份有限公司的讲话中强调，实现中华民族伟大复兴宏伟目标时不待我，要有志气和骨气加快增强自主创新能力和实力，努力实现关键核心技术自主可控，把创新发展主动权牢牢掌握在自己手中。③2020 年 7 月 24 日，习近平总书记在吉林一汽集团考察时着重强调，“必须加强关键核心技术和关键零部件的自主研发，实现技术自立自强，做强做大民族品牌”。这些重要论述内在要求一致，表明抓科技创新，不能等待观望，不可亦步亦趋，当有只争朝夕的劲头。我国科技界必须增强紧迫感，坚定创新自信，坚决走好在创新驱动发展战略下形成的中国特色自主创新道路。

（七）以扩大科技开放合作为有效补充

科学技术的发展从来都不是封闭的，而是世界性、开放性的。习近平总书记要求广大科技工作者要聚焦国际科技界普遍关注的、对人类社会发展和科技

---

① 《不负重托的“烟台答卷”写在习近平总书记视察烟台一周年之际》，人民网 http://sd.people.com.cn/n2/2019/0613/c386910-33036357.html。

② 《国企公开课（第 1 辑）（下）》，人民出版社 2019 年版，第 180 页。

③ 《激扬自主创新的志气和骨气》，人民网 http://opinion.people.com.cn/n1/2018/1101/c1003-30376415.html。

进步影响深远的研究领域，聚集国内外优势力量，积极牵头组织国际大科学计划和大科学工程，着力提升战略前沿领域创新能力和国际影响力，以重点打造创新能力开放合作新高地为有效补充，推进构建人类命运共同体新格局，为中国特色大国外交作出重要贡献。对此，习近平总书记在中国科学院第十九次院士大会、中国工程院第十四次院士大会开幕会上的讲话中深刻指出，要“坚持以全球视野谋划和推动科技创新，全方位加强国际科技创新合作，积极主动融入全球科技创新网络，提高国家科技计划对外开放水平，积极参与和主导国际大科学计划和工程，鼓励我国科学家发起和组织国际科技合作计划”。[①] 换言之，中国必须在创新能力提升方面继续葆有国际视野，努力提升共享和使用全球创新资源能力，优化开放合作服务与环境。

习近平总书记指出：“我们要贯彻落实党的十八届三中全会精神，全面深化科技体制改革，扩大科技开放合作，为人类科技进步作出更大贡献。”[②] 中国一贯秉持开放合作，坚持把联合国可持续发展议程同本国发展战略和国情有机结合，努力实现更高质量、更公平、更可持续的发展。2018 年 7 月 24 日，习近平总书记在中南科学家高级别对话会的开幕式致辞中，积极评价中南、中非科技合作所面临的新的重要机遇，并指出中国和南非科技界、产业界的各位代表，要不断弘扬中南传统友好，积极开拓创新、密切协作，为中南科技创新合作走出一条共赢发展之路。[③] 当前，国际科技合作的大势依然强劲。在举办 2019 年中国海洋经济博览会的活动上，习近平总书记发表贺词，明确中国将坚持国际科技合作，加快海洋科技创新步伐，为世界沿海国家搭建一开放合作、共赢共享的平台，让世界各国人民共享海洋经济发展成果。2020 年 9 月 11 日，习近

① 《习近平谈治国理政》第三卷，外文出版社 2020 年版，第 252 页。

② 《敢于走别人没有走过的路　会见嫦娥三号任务参研参试人员代表并发表重要讲话》，黑龙江新闻网 http://epaper.hljnews.cn/web/hljrb/html/2014-01/07/content_1074861.htm。

③ 《习近平和南非总统拉马福萨共同出席中南科学家高级别对话会开幕式》，新华网 http://www.xinhuanet.com/world/2018-07/25/c_1123171815.htm。

平总书记在同科学家座谈会上的一次讲话中进一步指出，要逐步放开我国境内设立国际科技组织，外籍科学家在我国科技学术组织任职，使我国成为全球科技开放合作的广阔平台。①

（八）以科技战略观、科技实践观、科技人才观、科技发展观为核心观点

中共十八大以来，习近平总书记高度重视科技创新，并围绕科技创新提出了一系列新思想、新观点和新论断。系统回答了为什么发展科技，怎样发展科技，谁来发展科技以及为谁发展科技的问题，涉及科技战略、创新动力、体制改革、人才培养等几个方面，以科技战略观、科技实践观、科技人才观、科技发展观为核心的创新驱动发展科学技术体系逐渐形成。创新驱动发展科学技术体系的核心观点不仅是对未来科技发展潮流的前瞻性洞察，也是我国在当今世界新一轮科技革命和产业变革中抢占先机的实践依据。

一是实施以创新驱动发展战略为核心的科技战略观。中共十八大以来，以习近平同志为核心的党中央高度重视科技创新，强调社会生产力和综合国力的提高根本取决于科技创新，科学技术成为推动经济社会发展的主要力量，最终形成“实施创新驱动发展战略，建设世界科技强国”这一事关中华民族前途命运的重大战略思想。2020 年 10 月 29 日，中共十九届五中全会公报指出，当前我国正处于重要的战略机遇期，创新仍然是推动社会发展的第一动力，科技自立自强是国家发展的重要支撑。这充分体现了以创新驱动发展战略为核心的科技战略观不断的发展和深化。二是贯彻以深化科技体制改革为核心的科技实践观。习近平总书记强调当前中国科技事业的发展，最紧迫的任务即是要更进一步地解放思想，为科技领域的研发创新扫清桎梏，从而打通科技现实转化、转移的通道。这不仅对我国在历史新时期下搭建符合时代特征、契合时代主题的科技创新体制机制架构具有重要意义，而且对激发创新主体活力和

① 《在科学家座谈会上的讲话》，新华网 http://www.xinhuanet.com/politics/leaders/2020-09/11/c_1126483997.htm。

营造社会科技创新的氛围都具有积极作用。三是落实以择天下英才而用之的科技人才观。人才是国家、地区和组织的关键战略资源，自不待言。2012年12月，习近平总书记在广东考察时即提出，要“敞开大门，招四方之才，招国际上的人才，择天下英才而用之”。[①]中共十八大以来，以习近平同志为核心的党中央针对这一选人用人理念，始终把握集聚人才的正确战略决策，在最大程度上充分开发利用国际和国内两种人才资源为中国科技事业服务，进而推动中国建设世界科技强国的步伐。四是坚持以让科技造福人类为核心的科技发展观。以习近平同志为核心的党中央一直把科技发展作为为人民服务、为国家建设服务的伟大事业，并结合当今世界科技发展的新形势、新特征，深刻阐述了科学技术对中国及世界各国人民所产生的巨大价值。2014年3月，习近平主席在联合国教科文组织发表演讲时明确指出，要“大力发展科技事业……让科技为人类造福”，[②]充分彰显了以习近平同志为核心的党中央心系民生福祉。

第二节　创新驱动发展科学技术体系的核心观点

创新驱动发展科学技术体系的生成有其历史必然性。创新驱动发展科学技术体系的内容大致可以归纳为科技战略观、科技实践观、科技人才观、科技发展观几个方面，关涉从理念引领到路径选择，从宏观顶层设计到内部体制革新，从发展依靠人民到发展为了人民等一系列重大问题，内涵深刻，实践指导性强。

---

① 中共中央文献研究室编：《习近平关于科技创新论述摘编》，中央文献出版社2016年版，第117页。

② 习近平：《出席第三届核安全峰会并访问欧洲四国和联合国科教文组织总部、欧盟总部时的演讲》，人民出版社2014年版，第16页。

一、科技战略观：创新驱动发展战略

科技战略观的核心是创新驱动发展战略。该战略表明了未来科技发展的方向、发展重点以及整体规划。习近平总书记在正确把握世界科技发展形势和我国科技发展现状的基础上，提出了建设世界科技强国的战略目标，明确了科技发展的战略重点是实现跨越，战略途径是“三个面向”。

（一）科技战略观的科学内涵

第一，明确建设世界科技强国的科技战略目标。中共十八大以来，以习近平同志为核心的党中央把科技创新摆在更加重要的位置，提出大力实施创新驱动发展战略，开启了建设世界科技强国的新征程。一是着力攻克关键核心技术。2020 年 9 月 11 日，习近平总书记在科学家座谈会上深入阐述加快科技创新的重大战略意义，对广大科学家和科技工作者提出了殷切期望，要“把原始创新能力提升摆在更加突出的位置，努力实现更多‘从 0 到 1’的突破”。① 科技是国家强盛之基，创新是民族进步之魂，面对我国“十四五”时期以及更长时期发展的迫切要求，打好关键核心技术攻坚战，创造更多“从无到有”，以夯实世界科技强国建设的根基，刻不容缓。二是进一步明确科技创新的定位和发展道路。建设现代化强国首先要建成科技强国，要把科技创新作为最根本、最核心、最关键、最可持续的竞争力，融入现代经济社会发展的全过程，全面支撑引领物质文明、政治文明、精神文明、社会文明、生态文明建设，走出一条从人才强、科技强到产业强、经济强、国家强的发展新路径。三是要以国家创新体系建设为着力点。2020 年 10 月 29 日，习近平总书记在中共第十九届五中全会上深刻指出：“到二〇三五年基本实现社会主义现代化远景目标，这就是：我国经济实力、科技实力、综合国力将大幅提升，经济总量和城乡居民人均收入

① 《增强创新这个引领发展的第一动力》，《新华日报》2020 年 9 月 13 日。

将再迈上新的大台阶，关键核心技术实现重大突破，进入创新型国家前列”。[①] 建设世界科技强国，必须统筹推进高效协同的国家创新体系建设，对科技创新的战略、规划、主体、评价等体系构建和布局，促进各类创新主体协同互动、创新要素顺畅流动高效配置，形成创新驱动发展的实践载体、制度安排和环境保障。

第二，确立增强自主创新能力的科技战略重心。一是坚持科技自立自强，坚定不移走中国特色自主创新道路。2014 年 1 月 6 日，习近平总书记在会见探月工程嫦娥三号任务参研参试人员代表时提出，“坚持走中国特色自主道路，就是敢于走别人没有走过的路，加快向创新驱动发展转变”。[②] 中国特色自主创新道路是新中国成立以来，几代共产党人不断探索和成功实践的重要成果。它有利于充分发挥社会主义制度集中力量办大事的优越性，整合资源、重点突破，实现跨越式发展，而且充分激发各类创新主体的积极性和创造性，为全面深化改革和全面建成小康社会的伟大事业，提供强有力的科技支撑。二是树立强烈的创新自信，勇于开拓新的方向，在攻坚克难中追求卓越。实施创新驱动发展战略，我国已经打下坚实基础。2020 年 9 月 11 日，习近平总书记在科学家座谈会上指出：“党的十八大以来，我们高度重视科技创新工作，坚持把创新作为引领发展的第一动力。重大创新成果竞相涌现，一些前沿领域开始进入并跑、领跑阶段，科技实力正在从量的积累迈向质的飞跃，从点的突破迈向系统能力提升。”[③] 当前，我国综合科技实力和创新能力处于发展中国家前列，整体水平大幅提升，某些领域如人类基因重组、超级杂交水稻、高性能计算机、载人航

---

① 《中国共产党第十九届中央委员会第五次全体会议公报》，人民网 http://politics.people.com.cn/BIG5/n1/2020/1029/c1001-31911511.html。

② 中共中央文献研究室编：《习近平关于科技创新论述摘编》，中央文献出版社 2016 年版，第 26 页。

③ 《习近平：在科学家座谈会上的讲话》，新华网 http://www.xinhuanet.com/politics/leaders/2020-09/11/c_1126483997.htm。

天等，正由科技大国向科技强国迈进。由此可见，进入新时代，全国科技战线取得了新突破、自主创新能力大幅提升，一大批关系经济社会发展全局、具有重大国际影响的科学技术成果正源源不断喷涌而出，科技创新的引领和支撑作用日益凸显。

第三，遵循以科技发展为主线，带动全方位、各领域发展的科技战略方针。一是坚持科技发展的首要地位。从人类发展的历史逻辑角度，科技创新是推动经济社会发展的重要杠杆和根本动力，即科学技术是第一生产力；从国家科技发展现状来看，虽然我国科技水平已步入以跟踪为主转向跟踪和并跑、领跑并存的阶段，但关键核心技术受制于人的局面尚未根本改变，同发达国家的差距主要体现在科技创新能力上。为此，以习近平同志为核心的党中央提出加强关键核心技术和关键零部件的自主研发，实现技术自立自强，做强做大民族品牌、抢占全球科技制高点等明确要求，其目的是让中国在经济结构转型升级的过程中，稳住阵脚，在化解过剩产能的同时坚持大力发展实体经济和先进制造业，避免产业空心化。二是着力关注科技发展对全方位、各领域发展的带动效应。习近平总书记在2020年中国国际服务贸易交易会全球服务贸易峰会上的致辞中指出，“近年来，新一轮科技革命和产业变革孕育兴起，带动了数字技术强势崛起，促进了产业深度融合，引领了服务经济蓬勃发展”。[①] 此外，“科学技术作为发展第一生产力的作用愈加凸显，科技的发展进步不仅对推动社会经济起到决定性作用，而且更大程度影响卫生、文化、教育等事业的发展”。[②] 从这一角度出发，科技发展在众多领域发展中起到引领作用。通过投入资金、人力等推动科技发展进步，促进产业结构优化升级，逐步缩小城乡差距，更好地实现区

① 《习近平在2020年中国国际服务贸易交易会全球服务贸易峰会上的致辞（全文）》，新华网 http://www.xinhuanet.com/politics/leaders/2020-09/04/c_1126454718.htm。

② 习近平：《让工程科技造福人类、创造未来——在2014年国际工程科技大会上的主旨演讲》，《人民日报》2014年6月4日。

域均衡发展。

（二）科技战略观的实现价值

首先，科技创新驱动高质量发展是带动国家生产力变革的动力源泉。中共十九届五中全会公报指出，创新依然是推动发展的第一动力。科技创新一是有利于解决当前中国面临的经济难题。当前，中国经济发展所面临的问题是随着改革开放的不断深化和经济发展的不断深入而呈现新的表现形式，我国以往依靠成本优势，将大量的资源投入经济发展和消费环境中的发展方式将难以为继。此外，科技革命和产业变革正经历新一轮发展，新技术取代旧技术、智能技术来代替劳动密集型技术，短暂的历史机遇，不容错过。为解决当前中国面临的经济难题，必须增强科技创新能力，掌握主动权。科技创新二是有利于发挥科技进步带给经济发展的优势。2017 年 3 月 12 日，习近平总书记在出席十二届全国人大五次会议解放军代表团全体会议上的讲话中指出："科技进步深刻改变着人类生产生活方式，也深刻影响着世界军事发展走向。随着科学技术快速发展，国家战略竞争力、社会生产力、军队战斗力的耦合关系越来越深。我们必须增强紧迫感，以更大决心和力度抓紧推动科技创新和进步。"①社会主义制度在经济发展方面有着迅速的反应能力，这为科技创新促进经济发展方式的转变，改变经济发展的模式，促进传统产业的转型升级奠定了坚实的制度基础。因此，科技创新与社会主义制度相融合，可以最大程度发挥两者的优势，充分释放科技创新带来的经济和社会效益，最终促进中国特色社会主义的发展。

其次，科技创新驱动高质量发展是促进国家可持续发展的动力源泉。科技创新一是有利于优化能源结构，坚持绿色、低碳、可持续的发展理念。我国能源结构正从石化能源到核能、聚变能和可再生能源的方向演化。在工业革命过

① 《习近平：弘扬军政军民团结的优良传统》，党建网 http://www.wenming.cn/djw/djw2016sy/djw2016syyw/201703/t20170313_4109919.shtml。

程中，大机器的动力需求使得煤炭和石油成为最重要的能源，并推动煤炭和石油产业的发展。现代原子核物理学的发展为开发利用原子能提供了科学基础。如今，中国已实现核聚变能源的开发利用。此外，水力发电、风力发电、海洋能源等可再生性能源的开发利用都在不断地优化能源结构。科技创新二是助力于环境污染治理，建设人类优美生态环境。当前，由于对自然的过度开发和工业化发展导致环境污染，生态失衡等问题突出。人类对自然的破坏需要通过科学技术手段加以保护和修复，同时发展循环经济技术和提升生产工艺，推动形成资源、环境和经济发展之间相互协调的可持续发展模式。人类日益增长的美好生活的需要，对环境质量和健康安全的要求越来越高，对优质生态产品的需求也日益增长，这些都需要科学技术的保障。

最后，科技创新驱动高质量发展是护航人类健康的动力源泉。人类发展的最终福祉是提高生命的质量，延长个体劳动生命。创新驱动发展科学技术体系在应对社会发展过程中的各种难题时，始终坚持人民性这一价值性思维，并将其蕴含于实现中华民族伟大复兴的伟大历史进程中。以科技创新驱动高质量发展，是贯彻新发展理念、破解当前经济发展中突出矛盾和问题的关键，也是加快转变经济发展方式、优化经济结构、转换增长动力的重要抓手。高质量发展是满足人民日益增长的美好生活需要的发展，也是创新成为主要驱动力的发展。例如，疫苗的发明和推广使人类预防和控制传染病的能力极大增强，为人类健康作出了不可磨灭的贡献。现代麻醉学科的发展使患者在外科手术中极大地减轻了治疗痛苦。器官移植和人造器官延续人类患者的生命，人工血泵、心脏起搏器等医疗器械和系列药物的发明为疾病控制、人类健康和生命延续保驾护航，提高了生命的历程和质量。人类基因图谱的绘出，也使生命奥秘在科技创新的过程中得以被发现和解释。

（三）科技战略观的发展路径

第一，面向世界科技前沿。建设世界科技强国，必须审时度势，展开具有前瞻性的研究，加强对具有发展潜力的科技的研究和开发。“我国科技界要坚定创新自信，坚定敢为天下先的指向，在独创独有上下功夫，勇于挑战最前沿的科学问题，提出更多原创理论，作出更多原创发现，力争在重要科技领域实现跨越式发展，跟上甚至引领世界科技发展新方向，掌握新一轮全球科技竞争的战略主动。”① 人类社会的科学技术是属于全体人类的，科技是世界的。发展科学技术必须要具备全球视野、把握住时代脉搏。“如果我们不识变、不应变、不求变，就可能陷入战略被动，错失发展机遇，甚至错过整整一个时代。”②

第二，面向经济主战场。科技发展，必须要运用于实践之中，科技水平已经成为衡量一个国家综合实力的重要因素，也是决定经济总量提升的最主要因素。“科学研究既要追求知识和真理，也要服务于经济社会和广大人民群众。广大科技工作者要把论文写在祖国的大地上，把科技成果应用在实现现代化的伟大事业中。”③ 面向经济主战场，要加快科技创新，是保持我国经济持续健康发展的必然选择。经过改革开放四十多年的努力，我国经济总量位居世界第二。然而，我国在科技创新领域仍有待提高。“创新发展注重的是解决发展动力问题。我国创新能力不强，科技发展水平总体不高，科技对经济社会发展的支撑能力不足，科技对经济增长的贡献率远低于发达国家水平，这是我国这个经济大个头的‘阿喀琉斯之踵’。”④

第三，面向国家重大需求，科技创新必须把国家重大战略需求放在首位，为国家发展和民族复兴作出卓越贡献。“党中央已经确定了我国科技面向2030年的长远战略，决定实施一批重大科技项目和工程，要加快推进，围绕国家重大战略需求，着力攻破关键核心技术，抢占事关长远和全局的科技战略制高

①②③ 习近平：《为建设世界科技强国而奋斗——在全国科技创新大会、两院院士大会、中国科协第九次全国代表大会上的讲话》，《人民日报》2016年6月1日。

④ 中共中央文献研究室编：《习近平关于科技创新论述摘编》，中央文献出版社2016年版，第8页。

点。”[①] 围绕国家战略需求，实施重大科技项目，“落实创新驱动发展战略，必须把重要领域的科技创新摆在更加突出的地位，实施一批关系国家全局和长远的重大科技项目。这既有利于我国在战略领域打破重大关键核心技术受制于人的局面，更有利于开辟新的产业发展方向和重点领域、培育新的经济增长点”。[②]

二、科技实践观：深化科技体制改革

科技实践观是解决好“由谁来创新”“动力哪里来”“成果如何用”三个基本问题，探寻科学技术发展的逻辑理路；科技实践观有利于不断深化科技体制改革，破除制约科技创新的思想和制度藩篱。以习近平同志为核心的党中央高度重视实践的作用，多次从科技发展历程中总结国内外实践经验，提出了健全以企业为主体、市场为导向、产学研深度融合的技术创新体系。实践证明，以深化科技体制改革为核心的科技实践观能够很好地解决市场和科技“两张皮”的困境，为新时代我国科技发展提供了实现路径，为我国社会经济转型、产业升级提供了实践支撑。

（一）科技实践观的科学内涵

深化科技体制改革是创新驱动发展的科技实践观的核心举措。梳理科技发展实践逻辑，解决好科技发展“由谁来创新”“动力哪里来”“成果如何用”的逻辑传导问题，能够为我国实现世界科技强国的目标提供方向指导。

一方面，科技发展的实践逻辑是对正在进行的实践活动的必然性和规律性的概括和总结。对于科技发展“由谁来创新”“动力哪里来”“成果如何用”相关问题的解答，习近平总书记在 2014 年两院院士大会上指出，“要把人才资源开

---

① 习近平：《为建设世界科技强国而奋斗——在全国科技创新大会、两院院士大会、中国科协第九次全国代表大会上的讲话》，《人民日报》2016 年 6 月 1 日。

② 中共中央文献研究室编：《习近平关于科技创新论述摘编》，中央文献出版社 2016 年版，第 101 页。

发放在科技创新最优先的位置”，[1] 由培养出来的一大批高素质科技人才、一线科技人才和青年科技人才来创新。关于动力驱动方面，习近平总书记认为要加快实施创新驱动发展战略，用科技创新作为我国发展的新引擎。关于成果转化方面，要突破科技成果封闭自我循环的问题，习近平总书记认为要面向经济社会，突出企业的主体地位和市场经济的决定性作用，使创新成果转化为现实生产力。[2] 创新来源、发展动力、成果转化构成了科技发展的问题链，层层递进，环环相扣，不断推动我国科学技术的发展进步。

另一方面，梳理科技发展的实践逻辑，不仅统筹了科技创新与经济社会发展，还凸显了以习近平同志为核心的党中央科技发展的价值追求、改革路径与战略目标。习近平总书记认为，为推动我国经济社会持续健康发展，推动供给侧结构性改革，必须要推动科技体制及其他领域体制机制深刻变革。2013 年 3 月，习近平总书记在全国政协科技界别联组讨论会上指出，“促进科技和经济结合是改革创新的着力点”，并向委员们答复，“关于深化科技体制改革，中央已经作出全面部署”。[3]2014 年 8 月，他在中央财经领导小组会议上指出，科技创新和体制机制创新两个轮子共同转动，才有利于推动经济发展方式根本转变。总之，坚持科技面向经济社会发展的导向，围绕产业链部署创新链，围绕创新链完善资金链，从人才储备、创新驱动和成果转化三个层面促进产学研深度结合，为深化创新体制改革和创建国家创新体系提供了逻辑理路。

（二）科技实践观的实现价值

第一，实施科技实践观，有利于破除科技发展障碍，给予科技体制支撑。习近平总书记在 2014 年两院院士大会上强调要深化科技体制改革，破除一切制

---

① 习近平:《在中国科学院第十七次院士大会、中国工程院第十二次院士大会上的讲话》,《人民日报》2014 年 6 月 10 日。

② 习近平:《在参加十二届全国人大三次会议上海代表团审议时的讲话》,《人民日报》2015 年 3 月 5 日。

③ 中共中央文献研究室编:《习近平关于科技创新论述摘编》，中央文献出版社 2016 年版，第 55 页。

约科技创新的思想障碍和制度藩篱。正所谓“穷则变、变则通、通则久”，科技与经济联系不够紧密、科研创新成果的转化率低、臃肿的科技研发体制、科技发展思想僵化是目前制约科技发展与创新的主要问题。只有针对性地解决科技发展的思想和制度困境，加强对于科技领域的长远规划支持，建立完善的科技发展机制，才能使科学技术成为社会经济发展的重要抓手。

第二，实施科技实践观，有利于总结国内外实践经验，健全科技创新体系。国内外关于科技创新方面的实践经验是科技实践观的重要基础。关于科技创新，习近平总书记作出了形象的比喻：“科技竞争就像短道速滑，我们在加速，人家也在加速，最后要看谁速度更快、谁的速度更能持续。”① 吸收借鉴国内外先进的科技发展经验，方可不断健全科技创新体系。

第三，实施科技实践观，有利于在创新文化上大力营造“宽容失败”的创新氛围。研发关键核心技术，意味着承担比一般技术创新更高的风险、更多的失败。需要大力营造“鼓励创新、虽败犹荣”的创新氛围，出台“允许试错、不行再来”的鼓励措施，让广大科研人员解放思想、放下包袱、轻装上阵，敢啃“硬骨头”、勇闯“无人区”。②

（三）科技实践观的发展路径

第一，注重创新体系顶层设计，明确战略定位与发展目标。切合实际的科技发展规划与阶段性目标是国际科技竞争与综合国力竞赛的先发优势。面对我国科技管理体制还不能完全适应建设世界科技强国的需要，科技体制改革许多重大决策落实还没有形成合力，科技创新政策与经济、产业政策的统筹衔接还不够，全社会鼓励创新、包容创新的机制和环境有待优化的时局，习近平总书记从总体布局出发指出，要着力从科技体制改革和经济社会领域改革两方面同

① 《习近平谈治国理政》第一卷，外文出版社 2014 年版，第 124 页。

② 《提升科技创新能力——把握我国发展重要战略机遇新内涵述评之二》，《人民日报》2019 年 2 月 18 页。

步发力，改革国家科技创新战略规划。[①]中共十八届三中全会进一步明确提出要深化科技体制改革，并将改革目标设为：到2020年基本建成适应社会主义市场经济体制、符合科技发展规律的中国特色国家创新体系和进入创新型国家行列。从制度规划、战略定位和发展目标的高度，强化了落实科技体制改革是新时代科技发展的核心理念。

第二，围绕创新主体、创新基础、创新环境三个层面提升国家创新体系整体效能。在创新主体层面，高校和企业是科技创新两大主体，充分激发各类企业和高校自主创新的活力和积极性，能够形成科技创新的最大合力。在创新基础层面，强大的科技创新能力依靠经济力量的大力支持，搭建起科技与市场的沟通桥梁，用市场的力量提高科技创新效率。科技创新不仅是实验室里科研数据和文献资料，还是科技创新成果转化为推动经济社会发展的现实动力。在创新环境层面，和平发展的国际环境与建立创新型国家的国内环境，为国家科技创新事业整体的发展提供了适宜的社会环境。将涵盖科研机构、高校、政府部门、企业等多个主体，组成科技资源引进、创造、改进、汇集和扩展的系统，整体提升国家的创新水平和创新能力。

第三，要发挥市场在创新资源配置中的决定性作用。在我国科研创新中，市场与政府的关系不协调往往会出现一些问题，如在科研项目的具体组织实施过程中政府科技投入把握不当，一些本应由市场决定的技术研发方向、开发项目和产品、技术路线，却由政府直接决定，结果往往事与愿违。相反，那些遵循市场规则开展技术创新，由市场发挥配置的项目却显示出了蓬勃的生机。2018年5月28日，习近平总书记在两院院士大会上深刻指出，要在科技创新发展中，发挥市场对技术研发方向、路线选择、要素价格、各类创新要素配置的导向作用，让市场真正在创新资源配置中起决定作用。因此，在科技体制改革层面，坚持

① 中共中央文献研究室编：《习近平关于科技创新论述摘编》，中央文献出版社2016年版，第63页。

发挥市场的决定性作用，打通科技和经济社会发展之间的通道是重中之重。

第四，在创新布局、方法、范围上不断优化。一是使企业成为真正的创新主体。“走不出实验室的技术不能称之为关键核心技术，只有能转化为成熟的产品，实现大规模应用的技术，才是名副其实的关键核心技术。必须充分认识企业在技术创新中的主体地位。”中科院李国杰院士认为，不仅要利用高校院所的科研力量，还要大力支持有技术实力和创新意愿的龙头企业，让他们牵头，联合高校院所合力攻关。二是要在创新方法上加大研发投入，坚定不移地持续创新。“有核心技术不一定赢，但没有核心技术一定输。”正如京东方科技集团股份有限公司十年科研攻关表现的那样：“关键核心技术不是一天就能攻克的，必须拿出真金白银、持续增加投入，而且要咬定青山不放松，困难面前不退让、诱惑面前不转向，保持战略定力、持续不断地进行技术攻关。”三是要在创新范围上不断开拓创新前沿，深耕基础研究。“根深才能叶茂，源远才能流长。”中国工程院院士邬贺铨认为，关键核心技术创新能力不足，其根源在于基础研究的根子不深、底子不牢，缺乏源头活水。“我们应当在根子上找原因，在源头上下功夫，鼓励企业和高校院所加强基础研究和原始创新，为掌握关键核心技术打牢根基、提供源泉。”

三、科技人才观：择天下英才而用之

科技人才观，是指要树立和落实人才资源是科技第一资源的观念，强调要将科技人才资源的开发与培育放在科技创新的首要位置，充分发挥人才在推动科技进步工作中的主观能动性。2013年，习近平总书记就明确指出：“从本质上讲，综合国力的竞争是人才的竞争，人力资源是经济社会发展的第一资源。”①这句话为新时代科技人才观的形成与发展奠定了基调，科技人才不仅是实现科技

① 习近平：《在欧美同学会成立一百周年庆祝大会上的讲话》，《人民日报》2013年10月22日。

强国的核心要素，更是独立走中国特色自主创新道路的水之源、木之本，科技的进步依靠天下英才的智慧贡献。因此，我国要大力营造鼓励创新、发现人才的良好社会氛围，高度重视人才挖掘、吸纳、使用，倾力建设一支具备世界级水平的科技领军人才队伍和后备军，最大限度地为优秀人才迸发智慧、施展抱负提供更加开阔、开放、开明的环境。

（一）科技人才观的科学内涵

全国科技工作会议印发了科技部党组2019年一号文件，该文件强调新时代科技人才的发展，应建立健全以信任为前提、以激励为核心、以诚信为底线的科技人才发展体制机制，引导科研人员弘扬科学家精神，坚守科研伦理和道德，增强使命感，潜心研究、多出高质量原创成果。因此，科技人才观的内涵体现在将“实事求是、追求真理、求真务实”作为精神基底，把“爱国自信、协同创新、精神传承”作为精神宗旨。

第一，科技人才培养核心在于明确中国科技事业的发展精神动力是将爱国精神与个人价值、理想信念相结合，确立民族伟大复兴、时代需求第一的精神。培育新时代有理想、有信念的高水平科技人才，首先要帮助广大科技工作者树立并巩固对中华民族伟大复兴中国梦的信心和期盼。习近平总书记不仅非常重视青年人才成长机制，要求培育具有创新活力的青年科技人才队伍，而且还非常强调人才培养要注重德才兼备，实现科技创新与思想修养的统一升华。2013年9月30日，他在十八届中央政治局第九次集体学习时的讲话中深刻指出：“要教育和引导广大科技人员特别是青年科技人员始终把国家和人民放在心上，增强责任感和使命感，勇于创新，报效祖国，把人生理想融入为实现中华民族伟大复兴的中国梦的奋斗中。”[①] 因此，要注重对科技人才理想信念的灌输和启发，激发起他们对社会主义美好未来的向往与想象，培育在推进科技进步中切

① 中共中央文献研究室编：《习近平关于青少年和共青团工作论述摘编》，中央文献出版社2017年版，第16页。

实有效的行动力并引导其推动作用的正向输出。

第二，科技人才工作意味着在中国共产党领导下的先进科技知识分子其鲜明品格是要明确厚植社会主义核心价值观以丰润道德滋养。“致天下之治者在人才”，[①]2018年5月28日，习近平总书记在中国科学院第十九次院士大会、中国工程院第十四次院士大会开幕会上发表重要讲话强调，“要放手使用优秀青年人才，为青年人才成长铺路搭桥，让他们成为有思想、有情怀、有责任、有担当的社会主义建设者和接班人”。[②]科技人才尤其是青年科技人才代表了国家科技强国战略能否顺畅长久实施的希望，代表了新一代科技前途未来和人才的精神面貌。“要树立正确人才观，培育和践行社会主义核心价值观，着力提高人才培养质量，弘扬劳动光荣、技能宝贵、创造伟大的时代风尚，营造人人皆可成才、人人尽展其才的良好环境，努力培养数以亿计的高素质劳动者和技术技能人才。”[③]深化创造科技贡献的社会主义价值内核，培育科技工作者的责任意识和使命担当精神。

第三，科技人才思想的本质在于牢牢把握集聚人才大举措，择天下英才而用之，按照人才成长规律培育艰苦奋斗的科技工作者，避免急功近利、拔苗助长。诚然，科技人才是“在社会科技劳动中，以较高的创造力、科学的探索精神，为科技发展和人类进步做出较大贡献的人”。[④]新时代的科技工作成就与挫折并存，一项科技成果的问世必然耗时耗力且须得经历无数次失败，即使是经验颇丰、知识丰厚的顶尖专家也没有一蹴而就的把握和幸运。科技的进步要求科技工作者能沉得下心、耐得住寂寞、坐得了冷板凳。因此，要鼓励科技人才“以韦编三绝、悬梁刺股的毅力，以凿壁借光、囊萤映雪的劲头，努力扩大知识

① 习近平：《在欧美同学会成立一百周年庆祝大会上的讲话》，《人民日报》2013年10月22日。

② 《让青年人才成为科技强国生力军》，人民网 http://theory.people.com.cn/n1/2018/0601/c40531-30029162.html。

③ 习近平：《就加快发展职业教育作出的指示》，《人民日报》2014年6月24日。

④ 刘茂才：《人才辞典》，四川省社会科学院出版社1987年版，第229页。

半径，既读有字之书，也读无字之书，砥砺道德品质，掌握真才实学，练就过硬本领”。①

（二）科技人才观的实现价值

第一，实施科技人才观，有利于凝聚多种高素质、高水准科技人才。科学技术是第一生产力，而科技人才则是生产力的第一资源，也是科技进步中最活跃、最不可缺的要素。在构建科技创新型国家的社会转型大背景之下，保证源源不断的人才智力支持和创新引领，展现知识经济时代的优越性，就必须建设一批有知识、有本领、数量大、素质良好、结构和规模合理的优质人才队伍与智力系统，为持续深入地践行科技理念创新、科技水平提升、科技实践扩展、科技成果涌现提供最完善、最卓越的科技人才钢铁长城，夯实力量之基。

第二，实施科技人才观，有利于培育新时代中国特色社会主义科技人才。随着我国人口增长速度的放缓和人口老龄化的加剧，以往我国依靠庞大人口基数和充沛劳动力资源的发展优势已渐渐式微，仅依赖人口红利并非国家长久发展之策，人才红利规模的凸显和壮大，才是新时代国家力量突破和社会转型更加需要的根本助推力。马克思认为，科学绝不是一种自私自利的享乐，有幸能够致力于科学研究的人，首先应该拿自己的学识为人类服务。科技事业的腾飞、科技创新的源头在于人才，科技人才肩负着引领国家和民族科技事业提升的重任，他们应致力于深究未知、探索真理，将潜藏在人类思维中的知识之力归引到认识世界、改造世界的宏观格局中。

第三，实施科技人才观，有利于吸引国外高层次人才参与中国现代化建设。当今全球化的趋势愈演愈烈，世界各国之间政治经济、科学技术、文化思想和人才资源交流和融合越来越密切。在此种趋势的影响下，我国必然要顺应全球

① 《习近平谈治国理政》第一卷，外文出版社 2014 年版，第 59 页。

经济一体化的时代潮流方能在建设科技强国，增强科技竞争力等方面有所建树。“不唯地域引进人才，不求所有开发人才，不拘一格用好人才，在大力培养国内创新人才的同时，更加积极主动地引进国外人才特别是高层次人才，热忱欢迎外国专家和优秀人才以各种方式参与中国现代化建设。”①

（三）科技人才观的发展路径

第一，改革人才体制，完善人才分配政策。一是加大各领域科技人才培养力度，扩展人才培养途径，改进培育模式，着力开发重点领域的人才，降低青年科技人才进入重大科技研究、重点学科等领域的门槛，鼓励并支持人才的自主创新研究，增加科技人才的数量，提升科技人才质量与素养。与此同时，要建立更加高效灵活的人才流通机制，时刻观察并了解人才结构性转变与调动，及时协调不同结构间的人才流动，避免顾此失彼、人才分布失衡的不协调现象。二是加快人才制度改革，保障人才合法权益，及时满足科技人才的合理性发展需要。既要改革人才保障制度，构建覆盖广、层次多、可持续的人才保障体系，按国家规定实行科技人才社会保障政策，又要构建完备合理的人才网络，畅通人才交流与流通渠道，根据人才发展特点进行优势互补，在合作开放中实现多方共赢，人尽其才，用有所得，使得每位科技人才都能够最大限度地发挥自己的长处和价值，收获职业归属感。

第二，加强统筹规划，善用奇才。统筹不同领域和层级科技人才的配合。科技最倡导交流协作、共同发展，不论是哪一种重大科研项目和新兴工程开发，既需要高层次科技人才的智慧方案，也需要实用性科技人才的实践演练。近几年来，我国科技的突飞猛进昭示着我们与强国目标的距离越来越小，这都离不开一代代科技人才倾力贡献出的科技成就。新时代科技强国建设，不仅要寄希望于新时代的有志青年，青年科技人才更要以科学家前辈们为榜样，增进老中

---

① 习近平：《在同外国专家座谈时的讲话》，《人民日报》2014年5月24日。

青三代科技人才间的对话交流和思维碰撞。前辈指导并带动后辈，在保障科技稳步发展的基础上不断创造科技新生机。

第三，深化高等教育体系改革，优化人才培育环境。高校教育是科技人才的重要成长和培育基地，也是青年人才接触高素质培养的最直接有效的途径。伴随着国际间人才教育竞争的加剧，高等教育体系也要顺势而变，以期从容应对挑战和问题。因此，高校教育要树立国际型人才培育理念，致力于培养既能面向国内需求，又可在世界舞台上大有作为的科技人才，坚持以素质和知识并举的教育导向，培养青年科技人才的科研创新能力、团队协作意识以及环境适应能力，注重专业发展和价值引领同频共振。同时要注重国际间的教育交流，教育全球化的趋势愈加明显，中国培养科技人才的教育不能固步自封，既要坚持对外开放，又要主动借鉴各国教育经验与优势，引入优秀的课程制度、教学内容和教育模式并与中国原有教育内容相结合，强强联合推动人才培育事业的发展。除此之外，还要大胆使用和引进优秀教育人才，用教育架起代际人才间的沟通桥梁，以教育人才培育科技人才，并以此为续，源源不断地促进人才规模的增加和数量的丰富。

四、科技发展观：让科技为人类造福

科技发展观，是指在大力发展科技事业，促进科技进步和创新的过程中造福人类，即以人作为科技发展的出发点和落脚点。科学技术由人所创造，自诞生之日起便具有强烈的社会性和人民性，其最终意义和价值真谛在于以创新造福人类，改善社会民生，塑造美好环境。因此，科技的一切进步与发展都应转化为促进人类生活更幸福、世界发展更和平的助力，以实现人类需求为目的，这也是各国科技发展应秉承的正确原则与态度。

（一）科技发展观的科学内涵

第一，坚持以人民为中心是科技发展的最核心的要求，科技发展要将人民置于最优先的地位，贯之以人民性原则。习近平总书记曾多次强调科技对提升人民生活质量的重要意义和重大价值。2016 年 5 月 30 日，习近平总书记在“科技三会”上的重要讲话中深刻指出，“科技是国之利器，国家赖之以强，企业赖之以赢，人民生活赖之以好。中国要强，中国人民生活要好，必须有强大科技”。[①]“要把科技创新与提高人民生活质量和水平结合起来，在防灾减灾、公共安全、生命健康等关系民生的重大科技问题上加强攻关，使科技成果更充分地惠及人民群众。”[②] 习近平总书记强调，科技成果“只有同国家需要、人民要求、市场需求相结合，完成从科学研究、实验开发、推广应用的三级跳，才能真正实现创新价值”，同时还要把“满足人民对美好生活的向往作为科技创新的落脚点，把惠民、利民、富民、改善民生作为科技创新的重要方向”。[③]2017 年，中共十九大召开前夕，中国科技部印发了一系列有关于“十三五”科技创新的规划，在公共安全、城镇化、医疗器械、卫生健康、农业农村等社会民生各方面作出了具体的规定，高度重视科技对促进社会民生这一领域的支持作用和投入。

第二，依靠科技推动构建人类命运共同体。2012 年，习近平总书记在中共十八大报告中指出，“要倡导人类命运共同体意识，在追求本国利益时兼顾他国合理关切”，首次提到人类命运共同体这一全新国际关系理念，在 2014 年国际工程科技大会上习近平主席再次提到：“人类生活在同一个地球村，各国相互联系、相互依存、相互合作、相互促进的程度空前加深，国际社会日益成为一个你中有我、我中有你的命运共同体。”[④] 在人类命运深度融合、休戚与共的世界

---

① 习近平:《为建设世界科技强国而奋斗——在全国科技创新大会、两院院士大会、中国科协第九次全国代表大会上的讲话》,《人民日报》2016 年 6 月 1 日。

② 习近平:《科技工作者要为加快建设创新型国家多作贡献——在中国科协第八次全国代表大会上的祝词》,《科协论坛》2011 年第 5 期。

③ 习近平:《在中国科学院第十九次院士大会、中国工程院第十四次院士大会上的讲话》,《人民日报》2018 年 5 月 29 日。

④ 习近平:《让工程科技造福人类、创造未来——在 2014 年国际工程科技大会上的主旨演讲》,《人民日报》2014 年 6 月 4 日。

发展趋势下，科技创新的成果已经不再单单是惠及中国14亿人口的国内工程，科技创新已经成为各国对外开放、构建人类命运共同体，寻求广阔发展前景的基本途径之一。

第三，实现各国安全发展的目标。科技改变世界、造福人类，人类命运共同体的建设将在科技的润色中由不完美走向更完美、更合理的建构之路。以中国杂交水稻为例，中国科技之父袁隆平先生研发出的杂交水稻，50多年来为我国粮食安全、农业科学发展以及世界粮食供给作出了巨大的贡献。杂交水稻的问世不仅解决了14亿中国人口的温饱问题，而且推广到印度、孟加拉国、印度尼西亚、巴基斯坦、埃及、马达加斯加、利比里亚等众多国家，为人类保障粮食安全、减少贫困发挥了重要作用。2019年，袁隆平团队研发的超级杂交水稻已经达到了1200公斤的亩产量，向国家以及世界贡献了一份农业科技大礼，将使世界上更多地区和人民受益。2020年新冠肺炎疫情爆发后，中国和世界卫生组织共同努力，依靠科技手段进行交流合作，不断推广新兴治疗技术，加快疫苗的科学研发，为世界遏制疫情蔓延，各国人民争取治疗希望和生命延续作出了不朽的贡献。这就是科技力量改变世界，维护世界和平稳定，推动人类命运共同体联系更密切的最好例证。

（二）科技发展观的实现价值

第一，实施科技发展观，有利于满足社会对公共生活提升的需求。全面建成小康社会意味着我国人民的物质生活和精神世界都将再上升一个层次，不平衡不充分的社会发展失衡问题将在很大程度上得到解决，社会矛盾形势将转入缓和轨道。2020年10月29日，党的十九届五中全会提出了到2035年基本实现社会主义现代化远景目标，其中包括关键核心技术实现重大突破，进入创新型国家前列。实施科技发展观对实现这一伟大历史目标有着巨大作用。加大科技投入，用科技力量实现全面建成小康社会和国民共同富裕的目标，依靠科技实现社会经济协调运行，人民自由而全面的发展，利用科技手段创建环境友好型社会并保障国家安全发展。不仅如此，还要急人民之所急，想人民之所想，大幅增加科技在社会公共生活领域中的投入与使用，变革社会医疗、文化、教育等基本体系和基础设施的建设，使科技新时尚在全社会蔚然成风，为人民创设一个生活更加便捷舒适，又能同时满足多数人客观与主观双重需求的智能化社会环境。

第二，实施科技发展观，有利于满足人民公平共享发展成果的需求。发展为了人民，发展依靠人民，发展成果由人民共享，这是社会主义建设的首要原则，不论是社会中的何种领域，都应以此为标准，科技发展也不例外。科技进步不仅要为人们建成一个更美好的家园，更为重要的是，科技成果也要由人民共享，加强普惠科技的供给与支持。科技发展成果由人民共享即是以科技力量保障人民基本利益和权益，使不同地域、不同阶层、生活水平有所差距的人们都能享有同等的科技产品和服务。这就要求科技的发展要竭力承担起社会民生责任，加快创新步伐，创造出成本更低、质量更高、覆盖更广的科技成果，增加社会财富总量，在保证社会公平正义的原则下进行科技财富的分配，使得人民更多更好地享有科技创收的利益。

第三，实施科技发展观，有利于紧密联结人类命运。世界各国人民都在科技创新的驱动下收益颇多，各种通讯技术、空间交流手段的丰富打破了时空的限制，世界各民族、各地区之间的联系越发密切，经济、文化、教育等领域和项目全球化特色日益突出，牵一发而动全身的世界格局已经形成。科技发展以及历史中的几次科技革命加速了人类命运的融合，一国科技的发展必然会或多或少地影响到他国的发展，一项科技发明的问世更是能催生一个产业的发展，甚至是对世界产生影响。恰如中国高铁技术的发展和输出，一方面帮助了科技落后国家的交通技术生产，承担起中国的国际社会责任；另一方面也向世界展示了中国科技的可观力量与实力，更是可以借此交通渠道的开辟增强同世界其他各国在投资、贸易等方面的联系和互助。

（三）科技发展观的发展路径

第一，坚持倡导绿色科技治理理念。2014年，习近平总书记提出绿色科技理念，继而有了“绿水青山就是金山银山，宁要绿水青山，不要金山银山”[①]的重要论断。这是我国社会转型中的基本指导理念，也是一直以来中国在参与全球治理过程中倡导的主张。我国提出要运用绿色科技，建设生态和谐的美丽人类家园。未来科技发展应以绿色发展为前提，绿色科技创新是决定全球性治理进程成败的核心要素。如果没有充足的物质资源和良好的生态环境，就会给人类正常的生存环境带来巨大破坏和冲击，乃至会发生全球性的生态危机，更遑论社会的可持续发展。因此，要让绿色新兴科技在全球治理进程中大有所为，运用绿色治理技术破除污染、资源浪费等难题，发挥其对节约资源、提高资源利用率、遏制环境恶化势头、维护生态平衡等作用，尊重和保护自然，最大限度地延长可持续发展的周期。

第二，在全球治理中积极承担大国责任。2017年《“十三五”国际科技创新合作专项规划》中提出，我国要“以全球视野谋划和推动创新，提升国际科技创新合作水平，深度融入全球创新体系，有效运用全球科技创新资源，在更高层次上构建开放创新机制，积极有序地推动‘十三五’国际科技创新合作与交流”，形成互利共赢、共同发展的国际科技创新合作新局面。作为世界大国之一，中国始终勇于承担国际责任，力求在世界各国间形成以科技为主的全球问题治理观和普遍共识，坚持共同发展、共商发展、共建发展、共享发展的理念，相互借鉴、相互启发，推动科学技术的进步与创新，共同应对各种风险与挑战，实现共创、共治、共享、共荣，创建各国同舟共济的全球治理新格局和新系统。当前，中国已经在参与构建全球科技管理和合作机制中作出了重要贡献，提供了中国智慧和中国方案，未来还将进一步推动国际对话与交流，在全球合作的

① 中共中央文献研究室编：《习近平关于社会主义生态文明建设论述摘编》，中央文献出版社2017年版，第21页。

对话框架中使科技进步成为推动人类社会发展的“正能量”。中国在勇作全球科技建设者的同时，也积极承担大国责任，力求让世界人民享受科技的乐趣。

第三节　创新驱动发展战略指导下科技创新的成就及前景

中共十八大以来，在以习近平同志为核心的党中央的领导下，我国科技事业和科技体制建设进入了全面、深层次改革阶段。在此阶段上，我国科技发展的根本任务是深入实施创新驱动发展战略，加快推进创新型国家建设和世界科技强国建设，创新体系和创新格局出现重大变化，高水平创新载体全面布局。我国科技事业已经取得了历史性成就、发生了历史性变革，科技创新能力实现了历史性跨越。中国已发展成为具有重要影响力的世界科技创新大国，在全球科技创新版图中的地位不断提升，正处于从科技大国迈向世界科技强国的新征程中。

一、科技体制改革成效显著

进入新时代，以习近平同志为核心的党中央对科技创新进行了全局谋划和系统部署，争取使创新成为引领发展的第一动力，坚定不移贯彻科技强国战略。中共十八大以来，我国又提出了“创新、协调、绿色、开放、共享”的五大发展理念，创新被摆在国家发展全局的核心位置。随着一系列重大部署的贯彻执行和科技体制改革不断深化，一批具有标志性意义的重大科技成果不断创新主体活力和能力，开放合作不断拓展新的空间。中国在国际科技竞争中逐渐占据了主动权和制高点，极大增强了综合国力，提升了国际地位。

（一）科技创新体制机制不断完善

进入新时代，以习近平同志为核心的党中央从顶层设计出发，对我国科技事业的发展作出了一系列重要的部署，从宏观层面为新时代科技创新体制机制搭建起“四梁八柱”。2014 年 3 月 12 日，国务院印发《关于改进加强中央财政科研项目和资金管理的若干意见》。该《意见》指出，加快建立适应科技创新规律、统筹协调、职责清晰、科学规范、公开透明、监管有力的科研项目和资金管理机制，使科研项目和资金配置更加聚焦国家经济社会发展重大需求，基础前沿研究、战略高技术研究、社会公益研究和重大共性关键技术研究。2015 年 3 月 23 日，中共中央、国务院发布《关于深化体制机制改革加快实施创新驱动发展战略的若干意见》。该《意见》指出，要营造激励创新的公平竞争环境、建立技术创新市场导向机制、强化金融创新的功能、完善成果转化激励政策、构建更加高效的科研体系、创新培养、用好和吸引人才机制、推动形成深度融合的开放创新局面、加强创新政策统筹协调。2015 年 8 月 29 日，《中华人民共和国促进科技成果转化法》出台，旨在促进科技成果转化为现实生产力，规范科技成果转化活动，加速科学技术进步，推动经济建设和社会发展。2016 年 5 月 19 日，中共中央、国务院印发《国家创新驱动发展战略纲要》。该《纲要》就战略背景、战略要求、战略部署、战略任务、战略保障、组织实施六个方面作出了重要规划，再次强调科技创新是提高社会生产力和综合国力的战略支撑，是引领发展的第一动力，必须摆在国家发展全局的核心位置。2016 年 7 月 28 日，国务院印发关于《“十三五”国家科技创新规划》的通知，明确“十三五”时期科技创新的总体思路、发展目标、主要任务和重大举措，从创新主体、创新基地、创新空间、创新网络、创新治理、创新生态六个方面提出建设国家创新体系的要求，并从构筑国家先发优势、增强原始创新能力、拓展创新发展空间、推进大众创业万众创新、全面深化科技体制改革、加强科普和创新文化建设六个方面进行了系统部署。2018 年 1 月 19 日，国务院印发《关于全面加强基础科学研究的若干意见》。该《意见》明确了我国基础科学研究三步走的发展目标。提出到 21 世纪中叶，把我国建设成为世界主要科学中心和创新高地，涌现出一批重大原创性科学成果和国际顶尖水平的科学大师，为建成富强民主文明和谐美丽的社会主义现代化强国和世界科技强国提供强大的科学支撑。

（二）体制改革成效逐步凸显

经过持续不断的科技体制改革，我国已经形成了科技创新体制的基础。一是建立了适应创新驱动发展要求的体制机制。在科技资源管理上，坚持问题导向，加强统筹协调，根据发展需要不断调整改革重点，着力解决长期以来存在的科技资源“碎片化”“孤岛现象”等问题，新时期国家科技管理主体架构和新型科技计划体系初步成型。二是正确发挥政府和市场在推进科技事业发展中的作用。我国在加快政府职能向创新服务转变的同时，坚持结合发挥市场经济体制改革对科技体制改革和创新驱动发展的基础性作用。在科技资源配置上既不断调整科技计划设置和政府支持重心，又强调充分发挥市场的作用，激发市场创新原动力，形成了推动创新驱动发展的制度优势。三是科技成果转移转化体系建设取得重大突破，我国实行以增加知识价值为导向的分配政策，进一步明确科技创新成果处置权、收益权，简化成果转化流程，保障科技人员的成果权益，充分调动科研人员积极性。科技创新治理体系的结构和功能更加优化。

（三）科技体制改革进一步促进经济发展

科技创新与经济发展深度融合，最首要的改变就是科技投入对产业结构升级的优化，提升经济发展质量。当前，我国农业主要作物良种已基本实现全覆盖，农业生产信息化和智能化不断提高；制造业数字化、网络化、智能化发展特征显著，顺应消费升级趋势，扩大优质工业品和现代服务供给，不断满足人民群众日益增长的美好生活需要；高技术制造业呈现出持续向好的发展态势，钻井平台、载人深潜、高档机床、风电、智能制造等高端装备制造业技术达到国际先进水平，“中国制造”正升级为“中国智造”。科技创新成为改善供给质量、实现供给侧结构性改革的重要手段。与此同时，科技创新还为发展经济新动能提供了助力，战略性新兴产业快速发展，引领我国经济转型升级。基于移动互联、物联网的新产品、新业态、新模式蓬勃发展，成为我国改造、提升传统产业、培育经济发展新动能的有力支撑。大数据、云计算应用不断深化，以5G为代表的新一代信息技术走向实用，催生出一大批大数据企业、独角兽企业、瞪羚企业。电子政务、信息惠民、共享经济、平台经济迅速兴起，大大提升了政府治理水平和民众获得感。

（四）科技体制改革的对外开放程度增加

科技领域是我国最早实现对外开放的领域之一，日益扩大的国际交流合作使我国科学家迅速跟上国际科技发展前沿，了解世界科技发展大势。同时，经济、文化等领域的对外开放，也为科技体制改革注入了强大动力。主动融入全球创新网络，积极学习借鉴发达国家的先进经验，是我国科技体制改革的重要战略路径。习近平总书记对科技发展国际化的概念作出重要论断，他强调："科学技术是世界性、时代性的，发展科学技术必须具有全球视野、把握时代脉搏。"① "科技是国家强盛之基，创新是民族之魂。16世纪以来，世界发生了多次科技革命，每一次都深刻影响了世界力量格局。从某种意义上说，科技实力决定着世界政治经济力量对比的变化，也决定着各国各民族的前途命运。"② 近几年来，我国在积累国内科技创新经验，坚定不移地走自主创新道路的同时，也积极融入科技全球化的创新网络中，利用好国际市场中的科技资源和创新共享经验，在更宽广的视野内进行层次更高、水平更强的创新发展，在继续实施创新驱动发展战略的前提下积极寻求与世界各国科技合作和交流，共同应对全球面临的挑战，在不断碰撞中取长补短，增强国际竞争力。2020年年初，新冠肺炎疫情在多个国家出现，积极应对、预防各类传染病的威胁，成为各国科技事业的首要突破任务。我国积极与世界卫生组织专家组在流行病学、病毒学、

---

① 《习近平谈治国理政》第二卷，外文出版社2017年版，第268页。

② 习近平：《在中国科学院第十七次院士大会、中国工程院第十二次院士大会上的讲话》，人民出版社2014年版，第3页。

临床管理、疫情控制和公共卫生等方面开展科研合作，与有关国家特别是疫情高发国家在溯源、药物、疫苗、检测等方面共享科研数据和信息，共同研究提出应对策略，为推动疫情态势向好发展积极寻求多元化治理路径，作出了重要贡献。

二、科技创新事业蓬勃发展

经过多年的努力，我国科技体制改革取得了重要进展和初步成效，科技力量结构和布局得到优化，国家创新体系效能和创新活力大幅提升，各类创新主体和平台基地不断涌现，科技生命力得到前所未有的彰显，从而推动各项科技创新事业取得蓬勃发展。

（一）大众创业万众创新成果丰硕

在 2014 年夏季达沃斯论坛上，李克强总理首次提出要在 960 万平方公里土地上掀起“大众创业”“草根创业”的新浪潮，形成“万众创新”“人人创新”的新势态。2015 年，李克强总理在政府工作报告又提出：要“大众创业，万众创新”。在政策的鼓励和支撑下，大众创业、万众创新的理念日益深入人心，极大地激发了全社会的创业创新热情，各类市场主体蓬勃发展，涌现出一批批各方面的“专业人士”，人力资源转化为人力资本，更好地发挥了我国人力资源雄厚的优势，允许和鼓励全社会勇于创造的风气在很大程度上解放和发展了生产力，各种新产业、新模式、新业态不断涌现，有效激发了社会活力，释放了巨大创造力，成为经济发展的一大亮点。各种新兴技术尤其是“互联网 +”等技术“双创”的使用，不仅使技术本身得到了大范围推广，更为普通人创造了更多的创新创业机会，吸引了更多有志之士参与到这场创新创业的宏大工程中，成为我国经济发展和科技创新微观主体。在各方微观主体的努力下，近年来“双创”形成了联动效应，宽带网络速度大幅提升、移动通信终端广泛普及、生产管理的自动化程度提高协同“双创”的开展实现，高新技术产业、网络贸易、新兴工业产品等新的商业形态得到了长足的发展和增速。实践证明，在经济面临下行压力的情况下，“双创”为稳增长、防风险、扩就业作出了重要贡献。

（二）企业创新主体地位全面增强

企业是技术创新主体，是科技创新的重要载体和科技实力的象征，其研发投入的规模和水平直接反映国家技术创新的能力、水平和竞争力。[①]中共十八大以来，经过科技创新体制机制改革，我国以企业为主体的创新体系框架不断完善，为经济发展释放了巨大的创新能量，使得企业成为技术创新主体，主动创新意识大幅提升，企业在国家创新体系中的主体地位不断稳固。企业发展壮大的核心竞争力也逐步转变为创新能力的强弱，各类企业有意识地增强科研创新的投入力度，激发自主创新活力，推动企业创新从以技术引进、依靠模式创新来占领市场为主，逐步向自主研发、依靠技术创新来开发市场转变，不仅增强了创新能力，同时还有效地支撑了创新型国家建设。企业创新主体全面增强主要表现为四个方面：一是企业已成为研发投入的主体。2016 年起，我国企业研发经费在全社会研发经费占比已超过 75%，这一比例已经超过美国、日本等发达国家，我国已经成为世界上企业研发投入占全社会研发投入比重最高的国家之一。二是企业已成为成果转化的主体。随着科技体制的不断完善，我国科技成果基本上都是通过企业转化的。高校、科研院所、小微企业的科研成果通过技术转让，或者创办、合办公司等方式进行转化；大型企业在自主、合作研发的同时，面向社会收购科技成果并进行转化。三是企业已成为技术发明的主体。2019 年上半年，在国家知识产权局公告的发明专利授权量（不含港澳台）达到 238309 件，同比增长 9.9%。其中企业发明专利授权占比 69.16%，相较 2018 年上半年企业发明专利授权量增加 13977 件。四是企业已成为科技项目执行的主体。企业在承担重大科技项目、科技计划、科研课题等方面发挥了关键

① 胡志坚、玄兆辉、陈钰：《从关键指标看我国世界科技强国建设——基于〈国家创新指数报告〉的分析》，《中国科学院院刊》2018 年第 5 期。

作用，企业承担课题数量和承担的经费在民口总课题数中不断提升，逐步成为科研项目主体。

（三）国家科技创新基地和重大科技基础设施建设取得显著成果

国家高新技术产业示范区、试验区等科技创新中心建设蓬勃发展，现阶段我国已经建成 168 个高新技术开发区，北京、上海具有全球影响力的科技创新中心，上海张江、安徽合肥、北京怀柔国家综合性科学中心建设快速推进，雄安新区和粤港澳国际科技创新中心完成顶层设计和规划，全面创新改革示范区取得一批可推广可复制的经验，技术性收入规模稳步扩大，高新技术产品不断丰富。与此同时，我国成功打造了一批国家实验室，以高校和企业为依托进行建设和规模完善，充实国家科技创新体系，聚集和培养优秀科技人才、开展高水平学术交流，高水平、高质量的科学论文和科技专利发明成果丰硕。2018 年，国外三大检索工具《科学引文索引（SCI）》《工程索引（EI）》和《科技会议录索引（CPCI）》分别收录我国科研论文 41.8 万篇、26.6 万篇和 5.9 万篇，数量分别位居世界第二位、第一位和第二位，我国国际论文被引用次数排名世界第二位；国内发明专利申请量和授权量均位居世界第一位，科技发展质量提升迅速。

三、科技创新成果突飞猛进

在创新驱动战略支撑和全国科技界和社会各界的共同努力下，我国科技创新持续发力，加速赶超跨越，取得了举世瞩目的显著成绩，重大创新成果竞相涌现，科技实力大幅增强，实现了从过去的追踪跟跑逐步转向并跑领跑的历史性转变，已成为具有全球影响力的科技大国。

（一）重大科技成就举世瞩目

科技创新能力的一个最重要的方面便是科技原始创新能力处于国际领先梯队。科技创新包括原始创新、跟随创新和集成创新 3 种模式，其中，原始创新居于核心地位。习近平总书记在考察三峡工程时曾说："真正的大国重器，一定要掌握在自己手里。核心技术、关键技术，化缘是化不来的，要靠自己拼搏。"中国要真正走向独立自主，提高原始创新能力是必由之路。在以原始创新能力为科技核心竞争点的格局下，我国积极转变科技发展重点，高度重视原始创新和基础研究，不断加大投入力度，推动原始创新不断取得突破。以 2018 年基础研究经费为例，2018 年我国投入基础研究经费为 1118 亿元，是 1995 年的 62 倍，1996—2018 年年均增长 19.6%。在国家自然科学基金、国家重点基础研究发展（973）计划支持下，我国在量子科学、铁基超导、暗物质粒子探测卫星、CIPS 干细胞等基础研究领域取得重大突破。屠呦呦研究员获得诺贝尔生理学或医学奖，王贻芳研究员获得基础物理学突破奖，潘建伟团队的多自由度量子隐形传态研究位列 2015 年度国际物理学领域的十项重大突破榜首。

高技术领域捷报频传。在国家科技重大专项和国家高技术研究发展（"863"）计划等的支持下，我国高技术领域捷报频传。神舟飞船与天宫空间实验室在太空交会翱翔；北斗导航卫星实现全球组网；蛟龙号载人潜水器、海斗号无人潜水器创造最大深潜纪录；赶超国际先进水平的第四代隐形战斗机和大型水面舰艇相继服役。在国产大飞机、高速铁路、三代核电、新能源汽车等领域，取得一批在世界上叫得响、数得着的重大成果。

具体来说，新时代我国科技成就可具体分为两个阶段。第一个阶段为 2012 年至 2018 年，在这一时期内我国科技发展突飞猛进，成就显著，在某些领域远远领先于世界各国。2016 年，计算机领域研制成功的"神威・太湖之光"，荣登当时世界超级计算机 500 强榜首，此前"天河一号""天河二号"均为当时世界最快超级计算机；2017 年，我国自主研制的新一代喷气式大型客机 C919 在上海浦东机场起飞，2018 歼 -20A 型开始列装空军作战部队，同时也意味着中国是继美国之后世界上第二个走完第五代战斗机论证评价、设计、研发、原型机测试、定型生产、最终服役全部阶段的国家；2017 年，中国首艘国产航母在大连正式下水，此后完成多次海试；2018年，“天河三号E级原型机系统”完成研制部署。2018年，我国大科学装置，世界上第一个非圆截面全超导托卡马克——东方超环（EAST）取得重大突破，加热功率超过10兆瓦，等离子体储能增加到300千焦，等离子体中心电子温度首次达到1亿度，朝着未来聚变堆实验运行迈出关键一步。

第二个阶段为2019年至今。这一阶段我国科技创造了多个历史首次，继续飞跃：2019年嫦娥四号传回人类首张月球背影像图，人类首次登陆月背；工信部发放5G牌照，5G技术正式运行；时速600公里高速磁浮试验样车下线，我国在高速磁浮技术领域实现重大突破；捷龙一号运载火箭成功发射成功，中国“龙”系列商业运载火箭登上历史舞台；东风-41核导弹首次公开亮相，射程超过美国LGM-30“民兵”和俄罗斯RT-2PM2“白杨M”；中国科学院团队发现迄今最大黑洞，颠覆了人们对恒星级黑洞形成的认知；等等。2020年6月，北斗全球系统最后一颗组网卫星成功发射，北斗全球组网成功收官；新型万米级载人深潜器即将下水，力争在海底监测、钻探方面实现突破；等等。在未来，我国将继续面向国家科技发展重大需求，推进重大科技项目运行，梯次接续，迎接科技进一步的飞跃发展。

（二）中国成为全球科技创新中心之一

全球科技创新中心是世界创新资源的集聚中心和创新活动的控制中心，根据规定，如果某个国家的科学成果数占同期世界总数的25%以上，这个国家就可以称为全球科技创新中心。在科技发展历史上，全球科技中心的形成遵循着这样一条规律：在每一个历史时期，总有一个国家成为世界科学中心，引领世界科学技术发展的潮流，经过大约近一个世纪后转移他国。按照全球科技中心的确定标准与一般规律，从16世纪到20世纪，全球科技中心先后进行了五次大转移，形成顺序分别是意大利、英国、法国、德国和美国。进入21世纪后，全球化趋势更加显著，新一轮科技革命浪潮和知识经济的兴起正在重塑世界竞争格局，核心科技的竞争已经成为当前国家间实力竞争的重要内容，争夺全球科技创新中心资格成为许多国家应对科技挑战和增强国家竞争力的重要举措。对我国来说，加快建设一批具有全球影响力的科技创新中心，既是我国建设世界科技强国的内在要求，也是实现创新驱动、转型发展的必然选择。经过科技体制的深化改革和有意识的科技政策引领，我国科技综合实力迅速提升，已经升级为科技创新的大国，多类型、全方位的科技成就昭示了我国对世界科技发展的贡献逐步加大中，已然具备争夺全球科技创新中心的实力和资格。

具体来说，按照全球科技中心转移规律，一个国家要成为世界科学中心必须具备四个基本条件：首先，科学发展具备浓厚的思想文化基础，人民思想高度解放；其次，具备培育人才的教育制度和吸引各方人才的最优的科研环境；再次，注重科技成果的转化和应用，科技与社会事业深度融合，物质基础雄厚，推动社会全面发展；最后，有独创性科学发展战略和鼓励原始创新的科技政策，倡导自由探索的学术氛围。进入新时代，我国在科技发展中取得伟大成就，中国逐渐成为全球科技创新中心之一，主要表现在以下方面：在思想方面，中共十九大以来，习近平新时代中国特色社会主义思想深入人心，中国共产党对社会规律、创新文化的理解更加全面深刻，社会思想环境高度开放。在制度方面，我国大力实施科教兴国和人才强国战略，积极变革与科技发展的配套教育体系和人才培育、引进制度，为科技事业发展提供强大的人才后备军和人才智慧。吸引国际创新资源方面，我国也已经变成一个非常重要的对象国。在科技成果方面，我国推出一系列科技政策，以科技促进步，走出了一条由科技带动产业、改善民生、提升经济、影响世界的创新发展新路径，全社会对科技需求持续增长。在战略方面，我国积极践行创新驱动发展战略，加大政策支持和研发投入力度，国家实验室、创新示范园区等科创基地建设迅速，科技产出质量和数量飞越进步。在国家实力方面，2010 年年底，中国制造业的增加值已经超过美国，成为第一大制造业国家，2010 年，中国取代日本成为世界第二经济大国，2013 年，中国进出口贸易总量更是在 2013 年超过了德国，跃升成为世界第一大贸易国家。根据科学活动中心转移的周期律，我国上述改变在一定程度上也标志着全球的技术中心在向中国倾斜，或许在未来的某个时刻，我国将成为继意大利、英国、法国、德国和美国之后，第六个世界科学活动的中心。

四、新时代中国科技事业为人类科技发展提供中国智慧

科技已经成为我们认识世界、改变世界的重要工具，毫不夸张地说，人类历史的每一次进步变化都是科技创新的结晶，科技蕴藏着在短时间重构世界的巨大威力。当前，创新驱动战略已然转化为我国社会发展与转型的重要根基和基础性优势，未来我国将继续发挥科技的强大生命力，在科技支撑引领下持续建设有中国特色的社会主义政治、经济、文化，稳步推进社会主义现代化强国建设，同时我国也将会以更加积极的姿态参与人类命运共同体建设中，与世界各国一道塑造更加美好的发展新前景。

（一）科技推动国内政治、经济以及文化进步

从科学技术出现的那一刻起，人类社会就开始出现比以往任何时候都要更具震撼力的变化。随着社会的发展和时代的不断进步，科技作为第一生产力也扮演着越来越重要的角色，科学技术的每一次重大突破都会推进社会的进步。在新时期内，科技创新的每一次重大的突破，不再仅仅局限于经济领域，还涉及政治、文化等各方面的进步，社会各项事业都正朝着与科技紧密结合的方面迈进，中国全面崛起必然依靠科技创新。

第一，科技进步提升政治发展水平。科技创新应用为社会政治发展提供了全新的技术手段和空间拓展。首先，科技提高政治运行效率。随着信息技术和人工智能的广泛应用，我国政府开启了现实与虚拟相结合的两条政治管理路线，网络政府蓬勃发展。网络的虚拟政府的智能性特征不仅能提供辅助办公功能，而且还能够将社会服务体系涵盖进网络层次中，成为政府内部事务处理和向社

会公众服务的平台，人们真正可以从多渠道关注和参与政治。通过科学技术的发展，参与政治的程序将会越来越简单，范围也会越来越广泛，将会在更大程度上提高政府的行政效率和推动社会政治文明的发展。其次，科技提高公民的政治素质和参政能力。科技水平的不断提高，不仅解放了人们的思想，丰富了公民的认识，扩大了公民的视野，而且提高了公民认识世界、理解事物的能力，为公民参与政治提供智力支持；技术的推广还能替代公民一部分日常繁琐事务，节省更多时间以便关注并参与政治。最后，科技增强了我国国际竞争力。当代科技与政治的密切结合，国家科技实力与国家力量相匹配，全球科技中心的转移与国家政治力量改变相呼应，科技影响国家综合实力的竞争已然成为其中的一个最基本范畴。在科技普遍带有政治色彩的前提下，我国必然要继续以科技为依托，维护政治稳定，保障我国在世界上的合法政治利益。

第二，科技创新引领经济新常态。2018 年在世界公众科学素质促进大会上，习近平总书记指出："创新是引领发展的第一动力。"[①] 从 2012 年起，中国告别过去 30 多年平均 10% 左右的 GDP 高速增长，增速开始回落，由高速增长转为中高速增长，这意味着我国经济发展阶段的根本性转变，呈现出经济发展新常态。新常态需要新经济政策和新发展规划相匹配、相适应，所以我国致力于实践科技创新增添经济新动能的新思路，推动经济增长由要素驱动、投资驱动转向创新驱动，以科技创新释放生产原力，适应新常态、把握新常态、引领新常态，将创新驱动作为经济全新发展阶段的第一动力，把科技创新成果投入转化到推动经济社会发展的现实动力中。科技创新驱动高质量发展战略，是发展的新引擎，也是确保我国在经济增速换挡的新时期加快转变经济发展方式的重要助推器。我国强调以科技为支点推动产业结构优化升级，改粗放型发展转为集约型发展，加快实现新旧发展动力的转换，强化科技成果转化对供给侧结构性

① 中共中央党史和文献研究院编：《习近平关于总体国家安全观论述摘编》，中央文献出版社 2018 年版，第 162 页。

改革的支撑作用。通过高素质、高水平的脑力劳动和科技投入减少人力使用，优化资源配置，减少资源浪费，破除“三期叠加”困境和跨越“中等收入陷阱”的挑战，推动新技术、新产业、新业态蓬勃发展，依靠科技成果转化来创造更丰富的经济效益和丰富物质财富成果。

第三，科技发展增强文化自信。科技创新不仅能够推动物质文明的进步，在精神文明层面也能发挥推动作用。在社会主义发展的新时期，我国坚持道路自信、制度自信、理论自信和文化自信的同频共振，积极弘扬中国特色社会主义新文化。中国的繁荣发展离不开文化优势的彰显，而文化优势的彰显则需要科技手段的应用和助力。从世界范围内看，文化繁荣兴盛的国家都是科技实力发达的国家，这些国家将自身科技优势融入文化产业中，利用科技手段攻占国际文化市场，通过各种技术平台宣扬本国文化，进行文化渗透，增强本国文化在世界其他各国中的影响。面对日益激烈的文化竞争，我国要遵循文化发展规律，对中国优秀传统文化“进行创造性转化、创新性发展”，将文化的内容维度和科技的技术维度相结合，运用科技创新手段，充分挖掘文化资源，与时俱进，推陈出新，将优秀传统文化和当代中国文化相结合，创造出更加有生命力的文化内容。通过文化与技术的紧密融合，使文化不仅能满足不同主体的多种精神文化内容需求，又能够通过技术加持提升文化服务的吸引力和感染力，满足文化接受主体的高端体验诉求，使更多群众能够见证我国文化的感召力，增强文化自信。

（二）以科技力量构建人类命运共同体

习近平总书记指出：“新一轮科技革命和产业变革正在重构全球创新版图、重塑全球经济结构……科学技术从来没有像今天这样深刻影响着国家前途命运，从来没有像今天这样深刻影响着人民生活福祉。”[①] 科技对世界格局的重构催生了人类命运的深度融合现状，在各国命运休戚与共的发展趋势下，科技发展不

① 习近平：《在中国科学院第十七次院士大会、中国工程院第十二次院士大会上的讲话》，人民出版社2014年版，第7页。

仅是人类解决全球性风险的筹码，也是构建国际新秩序的机遇和动力。

第一，科技创新与人类命运息息相关。人类命运共同体的建设本身就是对科技创新影响的现实反映，科技手段的丰富打破了时空限制，不断开辟新的产业领域，加快资本、人才、商品和信息在全球范围内的流通，各民族、各地区之间的联系越发密切，经济、文化、教育等领域体现出全球依存性特征，改变着世界各国人民的生活方式和思维方式。牵一发而动全身的世界格局影响着各国对外关系决策和国际战略制定，甚至对国际社会组织及其管理体制和全球性综合治理都产生了不容忽视的影响。在各国相互依存的客观条件下，人类争取和平、合作和共赢有了明显的契机和底气。

首先，科技遏制了世界大战的爆发。在第二次世界大战和两极格局结束后，世界各国都认识到科技创新在综合国力竞争中极端重要的地位，将科技创新提上国家建设日程并加快科技创新的步伐，在壮大自身国家实力、推动经济全球化的同时也逐步扭转了美国独霸世界的格局，形成了世界政治多极化发展的趋势，各国实力的增强不仅没有成为一国挑起战争的理由，反而由于忌惮其他国家的实力而变成了遏制战争的因素。此外，当代科技创新进一步促进了各国的交流和开放，各个国家和社会组织在相互沟通中逐步加深对彼此的理解、认同与信任，还能在某些事情上达成共识，这也对战争起到了一定的制约作用。

其次，科技创新为发展中国家提供动力。科技创新使现代经济高度国际化，其中发达国家与发展中国家之间的经济“鸿沟”反过来也制约了发达国家的再发展，因为发达国家的资本、贸易和市场都想在发展中国家扩散，如果发展中国家的经济水平达不到承接发达国家资源的要求，那么发达国家的再发展就要受到限制，这就迫使发达国家不得不考虑对发展中国家的带动问题。除此之外，科技创新使国家对自然资源的依存度降低且能在技术支撑下合理配置资源，在减少资源浪费的基础上节约经济成本，于某些科技领域内创造出高质量的科技产品。一旦某国在某些关键技术上能有所突破，就可能实现超常规的发展。

最后，科技创新改善人类生存环境。当今世界的快速发展是以全球生态环境的牺牲为代价的，这极大制约了人类的可持续生存，改善人和自然关系的最有效最直接的手段就是科技创新。科技创新不仅能够给资源节约型、环境友好型产业的发展提供动力，加快低碳经济的发展和绿色能源的开发，从而降低能耗和物耗，保护和修复生态环境，还可以使人们更准确地预测生态问题可能产生的灾难，并为防灾和救灾提供科学、理性的思路和强大的物质手段。概言之，科技创新将在技术和物质层面促进经济社会发展与自然相协调，把各国的生态命运紧密联系在一起。

第二，科技发挥治理世界的应有之义。习近平总书记曾指出："深度参与全球科技治理，贡献中国智慧，着力推动构建人类命运共同体……要深化国际科技交流合作，在更高起点上推进自主创新，主动布局和积极利用国际创新资源，努力构建合作共赢的伙伴关系，共同应对未来发展、粮食安全、能源安全、人类健康、气候变化等人类共同挑战，在实现自身发展的同时惠及其他更多国家和人民，推动全球范围平衡发展。"① 科技创新已经不再单单是惠及单一国家之内人民的独立工程，它越来越成为世界性的宏大任务，成为各国对外开放、构建人类命运共同体，参与全球治理以寻求更宽广发展路径的基础策略。

首先，中国科技发展有利于深化全球性国际科技合作与交流。"自主创新不是闭门造车，不是单打独斗，不是排斥学习先进，不是把自己封闭于世界之外。"② 中国在发展，世界各国的脚步也从未停歇。我们与发达国家仍存在着不小的差距，实现在某些科技领域的赶超目标任重而道远。我国在积累国内科技

① 习近平：《在中国科学院第十九次院士大会、中国工程院第十四次院士大会上的讲话》，《人民日报》2018 年 5 月 29 日。

② 习近平：《在中国科学院第十七次院士大会、中国工程院第十二次院士大会上的讲话》，人民出版社 2014 年版，第 10 页。

创新经验的同时，也要积极融入科技全球化的创新网络，利用好国际市场中的科技资源和创新共享经验，在更宽广的视野内进行层次更高、水平更强的创新发展，积极寻求与世界各国科技合作和交流，共同应对全球面临的挑战，在不断碰撞中取长补短，增强国际竞争力。中国作为世界大国之一，要积极承担国际责任，要参加并力争牵头开展对未来发展、人类健康、应对气候变化等方面的国际科技合作，加强科技信息交流和建设虚拟研究中心，与世界各国和国际组织共同建立大型数据库和网络系统，以共享创新资源、分担风险、少走弯路。要加强政府间的科技战略合作，以及半官方和民间的科技合作，促进国内外科研机构和学术组织、政府和企业、科学家个人之间的交流，在最大程度上开展全面、全方位的合作对话，畅通交流合作对话机制渠道，积极汲取有价值的、有实践意义的观点和想法，为国际治理产出新概念、新思路、新方法。

其次，中国科技发展有利于以中国智慧参与全球治理。习近平总书记在2014年国际工程科技大会上指出："中国拥有4200多万人的工程科技人才队伍，这是中国开创未来最可宝贵的资源。发展科学技术是人类应对全球挑战、实现可持续发展的战略选择。"①2018年，在中国科学院第十九次院士大会上，习近平总书记再一次指出："深度参与全球科技治理，贡献中国智慧，着力推动构建人类命运共同体。"②作为世界领先的科技创新力量和一个正在崛起的新兴国家，中国必然要在全球治理中扮演至关重要的角色。当前中国主动适应全球科技革命带来的新变化、新需求，并掌握在构建全新国际治理体系和变革中的主导权和话语权，以世界科技引领者的姿态继续在国际治理中提供中国智慧和中国方案。

---

① 习近平:《让工程科技造福人类、创造未来——在2014年国际工程科技大会上的主旨演讲》,《人民日报》2014年6月4日。

② 习近平:《在中国科学院第十九次院士大会、中国工程院第十四次院士大会上的讲话》,《人民日报》2018年5月29日。

在参与全球治理的过程中，我国提出了“创新、协调、绿色、开放、共享”五大新发展理念，倡导科技发展与人文关怀的统一。科技的灵魂在于造福人类，社会主义制度的建立使科学技术摆脱了资本主义私有制的桎梏，为使科技创新真正为广大人民群众造福提供了体制契机。人不仅是创造科技的工具，本身也是作为科技成果享有者而存在的，生产工具性和服务目的性统一与科技的发展中，中国科学技术短时间内的快速跨越，体现了科学技术发展与人民群众首创精神相结合、科学技术发展与为人民谋幸福相结合的价值取向，实现了科学精神和人文精神的统一。

创新驱动发展科学技术体系已经形成了系统的内容，主题清晰，架构丰富，成为我国实施科技创新驱动发展战略和科学行动的理论基石。在这一科学思想的指引下，我国取得了科技的长足进步，未来我国将更加坚定地推进中国科技创新发展的历史进程，以高昂的姿态继续刷新思想、寻求突破，站在科技创新的制高点上，建成世界一流的科技强国、经济强国和人民军队，维护国家的主权、安全和发展利益，实现中华民族伟大复兴的中国梦，书写人类发展进步的辉煌篇章。习近平新时代中国特色社会主义思想，坚持马克思主义立场观点方法，坚持科学社会主义基本原则，科学总结世界社会主义运动经验教训，根据时代和实践发展变化，以崭新的思想内容丰富和发展了马克思主义，形成了系统科学的理论体系。这一思想，体系严整、逻辑严密、内涵丰富、博大精深，闪耀着马克思主义真理光辉。这一思想贯通马克思主义哲学、政治经济学、科学社会主义，贯通历史、现实和未来，贯通改革发展稳定、内政外交国防、治党治国治军等各领域，彰显着坚定理想信念，展现着真挚人民情怀，贯穿着高度自觉自信，体现着鲜明问题导向，充满着无畏担当精神，使我们党对共产党执政规律、社会主义建设规律、人类社会发展规律的认识达到了新高度。

第七章　中国共产党百年科学技术思想特点

中国共产党在领导人民进行革命、建设和改革的进程中逐步探索出符合国情和人民利益的科学技术发展道路，并形成具有中国特色的科学技术思想。因时代主题、历史使命、国内外环境等因素差异，中国共产党科学技术思想和其实践转化在各阶段的侧重点有所不同。从纵横交错的时间维度去进行考察，中国共产党近百年科学技术思想不是割裂、独立、原子式的存在，而是既具有特定时代特点又日益发展完善的理论体系。在漫长探索的过程中，思辨性、规律性、先进性是中国共产党科学技术思想表现出的普遍特点，凝聚着几代中国共产党人的集体智慧。其中，思辨性将科学技术知识服务于革命、建设与改革进程，是形成中国共产党科学技术思想的哲学基础；规律性将马克思主义科学技术思想与中国共产党长期积累的实践经验相结合，在理论与实践的相互作用中日益彰显；先进性则体现在中国共产党结合党情国情及时代发展特征，不断丰富和发展科学技术思想内容。

第一节　中国共产党科学技术思想的思辨性

思辨性属于哲学范畴。近代西方唯心主义思潮寻求通过对概念的回归来把握历史与客观现实，这种看似自恰的抽象概念推演范式，实质上独立于具体生活实践，意图用纯粹的思维逻辑认识客观对象。中国共产党科学技术思想不是书斋中的学问，亦非神秘的精神活动，而是蕴涵着马克思主义哲学思辨性的科学体系。马克思强调“按照事物的真实面目及其产生情况来理解事物”，[①] 即跳脱“词语斗争”的繁芜，把人们的视线从理念拉回客观现实本身，从人的生产生活实践出发，进一步考察认识对象的本质特征，完成其抽象概括，再通过实践去解决现实问题以达到改变世界的目的。在马克思主义科学技术思想的指引下，中国共产党在丰富的实践中逐渐厘清了政治与科学、科学与技术、科学精神与人文精神的辩证统一。

一、论证了政治与科学的辩证统一

中国共产党依据不同的时代环境，将政治与科学的辩证统一寓于实践探索中，实现两者的共同进步。具体而言，中国共产党始终将科学发展与国家民族命运相联系，因此政治属性贯穿于中国共产党科学技术思想发展演变的全过程。在政治与科学的辩证统一中，科学实践服务于中国共产党在每一历史时期的特定政治目标，同时政治文化又引领着科学发展方向。在坚持政治与科学相互联系的认知基础上，也应看到其内部张力，只有将政治对科学的影响控制在一定程度，才能够既保证科学发展的速度又保持其方向“不偏轨”。正确认识中国共产党百年来科学技术思想中政治与科学的辩证统一关系，要在对历史进行梳理的基础上归纳总结出其具体表征，从而把握政治与科学既相互联系又相互区别的内容。

（一）科学实践服务特定政治目标

马克思主义认为，科学是一切知识的基础，其“作为一般的生产力或社会生产力，促进了社会的经济、政治和观念结构的变化和变迁”。[②] 科学研究对象

① 《马克思恩格斯选集》第 1 卷，人民出版社 2012 年版，第 156 页。

② 马佰莲：《马克思恩格斯科学文化观及其当代学术影响》，《马克思主义与现实》2015 年第 3 期。

是客观存在，在认识世界的基础上，它以经验事实为根据，通过理性分析和实践转化，达到改造世界的目的。政党将科学和政治联系起来，斯大林将这种政治目标更为细致地划分为“最近目的和最终目的”，[①] 在意识形态领导下的科学实践可以看作是服务于特定政治目标及创造新生活的工具。尤其是在形成较为稳定的政治体系后，能否更好地发展科学技术以维护国家利益，成为巩固政治权力和权威的重要因素。结合中国近代以来的历史进程和中国共产党的主体定位，无产阶级领导权和社会主义现代化是一脉相承的政治目标，而其最终目的都是为了实现共产主义这一远大理想。

科学实践服务于特定政治目标并不是在中国共产党成立之初就显现的。面对日益严峻的国内外形势，中国共产党在对革命道路的艰辛探索中，逐渐认识到只有牢固的社会基础才能促成全民族的早日解放，尤其是在日本侵略者无条件宣布投降后，更须及时扭转社会经济大幅落后的局面，才能为无产阶级夺取领导权奠定物质基础。相比于夺取无产阶级领导权，实现现代化是建设和发展社会主义事业的主要目标。社会主义现代化要实现的不仅仅是经济现代化，还包括政治和文化的现代化。毋庸讳言，科学技术发展是经济现代化的最大动力，生产资料的日益丰富和生产力水平的不断提高，使中国不仅解决了庞大人口的温饱问题，还建成了整体上的全面小康社会。随着科学的迅速发展，科学精神也日渐深入人心，促进了民主政治意识的普遍生成，推动了政治和文化的现代化。尽管科学是经济、政治、文化等诸多因素共同作用的结果，但科学实践一旦被树立为服务于特定政治目标的一种手段，其发展也就成为政治主体十分关心的内容。

（二）政治文化引领科学发展方向

政治文化是上层建筑的一部分，也是经济基础的集中体现，推动着科学的

① 《斯大林选集（上卷）》，人民出版社 1979 年版，第 17 页。

发展与转型。当政治文化介入科学系统时，科学研究的目标就会与一定的政治目的相关联，如果其与政治需要一致，科学发展和应用就会得到有效刺激和推动；如果科学发展的目标与政治目的不一致甚至发生冲突，政治就会限制或阻碍科学的发展。正是在这种政治文化的干预下，科学发展呈现出不均衡性。① 中国共产党在领导人民进行革命、建设和改革的过程中，对科技的认识在很大程度上受到政治需要的动态变化影响。诚然，政治文化也必须透过一定的中介才能够对科学发展产生影响，整个最为庞大的政治结构及其产物就在这其中充当介质。换言之，中国共产党及其制定的相关政策引领着科学技术的发展方向。正如毛泽东同志所强调的，“自然科学是要在社会科学的指挥下去改造自然界”，② 也正是基于这一根本原则，中国共产党先后制定出一大批扭转我国科学技术发展被动态势的政治计划和方针。在“向科学进军”思想的指引下，中国共产党将目光投向尖端科技，在原子能、导弹、人造地球卫星领域实现跨域式突破。在顺应科技革命的时代浪潮中，“科学技术是第一生产力”③ 应运而生，科学技术政治战略地位的提高，推动了经济社会各领域事业的加速发展。除战略支持之外，科学技术进步也依赖科技人才的蓬勃发展，“科教兴国”则促成国家科学技术事业源源不断新生力量的诞生。而从“科教兴国”到“科技强国”的跨越，则凸显了我国科学技术事业发展面临的最大短板，提高自主创新能力随即成为科学技术发展的新任务。事实上，任何时代的科学进步都是在一定的政治环境中完成的，政治文化对科学进行一种外部控制和牵引，也影响着科学发展的速度。

（三）保持政治与科学的良好互动

在把握政治与科学的关系时，既不能将两者看成互不搭界或彼此对立的领

① 马佰莲：《论科学文化与政治文化的内在冲突与协调》，《理论学刊》2020 年第 3 期。

② 中共中央文献研究室编：《毛泽东文集（第二卷）》，人民出版社 1993 年版，第 269 页。

③ 《邓小平文选》第 3 卷，人民出版社 1993 年版，第 274 页。

域，也要防止一方对另一方的绝对控制。科学关注自然界抑或说是物理世界，其对政治施加影响是客观存在的，但这种影响却很难产生直接的、实质性的效果。相比之下，政治对科学有显著的影响，无论是科学规模、设备还是发展所需的资金和物质支持，都与政治密不可分，甚至可以说在某些特定时段科学是依附于政治的存在。换言之，科学与政治的天然冲突使科学自主性易遭受威胁。历史经验告诉我们，政治对科学影响得当，能够在最短时间内集中有效资源，促进科学进步；但政治对科学一旦影响过大，以至于科学丧失足够自主性，则会有害于科学，使科学成为政治的附庸而不是助力，最终导致经济社会的停滞甚至后退。从中国共产党不同时期的科学技术思想发展和领导科技事业的实践中，可以发现：首先，科学发展实践与政治发展目标息息相关，这是政治影响科学的最突出特点，但如果政治发展目标出现偏离，这种影响便成为科学自主性遭受威胁的潜在隐患。其次，政治在对科学产生影响时，对科学家和科研机构的独立性、自主性予以充分尊重和支持。最后，在科学研究过程中，政治可以起到一般性监督的作用，而不应干预科学研究的具体内容，政治与科学的内在张力应始终保持在一个平衡点。

中国共产党科学技术思想的变迁正是一部政治与科学角力并日益达到平衡的发展史。在对政治与科学关系的实践探索中，中国共产党逐渐摸索出一条政治文化引领科学发展方向、科学实践服务政治目标的前进道路。与此同时，不论是经验还是教训都告诫我们，只有保证政治与科学的良好互动，才能促进社会经济的平稳发展，进而巩固中国共产党的领导地位，早日达成社会主义现代化的发展目标。

二、阐明了科学与技术的辩证统一

中国共产党对科学与技术关系的认识随实践而不断加深，从最开始只探讨“科学”到将其与“技术”相耦合，两者在矛盾的同一性与斗争性中，实现功能最大化。实际上，科学与技术的侧重点、关注内容、承担环节都不一致。科学侧重于对现象本质规律的发现与总结，技术倾向通过实践改造自然界和人类社会。科学重点解决“是什么”，技术则关注“如何做”，这是两者出现背离的直接原因，但科学与技术并非一直处于相互排斥状态，两者在发展进程中又紧密联系。科学与技术的关系符合人类认识客观事物的规律，即必然会经历一个“实践—认识—再实践—再认识”的反复过程，中国共产党对科学技术的理解也呈现出螺旋式上升和渐进式发展的显著特点。在科学与技术的辩证统一中，科学为最大程度发挥技术优势提供理论指导，技术则是进一步推动科学研究的动力源泉，两者在协调中共同推动现代化进程。

（一）科学是技术运用的理论指导

在20世纪以前很长一段历史中，科学和技术一直处在部分或完全分离的状态，往往是技术已经出现重大变革和进步，但相关领域的科学理论问题还没有搞清楚。同样，科学已经发现的内容，在技术上也得不到及时应用。直到19世纪末20世纪初，科学技术发展才真正进入现代化阶段。中国共产党对科学与技术的认识传承了马克思恩格斯的核心观点，即科学是人类对客观世界规律的理论概括，技术是科学的具体应用，前者对后者起指导作用。一方面，科学理论是人们掌握技术手段并将其加以运用的理论来源，它体现在社会领域的各个方面。中国共产党领导的科学技术事业如飞机工业、导弹工业和电子工业，都是在先行解决科学理论问题之后，才较为顺利地推进技术发展。另一方面，科学研究每获得新突破，就会导致重大新技术的发明。近代以来，在科学技术长期落后于世界的背景下，中国在很长一段时间都处于研究他国科学理论和模仿他国先进技术的阶段，20世纪初相对论的提出，就已使得各国科学家们对自然界的认识有了新高度。在第三次科技革命中，中国才第一次迎来赶上西方科技水平的机遇。值得指出的是，经过几十年的努力和发展，我国在卫星导航系统、超级计算机、3D打印、超级杂交水稻等领域均已成功跻身世界前列。

（二）技术是科学发展的动力源泉

科学与技术相互依赖相互促进，如果说科学是技术的理论指导，那么技术则从多方面为科学发展提供动力。一方面，新的重大科学课题很大程度上是根据技术发展需求所提出的。恩格斯认为，如果“技术在很大程度上依赖于科学状况，那么，科学则在更大得多的程度上依赖于技术的状况和需要。社会一旦有技术上的需要，这种需要就会比十所大学更能把科学推向前进”。① 因此，当现有的技术能力不能满足生产需要或在技术应用中遇到新问题时，将技术推向基础科学研究以寻找突破口就成为必不可少的选择。中国共产党十分重视原始创新能力的提高，通过实施国家科技重大专项，促使我国在关键领域掌握更多的自主知识产权，从而在科学前沿和尖端技术领域占有一席之地。另一方面，现代科学研究也必须依靠一定的技术设备才可以进行。20 世纪以来的时代洪流中，科学研究范围逐渐不再被限制在宏观领域，仅靠理论思维已经远远不能达到科学研究的目的，重大理论创新很大程度上要依赖于具有特殊功能的科学仪器和实验设备。所以，即便是在 1949 年国家经济状况极度困难的状况之下，中共中央还是拨出专款购买科学仪器，以支持发展原子核科学。随着经济恢复和国家实力的不断提升，我国对科学仪器和实验设备也从完全引进开始向部分自主制造转变。

（三）在科学与技术的协调中推动现代化进程

科学与技术呈现着连续不断、相互反馈的作用机制。因此对于两者发展不能片面地分出孰轻孰重，而应该持互促共进态度，在两者的相互协调中促进生产力不断进步，推动现代化进程。中国共产党对科学与技术的协调发展思想源于对历史的考察。长期以来，中国屡屡学习西方科学技术却始终没有取得良好效果，很大原因就在于封建官僚们只将注意力集中在技术引进上，却忽视了对已有科学的掌握和进一步深入研究，导致我国的“练兵制器”始终都落后他国

① 《马克思恩格斯选集》第 4 卷，人民出版社 2012 年版，第 648 页。

一步。中国共产党在带领人民群众进行根据地建设初期，由于战局不稳定和外部势力的不断侵扰，实际应用驱动导向的科学技术思想也将重心仅仅放在军事、农业、医疗等技术的运用上。随着历史条件的变化，为适应“抗战建国”和发展陕甘宁边区经济建设的需要，中国共产党在 1940 年先后创办延安自然科学院和自然科学研究会，开始将科学研究和技术运用放在同等重要的位置。历史证明，一个国家如果在科学方面达不到一定水平，其技术上的落后就难以避免，中国共产党也认识到这一点。周恩来同志提出，基础科学的重大突破，往往推动整个科学技术的发展，带来重大的技术革新以至技术革命，从而开拓前所未有的全新生产领域。① 因此，中国共产党一方面致力于对基础科学理论研究的支持，另一方面又通过学习借鉴他国和培养自主创新能力来不断提高各领域的技术水平，在科学与技术的协调中推动社会主义现代化进程。

三、实现了科学精神与人文精神的辩证统一

作为一种文化意识，人文精神存在着较为明显的价值导向，表现为积极向上、美好崇高的价值言行，它从人的主观能动性出发，依据长期生活经验形成价值标准，指导人正确对待自我、他人、社会和自然。科技精神则带有明显的实证意味，它以长期科技实践为支撑，体现着理性的思维方式和价值标准。从一定程度上来说，科学精神重在探索和追求真理，从实务中认识、把握和运用客观规律，坚持实事求是、一切从实际出发的行为准则。中国共产党科学技术思想中所体现的科学精神和人文精神，实现了合规律性和合目的性的辩证统一。具体而言，一方面，坚持用唯物辩证法和历史唯物主义分析科学技术的属性、功能等，合理发挥好科学技术的现实价值；另一方面，以人的发展作为科学研究的价值尺度，保持主体意识的自由本质，实现科学技术对真、善、美的价值

① 董英哲：《科学与技术的辩证统一》，《西北大学学报（自然科学版）》1987 年第 2 期。

追求。在科学精神和人文精神的辩证统一中，实现人与自然的和谐共生。

（一）以科学精神解释客观世界

科学是一种探索性的认识活动，科学精神旨在揭示客观事物的本来面目，总结规律性内容，同时倡导以理性思维从事科学研究和理论创造，进而指导实践活动，它是科技进步与创新的动力源泉。中国共产党坚持理论联系实际，一切从实际出发，在实践中探索出一条适合中国国情的发展道路，而其科学技术思想所蕴含的科学精神很大程度上也是来源于对马克思主义基本原理的贯彻，其精神内核就是求“真”。一方面，科学精神初见于中国共产党对未知事物的勇敢探索之中。未知世界无限宽广，科学研究对象复杂多样，所以科学研究也是无止境的。中国共产党在领导人民进行革命、建设和改革的过程中，自主学习无线电技术、发展核武器和尖端科技等都体现出对未知事物的勇敢探索。另一方面，科学精神的真正发挥还在于对一切事物保持求真务实的态度和做法。对待任何外来思想，都不完全照搬，而是时刻保持敢于怀疑的态度，这使得我们在借鉴和吸收他国科学经验的过程中少走很多弯路。求真务实的态度还必须通过实践才能真正解决理论和现实问题，如在西方学者都判断中国贫油的状况下，以李四光为代表的中国科技工作者跋山涉水，在全国各地进行石油普查勘探，最终使中国摘掉了“贫油国”的帽子。中共十六大报告明确提出要普及科学知识，弘扬科学精神，在全社会形成崇尚科学、鼓励创新、反对迷信和伪科学的良好氛围，标志着党对科学精神认识的系统性阐发。

（二）以人文精神引领社会发展

如果说科学精神以求“真”为根本目的，那么人文精神则以求“善”为价值指向。中国共产党在发展科学技术时，始终把人民利益和人的发展视为一切认识和实践活动的出发点和归宿。而要发挥人文精神对科学研究的引领作用，就必须高度重视哲学社会科学。如果说自然科学是人类认识和改造自然的科学，那么哲学社会科学则是人类认识和改造社会、促进社会进步的科学，其产生和发展是现代科学逐步深化和日益成熟的象征。在发展科学技术事业中，中国共产党主要通过两方面内容使人文精神对科技产生积极影响。一方面，中国共产党提倡社会科学工作者在研究自然科学理论的同时，也要注意学习社会科学知识，并着重学习马克思主义、毛泽东思想和中国特色社会主义理论体系等内容，要在实现中国特色社会主义现代化的伟大事业中，加强自然科学和社会科学的紧密结合，深刻认识并掌握当今经济和社会发展的内在规律，坚持人民立场，运用科学的理论和方法指导实践。另一方面，在认识和改造世界的过程中，要注重培养高水平哲学社会科学人才，并充分发挥其作用。通过加强和完善哲学社会科学的管理工作，有计划地组织和引导有关科研人员进行重大项目或课题攻关，促进社会科学与自然科学的协调发展，努力适应哲学社会科学和自然科学整体化和综合化发展趋势。如此一来，不仅为哲学社会科学工作者和自然科学工作者最大限度地发挥聪明才智创造了良好的政策环境，也有助于推动跨学科研究。

（三）在科学精神与人文精神的统一中实现人与自然和谐共生

科学精神和人文精神是人类智慧、理性和文明的重要标志。科学精神讲究严谨和求“真”，力图把握事物的本来面目，人文精神则追求个性和道德，倡导人们追求“美”并付诸于“善”的实践。[①]科学精神和人文精神都有其价值和偏好，但在科学技术发展中，只有坚持两者的互补和统一，才能实现人与自然的和谐共生。从哲学层面看，科学精神与人文精神的统一就是坚持自然规律与社会发展规律的辩证统一。人类在对科学技术进行探索和实践时，往往容易忽略对生态环境造成的危害，而一心沉溺于享受科学技术成果。事实上，中国几十年来由于过度开采导致的资源紧缺、环境污染以及演化出的一系列生态问题，其根源就在于人们轻视社会的可持续发展。胡锦涛同志曾指出人与自然和谐共生在构建社会主义和谐社会中的重要地位，[②]阐明社会主义和谐社会的建立要合

① 卞敏：《终极关怀：科学精神与人文精神的统一》，《江苏社会科学》2005年第5期。

② 胡锦涛：《在省部级主要领导干部提高构建社会主义和谐社会能力专题研讨班开班式上的讲话》，《人民日报》2005年6月27日。

乎自然与社会规律，从侧面反映出科学技术的发展必须关注人与自然关系。从实践层面看，科学精神与人文精神的统一要求坚守人与自然和谐共生的行为准则。在引导科学技术发展的早期，中国共产党并未过多关注生态文明建设，这是由于当时科学技术发展程度尚未突破自然界承受范围。但随着人们试图对自然界实现“统治”和“征服”，人与自然的和谐关系就日益紧张起来。面对资源匮乏、环境污染、生态失衡的严峻形势，中国共产党对科学技术如何发展、以怎样速度发展以及发展标准等问题展开反思。习近平总书记强调坚持绿色发展，实际上就是在科学精神与人文精神的辩证统一中，明确科学技术的发展方向，即将科学技术的价值旨归于人类幸福生活和可持续发展。

在科学技术发展过程中，科学精神不能离开人文精神的约束和引导，人文精神亦不能脱离科学精神的理性认知基础。中国共产党科学技术思想中科学精神与人文精神的辩证统一，实质上是工具理性与价值理性的统一。工具理性面对研究对象，寻求概念和规律的确定性；价值理性则立足于人这一主体，通过参与自然界的辩证运动来建构自身所追求的理想世界。当然，科学精神和人文精神都是自然的产物，前者解释自然，后者歌颂自然。虽然在经验方法和具体内涵上存在差别，但两者具有相通的理性追求，并在科学技术实践中相互渗透，共同指向人与自然的和谐共生。

第二节　中国共产党科学技术思想的规律性

中国共产党科学技术思想承继马克思主义的基本观点，坚持与时俱进和实事求是的根本原则，在发展演进过程中又创新性地添加独具中国特色的内容，从多维度深刻剖析科学技术的内涵、本质、发展状况与作用特征等，呈现出关于科学技术的规律性认识。具体表现为：一是遵循科技推动社会生产力进步的规律，中国共产党认为科技是一种特殊的生产力，其发展能够通过劳动者、劳动对象、劳动工具等转化为现实生产力；二是把握科技发展和体制创新良好互动的规律。体制常常以指令性计划为特征，随着时代变化，原有体制一般无法持续推动科技发展。因此只有适时出现符合当下国情、科学合理的体制机制，才能够推动科技不断创新；三是深化对可持续发展的规律性认识，近百年来，中国共产党对科学技术的认识经历了由量的积累到质的飞跃的过程，具体表现为渐进性与跨越性相统一，经济发展与以人为本相统一，科技价值、经济价值与生态价值相统一。

一、遵循以科技推动社会生产力进步的实践规律

在近代科学诞生之前，科学原理和科学知识基本上依附于哲学和宗教，只有零散的经验性技术进入生产活动并发挥作用。科学虽然不是构成生产力的基本要素，但随着近代实验科学的兴起，其开始直接或间接地应用于生产过程之中，参与价值创造，并整合和带动生产力的基本要素，成为影响生产力发展水平的重要因素。而技术则是科学和生产力中间的“桥梁”，其根据系统化、理论化的科学指导，直接由劳动者利用劳动工具作用于劳动对象，从而促进生产模式和生产水平的变化。马克思曾阐明：“劳动生产力是随着科学和技术的不断进步而不断发展的。”[①] 中国共产党成立百年来，始终遵循科技推动社会生产力进步的实践规律，积极推动科学向劳动主体、劳动中介和劳动客体三要素的转化，并通过技术运用和生产力结构调整达到提高社会生产力的目的。

（一）科技使劳动主体参与生产的方式得到优化

劳动主体即劳动者，是物质资料生产过程的发起者，也是使用一定工具或介质对自然界加以改造的创造性力量。在近代科学对生产活动产生较大影响之

① 《马克思恩格斯选集》第2卷，人民出版社2012年版，第271页。

前的很长一段时期内，劳动者就已经能够通过自身能力参与创造价值的生产活动。马克思曾把劳动者参与生产的能力描述为“一个人的身体即活的人体中存在的、每当他生产某种使用价值时就运用的体力和智力的总和”。[①] 近代科学技术的兴起使得机器大工业迅速发展起来，在生产过程中，劳动者的体力和以经验、技巧及熟练程度为核心的智力地位有所下降，生产方式的变化进一步使劳动者向多元类别发展，从而由专门的人分别从事脑力劳动和体力劳动，劳动者的身份专业化可以看作是近代科学技术引发生产方式变革的必然产物。当然，科技成果的渗透虽然使劳动者体力劳动或者说直接劳动的工作量大幅下降，但劳动者作为基本生产要素的地位却丝毫没有受到撼动。究其原因，生产过程中科学技术含量的提高须由劳动者直接驱动，从而推动劳动生产率的切实提高。

马克思主义认为，只有通过教育和培训途径对劳动者传授科学知识与技术规范，将科学融入智力劳动，将技术融入体力劳动，才能双管齐下，真正推动社会生产力提高。中国共产党很好地承继了马克思主义的基本观点，在将科学技术与根据地建设的初步结合中，充分发挥《解放日报》等新闻媒介的传播和动员作用，通过开辟《科学园地》《自然界》《农业知识》等副刊和专栏，有计划、有目的地向人民群众普及农业、林业、畜牧业、工业等科学知识，使得劳动人民在实际进行生产时由过去的经验主义转为科学主义，大大推动生产水平的提高。改革开放以来，中国共产党又大力实施科教兴国和人才强国战略，不断提高劳动者素质，促进社会生产力的提高，以期早日实现社会主义现代化目标。

（二）科技使劳动工具更新换代的速度不断加快

劳动工具也称劳动中介，是劳动者进行生产劳动不可或缺的物质条件，也是人类创造物质财富的必要手段。从性质上看，在经验指导下的劳动工具是劳

① 《马克思恩格斯选集》第2卷，人民出版社2012年版，第164页。

动者体力和智力相互作用并加以物化的结果。更形象地说，劳动者用物质性的劳动工具和劳动对象发生直接碰撞和摩擦，在相互损耗过程中，劳动工具逐渐成形并不断优化，但推动这一过程很大程度上是生产生活经验而非科学知识。大机器工业时代到来之后，劳动工具不再是自然界内物质与物质简单碰撞的产物，而是由人的科学意志驱使、经由人的双手创造出来的、既带有自然属性又带有一定社会属性的劳动资料。生产力的发展，经常是从劳动工具的变化发展开始，这也是“大跃进”或“人海战术”难以实现现代化的根本原因所在。

科学技术的发展也推动劳动工具更新模式的变化，最初由自然主导，即从使用到修理再到报废的时间长短决定了劳动工具的使用寿命；后来转向经济主导，即为了延长劳动工具使用寿命，不断对投入和产出的经济效益进行计算，来决定何时对其进行更新改造；在科技主导下，劳动工具的更新则很大程度上取决于更为先进的新工具何时出现。因此，科技发展水平决定劳动工具更新换代速度，唯有不断更新生产设备，才能够加速推动社会生产向前发展。基于此，中国共产党出台一大批推动产学研一体化的政策，并不断提高科学研究经费，其结果是我国的专利申请数量不断突破新高。同时，社会主义制度的确立使劳动者真正成为国家主人，中国共产党作为无产阶级政党，本着科学精神和人文精神的统一，要求在设计和使用劳动工具时，不仅要着重提高劳动生产力，还要考虑工具本身的人道主义要求，即在使用劳动工具的同时将劳动强度保持在合理范围内，避免劳动工具占用劳动者太多时间以及造成劳动者的身心健康损害等，一定程度上保证社会生产力的可持续发展。

（三）科技使劳动客体参与生产的范围不断扩大

劳动客体即劳动对象，是劳动者使用劳动工具进行作用的客观物质实体，既包括未经人类改造的天然客体，也包括已经物化和凝结一定劳动在内的人工客体。从哲学角度看，劳动就是将自然之物变成为我之物的过程，而这种天然之物之所以能够促进生产力的进步，很大程度上要归功于近代科学技术的发展。

一方面，科学研究扩大了劳动对象的范围，从而使生产资料更加丰富。科学研究以认识为主要职能，在探索自然奥秘的过程中不断发现新的物质形态及其新用途，而后这些物质便成为劳动对象，在生产过程中充当新的生产资料。马克思就曾讲到，“每种物都具有多种属性，从而有各种不同的用途，所以同一产品能够成为很不相同的劳动过程的原料”，[①] 所以对隐性劳动客体的不断挖掘一定程度上保证了生产力的持续性。另一方面，技术改造使得自然界物质相互组合，衍生出源源不断的新的物质材料，使劳动客体不仅具有自然属性，还带有一定的人为属性。如化学学科的发展使得很多新元素被发现，并通过人工技术合成塑料、橡胶、纤维等化工材料。马克思也曾表明，化学学科的“进步不仅增加同一物质的用途”，“它还教人们把生产过程和消费过程中的废料投回到再生产过程的循环中去，从而无需预先支出资本，就能创造新的资本材料”。[②] 中国共产党在对劳动客体施加生产实践的过程中逐渐认识到，劳动客体作为自然界的产物，必然受自然规律制约，即便是通过科学技术改变其形态时，仍要依靠自然力的帮助。因此，要积极践行可持续发展理念，减少原材料、自然资源的使用，积极发现和加大对可循环、无污染原材料的使用力度。从自然界中不断发现、创造新的劳动对象，可以扩大生产资料的利用范围，通过保护和恢复自然，也能够保证生产力的可持续发展。

马克思认识到资本主义的社会化大生产为科学向现实生产力转化创造了必要条件，而中国共产党不仅认识到劳动者、劳动工具和劳动对象之于生产力的重要意义，还在历史唯物主义基本原理的指导下，突出强调劳动者、劳动工具和劳动对象之于生产力进步的联动作用，并强调优化生产力结构。人是生产力中最具决定性的力量，无论劳动工具多么复杂，都要由人来创造和使用，而纯粹自然的劳动对象也只有被人民群众的劳动对象化才具有意义和价值，也才能

① 《马克思恩格斯文集》第 5 卷，人民出版社 2009 年版，第 213 页。

② 《马克思恩格斯选集》第 2 卷，人民出版社 2012 年版，第 271—272 页。

构成生产力的要素。因此，只有将这些生产力要素良好协调，使运行结构达到最佳状态，潜在的生产效能才能被充分激发，三者才能在科学技术的引领下共同推动生产力进步。

二、把握科技发展和体制创新良好互动的发展规律

在科技发展和体制创新的良好互动中，中国共产党立足生产力与生产关系的辩证关系原理，将促进生产力发展的科学技术和调整生产关系的体制机制，视为构成社会生产内部的对立统一体。一方面，科技发展驱动科技体制建设。作为潜在的知识形态的生产力要素，科技不断刺激社会生产力发展，带动整个生产力体系变革，进而要求经济体制作出改变。另一方面，体制机制创新助推科技发展。为适应科技创新的现实要求，经济行为主体通过创新体制机制，为科技发展提供制度化与自由化兼具的社会环境。因此，科技创新与体制创新互为前提，在对立统一中形成良好互动，共同致力于推动社会经济发展。

（一）科技发展驱动科技体制建设

科学技术不仅是现代社会生产力的决定性因素，也是科技体制改革的反向助力。在马克思主义科学技术思想与中国生产实践的结合过程中，中国共产党深化科学技术与社会生产力的关系认知，提出“科学技术是第一生产力”的科技动力论和“四个现代化关键是科学技术的现代化”的现代化发展路径，实现了从传统农业经济、工业经济到知识经济的革命性转变，这种转变必然带来社会生产要素的交换分配、资源的开发利用以及社会控制力量等方面的深刻改变，由此催生科技体制的创新与变革。一方面，科技发展促进产权制度的革新。作为社会主义生产关系的内部调整，产权制度决定社会劳动成果分配以及人与人之间的社会关系，并形成相应的上层建筑体系。现代科学技术作为一种潜在的生产力，在生产过程中通过新设备、新材料和新方法的广泛使用，逐渐成为现代生产力中最活跃的因素和最不可或缺的力量。在知识经济时代，要科学理性

分析人力资本本身并充分激发其发展潜力。针对人力资本创造的成果，要通过实施知识产权战略来加强知识产权保护。而对于劳动者本身，则可以依靠劳动者保护法来保障其合法权益不受侵害。另一方面，促进社会分配制度的创新。“每一既定社会的经济关系首先表现为利益。”① 社会分配制度反映的是社会分配主体与社会分配客体之间的关系，经济利益问题归根到底是社会分配制度问题。在知识经济时代，人力资本实现了传统劳动力与知识、管理等创造性成果的有机结合，利润与工资合为一体。科技创新必然会带动社会分配制度的革新，从而推动以按劳分配为主体、多种分配方式并存的分配制度和社会主义市场经济体制的建立。如中国科学院为适应知识经济和科技创新发展，就在按劳分配制度的基础上深入研究，全面推行体现绩效优先的“基本工资、岗位津贴、绩效奖励”的“三元结构”分配制度，② 有效满足科研工作者的利益诉求。

（二）体制机制创新助推科技创新

正如马克思所言，一定的生产关系反作用于一定的生产力，作为生产关系调整结果的经济体制一旦确立，必然会对生产力以及科学技术产生影响。合理的体制机制会助推科技创新，为科技创新提供宽松自由的社会环境，而不合理的体制机制则会束缚科学技术的革新与发展。2015 年政府工作报告指出，要“以体制创新推动科技创新”，③ 实施创新驱动发展战略，国务院及有关部门依据体制创新和科技创新双向发展的要求出台一系列改革措施，为实现“科技强国”的发展目标奠定坚实基础。一方面，科技创新不是一个单纯的科学研究问题，而是关涉到技术革新、体制创新等多方面的综合问题。在知识经济时代，“创新”是一个系统工程，辐射产学研的各个领域，从科学领域新发明、新发现的应用到技术领域新材料、新设备的研发，再到生产领域研发成果在市场上投

---

① 《马克思恩格斯选集》第 3 卷，人民出版社 2012 年版，第 258 页。

② 曾培炎：《2002 年中国国民经济和社会发展报告》，中国计划出版社 2002 年版，第 230 页。

③ 《十八大以来重要文献选编（中）》，中央文献出版社 2016 年版，第 388 页。

入使用的全过程，都是科学技术与经济生产的紧密结合。在中国共产党领导下的政府主体通过体制机制创新，不断解决阻碍科技创新的制度难题，实现科学技术作为首要社会生产力与经济社会发展的有机结合，逐步建立起与社会主义市场经济体制相适应、与科学技术发展规律相符合的现代科研机制。另一方面，我国已经进入创新驱动发展的重要战略期，中共十八大以来坚持以“将创新驱动发展战略真正落到实处”为总纲，出台一系列方针政策条规来实现科学体制改革，在解决科技资源配置低效、布局分散、结构臃肿等问题上取得了阶段性胜利。科技在不断取得成就的同时，反作用于科技体制创新，为科技发展提供更宽松、积极的社会环境，助推科研技术进一步发展，此种循环往复使得科技发展与体制创新互促共进。

（三）科技发展和体制创新的良好互动助推社会经济发展

随着科技发展日新月异，科技体制需要做出改变或调适，通过体制创新，又可以解决制约科技发展的突出问题。因此，科技发展和体制创新是在二元良好互动中，共同促进经济社会向前发展。在中国共产党领导下，科技发展和体制创新的关系体现出明显的阶段性特点：新中国成立之初，中国共产党建立集中计划的科技体制，从国家到地方都建立了专门性的科技管理部门，同时加强高等院校和科研机构的制度建设，在集中统一的政治指导之下，这一时期科学技术研究重点关注战略性领域，目的是巩固社会主义经济发展的安全基础。随着国防科技的日益强大，中共十一届三中全会后，党中央将科技体制改革的重点放在为经济建设服务，同时使国家对科研机构的管理由直接控制转变为间接管理。1985 年，《中共中央关于科学技术体制改革的决定》出台，提出“经济建设必须依靠科学技术，科学技术工作必须面向经济建设”的战略方针，则推动了科技体制对科学研究工作的进一步简政放权，科研机构和科研人员的自主权大为提高，焕发科技创新的勃勃生机。1995 年出台的《中共中央、国务院关于加速科学技术进步的决定》则进一步使过去政府主导的科技体制转向构建多元主体的科技研发组织体系，并突出了企业的创新主体地位，使科技创新和经济发展的主体由过去的间接联系变为直接联系。进入21世纪后，科技体制重点关注创新能力对经济增长的作用，通过形成适应创新驱动发展要求的制度环境和政策法律保障体系，激发科技主体的创新活力。[1]

从历史脉络上看，科技发展和体制创新不是单向的推动关系，而是表现为相互关联中不断变革和发展自身的良性互动关系。在经历计划经济体制向社会主义市场经济体制的转变后，科技体制也由政府主导转为多元主体，但无论如何转变，社会经济发展都是科技发展和体制创新的共同指向。

三、深化对可持续发展的规律性认识

梳理中国共产党近百年来的科学技术思想史，不难发现科学技术发展逐渐深化对可持续发展的规律性认识，并呈现出渐进性与跨越性相统一，经济发展与以人为本相统一，科技价值、经济价值与生态价值相统一的规律性特征。中国共产党科学技术思想逐渐从实际应用驱动导向发展成为全面、协调、可持续发展导向，从追求经济效益转向经济、社会和生态的综合效益，从物本位的发展观过渡到人本位的发展观，实现综合、多元、长远的整体发展。

（一）渐进性与跨越性相统一

中国共产党科学技术思想发展演变进程是渐进性与跨越性的辩证统一，渐进性强调的是科学技术思想的循序渐进与平稳发展，而跨越性强调的是科学技术思想的阶段性飞跃与突破式发展。归根结底，中国共产党对科学技术思想的认识，是从肤浅的表面认识发展成为深刻的规律性认识，是经由量变积累到质变的发展过程。

一方面，渐进性意味着中国共产党科学技术思想发展是一个不断升级的过

① 马名杰、张鑫：《中国科技体制改革：历程、经验与展望》，《中国科技论坛》2019年第6期。

程，只有起点没有终点。在继承马克思主义科学技术思想的基础上，中国共产党结合中国革命、建设和改革的实践经验，从总体上深化对科学技术本质和地位的认识，逐步生成遵循社会发展规律和科技自身发展规律的科学技术思想。这个认识过程并不是一蹴而就的，而是经历了一系列实践检验和试错，并在不断积累经验和总结教训中建立起来。这个认识过程也不会止步不前，它始终立足于现实，不断发现新问题，不断研究新情况，为科学技术思想的创新酝酿准备。

另一方面，跨越性表明中国共产党科学技术思想并不是直线型平稳发展，而是抓住每次机遇以形成质变，这种跨越性发展建立在渐进性发展的基础之上。渐进性与跨越性相统一是量变与质变两者关系的辩证性转化。如“科学技术是第一生产力”的提出并不是历史偶然，而是中国共产党长期以来科学技术思想发展到一定程度，自然而然发生的一次质的飞跃。但并不是每一次跨越性发展都是一帆风顺的，中国共产党科学技术思想发展也经历过倒退式挫折。科学的政治化趋势与运动化发展，就在一定程度上阻滞了科学技术整体发展，使得20世纪六七十年代我国科学技术与西方资本主义国家的差距越来越大。然而“尽管有种种暂时的倒退，前进的发展终究会实现”。① 要看到，中国共产党科学技术思想发展总趋势是前进的、光明的，倒退与曲折是阶段性的、暂时的。只要在正确方向的引领下不断坚持积累，就能够促进科学技术思想不断向前发展。

（二）经济发展与以人为本相统一

中国共产党向来注重科学技术与经济发展的有机结合，坚持科学技术为经济建设服务。同时，中国共产党也秉持以人为本的核心思想，在驱动科学技术发展创新的过程中注重人的自由全面发展。只有处理好经济发展与以人为本两者的辩证关系，科学技术思想才能逐渐摆脱实际应用驱动导向，逐步朝着全面、

① 《马克思恩格斯选集》第4卷，人民出版社2012年版，第244页。

协调、可持续发展导向深化。

一方面，中国共产党一直把科学技术视为经济建设的有力武器。通过对自然世界和物质世界的探索认识来发现客观规律，并对其加以认识和把握，将最新成果投入到生产设备、生产材料、生产方法、生产组织中去，从而建立起更为高效、科学的生产体系，实现经济效益最大化。另一方面，中国共产党科学技术思想坚持以人为本的核心观点。“每个人的自由发展是一切人的自由发展的条件”，[①] 而科学技术的进步是实现自由人联合体的物质前提。科学技术创造的社会化大生产与物质资料的极大丰富，其根本立足点都是人类自身。现代科学技术发展史上每一次重大突破都在极大地改变着世界面貌，深刻影响着社会关系，也在不断解放人类自身，并丰富着他们的精神世界。但这种影响一旦超出适宜的“度”，人们就会难以掌控依靠科技发展起来的生产力以及相应形成的社会关系，从而面临来自自然界和社会本身的巨大压力。恩格斯指出：“我们不要过分陶醉于我们人类对自然界的胜利。对于每一次这样的胜利，自然界都对我们进行报复。”[②] 传统的科技发展观从追求经济效益出发，将科技作为统治自然、征服自然的工具，在发展生产力的过程中力争最大限度地开发自然，不计成本地利用自然资源，走先发展后修护、先污染后治理的工业化道路。而我们所强调的人口、资源和环境的相互协调，归根结底就是要坚持经济发展与以人为本相统一。

（三）科技价值、经济价值与生态价值相统一

中国共产党科学技术思想不断深化对可持续发展的规律性认识，不断追求科技价值、经济价值与生态价值的有机结合。在反思现代科学技术带来的生态环境污染、资源衰竭问题，以及人类社会经济与政治、文化、生态等领域的发展不平衡问题基础上，中国共产党提出科学发展观的指导思想，鲜明地指出要

① 《马克思恩格斯选集》第 3 卷，人民出版社 2012 年版，第 422 页。

② 《马克思恩格斯选集》第 3 卷，人民出版社 2012 年版，第 998 页。

坚持全面、协调、可持续的绿色发展，追求科技和自然生态的和谐，建设创新型国家。立足于可持续发展角度，科技创新从单一追求经济效益的实际应用驱动转向更为全面长远的可持续发展，并要求融入“人与自然和谐共处”的发展理念，成为当今科技创新的主流价值导向。为克服传统科技创新思想的不足，中国共产党将可持续发展理念注入科技创新全过程，为科技创新提供科技价值、经济价值和生态价值三方面的评判标准。

第一，科技价值。可持续的科技创新应该建立在促进未来人类社会发展的基础上，不断推进科学技术进步，为人类社会的全面发展提供更可靠、更先进、更有价值的科技手段。

第二，经济价值。可持续科技创新的智力成果在转化为现实生产力过程中，通过不断提高技术水平，促进劳动生产率的提升，促进经济快速、健康、协调、持续发展。

第三，生态价值。可持续科技创新就是要大力发展高科技，降低资源的消耗率，用更少的资源来取得生产效益；同时可持续科技创新要注重人与自然和谐相处，以爱护、尊重之心来仿效自然，遵循自然规律来进行科技研发。

可持续科技创新坚持科技价值、经济价值与生态价值相统一，把人的物质生产生活与经济、文化、自然发展相结合，并形成良性互动关系。其中，科技价值是先导，经济价值是基础，生态价值是保障。

第三节　中国共产党科学技术思想的先进性

科学技术本身就具有先进性，每当一种新技术的出现明显优于另一种技术，落后技术就会被取代，而新技术便在科技发展中占据主导地位。发展先进科技、淘汰落后科技是不断提高科学技术水平的必然选择。中国共产党始终站在时代前列，在自我革新和汲取外来优秀思想成果的过程中保持科学技术思想体系的先进性。中国共产党也始终扎根于广大人民群众，坚持为人民谋幸福，在坚持以人民为中心的价值坐标中保持着科学技术思想价值取向的先进性。中国共产党更始终着眼于建成社会主义现代化强国的发展目标，不断研判未来科技发展趋势，从而在实现中华民族伟大复兴的过程中保持科学技术思想发展旨归的先进性。

一、在“自我”和“他者”比较中日益完善的思想体系

中国共产党结合科技发展的现实需求，在自我革新的同时兼具国际视野，始终保持科学技术思想体系的先进性。2018 年，习近平总书记在两院院士大会上指出：“我们比历史上任何时期都更接近中华民族伟大复兴的目标，我们比历史上任何时期都更需要建设世界科技强国！[①]”这个重要论断来之不易，它不仅充分肯定了我国科技发展现状，更是针对科技创新全球化和科技竞争形势发生深刻改变的情况，对我国科技发展战略作出的认知调整。行百里者半九十，虽然中国经济总量已跃居世界第二，但我国经济发展和科技总体水平仍呈现出大而不强、强而不优的局面，想要赶超西方资本主义国家，必须实现科学技术独立自主，掌握核心技术领域的话语权，必须依靠自主创新与吸收外来优秀科学技术思想为我所用，坚持不忘本来、吸收外来、面向未来，站在新的历史起点上建设世界科技强国。

（一）不忘本来：立足中国大地发展科学技术事业

中国共产党科学技术思想演变与其领导人民群众进行革命、建设和改革的历史进程几乎同步。面对起步晚、基础弱、发展缓慢的近代中国科技现状，如何追赶上西方资本主义先进科技以摆脱“落后就要挨打”的局面成为一大难题，

---

① 习近平：《在中国科学院第十九次院士大会、中国工程院第十四次院士大会上的讲话》，人民出版社 2018 年版，第 8 页。

中国共产党的革命实践告诉我们：只能依靠自力更生和奋发图强。毛泽东同志强调大力发展科学技术，关键是要依靠中国人民自己的力量，“照抄别国的经验是要吃亏的，照抄是一定会上当的。这是一条重要的国际经验”。[①]只是一味地照搬照抄，就会缺乏自发性与内生性的理论生长点。自力更生与自主创新是中国科技发展的内生动力，也是经济全球化环境下中国进行技术升级、经济结构转型、提高国际竞争力、维护国防安全和国家主权的强基之本。有一种观点认为，在经济全球化条件下，一国完全可以通过国际集成创新或者“开放创新”来取代自主创新，促进民族科技发展。但进行国际技术集成的基本条件，就是具备与国际水平相匹配的自主创新能力，有选择地进行技术引进、有重点地进行技术吸收、有目标地进行技术改进，才能实现自身科技水平的跨越式发展。科学是无国界的，但技术总是服务于国家利益。[②]

想要发展核心技术，保持中国共产党科学技术思想的先进性，归根到底还是自主创新，将国家的科技前途命运掌握自己手中。正如习近平总书记所说，“自主创新是我们攀登世界科技高峰的必由之路”。[③]经过多年的科技沉淀，我国已经发展成为一个科技大国，但距离世界科技强国目标仍有一段距离，其突出表现在基础科学初具规模但仍不太强大，科技研发人才储备队伍仍有很大发展潜力，核心技术仍把握在资本主义国家手中。因此，自主创新是促使我国走向创新驱动、内生式可持续发展的关键。这就要求在具有一定基础和优势、关系国计民生和国防军事安全的领域重点突破，集中力量实现科技创新；在关系现实和未来产业发展的前沿技术上，着眼未来，培育新兴产业，建立新的经济增长点。坚持自力更生与奋发图强的科研精神，有助于实现我国与先进国家的平等对话，摆脱科技落后国的角色定位，成为在国际上具有话语权和影响力的

① 《毛泽东文集》第7卷，人民出版社1999年版，第64页。

② 任仲平：《民族振兴的强大支撑——论自主创新》，《人民日报》2005年12月7日。

③ 《十八大以来重要文献选编（中）》，中央文献出版社2016年版，第22页。

科技强国。

（二）吸收外来：广泛吸收一切外来先进科学技术思想

吸收外来是包容开放、兼收并蓄，要广泛吸收一切外来先进科学技术思想。要丰富自身科学技术思想体系，中国共产党就不能“闭门造车”，而是要以我为主、为我所用，充分利用国内、国外的优秀科学技术思想成果，在新的历史起点上进行再创新，不断丰富中国共产党科学技术思想体系。

首先，要正确认识吸收外来优秀科学技术思想。在引进外来先进科学技术思想时，必须经过实践检验，对中国发展有利的部分可以全部吸取，与社会主义发展所违背的部分则要坚决摒弃，与我国现今发展状况不匹配的部分可以等到合适机遇再学习与借鉴。在此基础上还要区分好“拿来主义”和“送来主义”，前者具有主观能动性，是对国外先进科学技术思想的主动筛选、自主学习与借鉴，是在切合本国利益和本国需求基础上，主观与客观相结合的行为结果；后者是被动接受，对国外经验方法照搬照抄，全盘模仿西方科技发展思路。历史和经验都表明，“送来主义”要不得。

其次，思想在交流中碰撞，在平等中提升，要与西方科学技术思想平等对话。在科技创新领域，中国活跃在世界舞台并越来越靠近舞台中央，其发展模式与发展理论的创新，对西方国家而言都是一种值得学习的模式。在与其他国家交流过程中，我们既不能自说自话，也不能存有妄自菲薄的心理，而要与西方科学技术思想形成一种平等对话关系。

最后，要提高引进吸收消化再创新的能力，“再创新”是中国共产党科学技术思想发展的落脚点。正如习近平总书记所言，“要有世界眼光，找准世界科技发展趋势，找准我国科技发展现状和应走的路径”。[①] 随着综合国力增强，西方世界逐渐加强对中国的科技防范和封锁，中国共产党的科技发展思路需要作出

① 中共中央文献研究室编：《习近平关于科学创新论述摘编》，中央文献出版社 2016 年版，第 15 页。

调整。一方面，在结合本国实践经验基础上，引进、吸收、消化外来先进科学技术思想；另一方面，注重提高再创新能力，把国外先进经验改造成为具有中国特色的发展模式。

（三）面向未来：聚焦科技发展趋势推进科技创新

面向未来是与时俱进、推陈出新，聚焦科技发展趋势推进科技创新。创新是中国共产党科学技术思想保持先进性的先决条件，只有敏锐地把握发展机遇并根据时代环境顺势而为、应时而变，才能走在时代前列，不断适应社会实践的最新发展变化，保持中国共产党科学技术思想的先进性。不同历史时期、同一历史时期的不同领域，对科学技术思想先进性的要求是不同的。坚持中国共产党对科学技术发展事业的领导，必须从社会主要矛盾出发，把科技发展与党在同时期的中心任务相结合，不断更新科学技术，与时俱进，推陈出新。科技发展要始终遵循着“引进—消化—自主创新—再引进—再消化—再自主创新”[①]的逻辑循环，在准确把握自主创新与吸收外来的辩证关系基础上，与时俱进制定适合本国国情的科技发展战略。此外，中国共产党科学技术思想还强调学习在先、实践在先、研究在先，聚焦全球科技浪潮的未来发展趋势不断完善自身思想体系。当下，全球治理体系和治理能力面临着前所未有的挑战，国与国之间的关系越来越密切，一味闭关埋头搞自主创新，只会让我国的科技发展落后于整个时代步伐。引进模仿和跟踪学习固然是吸收外来优秀科学技术最便捷的途径和重要手段，但如果过分依赖模仿跟踪，会削弱自主创新能力，失去创造活力，最终在全球化浪潮中落后于人。因此，在自主创新和吸收外来的基础上，我国的科技发展必须注重核心技术研发，并将其与第四次科技革命浪潮相结合。唯有如此，才能在把控事关长远和全局的核心战略技术能力上避免受制于人，抢占国际科技创新制高点，掌握发展主动权和优先权，不断提高综合国力，努

① 董志凯：《自力更生与引进、消化相辅相成——1949 年 ~1978 年中国科技发展回顾与启示》，《当代中国史研究》2019 年第 5 期。

力实现从“跟跑、并跑”到“并跑、领跑”的转变。

二、始终坚持以人民为中心的价值坐标

马克思认为，科学技术是人的劳动创造，是人的本质力量的对象化。从科技创新的客观规律来看，科技发展从来都不是价值中立或者“价值悬搁”的，而是作为社会发展最先进最活跃的生产力为统治阶级利益服务。随着第四次科技革命的到来，科学技术与人类生活、社会发展和国家建设的关系越来越密切，重新建构着物质文明和精神文明。在马克思主义的指导下，中国共产党科学技术思想高度重视科技发展，树立起科技发展为人民群众、科技创新靠人民群众、科技成果由人民共享的科技价值观。

（一）科技发展为人民群众

中国共产党科学技术思想自诞生之日起，就始终坚持以人为本的价值取向。以人为本是马克思主义科学技术思想的核心观点，人是社会历史的主体，科学技术不断满足人民群众需求是人类社会向前发展的前提与基础，也为实现人类全面而自由的发展提供丰富的物质条件。科学技术在发展过程中的冒进不能表明先进性，只有符合人民群众根本利益、实事求是谋发展才是先进性的真正体现。中共十九大以来，我国社会主要矛盾发生重大转变，满足人民对美好生活的需求成为中国共产党科学技术思想发展新的价值目标。

中国共产党科学技术思想坚持以人民为中心、服务广大人民群众的价值目标，将科学技术与社情、党情、国情相结合，扎根中国土壤，解决中国问题。人民是中国共产党执政合目的性与合规律性的来源，所以科技发展也应该是为人民服务，而不是为资本服务。与此同时，科技发展在民生工程、国防安全、环境保护、资源配置、精准扶贫等人民群众十分关切的领域都发挥着重要作用，通过改变人们的日常生活，提高人们生活的丰富性、便捷性和趣味性，增加人民群众的安全感、幸福感和获得感。作为一个拥有 14 亿人口、人均资源相对匮

乏的大国，特殊的国情使我国比西方资本主义国家面临着实现现代化的更大挑战，而科技发展要为人民群众服务，集中力量解决关系人民群众根本利益的突出问题，努力满足人民群众的基本科技需求，强化对人民群众的科技教育和普及，实现科技资源的平等运用，让社会成员最大限度地共享社会科技文明成果。

（二）科技创新靠人民群众

在马克思看来，人民群众是历史创造的主体，更是物质财富和精神财富创造的主体。中国共产党始终高度重视人民群众自身需求与整体社会发展需求的一致性，积极引导广大人民群众破除封建迷信、学习掌握科学知识并积极投身科技发展事业。伴随第四轮科技革命的到来，人力资源、科技人才储备军的质量与数量都成为衡量一个国家经济社会发展和科技创新水平的重要指标。但是，当前我国科技水平与世界先进水平相比仍有很大差距，与我国现行经济发展要求也有很多不相适应的地方，自主创新水平总体偏弱，核心技术竞争力不强，不少高科技含量和高附加值产品仍要依靠国外进口，科学研究能力不足，科学尖端人才培养机制也存在弊端。想要突破目前我国科技发展瓶颈，关键要将科学技术转变为现实生产要素，再将生产要素与劳动力相结合。换言之，要将科学技术转变为现实生产力才能促进经济发展，在科学要素的参与下不断提高劳动生产率和资源利用率，促进社会财富增加。在这其中，人民群众的主体性作用尤为重要，因为无论是尖端科研人才还是普通生产线工人都会对科技发展产生深远影响。注重人民主体性，还必须优化人力资源结构，着力解决科技人才队伍供需矛盾。科技发展归根到底要靠人，社会主义劳动者的知识技能与创新素质在很大程度上决定了他们所属科技领域的创新能力与创新效用。要增加经济发展的科技含量，提高对资源的利用率，迫切需要高素质人才的抽象劳动和持续创新输出。为此，实施科教兴国战略和人才强国战略，努力培养尽可能多的高素质创新人才，壮大科研创新队伍，提高劳动者综合素质，优化人才队伍结构，在全社会营造尊重知识创造与人才培养的良好氛围，有助于开创人才辈出、人尽其才的科技发展新局面。

（三）科技成果由人民共享

中国共产党要想保持科学技术思想价值取向的先进性，就必须坚持科技创新成果由人民共享。科技创新既是科技发展的过程，又是科技发展的结果。每一次科技创新，都来源于人民群众的实践活动。因此，人民群众不仅是科技创新成果的创造者和继承者，也是科技创新成果的享有者和改造者。作为一种潜在的知识形态文化成果，科技创新本身就具有传播性、继承性和扩散性，从而使其自身具有为一个群体、一个社会乃至全人类所共享的特性。[①] 科技创新成果由人民共享不仅是因为其本身具有共享特性，同时也是社会主义科技发展坚持公正、平等的突出表现。共享是建立在共建基础上的共享，通过科技创新增加社会财富本身就具有群体性特征。从劳动群体性角度出发，不难发现科技创新成果共享的前提是劳动共建，即全体社会成员的积极参与。当前我国还处于并将长期处于社会主义初级阶段，生产力水平总体不高，科技创新能力还有很大发展空间，只有动员全社会积极参与科技创新，强健自身本领，履行相应职责和义务，创造出尽可能多的、尖端的和高层次的科技创新成果，才能满足人民群众不同层次的关乎切身利益的科技需求。中国共产党的初心是为人民谋幸福，与之相对应，科技发展也必须以解决人民群众遭遇的现实问题为前提，以满足人民群众根本利益为价值评判标准。在此基础上，通过建立和完善科技创新成果的共享机制，让人民群众生产生活均受益于科技创新，进而满足其对美好生活的需要。

三、以实现中华民族伟大复兴为发展旨归

实现伟大复兴是中华民族近代以来最伟大的梦想，“任何国家任何人都不能

---

① 苗瑞丹：《文化发展成果共享研究》，中国社会科学出版社 2016 年版，第 59 页。

阻挡中华民族实现伟大复兴的历史步伐”。[①] 中国共产党科学技术思想在中国共产党领导广大人民群众革命、建设和改革的各个时期都发挥着不可估量的作用，其发展旨归的先进性突出表现在坚持中国共产党的坚强领导，着眼于建设社会主义现代化强国的发展目标以及彰显建设人类命运共同体的科技理想之中。

（一）坚持中国共产党对科学技术事业的坚强领导

中国共产党科学技术思想的先进性根源于中国共产党的先进性，只有坚持中国共产党的坚强领导，才能顺利推进科学技术事业向前发展。党的领导是中国共产党科学技术思想发展的最大优势和特点。“党政军民学，东西南北中，党是领导一切的。”[②] 要完善现代科技发展的体制机制，推进各方面科技创新与体制机制改革，必须毫不动摇地坚持党的核心领导地位，确保科技发展沿着正确的方向前进。第一，中国共产党是使命型政党。在中国共产党领导下的科学技术事业发展始终将民族国家建设、发展和治理作为使命，肩负着中华民族伟大复兴的中国使命。[③] 中共十九大以来，作为使命型政党的中国共产党围绕时代发展与社会主要矛盾的新变化，更加坚定地肩负起为中华民族谋复兴、为中国人民谋幸福的初心使命，为把我国建设成为世界科技强国而接续奋斗。第二，中国共产党代表的是广大人民群众的整体利益。人民性是中国共产党科学技术思想的初心所向，也是科学技术发展的力量来源。科技发展与科技创新归根到底还是注重人的培养，科学技术人才的培养，尖端科学技术和科技发展领军人才的培养。科技创新，人才为本。人才是科技创新最为核心最为关键的部分，也是经济社会发展最活跃的生产力和生产因素。第三，中国共产党的首创精神、奋斗精神和奉献精神是科学技术事业发展的支柱。中国共产党在马克思主义科

---

① 《中共中央召开党外人士座谈会》,《人民日报》2020 年 7 月 31 日。

② 《习近平谈治国理政》第三卷，外文出版社 2020 年版，第 16 页。

③ 宋道雷:《使命型政党——中国共产党领导新时代中国特色社会主义的形态、内涵和路径》,《南京社会科学》2019 年第 2 期。

学技术思想与中国革命具体实践中形成具有中国特色的科学技术思想体系，这本身就是首创精神的体现。一切事物的发展是前进性与曲折性的辩证统一，中国共产党科学技术思想始终铭记“求民族独立，谋人民解放”的初衷，并保持着朝既定目标前进的奋斗精神。另外，中国共产党领导的科学技术事业在一代代伟大科学家以实现广大人民群众根本利益为出发点、将家国复兴与个人诉求紧密结合中得到巩固。坚持中国共产党对科学技术事业的坚强领导，就是中国共产党科学技术思想保持自身先进性的根本保证。

（二）围绕建设社会主义现代化强国的发展目标

中国共产党科学技术思想立足于时代发展变化，着眼于建设社会主义现代化强国的发展目标。作为后发国家，中国的现代化长期以来处于模仿学习、奋起追赶发达国家的过程，而社会主义现代化发展道路就是要最大限度地扩大生产、创造财富，最大限度地使现代知识、科技、教育、信息等要素流动起来。一方面，社会主义现代化强国目标的实现需要大量高科技人才。中国共产党科学技术思想通过不断创新科技人才发展战略，为科技知识普及与高科技人才培养提供宽松有利的制度环境。通过培养大量科技创新人才来不断黏合社会进步力量，在追赶中创新，在创新中追赶，创新驱动发展战略与科技强国战略归根到底都是注重科学技术人才培养，尤其是尖端科学技术和科技发展领军人才的培养。社会主义现代化强国目标的实现还需要国民经济的高度发展。中国共产党科学技术思想以发展社会生产力为导向，在实践中不断深化“科学技术是生产力”的科学认识，坚持科技发展与经济发展相结合。从思想轨迹上看，毛泽东同志关于“实践论”“矛盾论”的辩证唯物主义哲学思想长期指导中国科学技术发展。邓小平同志全面清除“文化大革命”“左”倾错误影响下对知识分子和科技发展的错误定位，开始将经济发展与科技发展紧密结合在一起，并致力于将科学技术转变成为生产力。江泽民同志进一步提出“振兴经济首先要振兴科技”，科技、教育被摆在经济社会发展的重要位置，加速了国家的繁荣强盛。胡锦涛同志综合21世纪以来出现的各类新情况，提出“科学技术是人类文明进步的基石和原动力”“建设创新型国家”的新论断，倡导科学技术要更加注重可持续发展，实现经济社会与生态环境的和谐共处。习近平总书记则站在新的历史节点上，高度肯定科技创新是国民经济发展的强大推动力，并以更开阔的视野来看待科技发展与经济发展的紧密结合。

（三）彰显建设人类命运共同体的科技理想

中国共产党具有世界眼光、战略思维和使命担当，它以惠及中国人民和世界人民为时代使命，为人类创未来提供中国思路。经济全球化和全球治理体系的形成，逐渐把块状的地域历史发展成为球状的世界历史，使整个世界融为一体，形成你中有我、我中有你的世界格局，为世界谋大同提供格局基础。而科技发展成果由世界人民所创，也终将由世界人民共享。中国共产党科学技术思想立足于为中国人民谋幸福、为中华民族谋复兴的初心与使命，在此基础上倡导为人民谋大同、为人类创大同，彰显建设人类命运共同体的科技理想。实现中华民族伟大复兴中国梦与世界梦也息息相关。为世界谋大同是为中国人民谋幸福、为中华民族谋复兴的自然延伸。与此同时，科学技术发展是在自主创新与对外开放的过程中变革创新的，在对外开放中，我国不仅积极学习借鉴吸收外来先进技术文化，还在与其他国家平等交流中输出本国先进科学技术，实现中国与西方发达国家科技发展的互通有无，帮助亚非拉发展中国家建立基础科学系统，激发其生产力水平的提升，摆脱贫穷落后局面。换言之，为世界谋大同、为人类创未来是中国共产党科技创新精神敢为人先、敢于担当的突出表现。中国共产党科学技术思想以解决人类难题为发展目标，在共商共建共赢的基础上，倡导建立人类命运共同体，为中国人民和世界人民的科技创新和进步事业不懈奋斗，为解决人类问题贡献中国智慧和中国方案。

重要活动和文献节点

1921年

1921年7月23—31日，中国共产党第一次全国代表大会在上海法租界贝勒路树德里3号和浙江嘉兴南湖召开，中国共产党正式成立。

1922年

1922年5月23日，陈独秀在《马克思的两大精神》一文中指出，马克思运用自然科学归纳法来研究社会科学，其学说是有根据的，是可信的。

1922年9月1日，周恩来在《宗教精神与共产主义》一文中指出，中国共产党人应把马克思学说视为科学的指导体系。

1923年

1923年12月1日，恽代英在《学术与救国》一文中指出，在“科学救国”这个问题上，社会科学远比技术科学重要，技术科学要在时局转移后才能真正发挥作用。

1924 年

1924 年 8 月，瞿秋白在《实验主义与革命哲学》中批驳实用主义，他认为实用主义是妥协的科学，而不是革命的哲学。

1924 年 10 月，瞿秋白所著的《社会科学概论》在上海书店出版，这是中国最早的关于社会科学概论性专著。

1924 年 11 月 11 日，国立广东大学举行成立典礼，以“务以国民革命之精神，振兴国民智力之开展”为办学宗旨。

1925 年

1925 年 8 月，李强在上海加入中国共产党，后来成为著名的无线电专家。

1926 年

1926 年 1 月 1 日，杨杏佛在《科学与革命》一文中指出：“惟有科学与革命合作是救国的不二法门。”

1926 年 1 月，瞿秋白发表《唯物论的宇宙观概说》一文，详细阐述了马克思主义的自然观、宇宙观和物质观。

1926 年 2 月，刘鼎在莫斯科东方大学学习，次年调至列宁格勒空军机械学校学习兵器构造、爆破原理、无线电技术等，为日后投身党的军工事业打下基础。

1926 年 5 月 3 日，毛泽东在广州主办第六届农民运动讲习所，开设“农业常识”“统计学”“中国财政经济状况”等课程。

1926 年 9 月 1 日，毛泽东发表《国民革命和农民运动》一文，阐述民主革命与科技发展的关系。

1927 年

1927 年 9 月，江西省革命委员会颁布《行动纲领》，提出“增进工人农民及一般平民的科学知识”。

1927 年 10 月 7 日，毛泽东率军到达井冈山地区的茅坪，随即创办医院——茅坪后方医院，这是红军的第一所医院。

1927 年 10 月，工农革命军在宁冈开办小型兵工厂，这是红军最早的兵工厂。

1927 年 12 月 9—11 日，中共中央召开临时政治局扩大会议，通过了《中国共产党土地问题党纲草案》，提出“党要努力设法实行防止水旱的工程，建堤导河填筑淤地筑造牧场等等，并实行预防饥荒的设备”。

1928 年

1928 年春，江西东固革命根据地成立养军山修械所。

1928 年 5 月，湘赣边区红军缴获一台石印机，办起了红军印刷厂。

1928 年夏，红四军在井冈山的五井地区创建了红军后方总医院。

1928 年 7 月 9 日，中共六大通过《土地问题决议案》，议案中提及“国家帮助农业经济”“办理土地工程”“改良扩充水利”“防御天灾”“一切森林河道归苏维埃政府经营管理”等举措。

1928 年 10 月 26 日，共产国际批准涂作潮等 6 人在莫斯科“国际无线电训练班”接受无线电技术培训，为中国共产党无线电通讯事业的发展奠定坚实基础。

1928 年秋，在周恩来安排下，党中央指派张沈川到上海无线电学校学习收发报技术。后来张沈川培训出曾三、王子纲、伍云甫等一批技术人员。

1928 年 11 月，在周恩来的主持下，中国共产党中央特别行动科增设第四科——无线电通讯科（又称交通科），负责制造、设置和保卫电台，保障中共中央与各苏区、各省委以及共产国际的无线电通讯联络。

1929 年

1929 年秋，中央特别行动科第四科科长李强等人在上海英租界大西路福康里 9 号建立起中国共产党第一部电台，开创了中国共产党无线电通讯事业的先河。

1929 年 12 月 11 日，李强、黄尚英在香港九龙创建的中国共产党第二部电台——中共南方局电台，与上海的中央电台通报成功，李强将其称之为“我党通信史上的一次划时代革命”。

1930 年

1930 年 1 月 1 日，赣东北兵工厂正式成立，设有制造部、子弹部、炸弹部、翻砂部、硝磺部等部门。

1930 年年初，中国共产党电讯人员王子纲、刘光慧在天津创建起中共北方局电台，中国共产党的通讯网络初步形成。

1930 年 10 月 18 日，赣东北苏区卫生学校正式成立。

1930 年，福建永定县苏维埃政府提出以区为单位组织农事试验场和农业研究会，改良农业生产。

1931 年

1931 年 1 月 6 日，中央红军无线电台正式成立。

1931 年 1 月 10 日，经毛泽东提议，红军总部在宁都小布举办无线电训练。

1931 年 5 月，闽浙赣省兵工厂正式成立，下设制造部、炸弹部、子弹部、木工部、硝磺部和翻砂部，能生产各类子弹、手榴弹、炸弹和迫击炮弹。

1931 年 6 月，鄂豫皖根据地的英山兵工厂创立，能制造土枪、七子枪和子弹，日产步枪子弹 600 发。

1931 年 8 月，中央印刷厂在瑞金叶坪成立，下设材料科、总务处、铅印部、石印部、排字部、刻字部、裁纸部、装订部、铸字部，主要印刷《红色中华》《斗争》《苏区工人》等报刊和各类革命书籍与传单。

1931 年 10 月，中央军委兵工厂（又称官田兵工厂）在兴国县莲塘区官田村成立。

1931 年 11 月，中央造币厂成立。

1931 年 11 月，中华苏维埃共和国临时中央政府在瑞金七堡建立纺织厂。

1931 年 11 月 7 日，中华工农兵苏维埃第一次全国代表大会在瑞金胜利召开，大会通过《中华苏维埃共和国关于经济政策的决定》，规定“竭力促进工业的发展，苏维埃特别注意保障供给红军的一切企业的发展”，“苏维埃应保证商业自由。”

1931 年 11 月 20 日，中国工农红军军医学校成立。

1931 年 11 月，鄂豫皖苏区组建“红四方面军后方总医院”，医院能施行很复杂的肠吻合、脑外科、截肢等手术。

1931 年 12 月 14 日，赵博生、董振堂等在宁都起义，带来 8 部无线电收发报机和 40 名电台技术人员，红军的无线通讯力量大大加强。

1931 年年底，中央苏区的卫生材料厂成立，工厂主要生产脱脂棉、绷带等敷料，同时加工一些中成药丸、药膏等。

1932 年

1932 年 1 月 13 日，项英在《红色中华》上发表《大家起来作防疫的卫生运动》的社论，社论指出要注意瘟疫问题，动员群众做防疫的卫生运动，号召红军医生研制药品、向群众做好宣传工作。

1932 年 2 月，中央苏区的红军军医学校正式开学，首批学员 25 人，主要学习战伤救治以及防治痢疾、疟疾、溃疡、疥疮等常见病知识。

1932 年 5 月，中华苏维埃共和国临时中央政府内务部制定颁布《苏维埃区域暂行防疫条例》。

1932 年夏，傅连璋举办中央红色医务学校，开设内科、外科、急救等 6 门课程。

1932 年冬，中华苏维埃共和国临时中央政府土地部、中央教育部联合筹办了中央农产品展览所，展出 200 多种农业优良品种和改良农具。

1933 年

1933 年 3 月，中华苏维埃共和国临时中央政府内务部制定和颁布《苏区卫生运动纲要》。

1933 年 5 月，刘鼎等人试制成功 3 门 35 毫米口径的小迫击炮和铸铁的迫击炮弹。

1933 年 8 月，湘赣省苏维埃第二次代表大会通过《文化教育工作决议》，决议认为教育工作是苏维埃的重要工作，“培养技术人才，须单独开办技术人才训练班”。

1933 年 8 月 12—15 日，中央苏区南部 17 县经济建设工作会议在瑞金召开，毛泽东在会上作了《必须注意经济工作》的报告。报告指出，“革命战争的激烈发展，要求我们动员群众，立即开展经济战线上的运动，进行各项必要和可能的经济建设事业”。

1933 年 9 月，中华苏维埃共和国卫生研究会成立。

1933 年 10 月，红四方面军缴获军阀刘存厚的兵工厂及大量器材，在通江成立红四方面军兵工厂（又称通江兵工厂），是红军时期规模最大、技术最先进的兵工厂。

1933 年 12 月，毛泽东撰写的《长冈乡调查》指出：疾病是苏区中一大仇敌，发动广泛的卫生运动是每个乡苏维埃的责任。

1933 年，中央农业学校创办，这是中国共产党创办的第一所半工半读农业干部学校。设置政治常识、科学常识和农业常识等课程。

1934 年

1934 年 1 月 21 日至 2 月 1 日，中华苏维埃共和国第二次全国代表大会在瑞金召开，大会通过《关于苏维埃经济建设的决议》。决议指出，“苏维埃政府必须更进一步的提高苏区的生产力”；“同时必须发展小手工业的生产，尤其是对于军事，对于出口，对于群众特别需要的生产”。

1934 年 1 月 24—25 日，毛泽东在第二次全国苏维埃代表大会上作《我们的经济政策》《关心群众生活，注意工作方法》等报告，指出，“水利是农业的命脉”；“在各地组织小范围的农事试验场，并设立农业研究学校和农产品展览所，却是迫切地需要的”。

1934 年 2 月，苏维埃临时中央政府颁布《保护山林条例》，禁止乱砍滥伐森林。

1934 年年初，苏维埃临时中央政府土地部在瑞金设立农事试验场。

1934 年 3 月，中央苏区成立以贺诚为主任的中央防疫委员会，统一领导苏区卫生防疫工作。

1934 年 4 月 10 日，中华苏维埃共和国人民委员会颁布《苏维埃国有工厂管理条例》，规定工厂应设生产讨论会，以研究生产技术，推进生产发展。

1934 年 4 月 10 日，中共中央组织局颁布《苏维埃国家工厂支部工作条例》，规定党员应“学习与具备最熟练的技术，在事实上做群众的模范”。

1935 年

1935 年 8 月 2 日，长征途中，在川西毛儿盖，由红一方面军的红色干部团与红四方面军的红军学校合并成新的红军大学，下设指挥科、政治科、工兵科、炮兵科和骑兵科等组织。

1935 年 10 月，中央红军兵工厂与红十五军团兵工厂在陕北合并，组成新的红军兵工厂。

1936 年

1936 年 4 月 13 日，毛泽东发表《陕甘苏维埃区域的经济建设》一文，指出：陕甘苏区恢复和建立了一些国营工业，取得了巨大成绩。

1936 年 7 月，美国记者埃德加·斯诺到达吴起镇，参观了红军兵工厂。

1937 年

1937 年 4 月 7 日至 5 月 9 日，延安西区枣园水利工程完成，可灌溉农田 1000 余亩。

1937 年 6 月 29 日，《新中华报》发表《陕甘宁边区经济建设实施计划——1937 年 7 月至 1938 年 12 月》，计划提出在边区举办水利、创办模范农场、发展畜牧、植树护林、举办农校培训农业技术干部等。

1937 年 7—8 月，毛泽东在延安撰写《实践论》和《矛盾论》，先后于 1950 年 12 月 29 日和 1952 年 4 月 1 日在《人民日报》首次发表。

1937 年 7 月底，中央决定创办陕北公学。11 月 1 日，陕北公学举行开学典礼，毛泽东发表《目前的时局和方针》讲话。

1938 年

1938 年 2 月 6 日，高士其、董纯才、陈康白、周剑南等创立边区第一个科技社团——边区国防科学社。

1938 年 2 月 10 日，陕甘宁边区建设厅颁布《关于春耕运动工作的讨论提纲》，提倡种棉花和工业原料作物。

1938 年 4 月 5 日，《新中华报》的《边区文化》专栏刊出《国防科学特辑》，发表相关科普短文。

1938 年 10 月 30 日，《新中华报》刊出《经济建设》专栏，发表工农业生产技术指导类文章。

1939 年

1939 年 1 月 17 日至 2 月 4 日，陕甘宁边区第一届参议会召开，通过了“经济建设案”“提高大众文化发展国防教育案”等 12 个提案。

1939 年 2 月 2 日，中共中央在延安召开生产动员大会，李富春代表中央作《加紧生产，坚持抗战》的动员报告。

1939 年 2 月 28 日，陕甘宁边区政府建设厅为组织生产运动，编印种棉方法、喂猪、养鸡、防旱防疫等各种小册子。

1939 年 4 月 7 日，延安卫生人员俱乐部举行第一次联谊会，讨论如何深入群众卫生运动，防止春疫，管理河流，防止污染，改良环境卫生等问题。

1939 年 4 月 25 日，陕甘宁边区的茶坊兵工厂自行设计制造成功第一支七九步枪，命名为“无名式马步枪”。

1939 年 5 月 1—17 日，陕甘宁边区第一届工业展览会在延安桥儿沟鲁艺大礼堂举行。

1939 年 5 月 30 日，中共中央决定在延安创办自然科学研究院。

1939 年 9 月 1 日，陕甘宁边区的新华化学工业合作社成立。

1939 年 11 月 18 日，陕甘宁边区医院出版《边区卫生》刊物。

1939 年 12 月 25—31 日，延安自然科学研究院举行科学讨论会，征求对边区经济建设的意见。

1940 年

1940 年 2 月，陕甘宁边区政府决定建立光华农场。

1940 年 2 月，陕甘宁边区自然科学研究会成立。

1940 年 3 月 10 日，八路军后勤政治部召开技术干部座谈会，毛泽东在座谈会上发表讲话。

1940 年 4 月 29 日，延安附近新建的水利工程排庄水渠开闸放水。

1940 年 5 月 24 日，陕甘宁边区农具工厂设计制造出边区第一部水车。

1940 年 6 月，延安新哲学会举办第一届年会，毛泽东在年会上指出：“搞哲学的也要搞自然科学，也要搞社会科学。”

1940 年 6 月 14 日至 7 月 30 日，乐天宇、江心、郝笑天、曹达、林山、王清华组成的边区森林考察团，对边区森林资源进行了科学考察。

1940 年 7 月 19 日，延安的军事机关统一进行了卫生防疫检查，改善了卫生设备，机关人员普遍注射了防疫针。

1940 年 8 月 30 日，《中共晋察冀边委目前施政纲领》公布，纲领指出要“改良种子、肥料、农具等农业生产技术”“加强自然科学教育，优待科学家及专门学者”。

1940 年 9 月初，延安自然科学院正式成立，坚持“以培养抗战建国的技术干部和专门的技术人才为目的”的宗旨，这是中国共产党领导的第一所理工科高等学校。

1940 年 9 月，陕甘宁边区卫生材料厂在 6 个月内，试制成功药品 60 余种。

1940 年，陕甘宁边区政府颁布《陕甘宁边区森林保护条例修正草案》与《陕甘宁边区植树造林条例》。

1941 年

1941 年 1 月 19 日，陕甘宁边区建设厅召开第一次边区经济建设委员会会议，提倡用科学方法进行牲畜防疫及饲养管理，积极运用农业科学技术促进农业生产。

1941 年 1 月 31 日，毛泽东致信毛岸英、毛岸青，建议他们“趁着年纪尚轻，多向自然科学学习”。

1941 年 2 月 6 日，中国农学会在延安成立。

1941 年 2 月 16 日，陕甘宁边区政府颁布关于春耕运动的指示信，要求改进农耕法，深耕浅种，选择良种，多施肥料，发展水利，消除病虫害，向粮食增产到 40 万石的目标努力。

1941 年 2 月 20 日，延安自然科学院发起组织自然科学编译社。

1941 年 4 月 23 日，中央军委发布《关于军队中吸收和对待专门家的政策指示》，指出“我军一定要大力吸收专门人才，并在物质上给以优待”。

1941 年 4 月，中共中央发布《关于兵工建设的指示》，明确兵工建设方针为：“兵器制造要从战争实际出发，以弹药为主，枪械为副。”

1941 年 5 月 1 日，中共中央书记处发布《中共中央关于党员参加经济和技术工作的决定》，要求纠正轻视经济工作和技术工作的错误倾向。

1941 年 6 月，光华制药厂与延安中国医科大学卫生部联合组建中西医研究室，在中药科学化、中药西药化和西药中国化的道路上迈出可喜的一步。

1941 年 7 月 30 日，毛泽东、朱德、叶剑英联名致信各兵团首长，要求尽可能吸收大后方医务人才，并予以特别优待。

1941年8月15日，陕甘宁边区工业局用边区盛产的青麻制棉，纺织纱布，取得重大成功。

1941年9月，徐特立在《如何发展我们的自然科学》一文中强调，科研工作者需要在实验过程中注重与社会生产相结合。

1941年10月15日，晋冀鲁豫边区政府颁布奖励生产技术办法。

1942年

1942年1月1日，《陕甘宁边区施政纲领》正式公布，其提出要“奖励自由研究，尊重知识分子，提倡科学知识与文艺运动，欢迎科学艺术人才”。

1942年3月20日，《晋察冀边区农林牧殖局及直属各场推广办法》颁布，详细规定了各类良种、先进技术推广的具体办法。

1942年3月27日，《解放日报》报道，延安中国医科大学研究牛痘疫苗35万支。

1942年9月15日，《解放日报》报道，太行铁工厂发明新式压油机。

1942年10月11日，延安自然科学院展开自然科学如何与实际联系的讨论。

1942年12月7日，华中医学院开学。

1942年12月12日，《冀鲁边区战时委员会施政纲领》指出要“研究肥料改良农具与生产技术，举办农业试验场”，“提倡科学知识与文艺运动”。

1943年

1943年1月30日，《科学园地》发表李富春给自然科学研究会的一封信，信中表示“希望大家把自然科学应用到边区生产实践中去，为边区经济建设服务”。

1943年9月25日，陕甘宁边区工厂工人高见明发明织毛袜机。

1943年10月，延安自然科学院并入延安大学。

1943年12月7日，《解放日报》刊登简讯：中央留守兵团卫生部材料厂饶孟文发明新式简便油印机。

1944年

1944年2月28日，《山东省战时施政纲领》公布，其中有“提高和改良农业生产技术”“发展多种日用必需品之工业生产”等条款。

1944年5月1—25日，陕甘宁边区工厂厂长及职工代表大会在延安召开。会上提出，争取2年内实现工业品全部自给，毛泽东、刘少奇在会上作重要讲话。

1944年5月24日，延安大学正式成立，毛泽东、朱德亲临开学典礼。

1944年7月18日，延安市卫生展览会揭幕，毛泽东题词“为全体军民服务”。

1944年7月27日，关中炼铁厂自制耐火砖，改进炼铁炉，产量大幅度提高。

1944年9月11日，陕甘宁边区难民纺织厂成功试制轧花机。

1944年10月30日，陕甘宁边区文教工作者会议召开。毛泽东作《文化工作中的统一战线》的报告。该报告指出，“要结合群众需要以及调动群众的自愿来开展改造群众思想的文化教育工作”。

1944年11月，陕甘宁边区成功试制氯酸钾、白磷。

1944年12月10日，军工局玻璃厂从石炭干馅中成功提取焦油及阿姆尼亚，并从焦油中分馅出石炭酸、茶及柏油等重要化工原料。

1945年

1945年2月5日，陕甘宁边区政府颁布《改善牲畜饲养管理办法》。

1945年3月15日，陕甘宁边区中西医研究会总会成立，目标是实现“中医科学化，西医中国化”。

1945年5月17日，国际友人傅莱医生在延安窑洞中试制出初制青霉素。

1945年8月6日，太行炸弹制造所研制出新的剪铁机，使产量提高了10倍。

1945年11月1日，《晋察冀边区修订优待技术干部办法》颁布，首次规定技术干部级别及待遇。

1945年11月1日，晋察冀边区行政委员会颁布《奖励技术发明暂行条例》。

1945年12月15日，毛泽东起草《一九四六年解放区工作的方针》，指出：要停止扩兵、着重练兵，“军事学校应继续办理，着重技术人才的训练”。

1946年

1946年2月，解放区东北大学成立，以培养“为人民服务的，献身于新中国新东北建设的政治、经济、文化、艺术、教育、实业、医学等专门人才”为办学宗旨。

1946年3月，晋察冀边区自然科学界协会提出关于全国科学建设的8条意见。

1947年

1947年7月，大连炼钢厂开始生产炮弹头，支援解放战争。

1947年12月，大连炼钢厂恢复生产高速工具钢，并成功冶炼镣铜合金。

1948年

1948年1月，大连化学厂成功试制“四一”式山炮炮弹发射药。

1948年7月3日，《中共中央关于争取和改造知识分子及对新区学校教育的指示》指出，要大规模地办抗大式训练班，分批对知识青年施以短期政治教育训练后，因材施用。

1948年10月，长春解放。东北行政委员会工业部接收伪“大陆科学院”，成立工业研究所。

1948年12月，抚顺制钢厂炼出解放后的第一炉钢。

1948年12月6日，中共中央西北局发布《关于争取团结蒋管区广大知识分子的指示》，提出要尊重学者和专家，给予他们开展科学研究和发展个人才能的良好条件。

1948年12月20日，华北人民政府颁布《华北区奖励科学发明及技术改进暂行条例》。

1949年

1949年1月14日，沈阳冶炼厂恢复生产，成为新中国第一座有色金属冶炼厂。

1949年4月11—18日，中国新民主主义青年团第一次全国代表大会在北平召开，任弼时代表中共中央向大会作政治报告。他指出：我们要教育改造旧有技术干部，使他们树立为人民服务的观点，这是迫切的任务。同时，更为重要的，我们要从熟练工人，特别是青年工人中有计划地培养出大批的技术干部。

1949年6月19日，中华全国自然科学工作者代表会议筹备会在京召开，朱德作《科学转向人民》讲话。

1949年7月13—18日，中华全国自然科学工作者代表会议正式筹备会议召开。周恩来与会并发表重要讲话，强调“科学并不能脱离政治”，科学理论要与实践相结合。

1949年9月29日，中国人民政治协商会议第一届全体会议通过《中国人民政治协商会议共同纲领》。该《共同纲领》强调“要努力发展自然科学，以服务于工业农业和国防的建设。”

1949 年 10 月 1 日，中华人民共和国成立。

1949 年 10 月上旬，北平研究院物理研究所职工成功制造出中国第一架“巴拿马瞄准镜”。

1949 年 10 月 19 日，中央人民政府委员会第三次会议任命郭沫若为中国科学院院长，任命陈伯达、李四光、陶孟和、竺可桢为中国科学院副院长。

1949 年 11 月 1 日，中国科学院正式成立。

1949 年 11 月 1 日，成立文化部科学普及局。

1949 年 12 月 25 日，陈云在全国钢铁工业会议上作《技术人员是实现国家工业化不可缺少的力量》讲话，强调技术人员和管理人员的重要性。

1950 年

1950 年 2 月 11—12 日，12 个自然科学学会在京举行联合年会，明确今后中国科学的重要任务是为新中国的经济建设服务。

1950 年 3 月 19 日，中国科学院创办《中国科学》《科学通报》以及《中国科学精华》3 种杂志。

1950 年 4 月 5 日，中华全国自然科学工作者代表大会筹委会通电响应世界拥护和平大会常设委员会关于禁止使用原子武器的呼吁。

1950 年 5 月 6 日，中国科学院首次举办科学讲座，华罗庚主讲《苏联数学家对于数学上著名问题的贡献》。

1950 年 6 月 14 日，政务院文化教育委员会对中国科学院基本任务作出指示，明确今后中国科学工作的总方针和基本任务。

1950 年 8 月 18—24 日，中华全国自然科学工作者代表会议在京召开，会议决定成立“中华全国自然科学专门学会联合会”和“中华全国科学技术普及协会”，并提出“全国科学工作者大团结”的口号。

1951年

1951年1月20日，天津铁路局张家口电务段试验员周鉴发明载波自动机。

1951年3月14日，中央人民政府政务院召集会议商谈中国科学院与高校的合作问题。

1951年11月5—11日，中华全国科学技术普及协会第一次全国代表大会在北京召开。

1951年11月30日，中共中央发出《关于在学校中进行思想改造和组织清理工作的指示》。

1951年12月18日，中国科学院召集北京各单位研究人员举行思想改造动员大会，中国科学院院长郭沫若作《为科学工作者的自我改造与科学研究工作的改进而奋斗》的报告。

1952年

1952年9月25日，中国第一部自制的3000千瓦水轮发电机试制成功。

1952年12月8—13日，第二届全国卫生会议在北京举行。毛泽东为大会题词“动员起来，讲究卫生，减少疾病，提高健康水平，粉碎敌人的细菌战争”。

1953年

1953年2月24日，中国科学院代表团访问苏联。

1953年3月11日，中国第一座自动化炼铁炉在鞍钢炼铁厂成功出铁。

1953年4月，中共中央发出《关于加强科学技术普及协会工作领导的指示》。

1953 年 5 月 27 日，华罗庚著作《堆垒素数论》由中国科学院出版。

1953 年 7 月 15 日，中国第一汽车制造厂在吉林省长春市正式开工兴建。

1953 年 10 月 27 日，中国第一根无缝钢管在鞍山无缝钢管厂试轧成功。

1953 年 11 月 23 日，中国第一台两万千伏安变压器在沈阳变压器厂试制成功。

1954 年

1954 年 1 月 12 日，全国政协文教组召开中西医学术交流座谈会。

1954 年 2 月 26 日，华东农业科学研究所研制成功猪肺疫菌苗。

1954 年 7 月 20 日，中国第一座自动化薄板厂——鞍钢第二薄板厂正式投产。

1954 年 7 月 26 日，中国制造的第一架飞机试飞成功。

1954 年 9 月 16 日，中央批准建立中国农业科学院。

1954 年 10 月 21 日，中国科学院开始编纂《中国动物图谱》。

1954 年 12 月 20 日，中国科学院植物研究所开始编纂《中国主要植物图谱》。

1955 年

1955 年 1 月 31 日，国务院全体会议第四次会议通过《关于苏联建议帮助中国研究和平利用原子能问题的决议》。

1955 年 5 月 4 日，中国第一台 6000 千瓦汽轮机在上海试制成功。

1955 年 6 月 1—10 日，中国科学院学部成立大会在北京开幕，周恩来在大会上作重要讲话。

1955 年 7 月 1 日，兰新铁路黄河大桥落成并正式通车，这是新中国成立后在黄河上修筑的第一座大铁桥。

1955年10月8日，中国著名科学家钱学森和物理学家李整武回国。

1956年

1956年1月4—6日，中国科学院举行第一批研究生招生考试。

1956年1月14—20日，中共中央召开关于知识分子问题会议，周恩来作《关于知识分子问题的报告》，提出“向现代科学进军”。

1956年3月1日，中央人民政府高等教育部和中国科学院发出通知，决定在10所高校筹建研究机构，进一步发挥高等院校科研力量的作用。

1956年3月20日，中国、苏联、阿尔巴尼亚、保加利亚、匈牙利、民主德国、朝鲜、蒙古、波兰、罗马尼亚、捷克斯洛伐克等11个国家讨论成立“东方核子研究所”。

1956年4月25日，毛泽东在中央政治局扩大会议上作《论十大关系》报告，指出在“自然科学方面，我们比较落后，特别要努力向外国学习。但是也要有批判地学，不可盲目地学”。

1956年6月6日，郭沫若发表谈话，表示热烈欢迎目前还在国外的中国科学家、工程师和留学生早日回到中国参加建设。

1956年7月2—5日，全国学术刊物编辑负责人在北京举行座谈会，讨论“百家争鸣”的方针问题。会议认为应该提倡讲道理、实事求是、互相商榷地开展学术批评。

1956年7月6日，中国第一座用电子自动控制的高温高压热电厂——吉林热电厂的第一台锅炉和透平发电机正式移交生产。

1956年7月11日，联合核子研究所正式成立。

1956年7月13日，解放牌汽车试制成功。

1956年8月19日，预防布氏杆菌病的干燥布氏杆菌活菌苗试制成功。

1956年8月20日，中国首次利用原子能探测石油，玉门油矿开始在老君庙油田上试验石油探测技术上的最新成就——原子能放射性测井。

1956年8月21日，《1956—1967年科学技术发展远景规划纲要（草案）》初步编成。

1956年8月24日，中国医学科学院成立。

1956年9月8日，中国成功试制新型喷气式飞机。

1956年11月6日，《人民日报》发表《把科学技术教给职工》的社论，号召科学家和技术人员积极参与科学技术普及工作。

1956年11月16日，《人民日报》发表《支援科学研究工作》的社论。

1956年12月4日，《人民日报》发表《尽快地掌握先进技术》的社论。

1956年12月29日，国务院副总理聂荣臻主持国务院科学规划委员会第三次扩大会议，提出要加强高校和产业部门之间的协作，同时要根据“重点发展、迎头赶上”的方针，从多项重大科学任务中综合提出12个重点。

1956年12月29日，国务院科学规划委员会在京举行第三次扩大会议，会议确定了科学技术发展的12个重点。

1957年

1957年2月16日，沈阳变压器厂试制成功中国第一台巨型变压器。

1957年2月21日，中国科学院举行报告会，介绍李政道和杨振宁重要研究成果：宇称守恒定律不是普遍的定律。

1957年2月27日，毛泽东在最高国务会议第十一次扩大会议上发表《关于正确处理人民内部矛盾的问题》的讲话，强调要贯彻“百花齐放、百家争鸣”的方针。

1957年3月3日，中国第一座遥远测量水电站——首都西郊模式口水电站正式向北京送电。

1957年3月31日，中华医学会总会节育技术指导委员会成立。

1957年5月23—30日，中国科学院学部委员会第二次全体会议在北京召开。郭沫若在会上指出，各学部的基本任务为以下四点：第一面向全国，加强学术领导；第二发扬民主，贯彻百家争鸣；第三加强协调，团结科学力量；第四学习先进，加强国际合作。

1957年6月13日，国务院科学规划委员会第四次扩大会议在北京举行，聂荣臻在会上指出："中国科学院是全国学术领导和重点研究中心，高等学校、中央各产业部门的研究机构和地方所属研究机构，是我国科学研究的广阔基地。"

1957年6月19日，《人民日报》发表毛泽东《关于正确处理人民内部矛盾的问题》，文章强调要贯彻"百家齐放、百家争鸣"的方针。

1957年8月31日，中国制成第一辆吉普车。

1957年10月10日，解放牌改进型汽车设计成功，时速可达75公里。

1957年10月15日，武汉长江大桥正式通车。

1957年11月9日，国务院科学规划委员会制订改善科学工作条件的四个方案。

1957年11月28日，国务院副总理聂荣臻在全国农业科学研究计划会议上作出重要报告，强调要把科学技术与生产建设密切结合起来，克服个人主义和宗派主义。

1957年12月24日，中国第一架多用途民用飞机——"安二"型飞机制造成功。

1957年12月28日，中国自制柴油机出口埃及和叙利亚。

1958年

1958年2月11日，中华人民共和国主席任命郭沫若为中国科学院院长，陈伯达、李四光、张劲夫、陶孟和、竺可桢、吴有训为中国科学院副院长。

1958 年 2 月 27 日—3 月 6 日，国务院副总理陈毅在全国扫盲会议上发表重要讲话，指出：从扫识字的盲、扫文化的盲，到扫科学的盲，中国才能改变又穷又白的面貌

1958 年 3 月 17 日，中国第一台电视机研制成功。

1958 年 5 月 5 日，刘少奇在中国共产党第八届代表大会第二次会议上提出，要使我国的科学技术在实现十二年科学发展规划的基础上，尽快地赶上世界最先进的水平。

1958 年 5 月 5 日，中国第一座电视台——北京电视台开始对首都地区播出节目。

1958 年 5 月 12 日，中国国产的第一部轿车——“东风牌”轿车在长春第一汽车制造厂诞生。

1958 年 6 月 3 日，《人民日报》发表《向技术革命进军》的社论，号召全国把注意力转移到技术革命上来，把我国建设成一个具有现代工业、现代农业和现代科学文化的伟大的社会主义国家。

1958 年 6 月 13 日，中国第一座原子反应堆建成。

1958 年 9 月 1 日，国产第一台 2500 吨水压机在沈阳重型机器厂制造成功。

1958 年 9 月 7 日，沈阳变压器厂制成了中国第一台巨型变压器。

1958 年 9 月 9 日，长辛店机车车辆修理工厂制成中国第一台内燃电动机车。

1958 年 9 月 20 日，大连机车车辆厂制成中国第一台 4000 马力的货运内燃机车。

1958 年 9 月 25 日，中国科学技术协会在北京成立。

1958 年 9 月 27 日，中国原子反应堆和加速器移交生产。

1958 年 9 月 29 日，中国自行设计全部采用国产材料制造的电子计算机控

制立式铣床诞生。

1958 年 10 月 16 日，南开大学建成中国高等学校第一座实验性原子反应堆。

1958 年 10 月，国务院科学规划委员会编制《1959 年科学技术研究重点的建议项目》。

1958 年 11 月 11 日，中国当时最大高炉——鞍钢 10 号高炉建成。

1958 年 11 月 27 日，中国人工造云和人工降水试验在南京上空获得成功。

1958 年 11 月 27 日，中国第一艘万吨远洋货轮“跃进号”建成下水。

1958 年 12 月 11 日，三门峡截流工程大功告成。

1959 年

1959 年 1 月 9 日，哈尔滨汽轮机厂制成中国第一台高温高压 5 万千瓦汽轮机。

1959 年 5 月 14 日，哈尔滨电机厂制成中国第一套 72500 千瓦水力发电设备。

1959 年 6 月 25 日，国务院发布统一计量制度命令。

1959 年 7 月 14 日，国家科委下发《关于印发“创造发明鉴定书”的通知》。

1959 年 9 月 1 日，中国第一台大型通用计算机——“104 计算机”诞生。

1959 年 9 月 5 日，中国医科大学成立。

1959 年 9 月 13 日，大庆第一口油井出油。

1959 年 9 月 23 日，中国第一台 D5540 型电脉冲加工机床制成。

1959 年 10 月 15 日，国产直升机——旋风二五型直升机开始批量生产。

1959 年 10 月 29 日，中国第一台容量为 3 万千伏安、电压为 20 万伏的高压巨型变压器在沈阳变压器厂试制成功。

1959 年 10 月 29 日，中国第一套自行设计的 865 千伏安扼流磁放大器在上海先锋电机厂试制成功。

1959 年 11 月 1 日，中国第一拖拉机厂建成。

1959 年 12 月 18—31 日，全国 1960 年科学技术计划会议在北京召开，聂荣臻在会上作《努力攀登世界科学技术的高峰》的报告。

1960 年

1960 年 1 月 6 日，中共中央批转国家科委《关于 1960 年科学技术发展计划》的报告，并在批示中指出：科学技术的发展，对促进工农业生产和国防现代化的作用愈来愈大。

1960 年 1 月 30 日，中央发出《关于立即掀起一个大搞半机械化和机械化为中心的技术革新和技术革命运动的指示》。

1960 年 2 月 19 日，上海机电设计院自行设计制造的 T-7M 试验型液体燃料探空火箭试射成功。

1960 年 2 月 24 日，黄河青铜峡水利枢纽工程拦河坝合拢截流。

1960 年 2 月，中国建成第一个原子弹爆轰试验场，为原子弹研制提供了宝贵的数据。

1960 年 3 月 16 日，中共中央批转河北省委《关于在工业战线大搞技术革新与技术革命的指示》。

1960 年 3 月 25 日，毛泽东对聂荣臻的关于技术革命运动的报告作出批示，认为要对当前的技术革命运动作一个很好的系统总结。

1960 年 3 月 25 日，由中国物理学家王淦昌领导的研究小组，在苏联杜布纳联合原子核研究所发现了一个荷电反超子——“反西格马负超子”。

1960 年 3 月，大庆油田开始大规模建设。

1960 年 4 月 21 日，中国第一次原子弹爆轰试验成功。

1960 年 4 月 23 日，中国自行设计建造的第一艘万吨级远洋货轮——“东风号”下水。

1961 年

1961 年 1 月 5 日，党和国家领导人在人民大会堂宴会厅宴请 4000 多名科技工作者，周恩来在致辞中号召科技工作者，为了祖国的富强，为了世界人民革命斗争的胜利，为了世界和平，树立雄心壮志，埋头苦干，发愤图强，自力更生，奋勇前进。

1961 年 4 月 26 日，首都科技界纪念詹天佑诞生 100 周年。

1961 年 5 月 22 日，世界上第一只“无父”母蟾蜍在上海产卵。

1961 年 8 月 18 日，中国科学院制定《中国科学院自然科学研究所暂行条例》。

1961 年 10 月 18 日，中国藏医学术讨论会在北京举行。

1962 年

1962 年 2 月 15 日至 3 月 10 日，全国科技工作会议在广州召开，会议讨论制定了《1963—1972 年的十年科学技术发展规划》。周恩来、陈毅在会上发表重要讲话。

1962 年 4 月 19 日，中国亚非学会在北京成立。

1962 年 7 月 22—28 日，中国医学代表团出席在莫斯科召开的第 8 届国际肿瘤大会。

1962 年 8 月 9 日，国家科委下发《关于奖励发明试点工作的通知》，并决定设立发明局负责管理发明的登记、奖励等工作。

1962 年 9 月 24—27 日，中国共产党第八届中央委员会第十次全体会议召开，强调加强科学文化教育，加强科学技术的研究，特别是要注意对农业科学技术的研究，大力培养这些方面的人才。

1962 年 11 月 1 日，国家科委发布《关于省、市、自治区科委任务的暂行规定》，明确地方科委的任务。

1962 年 12 月 21 日，《中国自然区划》编制完成。

1963 年

1963 年 1 月 2 日，上海市第六人民医院主治医师陈中伟等为工人王存柏全断的右手施行再植手术获得成功。

1963 年 1 月 26 日，刘少奇等党和国家领导人接见 100 多位著名的科学家，高度评价老科学家在现代化建设中的带头作用。

1963 年 2 月 8 日至 4 月 5 日，中共中央和国务院在北京召开全国农业科技工作会议，聂荣臻发表重要讲话，指出实现农业、工业、国防和科学技术四个现代化，关键在于科学技术现代化。

1963 年 7 月 8 日，上海广慈医院用中国自主设计制造的“心电起搏器”使一位病人心脏恢复正常跳动，这是“心电起搏器”在我国的第一次临床使用。

1963 年 8 月 26 日至 9 月 3 日，第一次全国棉花学术讨论会在北京举行，会议通过了《关于提高我国当前棉花生产和加强棉花科学工作若干问题的建议》。

1963 年 9 月 7 日，国家科委下发《关于上报和登记科学技术成果的若干规定（试行草案）》，其对研究成果的上报程序作出规定。

1963 年 10 月 20 日，济南第一机床厂试制成功中国第一台半自动精密丝锥车床。

1963 年 11 月 13 日，绞吸式挖泥机在大连造船厂研制成功。

1963 年 12 月，毛泽东在听取中央科学小组汇报科技工作十年规划时，指出“科学技术这一仗，一定要打，而且必须打好……不搞科学技术，生产力无法提高”。

1964年

1964年4月9日，治疗急性血吸虫病的非锑剂口服药“F30066”试制成功。

1964年5月12日，水电部上海勘测设计院成功研制中国第一台钻孔摄影仪。

1964年5月28日，山东医学院附属医院和山东张店新华医疗器械厂合作成功研制中国第一个人工喉。

1964年8月24日，毛泽东与周培源、于光远讨论日本物理学家坂田昌一的文章《基本粒子的新概念》时指出，世界是无限的，人对世界的认识也是无限的；工具是人的器官的延长，借助工具，我们的认识就更深入了；科学家要同群众密切联系。

1964年9月23日，中国科学院地球物理所地磁测量队在珠穆朗玛峰西北面山脊测量到世界上海拔最高点的地磁数据。

1964年10月16日，中国第一颗原子弹爆炸成功。

1965年

1965年1月1日，紫金山天文台用双筒望远镜发现一颗亮度微弱的新天体，经再观测，初步确定是一颗彗星，这是中国发现的第一颗彗星。

1965年4月24日，国家科委发布《1963至1972年科学技术发展规划国家重点项目1965年主要任务》。

1965年4月28日，中国成功研制双水内冷汽轮发电机。

1965年5月14日，中国成功进行第二次核试验。

1965年5月29日，杭州无线电厂成功研制中国第一台晶体管8路同声传译设备。

1965 年 6 月 5 日，中国第一台太阳射电望远镜试制成功。

1965 年 6 月 12 日，上海长海医院成功实施人造心脏瓣膜更换手术。所用人造心脏瓣膜由我国自主设计生产。

1965 年 7 月 1 日，中国科学院提出《关于发展我国人造卫星工作的规划方案建议》。

1965 年 7 月 9 日，天津电子仪器厂成功制造 24 阶中型电子模拟计算机，可进行 24 阶线性和非线性微分方程式的运算。

1965 年 8 月 2 日，中国第一台一级大型电子显微镜由上海电子光学技术研究所试制成功，其最大放大倍数为 20 万倍，分辨本领达到 7 埃。

1965 年 9 月 17 日，中国科学家在世界上第一次人工合成了具有生物活性的结晶牛胰岛素。

1965 年 9 月 23 日，中国天文台测定时间精确度达到国际先进水平，误差不超过千分之二秒。

1965 年 10 月 21 日，中国第一台移动式牛头刨床由济南第二机床厂研制成功，适用于加工特重型零件。

1965 年 10 月 18 日，中国第一台高精度半自动万能外圆磨床由上海机床厂研制成功。

1965 年 12 月 6 日，中国第一台半自动高精度丝锥磨床研制成功。

1966 年

1966 年 1 月 4 日，中国第一台热轧钻头机由天津市工具厂研制成功。

1966 年 1 月 7 日，中国自行设计的综合性海洋科学考察船——“东方红”号成功下水。

1966 年 3 月，国家科委印发《关于科学技术交流和保密工作的若干意见

（草案）》。

1966 年 4 月，国家科委编制《1963—1972 年科学技术发展规划国家重点项目 1966 年主要任务》。

1966 年 5 月 9 日，中国成功进行含有热核材料的核爆炸。

1966 年 5 月 11 日，中国第一台万能硬度计由广州市中西科学仪器厂研制成功。

1966 年 7 月 6 日，中国独立完成 1969 年和 1970 年天文年历编算。

1966 年 10 月 16 日，中国建成世界第一座合成苯车间。

1966 年 10 月 27 日，中国第一颗地对地核导弹飞行爆炸成功。

1967 年

1967 年 1 月 20 日，中国第一台载重 150 吨的重型平板挂车在上海制成。

1967 年 7 月 21 日，高精度万能外圆磨床由北京第二机床厂研制成功。

1967 年 10 月 6 日，中国成功研制最新型晶体管大型通用数字计算机。

1967 年 11 月 29 日，中国最大的一台太阳无线电望远镜安装调试成功。

1968 年

1968 年 7 月 21 日，第一机械部成功研制人造金刚石。

1968 年 11 月 29 日，中国第一台深井石油钻机制造和试钻成功，这台钻机重量较轻，便于运载移动，适用于山河矿区。

1968 年 12 月 29 日，南京长江大桥通车，南京长江大桥铁路桥全长 6700 多米，公路桥全长 4500 多米。

1969 年

1969 年 4 月 2 日，红旗造船厂制造的中国第一艘巨型油轮“大庆 27 号”

成功下水试航。

1969年4月23日，中国第一台大功率半导体干线电力机车由湖南株洲田心机车车辆工厂试制成功。

1969年8月9日，周恩来主持召开国防尖端科技会议，强调要保障科学家的工作环境，使他们不受干扰，不被冲击。

1969年9月18日，中国第一台32吨自卸载重汽车由上海汽车制造厂、上海柴油机厂、上海汽车底盘厂等单位联合研制成功。

1969年9月23日，中国成功进行首次地下核试验。

1969年9月26日，中国第一台12.5万千瓦双水内冷汽轮发电机组正式发电，这台发电机组由上海电机厂、上海汽轮机厂、上海锅炉厂等单位自行设计、制造和安装。

1969年9月26日，中国第一台单节4000马力内燃机车由大连机车车辆厂研制成功。

1969年9月29日，中国自制的万吨级挖泥船下水。

1969年12月26日，中国第一艘自行制造的3200吨破冰船在上海下水。

1970年

1970年1月13日，中国最大尿素合成塔在兰州石油化工机器厂试制成功并开始批量生产。

1970年3月20日，中国第一台100吨内燃液力轨道起重机由齐齐哈尔车辆厂试制成功。

1970年4月24日，中国第一颗人造地球卫星“东方红一号”在酒泉卫星发射中心成功发射。

1970年7月1日，全线长1055公里的成（都）昆（明）铁路建成通车。

1970年12月26日，中国第一艘核潜艇下水，中国成为世界上第五个拥有核潜艇的国家。

1970年12月28日，上海电子光学技术研究所制成40万倍显微镜。

1971年

1971年3月3日，中国发射了一颗科学实验人造地球卫星，卫星重量为221公斤。

1971年7月18日，中国成功制造针刺麻醉。

1971年8月24日，中国科学院发表《关于编制科技计划和召开科技会议的请示报告》，“就制定科技长远规划问题交换意见”。

1971年8月28日，科技发展计划工作座谈会召开。会议根据“四化”的要求制定科学技术发展计划。

1971年8月22日，中国自主制造的第一艘核潜艇首次以核动力驶向试验海区，进行航行试验。

1972年

1972年2月6日，中国第一条超高压输电线——刘天关输电线建成。该输电线是中国当时距离最长、电压最高、输电量最大的输变电工程。

1972年10月14日，北京工农兵医院和积水潭医院进行的同体断肢移植手术获得成功。

1972年11月13日，上海制成一台每秒钟运算11万次的集成电路通用数字电子计算机。

1972年12月20日，上海制成中国第一辆载重300吨的平板车并投入使用。

1973年

1973年1月10日，国务院批准《全国科学技术工作会议纪要（草案）》。

1973 年 3 月 3 日，高士其向中国科学院核心组递交了题为《科协工作的重要意义和内容》的意见书，建议尽早实现科协组织的恢复。

1973 年 3 月 13 日，陈景润在《中国科学》杂志发表解决哥德巴赫猜想的论文。

1973 年 7 月 17 日，毛泽东会见物理学家杨振宁并进行了一个多小时的谈话。

1973 年 10 月 15 日，周恩来、郭沫若会见物理学家吴健雄和袁家骝。

1974 年

1974 年 3 月 20 日，青藏高原动植物资源考察采集标本 3 万多件，为研究青藏高原动植物的地理分布等问题提供了珍贵资料。

1974 年 5 月 30 日，毛泽东会见物理学家李政道。

1974 年 7 月 5 日，中国第一艘大型起重船——500 吨浮吊在天津新河船厂建成。

1974 年 7 月 9 日，北京医学院第一附属医院治愈一位 98% 面积严重烧伤病人。

1974 年 10 月 6 日，中国应用中药进行全身麻醉获得成功。

1974 年 12 月 27 日，中国第一条“地下大动脉”——大庆至秦皇岛输油管道建成输油。

1974 年 12 月 30 日，中国自行设计建造的第一艘海洋地质勘探浮船——“勘探一号”出海试钻成功。

1975 年

1975 年 1 月 13 日，周恩来作《政府工作报告》，重申“在本世纪内，全面实现农业、工业、国防和科学技术的现代化，使我国国民经济走在世界的前列。”

1975年1月15日，中国成功研制出450兆赫射电复台干涉仪，该仪器可以对太阳进行高分辨率观测。

1975年1月30日，中国第一艘长江大型客货轮“东方红11号”首航成功。

1975年2月3日，中国研制成功受控热核反应实验装置。

1975年2月3日，中国首次使用电子计算机控制燃煤发电机组成功。

1975年2月4日，中国自行设计并建成兼有防洪、灌溉、防凌、养殖等综合利用效益的刘家峡水电站。

1975年3月8日，中国第一台相位式精密激光测距仪研制成功。

1975年4月8日，中国第一台大型HMJ-200型混合模拟电子计算机由北京无线电一厂设计研制成功。

1975年7月1日，中国第一条电气化铁路——宝成路全线通车。

1975年7月23日，中国精确测得珠峰峰顶的海拔高度为8848.13米。

1975年8月10日，成都制成中国当时最大的一台450吨公路平板车。

1975年9月13日，中国科学院长春应用化学研究所和吉林化学工业公司吉林研制成功稀土异戊橡胶，它是当时唯一能代替天然橡胶使用的合成橡胶。

1975年9月26日，中国科学院北京科学仪器厂制成具有高分辨能力的扫描电子显微镜。

1975年9月28日，中国制成预报地震的陶瓷偏角磁变仪。

1975年10月7日，中国用花粉单倍体育种法育成产量高、抗病、抗倒伏的水稻新品种。

1975年11月26日，中国成功发射一颗返回式遥感人造地球卫星。

1976年

1976年4月23日，四川省石油管理局的7002钻井队打出中国第一口6011

米的超深井。

1976年7月5日，中国万吨远洋科学调查船“向阳红5号”和“向阳红11号”在南太平洋海域进行首次远洋科学调查。

1976年8月23日，中国自行设计、自行建造的第一艘5万吨远洋油轮——“西湖号”下水。

1976年12月11日，中国科学院计算技术研究所研制成功第一台高速的大型通用集成电路电子计算机。

1977年

1977年1月11日，北京第一机床厂成功试制中国第一台大型转子槽铣床。

1977年1月20日，中国在海拔4000米以上的高地发现恐龙化石，这是世界上第一次在如此高的海拔地区发现恐龙化石。

1977年2月25日，杨乐、张广厚在世界上第一次找到“亏值”和“奇异方向”之间的有机联系，推动了函数理论的发展。

1977年5月24日，邓小平发表文章《尊重知识尊重人才》，指出“发展科学技术，不抓教育不行。靠空讲不能实现现代化，必须有知识，有人才”。

1977年6月5日，唐敖庆等人把分子轨道对称守恒原理从定性阶段提高到半定量阶段，并建立分子轨道图形理论，丰富和发展了量子化学中的分子轨道理论。

1977年7月19日，中国第一台自行设计、全部采用国产材料的80万倍电子显微镜在上海试制成功。

1977年8月4—8日，全国科教工作会议在京举行。

1977年8月8日，邓小平在科学和教育工作座谈会上发表《关于科学和教育工作的几点意见》，强调新中国十七年以来的科技工作者绝大多数是好的。

1977年9月26日，邓小平在会见欧洲核子研究中心总主任阿达姆斯时指出：我国发展科学技术的目标是，在20世纪末，我们的科学技术力求接近当时的世界先进水平，个别地超过。

1977年10月3日，陈景润对“哥德巴赫猜想”的研究取得新成就。

1977年11月11日，中国第一台鼻咽摄影仪制成。

1977年11月8日，中国自行设计和研制的第一个数字制卫星通信地面站建成并通信。

1977年11月21日，中国科学院请示中央加速发展大规模集成电路。

1977年11月21日，中国科学院向中央请示研制科学卫星、开展空间研究。

1977年12月5日，《人民日报》发表《电子水准是现代化的标志》的社论，强调电子工业是国民经济和国防工业的发展的关键，其关系到国家安危。

1977年12月12日，全国科技规划会议在北京召开。

1978年

1978年2月21日，中国青年数学家张广厚一举解决了国际上多年没有解决的四个问题。

1978年3月18—31日，全国科学大会在北京召开，这次大会从政治上清算了极左思潮对科技事业的破坏。

1978年3月18—31日，全国科学大会召开。大会通过《1978—1985年全国科学技术发展规划纲要（草案）》，这是我国第三个科学技术发展长远规划。

1978年4月，国务院批准国家科委《关于全国科协当前工作和机构编制的请示报告》，正式恢复中国科协书记处。

1978年5月18日，中共中央批准国务院成立引进新技术领导小组，以统一领导新技术引进工作。

1978年6月3—12日，全国医药卫生科学大会在北京召开，会议修改并通过了全国医药科学技术发展规划纲要（草案）。

1978 年 6 月 6 日，国务院、中央军委决定成立中国人民解放军国防科技大学。

1978 年 6 月 17 日，中医研究院、中药研究所和云南省药物研究所成功研制治疟新药“青蒿素”。

1978 年 7 月 10 日，邓小平会见弗兰克·普雷斯率领的美国科技代表团。

1978 年 9 月 2 日，中国科学院举办自然辩证法学术报告会。

1978 年 10 月 11 日，邓小平《在中国工会第九次全国代表大会上的致辞》中强调：“工人阶级要用最大的努力来掌握现代化的技术知识和现代化的管理知识，为实现四个现代化作出优异的贡献。”

1978 年 10 月 12 日，侯振挺成为中国第一个获戴维逊奖的中国数学家。

1978 年 12 月 13 日，邓小平在中央工作会议闭幕会上指出各级部门要发现、培养、重用专家。

1978 年 12 月 28 日，国务院修订并发布《中华人民共和国发明奖励条例》，以促进科学技术发展，加快实现四个现代化。

1979 年

1979 年 1 月 1 日，中国科学院创立《自然辩证法通讯》杂志。

1979 年 1 月 4 日，中共中央批转国家科委和中国科学院《1978—1985 年全国基础科学规划纲要》。

1979 年 1 月 21 日，《人民日报》发表社论《把注意力移到技术革命上来》。文章强调全党要争取认识技术的作用，积累技术革新和技术革命的基本物质条件。

1979 年 3 月 16—24 日，1978 年度全国重要科技成果交流会在重庆召开，宣布 1978 年度全国取得的各类科技成果共计 12000 多项，其中重要科技成果有

1600 多项。

1979 年 4 月 17 日，国家科委发明评选委员会根据《发明奖励条例》评选出人工合成大面积氟金云母、新型脱氧催化剂两项重要科技成果获发明奖。

1979 年 6 月 15 日，邓小平在《新时期的统一战线和人民政协的任务》中强调我国知识分子是工人阶级的一部分。

1979 年 7 月 27 日，中国自行设计的计算机——激光汉字编辑排版系统主体工程在北京大学研制成功。

1979 年 8 月 20 日，《1978—1985 年全国基础科学发展规划纲要》编撰完成。

1979 年 9 月 1 日，中国第一次科学学学术讨论会在北京召开。

1979 年 10 月 3 日至 12 月 29 日，中国科协、教育部、国家体委和共青团中央在京联合举办了“全国青少年科技作品展览”。

1979 年 10 月 25 日，1979 年全国科学技术工作会议在北京召开。

1979 年 11 月 1 日，邓小平在中国科学院纪念建院 30 周年茶话会上，强调要认真地注意培养和发现人才，对人才要使用得当。

1979 年 11 月 2 日，邓小平在《中央党政军机关副部长以上干部会上的报告》中强调各级领导要支持科学家的工作，抓紧培养、选拔专业人才，搞好四个现代化。

1979 年 11 月 8 日，中国第一台可移式激光绝对重力仪由中国计量科学研究院量子室研制成功。

1979 年 11 月 21 日，国务院发布《中华人民共和国自然科学奖励条例》，规定奖励工作由国家科委统一领导。

1979 年 11 月 30 日，上海江南造船厂设计和制造的第一艘万吨级远洋科学调查船“向阳红 10 号”建造完成。

1979年12月27日，中国科学工作者成功地人工合成由41个核苷酸组成的核糖核酸半分子，标志着中国人工合成核糖核酸工作达到国际先进水平。

1980年

1980年1月1日，中国自行设计的中大型电子计算机DJS200系列研制成功。

1980年1月28日，中国第一台分子束外延设备由中国科学院物理研究所和沈阳科学仪器厂等单位共同研制成功。

1980年2月21日，中国第一台超声显微镜由中国科学院声学研究所研制成功。

1980年3月21日，中国第一台1万大气压液体围压三轴容器由国家地震局地球物理研究所研制成功。

1980年4月17日，中国科学院代表团应美国科学院的邀请，赴美国参加美国科学院年会。

1980年5月18日，中国第一枚运载火箭发射任务取得圆满成功。

1980年6月4日，中国第一套第三代业务气象卫星接收设备研制成功。

1980年7月15—19日，第五次全国科技情报工作会议由国家科委组织召开。

1981年

1981年1月15日，中国第一座原子能反应堆由二机部原子能研究所改建成功。

1981年2月10日，中国第一座高通量原子反应堆由西南反应堆工程研究设计院建造完成。

1981年3月6日，中共中央批转《关于中国科学院工作的汇报提纲》，强调全党要重视科学事业。

1981年3月9日，中国科学院工作会议在北京召开。中国科学院院长方毅在会上强调，应当研究好科学技术与国民经济的结合发展问题，把促进经济发展作为首要任务。

1981年6月6日，袁隆平带领的全国籼型杂交水稻科研协作组获得新中国第一个特等发明奖。

1981年9月20日，中国成功发射一组空间物理探测卫星，这是中国首次用一枚运载火箭发射3颗卫星。

1981年11月10日，中国科学院上海生物化学研究所和人民解放军海军总医院合作完成中国首次人工合成人胰岛素原C肽，并建立放射免疫分析技术。

1981年12月27日，第四机械工业部1413研究所成功研制的中国第一台60万伏高能离子注入机并正式投入使用。

1982年

1982年2月4—10日，国务院副总理张爱萍强调中国原子能要努力为国民经济和人民生活服务。

1982年3月2日，中国科学院科学基金会召开第一次工作会议，会议通过了科学基金申报的实施条例。

1982年3月16日，国务院发布了鼓励职工积极提出合理化建议，推进技术革新的《合理化建议和技术改进奖励条例》。

1982年4月3日，国家农委和国家科学技术委员会在北京召开农业科技推广奖授奖大会，授予20项重大农业科技推广项目“农业科技推广奖”。

1982年5月10日，科学出版社出版中国第一部科技发展通史性著作《中国科学技术史稿》。

1982 年 8 月 7 日，世界上最大的 200 吨级大型电渣重熔炉在上海建成，标志着中国的电渣重熔技术达到世界先进水平。

1982 年 8 月 23 日，第五届全国人民代表大会常务委员会决定设立国防科学技术工业委员会。会议决定设立国防科学技术工业委员会。

1982 年 9 月 1 日，胡耀邦在中国共产党第十二次全国代表大会上作题为《全面开创社会主义现代化建设的新局面》报告，强调要逐步实现工业、农业、国防和科学技术现代化。

1982 年 9 月 9 日，中国成功发射一颗科学试验卫星。

1982 年 9 月 22 日，中国测绘部门在世界上第一次成功完成全国地面测量控制网的整体平差工作，建立了中国独立的高精度的新的大地坐标系统，标志着中国测绘工作在这方面的技术达到世界先进水平。

1982 年 10 月 18 日，橡胶北移栽培技术、优良玉米“自交系 300”、新型轧辊等发明获国家发明一等奖。

1982 年 10 月 23—25 日，国家科学技术委员会召开的全国科学技术奖励大会在北京召开。会议为 552 项科技成果授奖，其中包括 428 项国家发明奖和 124 项自然科学奖。

1982 年 11 月 1 日，中国首次卫星通信和电视传播试验获得成功，这次实验的成功为以后在中国国内建立卫星通信网奠定了技术物质基础。

1982 年 12 月 1 日，邓小平与国家计委负责人谈话时指出：“落实二十年的发展规划，落实知识分子政策，第一位的就是落实科技队伍的管理使用问题。”

1982 年 12 月 17 日，中国科学院高能物理研究所成功研制出中国第一台自行设计、制造的质子直线加速器。

1982 年 12 月 19 日，《人民日报》刊发聂荣臻的文章《努力开创我国科技工作的新局面》。文章指出“四个现代化的关键是科学技术现代化。要实现科学技术现代化，就要依靠掌握现代科学技术的知识分子”。

1983年

1983年1月28日，党中央、国务院决定成立“国务院科技领导小组”，以加强对科技工作的统一领导，使全国科技工作协调有序地进行。

1983年3月15日，国务院批准水电部提出的《南水北调第一期工程可行性研究报告》，决定将南水北调东线工程分期实施。

1983年5月15日，国务院成立电子计算机和集成电路领导小组，全面规划和组织协调科技工作，推进中国电子计算机和集成电路事业的发展进程。

1983年5月30日，中国自主研制的第一台大型X线断层颅脑扫描装置通过国家技术鉴定。

1983年8月19—24日，中国成功发射一颗科学试验卫星。

1983年9月3日，乙型肝炎血源疫苗试制获得成功。

1983年9月12日，国务院发布《关于延长部分骨干教师、医生、科技人员退休年龄的通知》。

1983年9月23日，全军武器装备技术革新工作会议在北京召开，会议总结了全军开展武器装备技术革新的经验，要求全军集中力量提高全军武器装备建设水平。

1983年10月4日，邮电部广州通信设备厂成功试制出中国第一台BHC-83汉字电传机和电脑控制的明密码电传机。

1983年10月26日，中国第一台歼击机飞行模拟机研制成功，并于10月中旬通过国家技术鉴定。

1983年11月14日，中国科学院计算技术研究所等单位自行设计和试制成功中国第一台大型向量计算机——“七五七”工程千万次计算机并通过国家鉴定。

1983 年 11 月 17 日，中国自行设计、研制成功的 CKX-80 型计算机高速数据采集实时控制系统通过国家鉴定。

1983 年 11 月 21 日，第二军医附属长海医院成功开展中国首例胎肝移植手术。

1983 年 12 月 13—22 日，1983 年全国科学技术工作会议在北京召开，这次会议的主要任务是研究如何继续贯彻科技面向经济的新方针。

1983 年 12 月 22 日，中国自行设计的第一个每秒向量运算 1 亿次的“银河”巨型计算机系统研制成功并通过国家鉴定。

1984 年

1984 年 1 月 1 日，中国正式成为国际原子能机构成员国。

1984 年 1 月 5—12 日，中科院召开第五次学部委员大会，方毅作重要讲话，卢嘉锡院长作工作报告。

1984 年 2 月 20—25 日，中科院召开 1984 年工作会议，严东升副院长作《关于中国科学院长远规划工作报告》的讲话。

1984 年 2 月 22 日，国家科委颁布《关于科学技术研究成果管理的规定》，以推动科学技术的进步和国民经济的发展。

1984 年 3 月 12 日，中华人民共和国第六届全国人民代表大会常务委员会第四次会议审议通过《中华人民共和国专利法》，以鼓励发明创造，推动发明创造的应用，提高创新能力。

1984 年 4 月 8 日，中国成功发射一颗试验通信卫星，此次发射结束了中国长期租用国外通信卫星的历史。

1984 年 7 月 4—9 日，中国科学代表团参加第三世界科学院会议。

1984 年 8 月 22 日，天津市计算机研究所激光室成功研制出具有世界先进水平的激光全息超缩微储存系统。

1984年9月1日，中国第一座微型核反应堆由核工业部原子能所研制成功，并通过国家技术鉴定。

1984年9月12日，国务院发布《中华人民共和国科学技术进步奖励条例》，以奖励在推动科学技术进步中作出重要贡献的集体和个人。

1984年9月21日，中国第一座受热控核聚变研究试验装置——“中国环流器一号”由核工业部西南物理研究所建造完成，标志着中国成为自主研制成功中型托卡马克核聚变研究装置的国家。

1984年10月7日，中国科学院高能物理所北京正负电子对撞机国家实验室在北京西郊破土动工。

1984年11月21日，中国第一座国家科学技术馆——中国科学技术馆奠基开工，邓小平和聂荣臻为中国科技馆题字。

1984年12月，中央书记处会议讨论决定，拟在中国建立院士制度，将中国科学院学部委员改为院士。

1984年12月30日，中国南极考察队登上乔治岛，五星红旗第一次插上南极洲。

1985年

1985年2月20日，中国南极长城站举行落成典礼。中国南极长城站的胜利建成，标志着中国南极科学考察进入新阶段。

1985年3月2—7日，全国科技工作会议在北京召开，会议由国务院主持，主要议题为研究科技体制改革的重大问题。

1985年3月13日，中共中央发布《关于科学技术体制改革决定》。《决定》的实施，使我国长期存在的科研与生产脱节、科技与经济脱节的问题逐步得到解决。

1985 年 3 月 21 日，中国第一个南极气象站——长城气象站得到世界气象组织的承认，并授予国际台站代号 89058。长城气象站的运行，为中国南极考察与研究不断输送珍贵的第一手资料。

1985 年 4 月 1 日，新中国第一部专利法正式生效。

1985 年 4 月 20 日，国务院批转《国家科委、国家经委、国防科工委关于开放技术市场几点意见的报告》，提出“放开、搞活、扶植、引导”的技术市场发展方针。

1985 年 9 月，中国科技领域的第一个全国性理论政策刊物《中国科技论坛》创刊。

1985 年 10 月 26 日，中国自行研制的“长征二号”“长征三号”运载火箭进入国际市场。

1985 年 11 月 3 日，哈尔滨工业大学成功研制出中国第一台弧焊机器人“华宇——1 型弧焊机器人”。

1985 年 11 月 22 日，中国自行设计和制造的第一艘海洋水产科学调查船“南锋 703 号”通过国家技术鉴定，决定投入使用。

1985 年 12 月 7 日，国家科委向国务院提出《关于实施“星火计划”的请示》。

1986 年

1986 年 2 月 1 日，西昌卫星发射中心成功发射一颗实用通信广播卫星，标志着中国全面掌握运载火箭技术，开启我国独立自主研制，发射通信卫星的时代。

1986 年 3 月 21 日，世界上首次发现人类异常染色体新核型，这一发现来自南京金陵医院细胞遗传室三位医务人员，为研究人类染色体疾病的发病机制提供了重要的研究资料。

1986 年 3 月，王大珩等四位科学家给中共中央写信，提出要跟踪世界先进水平，发展高新技术的建议。随后，中共中央、国务院批准了《高技术研究发展计划（“863”计划）纲要》。

1986 年 5 月 15 日，全国科技奖励大会在北京举行。

1986 年 6 月 16 日，中国科学院陕西天文台微秒级的高精度授时系统长波授时台通过国家技术鉴定。

1986 年 7 月 8 日，中国国内卫星通信网正式建成，它为全国性综合电视的发展提供技术基础，对中国通信事业的现代化发展有着重要意义。

1986 年 7 月 29 日，首都医学院宣武医院和首都医学院解剖研究室成功完成中国首例脑内移植手术。

1986 年 8 月 6 日，上海天文台佘山观察站安装中国自行研制的一台口径为 1.56 米的大型天文光学望远镜，这是当时世界上口径最大的光学望远镜。

1986 年 9 月 9 日，中国第一部系统记载中国新时期科技发展情况的书籍，即《中国科学技术政策指南——科学技术白皮书（第一号）》公开发行。

1986 年 12 月 17 日，我国第一座重点实验室——中国科学院上海分子生物学实验室建成并通过验收。

1987 年

1987 年 1 月 20 日，国务院发出《关于进一步推进科技体制改革的若干规定》。

1987 年 2 月 7 日，电子工业部华东计算技术研究所成功研制出 8060 中型计算机系统，并在上海通过国家技术鉴定。

1987 年 3 月，中国正式实施《高技术研究发展计划（“863 计划”）纲要》。

1987 年 6 月 5 日，上海交通大学成功研制出一个大规模 / 超大规模集成电路设计、验证、测试系统。该系统的成功研制，说明中国有能力研制和开发 LSI/VLSI—CAD 这一高技术软件系统。

1987 年 6 月 26 日，上海光机所建成高功率激光装置“神光”，并通过国家技术鉴定，标志着中国高功率激光和激光核聚变研究达到世界先进水平。

1987 年 10 月 28 日，袁隆平获 1986 年至 1987 年度联合国教科文组织颁发的科学奖。

1987 年 12 月 18 日，北京钢铁学院成功研制出中国第一部完全国产化机器人冶钢 1 号，并在北京通过技术鉴定。该研究填补了中国在工业机器人控制系统方面的技术空白。

1987 年 12 月 21 日，中国科学院北京电子显微镜实验室和中国科学院化学研究所合作设计成功研制出中国新一代扫描隧道显微镜 STM。

1987 年 12 月，科技文献出版社出版了集中阐释 1986—1987 年度中国科技政策法规和改革措施的《中国科学技术政策指南——中国科学技术白皮书（第二号）》。

1988 年

1988 年 3 月 7 日，西昌卫星发射中心成功发射中国自行设计制造的实用通信卫星。

1988 年 3 月 10 日，中国大陆第一例试管婴儿诞生。

1988 年 3 月 18 日，在北京医科大学第三附属医院诞生了中国大陆首例配子输卵管内移植男婴。

1988 年 5 月 3 日，国务院发布《关于深化科技体制改革若干问题的决定》。

1988 年 7 月 20 日，安科公司开发研制成功中国第一台核磁共振成像扫描机。

1988 年 8 月 2 日，中国在南海上建立的第一个海洋观测站——南沙永暑礁海洋观测站胜利竣工。

1988 年 8 月 5—8 日，全国第一次“火炬”计划工作会议在北京召开，国家科委副主任李绪鄂宣布全国“火炬”计划正式开始实施。

1988年9月7日，太原卫星发射中心成功发射“风云一号”气象卫星，主要有效载荷是中科院上海技术物理研究所研制的多光谱可见光红外扫描辐射仪。

1988年10月16日，中国第一座高能加速器——北京正负电子对撞机首次对撞成功，这是我国高技术领域的一项重大成就。

1988年12月13日，中国科学院紫金山天文台行星研究室汪琦、葛永良发现一颗新彗星，被命名为“葛永良—汪琦彗星”。

1989年

1989年2月27日，中国科技大学研制成功零电阻温度高于130K的超导材料，即铋铅锑锶铜钙氧超导体，创造了当时世界上超导零阻温度最高纪录。

1989年4月26日，合肥国家同步辐射实验室的专用同步辐射装置成功产生了中国第一个专用同步辐射光源，创造了中国高科技领域的又一重大成就。

1989年5月15日，中国科学院器高能物理所自行设计成功研制出北京35兆电子伏质子直线加速并通过技术鉴定，8月顺利通过国家验收。该设备为进行核物理和核化学实验研究提供质子束。

1989年5月20日，中国工程物理研究院第一研究所成功研制出1.5兆电子伏直线感应加速器。

1989年11月11日，清华大学核能技术研究所成功运行中国第一座5兆瓦低温核供热试验反应堆。这是世界上第一座具有固有安全性的壳式低温核热反应堆。

1989年11月27日，国务院发布《关于依靠科学进步振兴农业加强农业科技成果推广工作的决定》，强调要从根本上解决关系到国家兴衰的农业问题。

1990年

1990年7月16日，中国新研制的大推力运载火箭——“长征二号”捆绑式运载火箭在西昌卫星发射中心发射成功。

1990 年 9 月 15 日，5 兆瓦低温核供热堆由清华大学核能技术研究所建造，是世界上第一座投入运行的具有安全性的压力壳式低温核供热堆。

1990 年 9 月 23 日，世界上第一台太阳多通道望远镜在南京天文仪器厂诞生，它的研制成功标志着中国在地面太阳物理研究领域进入世界领先地位。

1990 年 12 月 7 日，1990 年度国家科技奖励大会在京举行，江泽民同志给大会贺信中指出：“科学技术是第一生产力，科学技术活动是推动当代经济发展和社会进步的伟大革命力量。发展科学技术，依靠科学技术进步实现社会主义现代化，是全党和全国人民的历史性任务。”

1991 年

1991 年 1 月 22 日，中国第一枚 120 公里高空低纬度探空运载火箭“织女三号”在中国科学院海南探空发射场首发试验成功。

1991 年 2 月 25 日，洪国藩课题组发现了控制结瘤基因活动的核糖核酸蛋白复合物，及该复合物内有多个结合点，从而揭开了国际科技界多年探索尚未发现的控制植物结瘤基因的秘密。

1991 年 3 月 6 日，国务院发出通知，批准建立 21 个高新技术产业开发区为国家高新技术产业开发区，并认定上海漕河泾、大连、深圳、厦门火炬、海南国际等 5 个高新技术产业开发区为国家高新技术产业开发区。

1991 年 6 月 3 日，中国首座国际海事卫星地球站正式开通，站内主要设备采用微机处理，自动检测，在世界同类地球站中居先进地位。

1991 年 8 月 7 日，中国首座利用乏燃料元件的核反应堆由中国核动力研究院研制成功并投入运行。

1991 年 9 月 29 日，清华大学微电子所成功研制中国第一条 1—1.5 微米 CMOS 超大规模集成电路管芯工艺研制线，标志着中国微电子技术首次跨上了

1微米和百万集成度的台阶。

1991年12月15日，中国第一座自行设计、自行建造的30万千瓦的秦山核电站，于15日凌晨15分并网发电，该电站是中国和平利用核能的一项重大成就。

1992年

1992年6月1—4日，“国际流体力学与理论物理学术讨论会——暨祝贺周培源先生诞辰90周年”国际流体力学与理论物理科学讨论会在北京举行。

1992年8月5日，中国科学院上海原子核研究所首次发现新核素铂——202。

1993年

1993年2月13日，《人民日报》报道：中国空间技术研究院成立25年来，成功地研制并提供了4个系列33颗卫星。党和国家领导人江泽民、杨尚昆、李鹏分别题词表示祝贺。

1993年4月8日，中国铁建等央企参建的世界跨径最大的斜拉桥——上海杨浦大桥合龙的建成使中国斜拉桥设计建造能力领跑国际桥梁界。

1993年4月10日，中国科学家首次在南京汤山溶洞发掘出早期人类头骨化石，这是继北京猿人、蓝田猿人、元谋猿人等之后，中国古人类研究的又一重大发现。

1993年6月22日，国家重点科技攻关项目“银河全数字仿真——Ⅱ”计算机在长沙通过国家鉴定，它由计算机研究所和三系合作研制，该机整体技术指标达到当前国际同类产品领先水平。

1993年7月21日，中国科学院高能物理所研制的北京自由电子激光装置成功产生亚洲第一束红外自由电子激光，并在亚洲首次实现饱和受激振荡。

1993 年 8 月 12 日，《中国大百科全书》出版，其内容包含 66 门学科，8 万个条目，共计 1.264 亿汉字及 5 万余幅插图。

1993 年 10 月 14 日，中国首台“银河—Ⅱ”巨型计算机正式投入中期值天气预报新业务系统，这使中国成为世界上少数几个能发布 5—7 天中期数值天气预报的国家之一。

1994 年

1994 年 2 月 1 日，中国引进外国资金、先进技术和设备建设的第一座大型核电站——广东大亚湾核电站一号机组正式投入商业运行，标志着中国核电事业迈出了新的步伐。

1994 年 2 月 8 日，中国新型运载火箭“长征三号甲”在西昌卫星发射中心首次发射成功。

1994 年 6 月 8 日，《人民日报》报道：我国无人驾驶飞机研制达世界先进水平，现已累计生产 6000 多架。

1994 年 7 月 3 日，中国成功发射一颗科学探测与技术试验卫星，该卫星运用“长征二号丁”运载火箭发射。

1994 年 11 月 1 日，中国科学院召开建院 45 周年茶话会。江泽民同志代表党中央、国务院、中央军委在会上讲话，勉励科学家和科技工作者为祖国科学技术事业发展作出新贡献。

1994 年 11 月 12 日，中国首台无缆水下机器人“探索者”号研制成功并通过专家验收。

1995 年

1995 年 1 月 6 日，《科学技术保密规定》由国家科委和国家保密局联合发布，并正式施行。1981 年颁布的《科学技术保密条例》同时废止。

1995年5月6日，中共中央、国务院颁布《关于加速科学技术进步的决定》，首次提出在全国实施科教兴国的战略。

1995年5月6日，中国北极科学考察队历经13天徒步跋涉，胜利到达北极点。

1995年5月9日，中国第一台载人磁悬浮列车最近在国防科技大学研制成功，中国成为世界上第六个成功研制磁悬浮列车的国家。

1995年5月11日，“曙光1000”大规模并行计算机系统通过国家技术鉴定。“曙光1000”峰值速度每秒25亿次，实际运算速度每秒15.8亿次，能求解15000个未知数的线性方程组，在求解问题的规模上超过国外同类机器。

1995年5月26—30日，中共中央、国务院在北京召开全国科学技术大会。江泽民同志在会上指出：科教兴国战略把科技、教育进步作为经济和社会发展的强大动力，是确保国民经济持续、快速、健康发展，增强国际竞争力的根本措施。

1995年7月13日，中国自行设计、建造和管理的第一座核电站——秦山核电站通过国家验收，在中国核电发展和核能和平利用的历史上具有里程碑的意义。

1995年11月28日，中国成功发射“亚洲二号”通信卫星，发射任务由“长征二号”运载火箭在西昌卫星发射中心顺利完成。

1995年12月28日，中国“长征二号”运载火箭成功将美国“艾科斯达一号”通信卫星送入太空。

1996年

1996年2月7—9日，中国第一次全国科普工作会议在北京举行。

1996年3月18日，国家科技领导小组成立暨第一次会议在北京中南海举行。科技领导小组设在国务院，其主要任务是研究和制定国家科技政策、讨论和决定重要科技项目、协调全国各部门科技工作的关系。

1996 年 5 月 9 日，中国自主研制的第一台生产放射性同位素的回旋加速器由中国原子能科学研究院研制完成，并通过国家计委的验收。

1996 年 5 月 15 日，第八届全国人民代表大会常务委员会第十九次工作会议通过并公布《中华人民共和国促进科学成果转化法》。

1996 年 6 月，高分辨率的水稻基因组物理图由中国科学院国家基因研究中心首次构建成功。

1996 年 7 月 3 日，“亚太 1A”通信卫星发射成功，发射任务由“长征三号”运载火箭在西昌卫星发射中心顺利完成。

1996 年 8 月 6 日，中国科学院近代物理研究所在世界上首次合成并鉴别了新核素镅—235，该试验是在北京中国科学院高能物理所质子直线加速器上完成的。

1996 年 10 月 3 日，国务院发布《关于“九五”期间深化科学技术体制改革的决定》，文件指出：“九五”期间是我国全面完成现代化建设第二步战略部署的关键时期。

1996 年 11 月 27 日，集成电路 909 专项工程上海华虹项目在上海奠基，这是中国电子工业“九五”期间重大建设项目。

1997 年

1997 年 4 月 15 日，中国自行研制成功的 6000 米水下机器人完成太平洋底资源调查试验，获得大量有关深海资源的数据和资料。

1997 年 5 月 12 日，中国研制的“东方红三号”通信卫星由新型的“长征三号甲”运载火箭在西昌卫星发射中心发射成功。

1997 年 6 月 4 日，原国家科技领导小组第三次会议决定要制定和实施《国家重点基础研究发展规划》，加强国家战略目标导向的基础研究工作，随后由科技部组织实施国家重点基础研究发展计划，即“973 计划”。

1997 年 6 月 10 日，第二代气象应用卫星“风云二号”成功发射，发射任务由“长征三号”在西昌卫星发射中心顺利完成。

1997 年 6 月 19 日，“银河—Ⅲ”百亿次巨型计算机系统由国防科技大学计算机研究所研制成功并通过国家技术鉴定，其综合技术达到国际先进水平，掌握了更高量级计算机的关键技术，具备研制更高性能巨型机的能力，标志着中国高性能巨型机研制技术取得新突破。

1997 年 7 月 15 日，转基因杂交稻由中国水稻所的科学家研制成功，通过专家鉴定。

1997 年 8 月 20 日，中国自行研制、目前载运能力最大的新型捆绑式运载火箭“长征三号乙”在西昌卫星发射中心完成发射任务，成功将菲律宾马海部卫星送入预定轨道。

1997 年 8 月 26 日，江泽民同志在《国家科技领导小组第三次会议纪要》上批示：要面向 21 世纪，选准对我国经济和社会发展具有战略意义的一些高新技术项目，集中必要的人力、财力、物力，建立重点基地，组织精干队伍，加强统一领导，齐心协力攻关。

1997 年 9 月 1 日，中国制造的“长征二号丙”改进型运载火箭在太原卫星发射中心首次发射升空，成功地将美国摩托罗拉公司制造的两颗“铱星”模拟卫星送入预定轨道。

1997 年 12 月 1 日，中国第一颗静止轨道气象卫星“风云二号”正式交付给国家卫星气象中心使用，国防科工委主持交付仪式。

1998 年

1998 年 3 月 21 日，纪念邓小平同志在全国科学大会上讲话发表 20 周年纪念会在人民大会堂举行。

1998年3月，中国自行研制的第三代战斗机国产歼—10型飞机首次试飞成功。

1998年5月2日，“长征二号丙”改进型运载火箭在太原卫星发射中心完成发射任务，第三次成功将美国摩托罗拉公司的两颗“铱星”以“一箭双星”的方式将送入预定轨道。

1998年5月30日，“长征三号乙”大推力捆绑式运载火箭在西昌卫星发射中心完成发射任务，成功将“中卫—1号”通信卫星送入预定轨道。

1998年7月18日，“长征三号乙”运载火箭在西昌卫星发射中心完成发射任务，成功将法国宇航公司为主承制的“鑫诺1号”通信卫星送入预定轨道。

1998年7月29日，中国第一根铋系（BSCCO/2223）高温超导输电电缆由北京有色金属研究总院、西北有色研究院、中国科学院电工所共同研制而成。

1998年10月31日，中国科学院陕西天文台与日本邮政省通信综合研究所的联合开展的“中日卫星双向时间对比系统（TWSTT）”正式开通。

1999年

1999年2月19日，上海医学遗传研究所培育的中国第一头转基因试管牛在上海市奉贤区动物实验场顺利诞生。

1999年5月10日，中国“长征四号乙”运载火箭在太原火箭发射中心完成发射任务，成功将“风云一号”气象卫星和“实践五号”科学实验卫星送入轨道高度为870公里的太阳同步道。

1999年5月21日，中国第一块国产硬盘问世。

1999年5月21日，国务院办公厅转发科学技术部、财政部《关于科技型中小企业技术创新基金的暂行规定》，《规定》指出：为了扶持、促进科技型中小企业技术创新，经国务院批准，设立用于支持科技型中小企业技术创新项目的政府专项基金。

1999 年 7 月 23 日，国务院办公厅转发科技部《科学技术奖励制度改革方案》，提出增设国家最高科学技术奖。

1999 年 8 月 23—26 日，中共中央、国务院在北京召开全国技术创新大会，发布《关于加强技术创新，发展高科技，实现产业化的决定》，会议主要任务是：进一步实施科教兴国战略，建设国家知识创新体系，加速科技成果向现实生产力转化。

1999 年 9 月 9 日，中共中央、国务院、中央军委表彰当年为研制“两弹一星”作出突出贡献 23 位科技专家。

1999 年 9 月 20 日，中国自行研制的第一代超音速歼击轰炸机——“中国飞豹”创我国飞机制造技术多项第一。

1999 年 11 月 20 日，中国自行研制的第一艘载人试验飞船——“神舟”号试验飞船在酒泉卫星发射中心顺利升空，经过 21 小时的飞行之后在内蒙古中部预定区域成功着陆。

1999 年 11 月 29 日至 12 月 2 日，数字地球国家会议在北京召开，这是全球第一次以“数字地球”为主题的国际会议，参会的有来自近 30 个国家和地区的 500 多位科学家。

2000 年

2000 年 6 月 5 日，中国科学院第十次院士大会、中国工程院第五次院士大会在京召开。江泽民同志在开幕式上发表重要讲话强调，全党全社会要大力弘扬科学精神，兴起科技进步和创新的高潮。

2000 年 9 月，中共中央、国务院作出建设中国科技城的重大决策。

2000 年 10 月 31 日，全国科技工作会议在北京召开，这次科技工作会议的主要任务为认真贯彻落实党的十五届五中全会精神，全面部署“十五”全国科技工作以及“十五”科技计划，进一步推进体制创新和科技创新，深入推进高新技术产业化工作。

2000 年 11 月 29 日，中国第一台类人型机器人首次亮相，这是中国独立研制的第一台具有人类外观特征、可以模拟人类行走与基本操作功能，且具备一定的语言功能的类人型机器人，标志着中国机器人技术已跻身国际先进行列。

2001 年

2001 年 1 月 10 日，中国自行研制的第一艘无人飞船“神舟二号”在酒泉卫星发射中心由“长征二号 F”运载火箭成功发射升空并准确进入预定轨道。

2001 年 2 月 26 日，中国科学院计算技术研究所成功研制出“曙光 3000”超级服务器，这是中国当时性能最高的国产超级服务器。

2001 年 6 月 22—25 日，中国科学技术协会第六次全国代表大会在北京举行，江泽民同志在会上发表重要讲话。

2001 年 10 月 12 日，中国首次独立完成水稻基因组“工作框架图”和数据库。

2002 年

2002 年 4 月 7 日，中国“神光二号”巨型激光器研制成功，标志中国高功率激光科研和激光核聚变研究已进入世界先进行列。

2002 年 5 月 15 日，“长征四号乙”运载火箭在太原卫星发射中心成功地将中国第一颗海洋探测卫星“海洋一号”和气象卫星“风云一号 D”送入太空。

2002 年 6 月 29 日，第九届全国人民代表大会常务委员会第二十八次会议通过的《中华人民共和国科学技术普及法》正式公布并施行。

2002 年 8 月 20 日，第 24 届国际数学家大会开幕式在人民大会堂举行，参会的有来自 100 多个国家和地区的 2000 多名外国数学家和 1000 多名中国数学家。

2002年8月29日，联想集团推出一台具有自主知识产权核心技术的超级计算机，运算速度可达每秒1.027万亿次。

2002年9月28日，中国首枚高性能通用微处理芯片——“龙芯1号”，由中国科学院计算所研制成功。

2002年10月27日，中国自行研制的传输型遥感卫星“中国资源二号”在太原卫星发射中心被“长征四号乙”运载火箭成功送入预定轨道。

2002年11月6日，长江三峡工程导流明渠截流合龙。

2002年12月12日，中国科学院、科技部、国家计委、国家自然基金委今天在北京联合宣布，中国科学家在世界上率先完成第一张水稻基因组精细图，同时这也是世界上第一张农作物的基因图。

2002年12月30日，“神舟四号”无人飞船在甘肃酒泉卫星发射中心由“长征四号F”运载火箭成功发射并进入预定轨道。

2003年

2003年1月6日，科技部召开2003年全国科技工作会议。

2003年1月8日，科技部基础研究司在北京召开了新闻发布会，向社会公布“中国基础科学研究网”开通运行，并介绍了有关该网站建设背景、主要内容、服务功能等方面的情况。

2003年5月25日，中国在西昌卫星发射中心用“长征三号甲”运载火箭，成功地将第三颗“北斗一号”导航定位卫星送入太空。

2003年6月5日，五部委联合印发《关于改进科学技术评价工作的决定》。

2003年6月23日，国家中长期科学和技术发展规划战略研究论坛在京召开。

2003年7月18日，国家科技部、商务部制定发布《鼓励外商投资高新技术产品目录》。

2003 年 10 月 20 日，香山科学会议十周年纪念会召开。

2003 年 10 月 21 日，“长征四号乙”运载火箭在太原卫星发射中心成功将中国与巴西联合研制的第二颗“资源一号”卫星和中国科学院研制的“创新一号”小卫星送入太空，进入预定轨道。

2003 年 11 月 5 日，科技部发布《科学技术评价办法（试行）》。

2004 年

2004 年 1 月 29 日，美国出版的国际权威杂志《科学》全文公布中国课题组研究 SARS 的分子流行病学，解析 SARS 冠状病毒分子进化规律的最新成果。

2004 年 2 月 20 日，中共中央、国务院在北京隆重举行国家科学技术奖励大会。

2004 年 5 月 3 日，秦山核电二期工程 2 号机组正式投入商业运行。

2004 年 6 月 2 日，中国科学院第十二次院士大会、中国工程院第七次院士大会召开。胡锦涛在开幕式上强调，必须进一步发挥科学技术对经济社会全面发展的关键性作用。

2004 年 7 月 10 日，中国第一组超导电缆在昆明正式并网运行，该电缆由中国超导线材制造。

2004 年 11 月 15 日，由中国科学院计算所、曙光公司和上海超级计算中心共同研制的曙光 4000A 系统在上海正式启用。

2004 年 12 月 25 日，国家发改委、教育部、科技部、信息产业部、国务院信息化工作办公室、中国科学院、中国工程院、国家自然科学基金委员会等 8 部委联合宣布，中国下一代互联网示范工程（CNGI）核心网 CERNET2 主干网正式开通，这是世界上规模最大的纯 IPv6 互联网。

2005 年

2005 年 5 月 10 日，中国水稻研究所公布协优 9308、国稻 1 号、国稻 3 号和中浙优1号四个超级稻品种数据，一般种植产量每亩500公斤以上。

2005年6月27日，中共中央政治局召开会议，讨论国家中长期科学和技术发展规划的若干重大问题，研究部署加快我国科学技术事业发展的有关工作。

2005年7月6日，中国自行研制的“长征二号丁”运载火箭在酒泉卫星发射中心顺利升空，成功将“实践七号”科学试验卫星送入太空预定轨道。

2005年7月15日，科技部、国家发改委、财政部、教育部为贯彻落实国务院办公厅转发的《2004—2010年国家科技基础条件平台建设纲要》精神，共同下发了《“十一五”国家科技基础条件平台建设实施意见》。

2005年8月8日，中国农业大学成功获得中国第一头体细胞克隆猪，这是中国独立自主完成的首例体细胞克隆猪，为中国深入开展异种器官移植、优质猪培育以及地方良种猪保种打下坚实的基础。

2005年9月6日，“十五”国家科技攻关课题成果：天地网远程教育系统（Sky-class）成果在湖南省推广应用。

2005年10月9日，世界上第一颗0.13微米工艺的TD-SCDMA3G手机基带芯片在重庆诞生。

2005年10月12日，中国自主研制的神舟六号载人飞船，在酒泉卫星发射中心发射升空后，准确进入预定轨道。

2006年

2006年1月9—11日，全国科学技术大会在北京人民大会堂召开，会议的主要任务是分析形势，统一思想，总结经验，明确任务，部署实施《国家中长期科学和技术发展规划纲要（2006—2020年）》。

2006年1月22日，国家海洋局北海分局“大洋一号”环球科考船，经过300天、43230海里的环球航行，完成中国首次环球大洋科学考察任务。

2006年2月9日，国务院发布《国家中长期科学和技术发展规划纲要

（2006—2020 年）》，指出到 2020 年，中国科技发展的总体目标是：自主创新能力显著增强，科技促进经济社会发展和保障国家安全的能力显著增强，为全面建设小康社会提供强有力的支撑。

2006 年 2 月 28 日，国务院发布实施《国家中长期科学和技术发展规划纲要（2006—2020 年）》的若干配套政策。

2006 年 4 月 26 日，商业试运行近两年的上海磁浮线通过国家竣工验收，投入正式运营。

2006 年 4 月 27 日，在太原卫星发射中心用“长征四号乙”运载火箭，成功将“遥感卫星一号”送入预定轨道。

2006 年 4 月 30 日，中国第一辆具有自主知识产权的中低速磁悬浮列车，在四川成都青城山试验基地成功通过室外实地运行联合试验。

2006 年 5 月 20 日，位于中国湖北省宜昌三斗坪的三峡大坝全线建成。

2006 年 5 月 21 日，2006 年全国科技活动周暨北京科技周开幕，本次科技活动周的主题是“携手建设创新型国家”。

2006 年 6 月 5 日，中国科学院第十三次院士大会、中国工程院第八次院士大会召开。胡锦涛在开幕式上强调，必须坚持人才资源是第一资源的战略思想，把培养造就创新型科技人才作为建设创新型国家的战略举措。

2006 年 9 月 13 日，中国具有自主知识产权的 CPU 芯片——龙芯 2E 研制成功并通过专家验收。

2006 年 10 月 27 日，由科技部和国家发改委共同制定的《国家“十一五”科学技术发展规划》正式发布。

2006 年 10 月 29 日，由中国科学院等离子体研究自主研发和制造的世界上第一个全超导非圆截面托卡马克核聚变实验装置（EAST），在首轮物理放电试验过程中，成功获得电流 200 千安、时间接近 3 秒的高温等离子体放电。

2006 年 10 月 29 日，中国第一颗具备抗干扰能力的大型通信广播卫星“鑫诺二号”成功发射。

2006年11月7日，科学技术部部长徐冠华签署部长令，发布《国家科技计划实施中科研不端行为处理办法（试行）》，建立查处科技计划实施中科研不端行为的机构和机制。

2006年12月8日，中国“风云二号D”气象卫星由“长征三号甲”运载火箭在西昌卫星发射中心顺利送入预定轨道。

2006年12月30日，中国自行设计制造的世界上吨位最大、技术最先进的15000吨重型自由锻造水压机试车成功。

2007年

2007年1月5日，中国具有自主知识产权的第三代多用途战斗机歼-10公开亮相。

2007年2月，中国科学技术大学潘建伟、杨涛、陆朝阳等人成功制备出国际上纠缠光子数最多的薛定谔猫态和可以直接用于量子计算的簇态，刷新光子纠缠和量子计算领域的两项世界纪录。

2007年2月2日，科技部、中宣部、国家发改委、教育部、国防科工委、财政部、中国科协及中国科学院联合发布《关于加强国家科普能力建设的若干意见》，旨在营造激励自主创新的社会环境，加强国家的科普能力建设，提高公众的科学素质，推动建设创新型国家的进程。

2007年3月1日，国家重大科学工程项目“EAST超导托卡马克核聚变实验装置”顺利通过国家发改委的竣工验收。

2007年4月14日，我国“长征三号甲”运载火箭在西昌卫星发射中心成功将一颗北斗导航卫星（COMPASS—M1）送入太空，卫星顺利进入预定轨道。

2007年5月14日，中国“长征三号乙”运载火箭在西昌卫星发射中心成功将尼日利亚通讯卫星一号送入太空，卫星仪器运行正常，顺利进入预定轨道。

2007年5月25日，中国“长征二号丁”运载火箭在酒泉卫星发射中心成功将“遥感卫星二号”送入预定轨道，同时搭载了浙江大学研制的“皮星一号”卫星。

2007年8月21日，科技部印发《关于深入实施星火计划的若干意见》，强调要持续深入实施星火计划，充分发挥星火计划在依靠科技促进社会主义新农村建设中的作用。

2007年9月28日，中国新支线飞机ARJ21由上海飞机制造厂完成总装，并正式交付给中国航空工业第一集团公司飞机强度研究所进行静力试验。

2007年10月11日，中国科学家成功绘制完成第一个完整中国人基因组图谱（又称“炎黄一号”），这是第一个亚洲人全基因序列图谱。

2007年10月24日，中国第一颗探月卫星“嫦娥一号”在西昌卫星发射中心，由“长征三号甲”运载火箭发射成功。

2008年

2008年4月11日，首列国产时速350公里CRH3“和谐号”动车组在中国北车集团唐山轨道客车有限责任公司下线，中国跻身成为世界上能够制造时速350公里高速铁路移动装备的少数国家之一。

2008年4月25日，中国首颗数据中继卫星“天链一号01星”在西昌卫星发射中心，由“长征三号丙”运载火箭成功发射。

2008年5月27日，中国首颗新一代极轨气象卫星“风云三号”在太原卫星发射中心，由“长征四号丙”运载火箭成功发射。

2008年6月5日，国务院发布《国家知识产权战略纲要》，明确到2020年把中国建设成为知识产权创造、运用、保护和管理水平较高的国家。

2008年7月1日，新修订的《中华人民共和国科学技术进步法》开始正式实施。

2008年7月11日，中国第一个基因重组人源化单克隆抗体药物——泰欣生（尼妥珠单抗）成功上市。

2008年7月30日，国家重大科学工程——兰州重离子加速器冷却储存环（HIRFL-CSR）通过国家验收。

2008年8月1日，中国第一条具有世界一流水平、最高运营时速350公里的高速铁路——京津城际铁路正式通车运营。

2008年9月25日，中国自行研制的“神舟七号”载人飞船在酒泉卫星发射中心，由“长征二号F型”运载火箭发射升空，并准确进入预定轨道。

2008年10月8日，中国大陆第一条自主设计建设的OLED大规模生产线在江苏昆山投产，这是“863计划”重大项目“新型平板显示技术”有机发光显示技术方向取得的重大进展。

2009年

2009年1月16日，中国拥有自主知识产权的和谐型大功率交流传动六轴9600千瓦货运电力机车在湖南株洲下线，标志中国掌握了世界先进的大功率交流传动电力机车系统集成等关键技术。

2009年1月27日，中国第一个南极内陆科学考察站——昆仑站在南极内陆冰盖的最高点冰穹A地区成功建成。

2009年4月29日，中国当时最大的大科学装置——“上海同步辐射光源”在上海张江高科技园正式竣工，并面向国内外用户开放。

2009年6月4日，国家重大科学工程“大天区面积多目标光线光谱天文望远镜”（LAMOST）顺利通过国家验收。

2009年6月28日，世界首座圆筒型超深水海洋钻探储油平台在江苏海洋工程基地成功建成并正式命名。

2009年8月9日，长江三峡水利枢纽工程竣工。

2009年9月3日，北京科兴生物制品有限公司生产的甲型H1N1流感疫苗获得由国家食品药品监管局颁发的药品批准文号，成为全球首支获得生产批号的甲型H1N1流感疫苗。

2009年10月11日，中国第二十六次南极科学考察队乘坐“雪龙”号极地科考船奔赴南极。

2009年10月29日，中国首台千万亿次超级计算机“天河一号”由国防科学技术大学研制成功，在湖南长沙亮相。

2009年11月5日，中国大陆第一条海底隧道——厦门翔安海底隧道全线贯通。

2010年

2010年2月8日，中国首台核级冷水机组由盾安环境公司研制成功并通过技术鉴定。

2010年3月8日，中国第一架民用大型直升机AC313由中航工业自主研制而成并首飞成功。

2010年5月28日，中国“大洋一号”科学考察船圆满完成第21航次大洋科考任务，标志着中国第二次环球大洋科学考察圆满结束。

2010年5月31日至7月18日，“蛟龙号”载人潜水器在中国南海中进行多次3000米级的海试任务。

2010年6月7日，中国科学院第十五次院士大会、中国工程院第十次院士大会在京召开。胡锦涛在开幕上强调优先发展科技。

2010年6月15日，“长征二号丁”运载火箭在酒泉卫星发射中心成功将“实践十二号”卫星送入预定轨道。

2010年7月21日，由中国原子能科学研究院自主研发的中国第一座快中子反应堆——中国实验快堆（CEFR），首次成功临界。

2010年9月28日，世界首张全南极土地覆盖图由中国科研人员成功绘制。

2010年12月17日，中国首台特高压交流升压变压器由国家电网公司会同五大发电集团组织国网电科院和特变电工沈阳变压器集团公司联合研制成功。

2010年12月22日，中国首台完全自主设计和制造的百万千瓦级核电站反应堆压力容器——辽宁红沿河核电厂一期工程1号机组反应堆压力容器，在中国第一重型机械股份公司制造成功并通过竣工验收。

2010年12月28日，中国首台自主研发的百万千瓦级核电站全范围模拟机在福建宁德核电站通过性能测试，并正式投入使用。

2011年

2011年1月11日，歼-20在中国西南某试飞中心成功首飞，宣告中国四代机时代的开启。

2011年4月19日，中国首座超导变电站在甘肃白银市正式投入电网运行。它是世界首座超导变电站，标志着中国在国际上率先实现完整超导变电站系统的运行。

2011年5月23日，“海洋石油981”3000米超深水半潜式钻井平台在上海命名交付。

2011年7月22日，中国首座快中子反应堆成功并网发电。

2011年7月26日，中国第一台自行设计、自主集成研制的“蛟龙”号深海载人潜水器首次成功突破5000米，最大下潜深度5057米。

2011年8月16日，太原卫星发射中心成功发射“海洋二号”卫星。

2011年9月19日，袁隆平研制的“Y两优2号”百亩超级杂交稻试验田正式进行收割、验收。

2011年9月29日，酒泉卫星发射中心成功发射“天宫一号”，标志着中国已经拥有建立初步空间站，即短期无人照料的空间站的能力。

2011 年 10 月 31 日，国家并行计算机工程技术研究中心制造的神威蓝光，是国内首台全部采用国产 CPU（SW1600）的千万亿次计算机系统，标志着中国超级计算机技术全面进入国际先进行列。

2011 年 11 月 3 日，“神舟八号”与“天宫一号”在太空成功实现首次交会对接，标志着中国成为继美俄之后世界上第三个掌握空间飞行器交会对接能力的航天大国。

2012 年

2012 年 2 月 6 日，中国国家国防科技工业局在北京发布“嫦娥二号”月球探测器获得的 7 米分辨率全月球影像图。

2012 年 3 月 8 日，大亚湾反应堆中微子实验国际合作组宣布发现中微子新的振荡模式，并测得其振荡振幅，精度世界最高。

2012 年 6 月 24 日，“蛟龙”号成功在 7020 米深海底坐底，再创中国载人深潜新纪录。

2012 年 6 月 29 日，“神舟九号”载人飞船返回舱顺利着陆，“天宫一号”与“神舟九号”载人交会对接任务获得圆满成功。

2012 年 7 月 6—7 日，全国科技创新大会在北京举行。胡锦涛同志在会上强调大力实施科教兴国战略和人才强国战略，坚持自主创新、重点跨越、支撑发展、引领未来的指导方针。

2012 年 9 月 11 日，“神威蓝光千万亿次高效能计算机系统”通过科技部专家组验收，这标志着中国成为继美国、日本之后第三个能够采用自主 CPU 构建千万亿次计算机的国家。

2012 年 9 月 23 日，中共中央、国务院印发《关于深化科技体制改革加快国家创新体系建设的意见》，就深化科技体制改革、加快国家创新体系建设提出几点意见。

2012年9月，中国第一艘航空母舰“辽宁舰”正式交付海军。

2012年10月25日，“长征三号丙”运载火箭成功将一颗北斗导航卫星发射升空并送入预定转移轨道，北斗区域卫星导航系统最终建成。

2012年10月28日，亚洲最大的全方位可转动射电望远镜在上海天文台正式落成。这台射电望远镜的综合性能排在亚洲第一、世界第四。

2012年11月13日，北京生命科学研究所研究员李文辉博士率领的科研团队的研究成果，揭示乙肝病毒感染的关键过程，为乙肝及其相关疾病提供有效的治疗靶点和新药开发途径。

2012年12月7—11日，习近平总书记在考察广东时发表《在广东考察工作时的讲话》，讲话强调要把创新摆在国家发展全局的核心位置。

2012年12月15—16日，中央经济工作会议在北京举行。习近平总书记作重要讲话，强调创新的实质效果是优胜劣汰、破旧立新。

2013年

2013年1月18日，中共中央、国务院举行国家科学技术奖励大会。

2013年1月19日，全国科技工作会议在京召开。会议指出要着力深化科技体制改革，着力提高科技创新能力，充分发挥科技支撑引领作用。

2013年1月26日，中国自主研制的运-20大型运输机首次试飞成功。

2013年2月2—5日，习近平总书记在考察甘肃时作重要讲话，指出实施创新驱动发展战略，是加快转变经济发展方式、提高我国综合国力和国际竞争力的必然要求和战略举措。

2013年2月5日，科技部印发了关于技术市场“十二五”发展规划的通知。

2013年3月3—12日，全国政协十二届一次会议在北京召开。习近平总书记在科协、科技界委员联组讨论会上强调，我们必须走自主创新道路，采取更加积极有效的应对措施。

2013 年 3 月 14 日，清华大学薛其坤院士领衔、清华大学物理系和中国科学院物理研究所组成的实验团队从实验上首次观测到量子反常霍尔效应，被杨振宁称为诺奖级的科研成果。

2013 年 3 月，中国首次发现人感染 H7N9 禽流感病毒病例。

2013 年 4 月 26 日，中国成功发射高分辨率对地观测系统首发星“高分一号”。

2013 年 5 月 6 日，中国科学院完成星地量子通信地基验证试验。该试验为未来实现基于星地量子通信的全球化量子网络奠定基础。

2013 年 6 月 11—26 日，“神舟十号”载人飞船成功发射并顺利返回着陆。这标志着神舟飞船与“天宫一号”的对接技术已经成熟，中国将就此进入空间站建设阶段。

2013 年 6 月，国防科技大学研制的中国超级计算机“天河二号”以每秒 33.86 千万亿次的浮点运算速度，成为全球最快的超级计算机。

2013 年 7 月 17 日，习近平总书记在中国科学院考察工作时发表重要讲话，指出“面对新形势新挑战，我们必须加快从要素驱动为主向创新驱动发展转变，发挥科技创新的支撑引领作用，推动实现有质量、有效益、可持续的发展”。

2013 年 8 月 9 日，复旦大学微电子学院张卫教授团队研发出世界第一个半浮栅晶体管（SFGT），这是中国微电子器件领域首次领跑世界。

2013 年 8 月 21 日，习近平总书记在听取科技部汇报时发表重要讲话，强调要不断完善创新人才培养、使用、管理的一系列政策。

2013 年 9 月 30 日，习近平总书记在中共十八届中央政治局第九次集体学习时发表重要讲话，指出“要把创新驱动发展战略作为国家重大战略，实现从以要素驱动、投资规模驱动发展为主转向以创新驱动发展为主”。

2013年10月21日，习近平总书记在欧美同学会成立一百周年庆祝大会上发表重要讲话，希望广大留学人员和已经完成学业的留学人员拓宽眼界和视野，加快知识更新，优化知识结构。

2013年12月2日，西昌卫星发射中心成功发射“嫦娥三号”月球探测器。

2013年12月10日，习近平总书记在中央经济工作会议上发表重要讲话，指出政府要集中力量抓好少数战略性、全局性、前瞻性的重大创新项目。要加快建立主要由市场评价技术创新成果的机制，打破阻碍技术成果转化的瓶颈，使创新成果加快转化为现实生产力。

2013年12月15日，“嫦娥三号”登陆月球、“神舟十号”飞船和“天宫一号”交会对接，标志着中国探月工程全面实现第二步战略目标。

2014年

2014年年初，在国家科学技术奖励大会上，赵忠贤院士的“40K以上铁基高温超导体”研究获颁2013年度国家自然科学一等奖。

2014年1月9日，全国科技工作会议在京召开，会议部署了2014年主要推进的十大重点任务。

2014年2月8日，国家海洋局宣布，中国南极泰山站正式建成开站。这是中国在南极建设的第四个科学考察站。

2014年2月26日，习近平总书记在北京市考察工作结束时发表重要讲话，指出要积极开展重大科技项目研发合作，支持企业同高等院校、科研院所跨区域共建一批产学研创新实体，共同打造创新发展战略高地。

2014年3月5—15日，第十二届全国人大第二次会议在北京召开，李克强作《政府工作报告》，报告指出要以创新支撑和引领经济结构优化升级。

2014年3月12日，国务院印发关于《关于改进加强中央财政科研项目和资金管理的若干意见》。

2014 年 5 月 9—10 日，习近平总书记在河南考察时发表重要讲话，指出要加快构建以企业为主体、市场为导向、产学研相结合的技术创新体系。

2014 年 5 月 23—24 日，习近平总书记在上海考察时发表重要讲话，指出要加大科技惠及民生力度，推动科技创新同民生紧密结合。

2014 年 6 月 2—4 日，国际工程科技大会在北京召开。习近平总书记出席会议并发表题为《让工程科技造福人类、创造未来》的主旨演讲。

2014 年 6 月 9 日，习近平总书记在中国科学院第十七次院士大会、中国工程院第十二次院士大会上指出，要解决科技成果向现实生产力转化不力、不顺、不畅的痼疾，必须深化科技体制改革。

2014 年 6 月 23 日，国防科技大学研制并落户国家超级计算广州中心的“天河二号”超级计算机，再次荣登全球超级计算机 500 强排行榜榜首。

2014 年 8 月 18 日，习近平总书记在中央财经领导小组第七次会议上发表重要讲话，指出实施创新驱动发展战略，必须紧紧抓住科技创新这个“牛鼻子”，切实营造实施创新驱动发展战略的体制机制和良好环境，加快形成中国发展新动源。

2014 年 9 月 30 日，湖南杂交水稻研究中心的最新成果——“Y 两优 900”湖南隆回百亩高产示范片，平均亩产达到 1006.1 公斤，首次实现超级稻百亩片过千公斤的目标。

2014 年 10 月 24 日，西昌卫星发射中心成功发射探月工程三期再入返回飞行试验器，标志着中国探月“三步走”终于走到了最后一步。

2014 年 10 月 27 日，习近平总书记主持召开中央全面深化改革领导小组第六次会议并发表重要讲话。他强调，通过深化改革和制度创新，把公共财政投资形成的国家重大科研基础设施和大型科研仪器向社会开放，让它们更好为科技创新服务、为社会服务。

2014 年 10 月，习近平总书记在《致二〇一四浦江创新论坛的贺信》中指出，中国正在实施创新驱动发展战略，推进以科技创新为核心的全面创新。

2014 年 11 月 25 日，装载“中国创造”牵引电传动系统和网络控制系统的中国北车 CRH5A 型动车组进入“5000 公里正线试验”的最后阶段，标志着中国高铁实现 100% 自主化。

2014 年 12 月 7 日，中国自主研制的“长征四号乙”运载火箭将中国和巴西联合研制的地球资源卫星 04 星发射升空，这标志着中国成为继美、俄之后世界上第三个独立完成双百次宇航发射的国家。

2014 年 12 月 9 日，习近平总书记在中央经济工作会议上发表重要讲话，指出经济增长将更多依靠人力资本质量和技术进步，必须让创新成为驱动发展新引擎。

2014 年 12 月 12 日，中国完全自主研发的世界首颗“量子科学实验卫星”完成关键部件的研制与交付。

2014 年 12 月 18 日，中国第一座钠冷快中子反应堆——中国实验快堆首次实现满功率稳定运行 72 小时，标志着中国全面掌握快堆这一第四代核电技术的设计、建造、调试运行等核心技术。

2015 年

2015 年 1 月 10—11 日，全国科技工作会议在北京召开。会议主题是深入贯彻习近平总书记系列重要讲话精神，深化科技体制改革，加快落实创新驱动发展战略，加快推进创新型国家建设。

2015 年 3 月 5 日，习近平总书记在参加第十二届全国人民代表大会第三次会议上海代表团审议时发表重要讲话，指出推进科技创新，必须破除体制机制障碍。

2015 年 3 月 23 日，中共中央、国务院发布《关于深化体制机制改革加快实施创新驱动发展战略的若干意见》。

2015 年 5 月 7 日，中国自主创新、拥有完整自主知识产权的三代核电技术“华龙一号”全球首堆示范工程开工建设。

2015 年 6 月 12 日，中国自主研发的“海底 60 米多用途钻机”在南海 3109 米海底海试成功。

2015 年 7 月 25 日，西昌卫星发射中心成功发射两颗新一代北斗导航卫星。至此，北斗导航系统的卫星总数增加到 19 枚。

2015 年 8 月 29 日，中华人民共和国主席令第三十二号发布，《全国人民代表大会常务委员会关于修改〈中华人民共和国促进科技成果转化法〉的决定》自 2015 年 10 月 1 日起施行。

2015 年 10 月 5 日，屠呦呦获得诺贝尔生理学或医学奖。

2015 年 10 月 25 日，中国航空发动机 WS-20 发动机已随运 -20 飞机试飞升空。这标志着中国成为继美俄之后世界第三个装机试飞第四代军用大推力发动机的国家。

2015 年 10 月 26—29 日，中国共产党第十八届中央委员会第五次全体会议在北京召开。全会强调必须把创新摆在国家发展全局的核心位置，让创新贯穿党和国家一切工作，让创新在全社会蔚然成风。

2015 年 10 月 29 日，习近平总书记在中共十八届五中全会第二次全体会议上发表重要讲话，指出创新发展注重的是解决发展动力问题。

2015 年 11 月 2 日，中国自主研制的 C919 大型客机总装下线。

2015 年 11 月 16 日，科学技术部、国家保密局令发布了第 16 号《科学技术保密规定》文件，自公布之日起施行。

2015 年 12 月 17 日，中国成功发射暗物质粒子探测卫星“悟空”。

2015 年 12 月 18 日，习近平总书记在中央经济工作会议上发表重要讲话，指出要发挥创新引领发展第一动力作用，实施一批重大科技项目，加快突破核心关键技术全面提升经济发展科技含量，提高劳动生产率和资本回报率。

2016 年

2016 年 1 月 8 日，中共科学技术部党组以国科党组印发《关于贯彻落实党的十八届五中全会精神深入实施创新驱动发展战略的意见》。《意见》制定发布“十三五”科技创新规划，明确未来五年创新驱动发展战略的具体部署。

2016 年 1 月 11 日，全国科技工作会议在京召开，会议报告对 2016 年要重点做好十个方面的工作作出部署。

2016 年 2 月 1 日，新一代北斗导航第五颗组网卫星成功发射，这标志着基本确立北斗卫星导航系统的全球组网模式。

2016 年 2 月 14 日，大亚湾实验给出了迄今最精确的、与模型无关的反应堆中微子能谱，为未来反应堆中微子实验提供了重要测量数据。

2016 年 3 月 5—16 日，第十二届全国人民代表大会第四次会议在北京召开，李克强总理作《政府工作报告》，指出要强化创新引领作用，为发展注入强大动力。

2016 年 4 月 6 日，中国发射和成功返回的“实践十号”卫星，这是中国第一个专用的微重力实验卫星。这是当时中国最复杂的一次空间微重力实验行动。

2016 年 4 月 14 日，全国社会发展科技工作会议召开。会议指出，要牢牢把握“十三五”国家发展的阶段性新特征和国内外社会发展科技的新趋势。

2016 年 5 月 8 日，国务院办公厅公布关于建设大众创业万众创新示范基地的实施意见。

2016 年 5 月 19 日，中共中央、国务院印发《国家创新驱动发展战略纲要》,《纲要》就战略背景、战略要求、战略部署、战略任务、战略保障、组织实施六个方面作出重要规划。

2016 年 6 月 20 日，纯国产超级计算机“神威 · 太湖之光”摘得世界超算桂冠。

2016年6月22日至8月12日，“探索一号”科考船开展了中国首次综合性万米深渊科考活动，填补了中国万米深海数据和样品的空白，标志着中国深海科考进入万米时代。

2016年7月6日，运-20飞机授装接装仪式在空军航空兵某部举行，这标志着中国成功跻身于世界上少数几个能自主研制200吨级大型机的国家之列。

2016年7月28日，国务院印发关于《“十三五”国家科技创新规划》的通知，该通知是我国迈进创新型国家行列的行动指南。

2016年8月16日，中国成功发射世界首颗量子科学实验卫星“墨子号”。

2016年9月3日，中国国家主席习近平在B20峰会开幕式上发表主旨演讲。

2016年9月15日、10月17日，“天宫二号”空间实验室和搭载着景海鹏、陈冬两位航天员的“神舟十一号”载人飞船先后成功发射。

2016年9月23日，浦江创新论坛当日在上海开幕，本届论坛主题为“双轮驱动：科技创新与体制机制创新”。

2016年9月25日，具有中国自主知识产权的世界最大单口径巨型射电望远镜——500米口径球面射电望远镜（FAST）在贵州平塘落成启动。

2016年10月9日，习近平总书记在中共十八届中央政治局第三十六次集体学习时发表重要讲话，指出中国要顺应这一趋势，大力发展核心技术，加强关键信息基础设施安全保障，完善网络治理体系。

2016年11月1日，中国新一代隐身战斗机歼-20双机编队在第11届中国国际航空航天博览会开幕仪式上首次公开露面。

2016年11月2日，中国新一代“人造太阳”EAST再创世界纪录，获得超过60秒的完全非感应电流驱动（稳态）高约束模等离子体。

2016年11月3日，中国最大推力新一代运载火箭“长征五号”首次发射成功，它标志着中国的现役火箭最强运载能力可与美、俄等航天强国相媲美。

2016年12月22日，中国首颗“碳卫星”发射，这令中国二氧化碳监测水平跻身世界前列。

2017年

2017年1月6日，中共科技部党组发布《关于贯彻落实党的十八届六中全会精神　深入实施创新驱动发展战略　开启建设世界科技强国新征程的意见》。

2017年1月10日，全国科技工作会议在京召开，会议报告对2017年要重点做好的十方面工作作出部署。

2017年3月9日，中国自主研发的“海翼”号深海滑翔机在马里亚纳海沟完成大深度下潜观测任务并安全回收，刷新了水下滑翔机最大下潜深度的世界纪录。

2017年3月21日，中国首个大型页岩气田——涪陵页岩气田已经累计供气突破100亿立方米，标志着中国页岩气已加速迈进大规模商业化发展阶段。

2017年4月20日，海南文昌发射场成功发射“天舟一号”货运飞船，标志着中国即将开启空间站时代。

2017年4月26日，中国第一艘国产航母001A型在大连造船厂正式下水，标志着中国自主设计建造航空母舰取得重大阶段性成果。

2017年4月28日，全国社会发展科技创新工作会议召开。会议系统阐述社会发展科技创新面临的形势、定位和任务。

2017年5月5日，中国自主研制的新一代喷气式大型客机C919在上海浦东国际机场起飞。

2017年5月14日，“一带一路”国际合作高峰论坛开幕式在北京召开，中国国家主席习近平出席并发表题为《携手推进“一带一路”建设》的主旨演讲。

2017年5月18日，中国首次实现海域可燃冰试采成功。

2017年5月23日，中国卫星导航系统管理办公室宣布，中国将全面启动北斗系统第三部建设，即“北斗三号”系统，正式标志着北斗系统第三阶段任务：全球组网正式开始。

2017 年 6 月 5—6 日，世界上第一台超导质子直线加速器——ADS 先导专项 25MeV 超导质子直线加速器进行了现场测试并成功通过测试。

2017 年 6 月 15 日，酒泉卫星发射中心成功发射硬 X 射线调制望远镜即“慧眼”。

2017 年 6 月 25 日，中国标准动车组正式被命名为“复兴号”，这标志着中国正式成为全球高铁商业运营速度最快的国家。

2017 年 7 月 7 日，港珠澳大桥主体工程全线贯通，这是世界最长的跨海大桥。

2017 年 10 月 15 日，袁隆平及其团队培育的超级杂交稻品种“湘两优 900（超优千号）”亩产 1149.02 公斤，创造了世界水稻单产的最新纪录。

2017 年 10 月 10 日，中国科学院国家天文台宣布“中国天眼”发现 2 颗距离地球分别约 4100 光年和 1.6 万光年的新脉冲星，这是中国射电望远镜首次发现脉冲星。

2017 年 11 月 19 日，中国自主研制的造岛神器“天鲲号”在江苏启东下水。

2017 年 11 月 22 日，中国自主研发的“电子束处理工业废水技术”通过由中国核能行业协会组织的科技成果鉴定，标志着中国在利用核技术进行工业废水处理上取得突破，此项技术可谓中国首创、世界领先。

2017 年 11 月 30 日，《自然》杂志公布中国首颗暗物质探测卫星“悟空”发现了太空中反常电子信号。

2017 年 12 月 24 日，全球最大的水陆两栖飞机 AG-600“蛟龙”在珠海成功首飞。

2018 年

2018 年 1 月 9 日，全国科技工作会议在京召开，会议研究部署 2018 年科技改革发展任务。

2018 年 1 月 19 日，国务院发布《国务院关于全面加强基础科学研究的若干意见》，该《意见》是新中国成立以来，第一次以国务院文件形式就加强基础研究作出全面部署。

2018 年 1 月 25 日，克隆猴“中中”和“华华”登上《细胞》杂志封面，这意味着中国科学家首次成功突破现有技术无法克隆灵长类动物的世界难题。

2018 年 3 月 25 日，中国“十一五”国家重大科技基础设施——中国散裂中子源已按期、高质量完成全部工程建设任务。

2018 年 4 月 23 日，中国电科 38 所发布了实际运算性能在业界同类产品最强的数字信号处理器——“魂芯二号 A”。

2018 年 5 月 14 日，北京大学江颖和中国科学院王恩哥院士领衔的一支联合研究团队利用自主研发的高精度显微镜，首次获得水合离子的原子级图像，并发现其输运的“幻数效应”。

2018 年 5 月 17 日，国家超算天津中心对外展示了中国新一代百亿亿次超级计算机“天河三号”原型机，这也是该原型机首次正式对外亮相。

2018 年 5 月 28 日，中国科学院第十九次院士大会、中国工程院第十四次院士大会在北京人民大会堂隆重开幕。习近平总书记出席会议并发表重要讲话。他强调，中国要努力成为世界主要科学中心和创新高地。形势逼人，挑战逼人，使命逼人。

2018 年 5 月 30 日，中共中央办公厅、国务院办公厅印发《关于进一步加强科研诚信建设的若干意见》，指出我国要进一步推进科研诚信制度化建设、切实加强科研诚信的教育和宣传、加快推进科研诚信信息化建设。

2018 年 7 月 25 日，中国国家主席习近平在金砖国家工商论坛上发表重要讲话，指出要抓住重大机遇，推动新兴市场国家和发展中国家实现跨越式发展。

2018 年 8 月 2 日，中国科学院研究团队在国际上首次人工创建单条染色体的真核细胞，是继原核细菌“人造生命”之后的一个重大突破。

2018年8月8日，科技部制定《国家科学技术秘密定密管理办法》。

2018年8月17日，中国科学院物理研究所高鸿钧院士与丁洪研究员领导的联合研究团队首次在铁基超导体中观察到马约拉纳零能模，即马约拉纳任意子。

2018年8月30日，华中科技大学引力中心罗俊院士团队测出目前国际上最精准的万有引力常数G值。

2018年9月4日，全球医学界权威学术刊物《柳叶刀》刊登了上海微创医疗器械有限公司自主研发的火鹰支架在欧洲大规模临床试验的研究结果，这是《柳叶刀》杂志创刊近200年来首次刊登中国医疗器械相关成果。

2018年9月17日，在致2018世界人工智能大会的贺信中，中国国家主席习近平指出，中国愿意在技术交流、数据共享、应用市场等方面同各国开展交流合作，共享数字经济发展机遇。

2018年10月24日，世界上最长的跨海大桥港珠澳大桥正式通车。

2018年10月31日，习近平总书记在中共中央政治局第九次集体学习上发表重要讲话，指出人工智能是引领这一轮科技革命和产业变革的战略性技术，具有溢出带动性很强的“头雁”效应。要加强基础理论研究，支持科学家勇闯人工智能科技前沿的“无人区”。

2018年11月12日，中国大型科学装置“人造太阳”实现加热功率超过10兆瓦，等离子体储能增加到300千焦，等离子体中心电子温度首次达到1亿度。这为人类开发利用核聚变清洁能源奠定了重要的技术基础。

2018年12月8日，西昌卫星发射中心成功发射“嫦娥四号”探测器，开启人类首次月背之旅。

2019年

2019年1月3日，“嫦娥四号”探测器成功着陆在月球背面东经177.6度并通过“鹊桥”中继星传回世界第一张近距离拍摄的月背影像图。

2019 年 1 月 5 日，中国水稻研究所水稻生物学国家重点实验室王克剑团队，利用基因编辑技术建立了水稻无融合生殖体系，成功克隆出杂交水稻种子，首次实现杂交稻性状稳定遗传到下一代。

2019 年 1 月 9 日，全国科技工作会议在京召开。会议对 2019 年要重点做好的十方面工作作出部署。

2019 年 1 月 30 日，中国证监会发布《关于在上海证券交易所设立科创板并试点注册制的实施意见》。

2019 年 3 月 12 日，亚洲最大的重型自航绞吸船“天鲲号”完成通关手续，从江苏连云港开启首航之旅。这标志着完全由中国自主研发、建造的疏浚重器“天鲲号”正式投产。

2019 年 3 月 31 日，西昌卫星发射中心成功发射“天链二号 01 星”，这是中国第二代地球同步轨道数据中继卫星的首发星。

2019 年 4 月 7 日，中共中央办公厅、国务院办公厅印发《关于促进中小企业健康发展的指导意见》。

2019 年 4 月 15 日，国家发改委、科技部联合印发《关于构建市场导向的绿色技术创新体系的指导意见》，这是中国第一次针对具体技术领域提出的创新体系建设。

2019 年 4 月 27 日，第二届“一带一路”国际合作高峰论坛在北京雁栖湖国际会议中心举行圆桌峰会。中国国家主席习近平强调要继续聚焦基础设施互联互通，深化智能制造、数字经济等前沿领域合作，实施创新驱动发展战略。

2019 年 5 月 15 日，中国国家主席习近平在亚洲文明对话大会开幕式上发表主旨演讲，指出要坚持与时俱进、创新发展。

2019 年 6 月 5 日，中国在黄海海域成功将技术试验卫星“捕风一号”A/B 星及五颗商业卫星顺利送入预定轨道。这是中国首次在海上实施运载火箭发射技术试验。

2019年6月6日，工信部正式向中国电信、中国移动、中国联通和中国广电发放5G商用牌照，标志中国正式进入5G商用元年。

2019年7月1日，工信部印发《电信和互联网行业提升网络数据安全保护能力专项行动方案》，本次专项行动从五个方面提出14项重点任务。

2019年7月25日，中国酒泉卫星发射中心成功发射北京星际荣耀空间科技有限公司的双曲线一号遥一（简称“SQX-1 Y1”）运载火箭，这是国内第3家民营企业尝试发射运载火箭。

2019年8月22日，中国人民银行发布中国首份科学、全面的金融科技规划《金融科技（FinTech）发展规划（2019—2021年）》。

2019年9月25日，北京大兴国际机场正式通航，中国国际航空公司的CA9597次航班从北京大兴国际机场起飞。

2019年10月1日，在国庆70周年大阅兵中，东风-41核导弹方队在32个装备方队中压轴出场，这是东风-41核导弹首次公开亮相。

2019年10月21—22日，第三代杂交水稻在湖南省衡阳市衡南县清竹村进行首次公开测试，亩产1046.3公斤。

2019年10月27日，中国文昌航天发射场成功发射“实践二十号”卫星。

2019年11月5日，中国国家主席习近平在第二届中国国际进口博览会开幕式上发表主旨演讲，演讲指出要共建开放创新的世界经济，强调要共同加强知识产权保护。

2019年11月19日，工业和信息化部印发《关于印发“5G+工业互联网”512工程推进方案的通知》，明确到2022年，将突破一批面向工业互联网特定需求的5G关键技术。

2019年11月28日，中国发现迄今最大黑洞。国际科学期刊《自然》发布了中国科学院国家天文台刘继峰、张昊彤研究团队的这项重大发现。

2019年12月17日，中国第一艘国产航空母舰“山东号”在海南军港交付海军。

2020年

2020年1月10—11日，全国科技工作会议在京召开。

2020年1月10日，李克强总理在国家科学技术奖励大会上发表重要讲话指出，2020年是我国发展史上具有里程碑意义的一年，使命光荣、任务繁重，必须更好发挥科技创新支撑引领作用。

2020年2月30日，习近平总书记在统筹推进新冠肺炎疫情防控和经济社会发展工作部署会议上发表重要讲话，指出：要加快科技研发攻关；要综合多学科力量开展科研攻关，加强传染源、传播致病机理等理论研究；要加大药品和疫苗研发力度，同临床、防控实践相结合；要加强病例分析研究，及时总结推广有效诊疗方案；要充分运用大数据分析等方法支撑疫情防控工作。

2020年5月13日，中国科学院院士、中国科学技术大学教授潘建伟与彭承志、徐飞虎等人利用“墨子号”量子科学实验卫星，在国际上首次实现量子安全时间传递的原理性实验验证。

2020年5月18日，科技部官网公布《赋予科研人员职务科技成果所有权或长期使用权试点实施方案》。该《方案》明确，分领域选择40家高等院校和科研机构，通过3年试点，探索建立赋予科研人员职务科技成果所有权或长期使用权的机制和模式，进一步激发科研人员创新积极性，促进科技成果转移转化。

2020年5月21日，《中国科技成果转化2019年度报告（高等院校与科研院所篇）》在北京发布，报告显示，中国科技成果转化规模持续攀升，转换奖励显著增长。

2020年5月21日，由中山大学、华中科技大学、航天东方红卫星有限公司共同研制的天琴计划首颗试验星“天琴一号”任务周期于21日正式结束。

2020年5月22—28日，第十三届全国人民代表大会第三次会议在北京召开，李克强总理作《政府工作报告》，指出要推动制造业升级和新兴产业发展，发展工业互联网，推进智能制造。

2020年5月22日，中国研究团队在英国医学期刊《柳叶刀》上发表报告说，他们对一种新冠病毒疫苗开展了I期临床试验，结果显示这种疫苗是安全的，且能够诱导人体快速产生免疫应答。

2020年5月27日，“天琴计划”激光测距台站成功测得月球表面上五组反射镜的回波信号，测出国内最准的地月距离，且精度达到国际先进水平。至此，中国成为世界上第三个成功测得全部五个反射镜的国家。

2020年5月30日，中国在西昌卫星发射中心用“长征十一号”运载火箭，采取“一箭双星”方式，成功将新技术试验卫星G星、H星发射升空，卫星顺利进入预定轨道，任务获得圆满成功。

2020年5月31日，中国在酒泉卫星发射中心用“长征二号丁”运载火箭，成功将“高分九号02星”“和德四号”卫星送入预定轨道，发射获得圆满成功。

2020年6月2日，最后一条12英寸海底管线终止封头在南海西部海域入海，中国首个深水自营大气田——陵水17—2气田海底管线铺设项目，首阶段作业顺利完工；作业水深1542米，创造了中国海底管线铺设水深新纪录。

2020年6月5日，浙江大学、中国科学院专家领衔的多国联合研究团队发现了控制大豆籽粒大小、含油量和蛋白含量的关键基因“甜10”（SWEET10）基因，这项发现对于通过分子育种提高大豆产量及品质有重要意义。

2020年6月8日，复旦大学附属华山医院完成了首例受试者给药。这是全球首个在健康受试者中开展的新冠病毒中和抗体临床试验，候选新药具有我国自主知识产权，旨在为探索JS016在人体中抗新冠病毒的治疗与预防效果提供依据。

2020年6月8日，由中国科学院沈阳自动化研究所主持研制的“海斗一号”全海深自主遥控潜水器，搭乘“探索一号”科考船归来。

2020年6月9日，科技部官网公布《关于加快推动国家科技成果转移转化示范区建设发展的通知》指出，以服务科技型企业为重点，发挥支撑复工复产示范带动作用，国家科技成果转移转化示范区要全面落实科技支撑复工复产和经济平稳运行的若干措施。

2020年6月11日，“嫦娥四号”任务团队优秀代表获得国际宇航联合会2020年度最高奖“世界航天奖”。

2020年6月15日，中国科大郭光灿院士团队李传锋、唐建顺、王轶韬等，在国际上首次实现循环式宇称时间（PT）对称量子模拟器的构建，并基于该模拟器观测到量子态在PT对称系统中的动态演化行为。

2020年6月17日，中科大潘建伟及其同事彭承志、印娟等组成的联合研究团队，利用“墨子号”量子科学实验卫星，在国际上首次实现千公里级基于纠缠的量子密钥分发，将以往地面无中继量子保密通信的空间距离提高了一个数量级。

2020年6月23日，“北斗三号”最后一颗全球组网卫星在西昌卫星发射中心点火升空，至此北斗三号全球卫星导航系统星座部署比原计划提前半年全面完成。

2020年6月25日，“探索二号”船缓缓驶离马尾船厂码头，作为我国首艘可以装载万米级载人潜水器的支持保障母船，“探索二号”只用了18个月，就完成了全部改造工作。

2020年7月3日，中国在太原卫星发射中心用“长征四号乙”运载火箭，成功将高分辨率多模综合成像卫星送入预定轨道。

2020年7月9日，中国在西昌卫星发射中心用“长征三号乙”运载火箭，成功将中国首颗Ku频段高通量宽带商业通信卫星——“亚太6D”通信卫星送入预定轨道。至此，中国空间技术研究院已研制发射304颗航天器。

2020年7月9日，中国科学院上海药物研究所联合军事科学院军事医学研究院、国家蛋白质科学中心（北京）等团队，在国际上首次对肺腺癌开展大规模、高通量、系统性的全景蛋白质组学研究。

2020 年 7 月 23 日，中国首次火星探测任务“天问一号”探测器成功在中国文昌航天发射场升空，正式开启中国人自主探测火星之旅。

2020 年 7 月 31 日，“北斗三号”全球卫星导航系统建成暨开通仪式在人民大会堂举行，中共中央总书记、国家主席、中央军委主席习近平出席仪式并宣布“北斗三号”全球卫星导航系统正式开通。

后　记

对于中国共产党科学技术思想的兴趣，与我本身所专攻的红外光电子材料和器件研究十分相关。在我上中学时，中国第一枚近程地对地导弹研制成功，一时间激发很多青年学生科技报国的热情。我本身对理科很感兴趣，在 1962 年高考时积极响应“向科学进军”的号召，报考的三所院校都清一色选择了物理专业。进入大学后不久，中国第一颗原子弹爆炸成功，更加坚定了我毕生钻研光电子高端科技的决心。几十年来，作为参与者，我亲眼见证了共和国科技事业的飞速发展，深知这些辉煌成就与中国共产党重视科学技术思想密不可分。2021 年恰逢中国共产党成立 100 周年，中共上海市委宣传部的有关领导同志邀请我从一线科技工作者的视角梳理中国共产党科学技术思想的发展历程，加之我自身对这一问题也有持续关注，借此机会静下心来着墨成书，发表己见，也是对中国共产党 100 岁生日的一份献礼。

在进行全书撰写之前，我认为必须从历史纵向和现实横向的交错中去挖掘中国共产党在每一时期具体科学技术思想表述的深层原因。首先，中国共产党科学技术思想的直接来源是马克思主义科学技术思想，后者是从社会实践、科学实验、生产力发展的经验中总结而来，几经波折传入中国后，被中国共产党早期分子和其他一些有识之士自觉或不自觉地加以运用和拓展。在领导人民进行革命、建设和改革的历史进程中，中国共产党科学技术思想从为新民主主义革命服务，到为社会主义革命和建设服务，再到为改革开放和社会主义现代化服务，最终目标是实现中华民族的伟大复兴。这一系统的强大的思想体系，也日益成为马克思主义辩证唯物主义的重要发展。

鉴于自身科研任务较多加上学科背景差异，课题组特邀请到华东师范大学马克思主义学院和华东师范大学物理电子与科学学院的部分教师和研究生。作为课题负责人，由我本人提出写作思路。全书框架和提纲由我和课题组主要成员崔海英、熊踞峰、王元力多次讨论后确定。具体写作分工如下：孙敏、祝魏芳、王元力、程洋洋合作撰写第一章；秦洁漪、叶必成合作撰写第二章；纪小倩、王元力合作撰写第三章；孙敏、向豪合作撰写第四章；贺鑫颖、李嘉欣、秦洁漪、李燕辉、纪小倩合作撰写第五章；丰菁献、宋阳、王元力、陶瑞、孙敏合作撰写第六章；陶瑞、李嘉欣、熊踞峰、王元力合作撰写第七章；秦洁漪、祝魏芳、宋阳负责整理大事记。此外，熊踞峰负责每一稿的统稿工作，由褚君浩、崔海英、熊踞峰、王元力提出具体修改建议。在写作过程中还得到蒋旭等的帮助。褚君浩根据评审专家和出版社的意见对全书进行修改，在此对各位老师和同学的鼎力支持一一致谢。

本书的完成，既是我个人多年来对中国共产党科学技术思想关注的结晶，也离不开中共上海市委宣传部各位领导、专家同志的支持。由于写作时间紧，全书所涉内容时间跨越较长，写作任务艰巨，在此特别感谢朱自强、骆大进等几位专家对全书提出的宝贵意见，仍有论述不足之处，还望与学界同仁进一步探讨。

褚君浩

2021 年 5 月

图书在版编目(CIP)数据

科技探索发展之魂/褚君浩等著.—上海:上海人民出版社,2021
(人民至上·中国共产党百年奋进研究丛书)
ISBN 978-7-208-17101-5

Ⅰ.①科… Ⅱ.①褚… Ⅲ.①科技发展-研究-中国
Ⅳ.①N12

中国版本图书馆 CIP 数据核字(2021)第 088123 号

责任编辑 史尚华
封面设计 汪 昊

人民至上·中国共产党百年奋进研究丛书
上海市哲学社会科学规划办公室
上海市中国特色社会主义理论体系研究中心 组编

科技探索发展之魂
褚君浩 崔海英 熊踞峰 王元力 等 著

出 版 上海人民出版社
(200001 上海福建中路 193 号)
发 行 上海人民出版社发行中心
印 刷 商务印书馆上海印刷有限公司
开 本 787×1092 1/16
印 张 26.75
插 页 3
字 数 356,000
版 次 2021 年 7 月第 1 版
印 次 2021 年 7 月第 1 次印刷
ISBN 978-7-208-17101-5/D·3767
定 价 108.00 元